Basiswissen Architektur

Für Rainer

Hildegard Schröteler-von Brandt

Stadtbau- und Stadtplanungsgeschichte

Eine Einführung

2. Auflage

Hildegard Schröteler-von Brandt
Universität Siegen
Deutschland

ISBN 978-3-658-02560-1   ISBN 978-3-658-02561-8 (eBook)
DOI 10.1007/978-3-658-02561-8

Die Deutsche Nationalbibliothek verzeichnet diese Publikation in der Deutschen Nationalbibliografie;
detaillierte bibliografische Daten sind im Internet über http://dnb.d-nb.de abrufbar.

Springer Vieweg
© Springer Fachmedien Wiesbaden 2008, 2014

Lektorat: Ralf Harms | Annette Prenzer
Titelbild: Cerdá, The Fife Bases of the General Theory of Urbanization (1999, Seiten 166, 288, 289,
290): Edited by Arturo Soria y Puig. Madrid: Electra

Gedruckt auf säurefreiem und chlorfrei gebleichtem Papier

Springer Vieweg ist eine Marke von Springer DE. Springer DE ist Teil der Fachverlagsgruppe
Springer Science+Business Media.
www.springer-vieweg.de

Inhaltsverzeichnis

Vorwort

Der vorliegende Band der Studienreihe „Basiswissen Architektur" baut auf der Lehre an der Universität Siegen zum Thema Stadtbau- und Planungsgeschichte auf. Er ist als Lehrbuch für Studierende der Architektur und des Städtebaus gedacht und soll darüber hinaus auch anderen Interessierten einen Zugang zum genannten Themenfeld ermöglichen.

Zur Gliederung: Der durchlaufende Haupttext wird durch zahlreiche Abbildungen verdeutlicht und durch Randnotizen ergänzt. Ab dem Jahre Null wird auf die Schreibweise „n. Chr." verzichtet und nur das Jahr angegeben. Das Literaturverzeichnis wurde mit dem Abbildungsverzeichnis zusammengefasst.

Zur Intention: Als Autorin ist es mir ein Anliegen, die aus meiner Sicht bedeutenden Elemente der Stadtbau- und Planungsgeschichte chronologisch darzustellen und die Verbindungslinien zwischen den Epochen aufzuzeigen. In seiner kompakten Form kann dieses Lehrbuch allerdings nur einen stark zusammengefassten Überblick über das komplexe Lehrgebiet geben; explizit sei jeder Leser zur weiteren Vertiefung in die Materie aufgefordert.

Neben der thematischen Begrenzung erfolgte auch eine räumliche: Der Fokus dieses Buches ist auf die europäische Stadt und ihre Wurzeln im griechischen und römischen Städtebau ausgerichtet. Mit der Beschränkung auf die Geschichte der europäischen Stadt sollen die kulturhistorischen Hintergründe des europäischen Stadtraums beleuchtet werden, der unser tägliches Umfeld und den gebauten Kontext für die städtebaulichen Planungen wesentlich prägt.

Aus diesem Grund konnten die kulturhistorischen Besonderheiten der Stadtbau- und Planungsgeschichte z.B. der chinesischen und islamischen Stadt nicht ausgiebig in eigenen Kapiteln gewürdigt werden.

Das Buch soll helfen, die Strukturen und die räumlichen Ordnungsmuster der Stadt sowie die Prinzipien der Entstehung von Städten kennen zu lernen; diese Gesetzmäßigkeiten sind die Grundlage, die die Stadterweiterung und den Stadtumbau bestimmen. Die Verdeutlichung des Beziehungsgeflechts zwischen städtischer Struktur bzw. Stadtform und der sie hervorbringenden städtischen Funktionen stehen im Mittelpunkt. Insbesondere bei der Betrachtung des Städtebaus von der Antike bis zur Moderne um 1800 stehen diese Ordnungsmuster („Form und Funktion") und die sie hervorbringenden gesellschaftlichen Bedingungen im Vordergrund.

Das vorliegende Lehrbuch sowie meine Sichtweise auf zentrale Bausteine der Stadtbau- und Planungsgeschichte und ihr Zusammenwirken ist geprägt von meinen beiden Lehrern Prof. Dr. Gerhard Fehl und Dr. Juan Rodriguez-Lores vom Lehrstuhl für Planungstheorie an der RWTH Aachen. Beide haben in den letzten Jahrzehnten aktiv die Fundamente einer neueren Planungsgeschichte in Deutschland gelegt, insbesondere der des 19. Jh.s. Ihnen danke ich in besonderem Maße für die bei mir geweckte Neugierde an dem Thema und die vielen Hilfestellungen bei meinen eigenen Forschungen.
Danken möchte ich auch meiner Siegener Kollegin Frau Prof. Dr. Theodora Hantos für ihre wertvollen Hinweise zur griechischen und römischen Antike.
Henning Saal übernahm die mühsame Arbeit des Layouts und Angelika Greif das Lektorat. Beiden danke ich sehr für ihre Unterstützung.

In der zweiten, ergänzten Auflage wurde das Kapitel 17 neu bearbeitet und der Betrachtungszeitraum von 1960 bis 1980 erweitert. Als Ausblick wurde das Kapitel 18 angefügt. Zudem wurde ein Orts- und Personenregister erstellt.

Siegen, Frühjahr 2014
Hildegard Schröteler-von Brandt

1. Einleitung

Die Stadt ist der Ort der historischen Auseinandersetzung zwischen den „Mächten" in der Stadt – nämlich denjenigen, die die städtischen Räume hervorbringen und prägen und die um ihren Anteil an den städtischen Nutzungen kämpfen. Die Form und die städtebauliche Ausprägung eines Stadtgrundrisses sind somit immer auch Ausdruck und Folge der Stadtfunktion. So beeinflusste z.B. die Kolonisation der Griechen und Römer die Stadtstruktur der neu geplanten Städte; im Mittelalter prägten die Monopolträger von Handel und Handwerk die Form der Stadt ebenso wie im Barock ihre Funktion als Residenz. Die Funktion einer Stadt wiederum ist Ausdruck und Folge der gesellschaftlichen, wirtschaftlichen und sozialen Bedingungen der jeweiligen Epoche.

Ausgangspunkt der leitenden Fragestellungen zum Thema des Buches ist somit der Kontext zwischen städtischer Struktur und der sie formenden politischen, ökonomischen, sozialen und technologischen Bedingungen. Bei dieser Herangehensweise an die Stadtbau- und Stadtplanungsgeschichte kann somit nicht nur die gebaute Struktur und das Erscheinungsbild der Stadt untersucht werden, vielmehr wird dieses Erscheinungsbild immer im Zusammenhang mit der Frage betrachtet, wie es entstanden ist:

• Wie war der Bau- und Planungsprozess organisiert und wieso konnten sich bestimmte Vorstellungen von Stadtentwicklung und Raum durchsetzen – oder woran scheiterten sie?

• Wer waren die Akteure beim Aufbau der Stadt und der Stadtplanung und von welchen Ideen und Interessen wurden sie geleitet?

• Wieso erscheinen uns manche Strukturen geordnet und andere eher chaotisch und ungeordnet?

• Wieso sehen und spüren wir in einigen Städten eine Gesamtplanung und Gestaltungskraft des städtischen Raumes, während sich andere eher ungeplant und unstrukturiert darstellen?

Der Schwerpunkt des Buches liegt bei der Betrachtung des 19. und 20. Jh.s und der Herausbildung der modernen Disziplin „Städtebau". Insbesondere das 19. Jh. ist eine Phase des Städtebaus, in der die europäischen Städte einer ungeheuren Entwicklungsdynamik ausgesetzt waren. Nicht nur ihr heutiges Erscheinungsbild, sondern auch heutige Probleme liegen in dieser Zeit begründet. Ebenso haben viele der heutigen Planungsmethoden und Planungsinstrumente hier ihre Ursprünge. Im Übergang zum 19. Jh. wurde das Wachstum der Städte und die Fortentwicklung der Industrialisierung durch die veränderten politischen, gesellschaftlichen und bodenrechtlichen Verhältnisse neu geregelt: Privateigentum und privatwirtschaftlicher Umgang mit Grund und Boden setzten nun andere Maßstäbe und bilden bis heute den Rahmen der städtebaulichen Entwicklung und Stadtplanung. In dieser Übergangsphase verlor die öffentliche Planung beträchtlich an Bedeutung, was im vorliegenden Buch besonders herausgearbeitet wird – ebenso wie die Zeit des Kampfes der öffentlichen Planung um die Wiedererlangung von Einfluss. Im Wesentlichen war dieser durch die Entwicklung und Anwendung von modernen Planungsinstrumenten wie Bebauungsplan, Bauordnung und Enteignung geprägt.

Stadterweiterung und Stadtumbau sind seit dem 19. Jh. zwei wesentliche Elemente der städtebaulichen Planung, die bis heute ihre Bedeutung beibehalten haben – im Buch werden sie daher entsprechend differenziert berücksichtigt. Die Stadterweiterung, d.h. die Ausdehnung der Stadt unter Inanspruchnahme von neuem Bauland prägte vor allem die intensiven Wachstumsphasen bis weit in die Wiederaufbauphase nach dem Zweiten Weltkrieg hinein. Heutzutage stehen der Stadtumbau und somit die Veränderungen innerhalb der gebauten Stadt verstärkt im Mittelpunkt der städtebaulichen Planung. Die hierdurch bedingten stärkeren Eingriffe in das bauliche und soziale Gefüge und das damit verbundene höhere Konfliktpotenzial sind ein weiteres zentrales Element der Betrachtung.

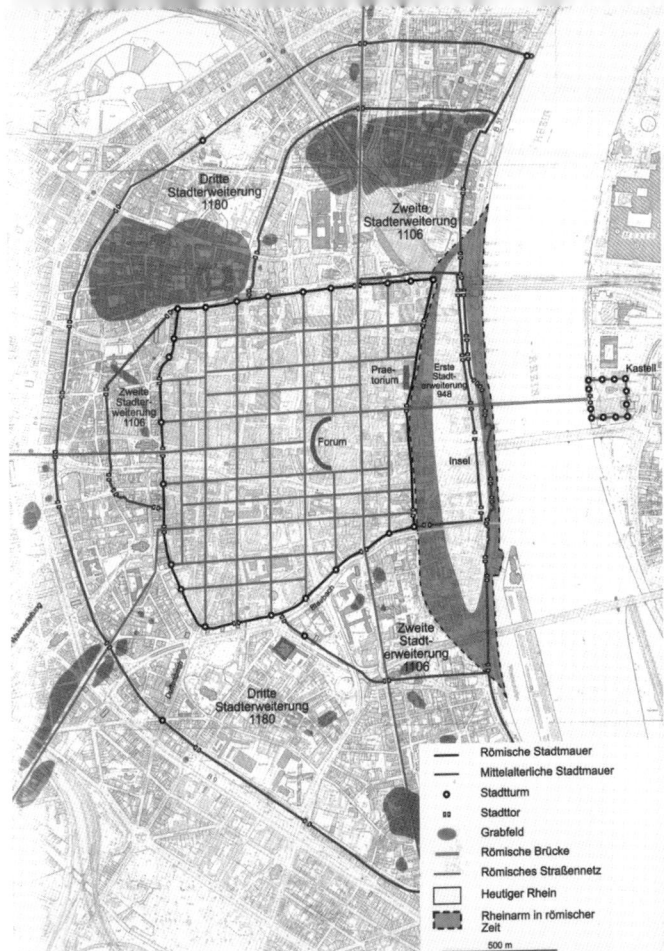

Phasen der Stadtentwicklung der Stadt Köln (Köln 2001, 27)

Gründungsstadt Sabbioneta (Stallmann 1997, 17)

Nach dem Tod des Gründers Vespasiano Gonzaga (1540-1591) versank die zwischen Parma und Mantua liegende Stadt Sabbioneta in die Bedeutungslosigkeit. Noch heute wirkt sie wie ein Kunstprodukt: Eine Theaterkulisse inmitten ländlicher Umgebung.

"Rotes Haus" der Tuchfabrik Scheibler in Monschau

Die Stadtentwicklung folgt einem ihr eigenen Entwicklungsprozess von Aufstieg und Niedergang: Während allerdings der politische und ökonomische Niedergang einer Epoche bei manchen Städten dazu führen kann, dass sie in der folgenden Entwicklungsphase einen erneuten Aufstieg erfahren, werden sich andere Städte von demselben Niedergang nicht wieder erholen können.

So konnte Köln seit seiner Gründung in der Römerzeit bis heute jede der sozioökonomischen Entwicklungen für sich nutzen, was zu einem umfassenden städtischen Wachstum führte. Die Stadt Trier dagegen hat nie mehr die Bedeutung erlangen können, die sie unter der römischen Herrschaft hatte; auch Worms verlor durch den Statusverlust als Freie Reichsstadt an Stellenwert. Die Festungsstädte des 17. Jh.s, z.B. Palmanova oder Neu-Breisach, glitten nach Verlust ihrer militärischen Aufgaben in die Bedeutungslosigkeit ab.

Ebenso endeten die kurzen Blütezeiten der aufstrebenden frühindustriellen Textilstädtchen des 18. und frühen 19. Jh.s, wie Monschau in der Eifel oder Viersen am Niederrhein, als sie im wahrsten Sinne des Wortes den „Anschluss" verloren: Ohne den überlebensnotwendigen Eisenbahnanschluss ging die industrielle Entwicklung sehr rasch an ihnen vorbei.

Die Stadtbaugeschichte kennt viele solcher Beispiele des Aufstiegs und des Niedergangs. In den Städten, die nur eine kurze Wachstumsphase zu verzeichnen hatten, können wir auch heute noch häufig bedeutende Zeugnisse der Stadtbaugeschichte sehen, die durch ihren Erhaltungszustand beeindrucken.

Der städtebauliche Plan ist Rahmen und Grundgerüst für die Architektur und liefert Vorgaben für die architektonische Form, die Gestaltung sowie für die verschiedenen Gebäudefunktionen und die Erschließung. Basale Elemente des städtebaulichen Plans sind
• die Erschließung mit Straßen und Plätzen,
• die Aufteilung der Bauquartiere sowie
• die Bauweise, Baudichte und Parzellierung.
Diese dienen bei der Betrachtung der planungsge-

schichtlichen Zusammenhänge als Grundlage, die ergänzt werden durch
• die Verteilung der städtischen Funktionen,
• die Verteilung und Ausstattung mit Infrastruktur sowie
• die Berücksichtigung der sozialen Belange der Bewohnerschaft bei der Planung.

Zur Planung gehört nicht allein die ideelle Planung, sondern auch die Planungsumsetzung – die städtebaulichen und baurechtlichen Instrumente, der ökonomische Rahmen für die Realisierung und die Verfügbarkeit über den Grund und Boden.

Die Stadt und die gebaute Umwelt sind präsente Geschichte und bauliches Manifest menschlicher Tätigkeit. Die Stadt ist somit ein erfassbares Nachschlagewerk für geschichtsinteressierte Menschen: Wer um ihre Geschichte weiß, kann sie entdeckend durchschreiten und Baustile und Stadtstrukturen mit wachen Augen wahrnehmen. Jeder, der Geschichte als wichtigen Teil der Gegenwart und der Zukunft begreift, kann diese in der gebauten Umwelt der Städte und Dörfer erleben. Das Wissen über geschichtliche Zusammenhänge und die Entstehung von Struktur und Funktionsverteilung erleichtern das analytische Verständnis für die Stadt.

Grundlegendes Wissen über die Geschichte der Stadt ist kein Selbstzweck, sondern kann sehr konkrete Auswirkungen auf Gegenwart und Zukunft haben, denn die heutigen Bau- und Planungsaufgaben bewegen sich vorrangig im Kontext der bebauten Stadt. Bauen und Planen im Bestand sind die Aufgabenfelder der Zukunft und erfordern die Auseinandersetzung mit dem Kontext der stadtbaulichen Historie. Geschichte kann und muss somit Plattform für die zukünftige Entwicklung und Baustein des kontextuellen Entwerfens und Planens sein.
Nur wer die Geschichte kennt, kann die Zukunft bestimmen. Da sich die Idee der Stadt seit jeher auch in der Ordnung der Gebäude, der öffentlichen und

privaten Bereiche sowie der Straßen und Plätze realiter widerspiegelt, kann das Studium der Stadtgeschichte sehr viel zum Verständnis über diese grundlegenden Ordnungsstrukturen und ihrer ideellen Hintergründe beitragen.
Vor allem die Grundmuster der Bodeneinteilung und Parzellierung bestimmen noch heute die Stadt. In ihnen sind „die früheren Entscheidungen versteinert enthalten und (...) widersetzen sich jedem Druck zur Abänderung hartnäckig" (Fehl 1995a, 34).

Aus der Geschichte lernen: „Die Vergangenheit ist in die Gegenwart eingeschlossen, ist untrennbar eins mit ihr. Gegenwart und jene andere Gegenwart, die wir Zukunft nennen, sind nichts anderes als das Ergebnis unserer Vergangenheit. Sie sind das Gericht über alles Geschehene. Man kann sich eine Weile einbilden, man sei aller Vergangenheit ledig. Doch eines Tages richtet sich die Vergangenheit vor einem auf und erweist sich als ein Engpaß, durch den der Weg in die Zukunft führt. Scheut man die enge Pforte, gewinnt man nie das Freie" (Luise Rinser in: Fehl 1995a, 33).

2. Stadt in der griechischen Antike

Die Stadt in Griechenland zur Zeit der klassischen Antike kann zu Recht als die Wiege der europäischen Stadt bezeichnet werden. Ohne die hier im Jahrtausend vor Christi Geburt entstandenen Städte, ohne die ihnen innewohnenden Überlegungen zur räumlichen Struktur und Organisation des Gemeinwesens „Stadt" wäre die europäische Stadt nicht denkbar. Hier liegen die Wurzeln, die bis heute das Alleinstellungsmerkmal der europäischen Städte begründen.

Wir stoßen auf die Erscheinung der geplanten Stadt, d.h. auf die Stadt, deren Realisierung auf einem unter rationalen Gesichtspunkten entwickelten Ordnungsmuster für die räumliche Struktur basiert. Der regelmäßige Stadtgrundriss und der funktionale Städtebau einer nunmehr als vorausschauend „gedachten" und geplanten Stadt kennzeichnen ihren räumlichen Aufbau.

In der antiken Stadt folgte die formal-räumliche der funktionalen Ordnung. Planen und Bauen standen unter dem Gesichtspunkt der Einheitlichkeit sowie der Ordnung von Stadtgefüge und Gesellschaft. Der antike Städtebau mit seinen Raumordnungsstrukturen und seinem Prinzipien der „richtigen" Einteilung bildet die Grundlage einer bis heute lebendigen Funktionsteilung, die zum Wesensmerkmal der europäischen Stadt geworden ist – nämlich die Aufteilung in den öffentlichen und den privaten Raum. Vor allem der besondere Stellenwert, der dem öffentlichen Raum in der Stadt beigemessen wurde, ist in dieser Art einmalig. In den heutigen Diskussionen über Leitbilder der zukünftigen Stadtentwicklung ist die europäische Stadt Vorbild – vor allem wegen eines Wesensmerkmals: der Polarität zwischen Öffentlichkeit und Privatheit (Siebel 2002, 106 ff).

In der islamischen Stadt fehlte der öffentliche Raum der Straßen und Plätze als zentrale Orte der Begegnung; „Öffentlichkeit" beschränkte sich auf Moscheen, Bazare, Bäder u.ä. Ebenso wenig spielte der öffentliche Raum in der traditionellen chinesischen Stadt mit ihrem introvertierten Hofhaussystem und den zur

Straße hin geschlossenen Gebäudefronten eine Rolle. Auch die in der Mitte der Stadt gelegenen Kaiserpaläste als Symbole der höchsten religiösen und weltlichen Macht ließen ganz bewusst für „öffentlichen Raum" keinen Platz.

Bei der Kolonisierung Süd- und Nordamerikas erfolgte ebenso – entsprechend dem europäischen Vorbild – eine Differenzierung in öffentliche und private Räume.

Das klassische Zeitalter, welches das Städtewesen in besonderem Maße prägte, umfasst die Phase zwischen 479 und 336 v. Chr. In dieser Zeit entstand eine auf Sklaverei fußende aristokratische Gesellschaft, deren Entwicklung durch eine starke wirtschaftliche Dynamik begünstigt wurde. Diese basierte auf ausgeprägtem Seehandel, Eisenherstellung und Münzprägung sowie der Einführung des Alphabets.

Die neue Gesellschaft bildeten sich selbst verwaltende und regierende Stadtbürger, die in neuen Stadtstaaten, den poleis, organisiert waren. Im anschließenden Zeitalter des Hellenismus erlebte das Griechische Reich unter Alexander dem Großen seit 336 v. Chr. seine größte Ausdehnung. Diese Expansion brachte die Verbreitung der griechischen Kultur und ihrer städtebaulichen Leitsätze bis nach Indien mit sich – und fand ihr Ende mit der vollständigen Einverleibung in das Römische Reich um 30 v. Chr. Die poleis blieben in der hellenistischen Zeit in ihren charakteristischen Institutionen bestehen, allerdings unter der Kontrolle der Zentralmacht des Königs.

Die Gesellschaft der klassischen Antike war durch Arbeitsteilung, politische Rechte für alle männlichen Bürger (meist timokratisch abgestuft und unter Ausschluss der Sklaven) und durch die räumliche Trennung von Stadt und Land geprägt.

Hier findet sich die wesentliche Voraussetzung für die Entstehung aller städtischen Strukturen: die Differenzierung in Stadt- und Landbevölkerung. Die Entstehung von Städten wurde erst möglich, als es durch verbesserte Anbaumethoden zur Überschussproduktion in der Landwirtschaft kam, so dass sich einige

Griechenland: Übersichtskarte zur Hellenistischen Zeit (Hofrichter 1995, 51)

Die Zeit der großen Kolonisation mit der Ausdehnung im Mittelmeerraum fand bereits zwischen 750 und 550 v. Chr. statt.

Olynth: Blick von Süden in den Hof eines Wohnhauses (Hoepfner 1999, 272)

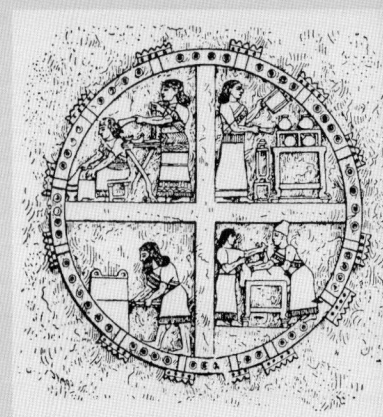

Szenen aus dem städtischen Leben, dargestellt in assyrischen Basreliefs (Benevolo 1990, 29)

13

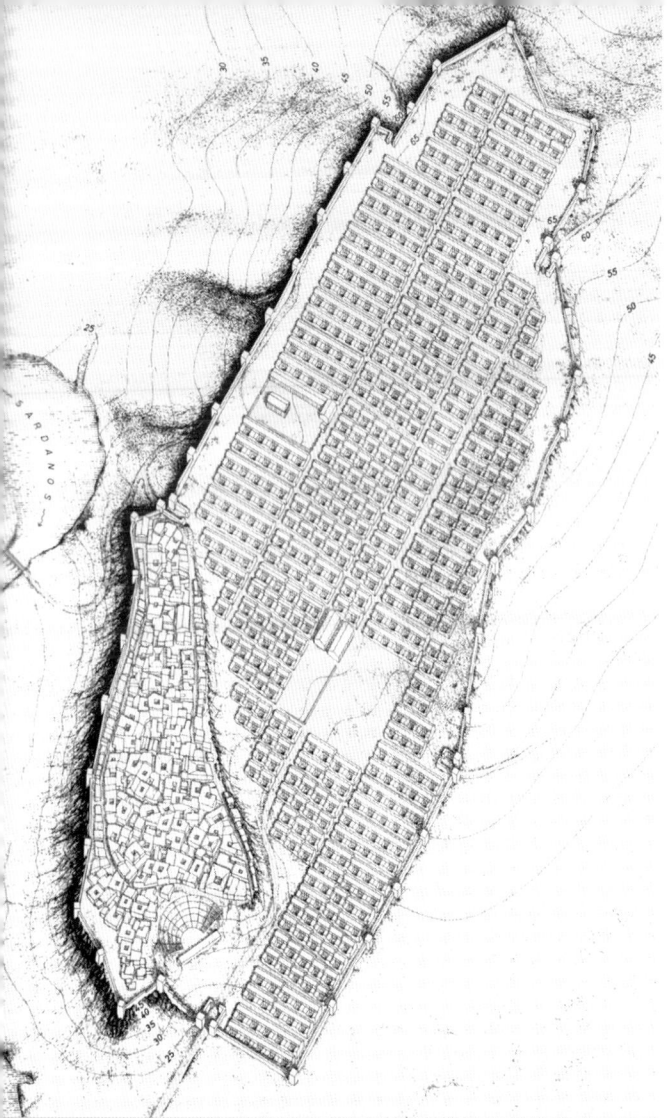

Olynth: Isometrische Rekonstruktion der Stadt nach der
Neugründung 432 v. Chr. (Hoepfner, 1999, 263)

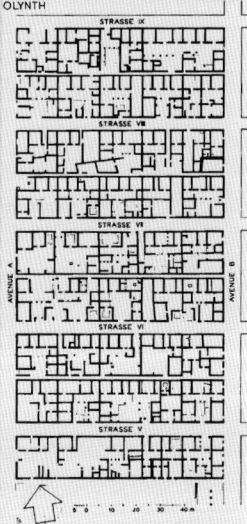

Ausschnitt Stadtgrundriss
Olynth (Hoepfner, 1999,
268)

Bevölkerungsgruppen aus der landwirtschaftlichen
Tätigkeit herauslösen und einem spezialisierten Handwerk, Gewerbe oder Handel nachgehen konnten.

Ein klassisches Beispiel ist das Zweistromland zwischen
Euphrat und Tigris, das durch regelmäßige Überschwemmungen sehr fruchtbar und als ebene Fläche
gut zu bearbeiten war. Vor 4 000 Jahren wurde es im
Zuge seiner großen landwirtschaftlichen Produktivität
und entsprechend ansteigenden Bevölkerungszahlen
zum Zentrum des frühen Städtewesens. Der Durchbruch zur städtischen Zivilisation erfolgte hier noch
vor den Griechen. Im Gegensatz zur polis war sie
durch monarchistische Herrschaftsstrukturen geprägt,
die sich im Stadtbild in den entsprechenden Herr-
schaftsbauten und Tempelanlagen widerspiegelten.

In den Schriften von Aristoteles wird die Stadtgemeinschaft als Urgemeinschaft beschrieben und die Stadt
als Ganzes über den einzelnen Menschen gestellt. Ihr
wird zugleich eine hohe moralische Instanz zugewiesen: „Derjenige hat keine Stadt, der es wagt, in Unehre
zu leben" (Sophokles in Kostof 1992, 37); er wird aus
der Stadt verwiesen. So sagte Nicias am Strand von
Syrakus zu den Athenern „Ihr selbst seid die Stadt,
wo ihr euch auch niederlasst. (...) Die Menschen
machen die Stadt, nicht die Mauern und Schiffe ohne
sie" (Kostof 1992, 37). Dieser durch die klassischen
Philosophen Platon und Aristoteles aufgebrachte
Begriff des „Bürgerstatus" war prägend für das
europäische Mittelalter und die Neuzeit.

Die griechische Stadt zeichnete sich besonders durch
ihre große Funktionalität und Abstimmung des räumlichen Aufbaus auf die Erfordernisse der städtischen
Gesellschaft aus. Ihre städtebauliche Struktur fasziniert
daher besonders durch
• den geplanten, rasterförmigen Aufbau mit
regelmäßiger Baublockeinteilung,
• die klare Funktionsteilung mit Betonung der öffentlichen Flächen sowie
• die Umgrenzung mit einer Stadtmauer und Typen-
hausbebauung.

An erster Stelle ist hier der orthogonale Aufbau des Stadtgrundrisses zu nennen, nämlich das Raster und somit jenes Grundmuster, welches Hippodamus von Milet zugeschrieben wird. Hippodamus von Milet (5. Jh. v. Chr.) gilt auch als Begründer des wissenschaftlich-funktionalen Städtebaus und der Typenbauweise (Hoepfner 1999, 201).

Die früheste nach dem Schachbrettsystem angelegte griechische Stadt ist Milet, die Heimatstadt von Hippodamus. Ihr Raster gilt bis heute als Grundform der geplanten Stadt – derartige rasterförmige Planungs- und Bauweisen werden oft als „hippodamischer" Städtebau bezeichnet.

Das Raster oder auch Gitternetz (Kostof 1992, 95) und damit die regelmäßige und rechtwinklige Aufteilung der Parzellen fand und findet bis heute eine breite Anwendung im Städtebau; sie zeichnet sich durch seine hohe Flexibilität und Anpassungsfähigkeit aus, denn sie bringt verschiedene Vorteile mit sich:
• Eine Rasterform kann auf einfache Art und Weise vermessen und die Parzellen regelmäßig eingeteilt werden.
• Ein Raster bringt eine rationale Form der Grundstückseinteilung mit sich und ermöglicht eine gleichmäßige Bebaubarkeit.
• Ein rasterförmig aufgebauter Stadtgrundriss begünstigt die Orientierung und sorgt für eine gleichmäßige Be- und Entlüftung der Stadt und günstige Verkehrsverhältnisse.
• Zudem kann eine Rasterform beliebig erweitert werden.

Die Gitternetz- oder Schachbrettplanung wurde zum gebräuchlichsten Planungsmuster, sie ist „geographisch und historisch universell" (Kostoff 1992, 95) und wird auch den Anforderungen an Verteidigung und Überwachung gerecht. Erst mit zunehmender Größe der Städte und mit der damit verbundenen Ausdehnung des Gitters kam die Rasterplanung im 19. Jh. in Misskredit und unterlag dem Vorwurf der Monotonie, Einfältigkeit und Künstlichkeit (Schröteler-von Brandt 1998a, 248ff).

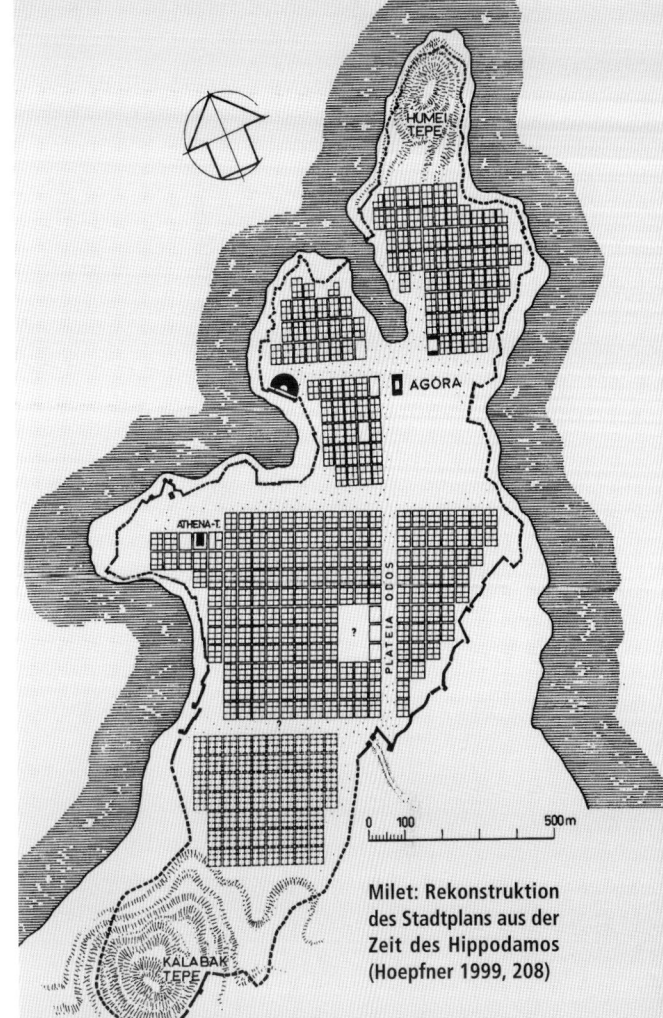

Milet: Rekonstruktion des Stadtplans aus der Zeit des Hippodamos (Hoepfner 1999, 208)

Hippodamus von Milet „war weder Architekt noch Baumeister, sondern Staatstheoretiker. Sein Staat sollte aus drei sozialen Gruppen (Handwerkern, Bauern und Kriegern) bestehen, die je ein Drittel der etwa 10 000 Einwohner stellen und je ein Stadtviertel bewohnen sollten; daneben war noch Areal für sakrale und öffentliche Bauten vorgesehen" (Kolb 1997, 77). Gewerbetreibende ohne Grundbesitz und Bürgerrecht sollten ihren Wohnraum pachten.
Milet wurde nach der Zerstörung durch die Perser im 5. Jh. v. Ch. im Schachbrettsystem aufgebaut.

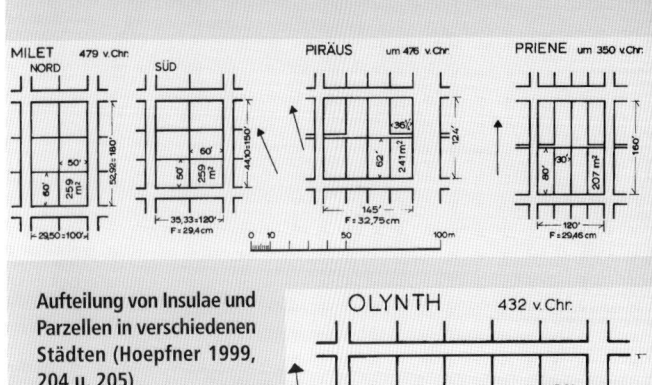

Aufteilung von Insulae und Parzellen in verschiedenen Städten (Hoepfner 1999, 204 u. 205)

Vogelschau Priene (Kostof 1992, 125)

Die Stadt Priene wurde auf einem Plateau mit schroff abfallenden Hängen errichtet. Der Ort war aus Verteidigungsgesichtspunkten gut gewählt; allerdings war er schwer zu bebauen. Priene bewohnten Ende des 4. Jh.s. v. Chr. ca. 4 000 Menschen (Kolb 1997, 75)

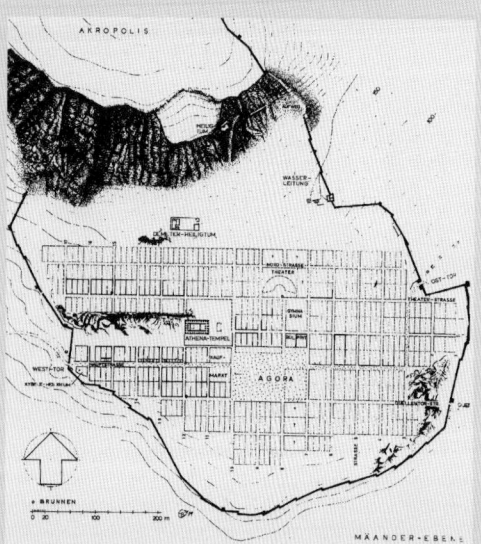

oben: Stadtgrundriss von Priene mit deutlich hervorgehobenen öffentlichen Bereichen (Hoepfner 1999, 340)
unten: Stadtplan von Babylon mit Stadtteilen und Tempelbezirk (Benevolo 1993a, 34)

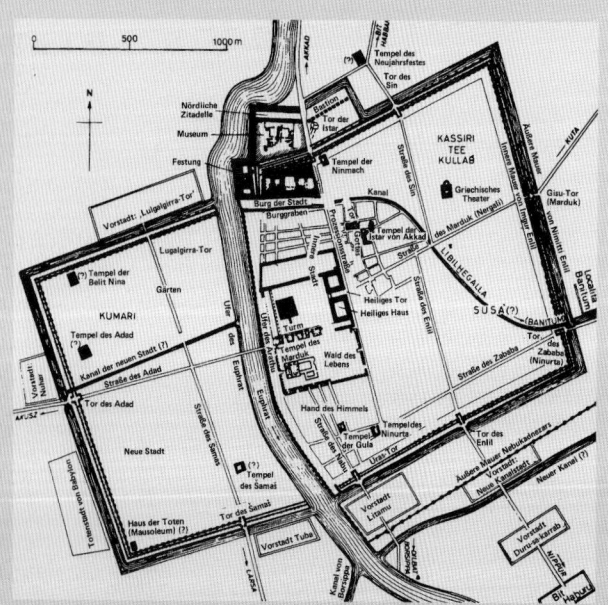

In den antiken Städten wurde eine Einteilung in gleich große Baublöcke vorgenommen, deren Größe von Stadt zu Stadt unterschiedlich war; so waren z.B. die Baublöcke der Stadt Milet, die 479 v. Chr. nach einer Zerstörung neu angelegt wurde, ca. 30 x 52 m groß. Ein anderes Beispiel: In der 432 v. Chr. neu gegründeten Stadt Olynth maßen sie 35 x 90 m.

Der Städtebau der klassischen Antike und insbesondere des Hellenismus kann auch als Einheitsstädtebau gekennzeichnet werden, der insbesondere bei der Stadterweiterung und der Gründung von Kolonien in großem Stil zur Anwendung kam (Hoepfner 1999, 441). Ein Baublock bestand aus sechs bzw. acht Bauparzellen, deren Seitenlängen z.B. ein Verhältnis 4:5 oder 5:6 auswiesen (Hoepfner 1999, 204ff). So bildeten in der Stadt Priene (350 v. Chr.) jeweils acht Parzellen mit einer Breite von 8,80 m und einer Tiefe von 23,5 m den Baublock (35 x 47 m) (Hoepfner 1999, 341). Die Grundstücksgrößen lagen zwischen 250 und 300 qm. Erkennbar sind die Einflüsse der mathematisch-geometrischen Lehren des Pythagoras auf die Einteilung der Bauparzellen und deren Proportion. Die Hauptstraßen waren in der Regel 5 bis 10 m und die Seitenstraßen 3 bis 5 m breit (Benevolo 1990, 143). Standardisierte Parzellengrößen lassen sich schon in den Städten des Alten Orients nachweisen (Wirth 2000, 25).

Rasterplanung und Baublockeinteilung als städtebauliche Grundstruktur finden sich bis heute wieder: Die Straßen und Plätze bilden dabei den öffentlichen Raum und die Bauparzellen die privaten Räume.

Ein weiteres zentrales Planungsmerkmal ist die Aufteilung in den öffentlichen, privaten und den sakralen Bereich.

Der sakrale Bereich des Tempelbezirkes befand sich zumeist an exponierter Lage und wurde zugleich als Fluchtburg (akropolis) genutzt. Die Verteilung der Funktionen in öffentliche und private Bereiche war bereits in den Vorgängerstädten im Vorderen Orient realisiert. So findet sich bereits bei der Stadt Babylon, die um 2 000 v. Chr. durch König Hammurabi zur

Blütezeit gelangte, eine Aufteilung in Stadtteile mit unterschiedlichen Funktionen: Regelmäßige und gerade Straßen wurden von einer rechtwinkligen Mauer umgeben, im Zentrum der Stadt lagen die Paläste und – als „Stadt in der Stadt" – der nur für Priester zugängliche Tempelbezirk sowie der hohe turmartige Tempelbau bzw. Beobachtungsturm (zikkurat) (Delfante 1999, 30).

Während der klassischen Zeit waren im Mittelmeerraum schätzungsweise 500 bis 700 poleis angesiedelt mit einer meist geringen Einwohnerzahl von wenigen 100 bis zu mehreren 1 000 Einwohnern (Kolb 1997, 72).

Das Besondere an den antiken Städten war, dass die öffentlichen Zonen eine wesentliche Bedeutung erlangten; vor allem die Plätze hatten – als „Räumlichkeit" der neuen politischen Strukturen und Orte der politischen Entscheidung – eine herausragende Rolle. Die agora mit ihrer ursprünglichen Funktion als Fest- und Versammlungsplatz war das Herzstück. Hier entschieden die freien Vollbürger nach timokratischem oder demokratischem System über die Geschicke der Stadt. Die Marktfunktion kam hinzu, wurde aber z.T. wieder ausgelagert (z.B. im Milet des Hippodamus, der eine funktionale Differenzierung zwischen einer politischen und einer marktbestimmten agora vorsah) oder auf eine Seite der agora beschränkt. An der agora standen meist die bedeutenden öffentlichen Gebäude wie die der Ratsversammlung (bouleuterion) oder die überdachten Säulenhallen (stoa) mit ihren Läden und Amtsstuben.
Darüber hinaus wurden zusätzliche öffentliche Einrichtungen für Bildung, Kultur und Sport (Gymnasien, Stadien, Theater etc.) angelegt. Die Reservierung von weiteren Flächen für öffentliche Einrichtungen lässt sich nachweisen (z.B. für Milet) – und damit eine sehr weitsichtige Zukunftsplanung.

Innerhalb ihrer Mauern bildete die Stadt eine Einheit. Es gab keine Sperrbezirke, sondern eine klare Trennung

Rekonstruktion der Stadtmitte von Milet (Benevolo 1990, 147)

2 Heroon (ein monumentales Grab)	17 Gymnasium
5 Römische Thermen	18 Tempel des Äskulap
6 Kleines Hafenmonument	19 Heiligtum des Kaiserkultes (?)
7 Synagoge	20 Bouleuterion
8 Großes Hafenmonument	21 Nymphaeum
9 Portikus des Hafens	22 Nördliches Tor
10 Heiligtum des Apollo Delphinios	23 Christliche Kirche (5. Jh. n. Chr.)
11 Hafentor	24 Südliche Agora
12 Kleiner Markt	25 Lagerhallen
13 Nördliche Agora	26 Römisches Heroon
14 Ionischer Portikus	27 Tempel des Serapis
15 Prozessionsstraße	28 Thermen des Faustina
16 Thermen des Capitus (römischer Statthalter im 1. Jh. n. Chr.)	

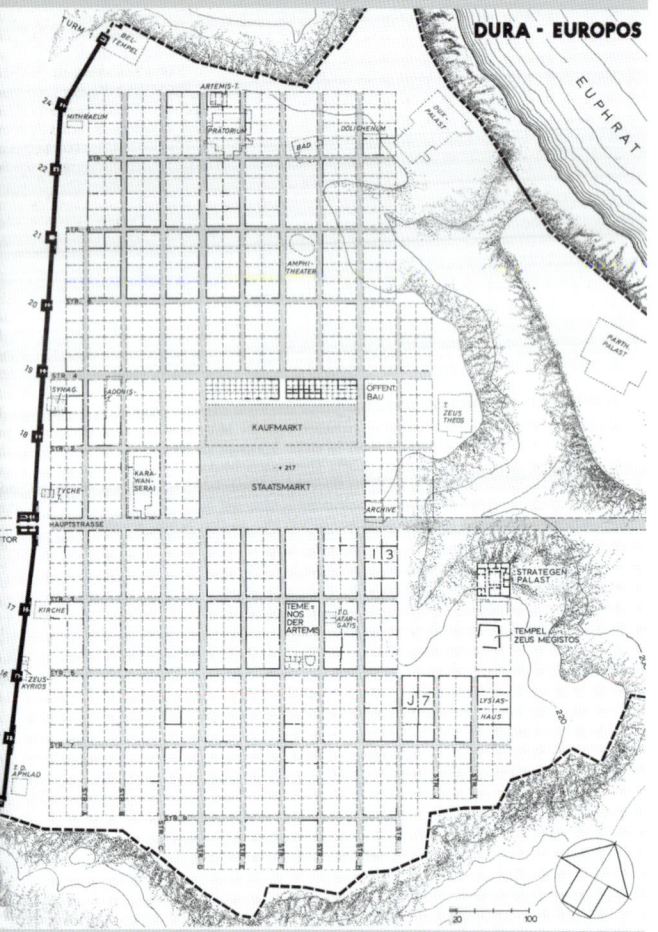

Rekonstruktion des Stadtplans von Dura-Europos (Hoepfner 1999, 499)

Die griechische Kolonisation, in deren Zuge das Mittelmeer- und Schwarzmeergebiet besiedelt wurde, war Folge der Überbevölkerung und des Mangels an Nahrungsmittel.

So wurden die Kolonien als „Ackerbausiedlungen" gegründet. Die fruchtbaren Anbaugebiete ermöglichten schon bald eine Überschussproduktion in der Landwirtschaft: Der Export konnte ausgeweitet werden und Händler und Handwerker bevölkerten die Stadt. „Die Notwendigkeit, sich besonders eng zusammenzuschließen, und das Bewusstsein der Andersartigkeit in einer fremden, nicht selten feindlichen Umgebung begünstigten von vornherein die Anlage geschlossener Siedlungen" (Kolb 1997, 75).

zwischen den geschützten privaten Bereichen und den allen zugänglichen Orten der Öffentlichkeit (Benevolo 1990, 96).

Die griechische polis bestand aus der Stadt und einem sie versorgenden Territorium. Die Landbevölkerung hatte – anders als im Mittelalter – dieselben Rechte und Pflichten wie die Stadtbevölkerung. Es wird angenommen, dass in einigen Städten der Anteil der zu einer Stadt gehörenden Landbevölkerung im Verhältnis zu der der Stadt doppelt so hoch war.

Es bestand eine Vorstellung von der idealen Größe der überschaubaren Stadt, die sich einerseits aus der Notwendigkeit der Versorgung mit landwirtschaftlichen Produkten durch die Umgebung, aber auch als Notwendigkeit für die politische Selbstverwaltung ergab. Eine polis sollte nach dem griechischen Historiker Xenophon 5 000 Bürger haben und damit 20 000 bis 40 000 Einwohner – Frauen, Kinder, Sklaven und Fremde mit einbezogen (Kolb 1997, 73).

Bei zunehmendem Wachstum gründete der Stadtstaat eine Tochterstadt: Ausgestattet mit der Erde der Mutterstadt und dem heiligen Feuer wurde ein neuer Ort, eine Kolonie in Besitz genommen und entsprechend nach „Planung" eingeteilt. So soll der Stadtstaat Milet bis zu 90 Städte als Kolonien gegründet haben (Krause 1998, 70).

In der Geschichte der Stadtplanung stellt sich immer wieder die Frage der Begrenzung des städtischen Wachstums in Kombination mit der Frage nach der politischen und sozialen Beherrschbarkeit. Vor allem zu Zeiten eines dynamischen Stadtwachstums im 19. und 20. Jh. werden die verschiedensten Richtgrößen für eine rationalen Kriterien folgende Stadtentwicklung diskutiert (siehe Kapitel 11 und 15).

Ein weiteres Merkmal der antiken griechischen Stadt war die Abgrenzung von dem sie umgebenden Territorium durch eine Stadtmauer oder durch eine natürliche Schutzgrenze. Diese durch die Mauer realisierte Trennung von Stadt und Land und die so herausgehobene Bedeutung der Stadt als Schutzraum gegen Feinde sowie Manifestation der sozio - ökonomischen Vormachtstellung gegenüber dem Land sollte das Merkmal der europäischen Stadt werden: Bis ins 18. Jh. war diese Abgrenzung das Charakteristikum, das die Stadt vom Umland separierte. Diese Separierung brachte Folgen für die Stadtentwicklung mit sich: Hohe Baudichte, Enge, Platzmangel, sparsamer Umgang mit dem Bauland etc. hingen unmittelbar mit der Größe der Umfassungsmauer zusammen.

Allerdings wurde die Stadtmauer nicht von den Griechen erfunden, sondern gehörte von Beginn an zur Entstehungsgeschichte der Stadt. Bereits die früher nachweisbaren Stadtgründungen verfügten über Stadtmauern als Abgrenzung zum umgebenden Raum. Die Grenze gehörte zur Stadt und erhob sie erst zu einem „besonderen" Territorium.

Die zur Grenzziehung erforderlichen bautechnischen Anforderungen machten die Realisierung von Stadtmauern und Stadttoren über viele Jahrhunderte hinweg zur zentralen profanen Bauaufgabe, die wiederum zu beträchtlichen technischen Fortentwicklungen führte: So wurde z.B. Troja nur durch die List der eingeschleusten Krieger einnehmbar.

Auch Reichtum und Macht zeigten sich u.a. in der Stadtbefestigung. Als die Stadt Athen – im 5. Jh v. Chr. mit etwa 35 000 bis 50 000 Einwohnern größte Stadt ihrer Zeit (Kolb 1997, 75) – einen neuen Hafen erhielt, wurde die Hafenstadt Piräus als streng geordnete hippodamische Stadt angelegt und zugleich mit Athen über eine 8 km lange und zu beiden Seiten mit Mauern eingefasste Straße verbunden (Benevolo 1990, 130).

Das Bauen fand auf den vorher eingeteilten Parzellen statt; vorgegeben wurden Typenhäuser, die für das ganze Stadtgebiet und für alle Bürger galten. Nach diesen stark vereinheitlichten Vorgaben baute der einzelne Stadtbürger.

Daher weisen die Ausgrabungen antiker griechischer Städte bei den jeweiligen Hausgrundrissen ausgeprägte Gemeinsamkeiten auf; dies ist z.B. in Priene der

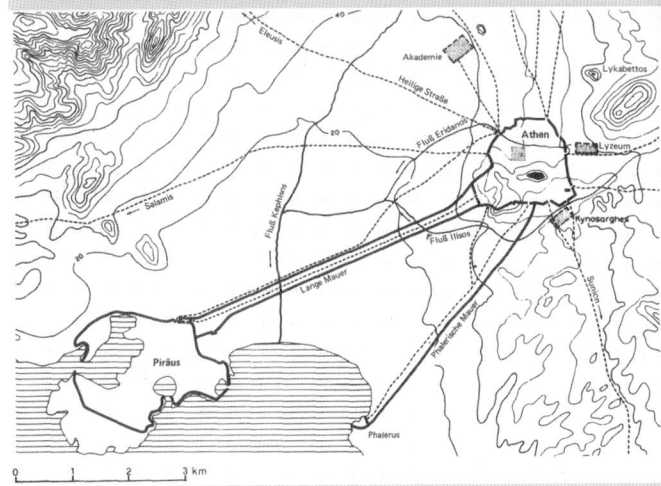

Athen im 5. Jh. v. Chr. mit den langen Mauern, die die Stadt mit dem Hafen Piräus verbanden (Benevolo 1990, 130)

Die Bevölkerungszahl in der Antike wird u.a. über den Getreideanbau geschätzt. Die reiche Stadt Athen konnte neben der jährlichen Eigenproduktion an Getreide von rund 19 Millionen Liter noch weitere 40 Millionen importieren und erst damit die Ernährung der Stadt sicherstellen (Kolb 1997, 74).

Rasterplan der Hafenstadt Piräus (Hoepfner 1999, nach 959)

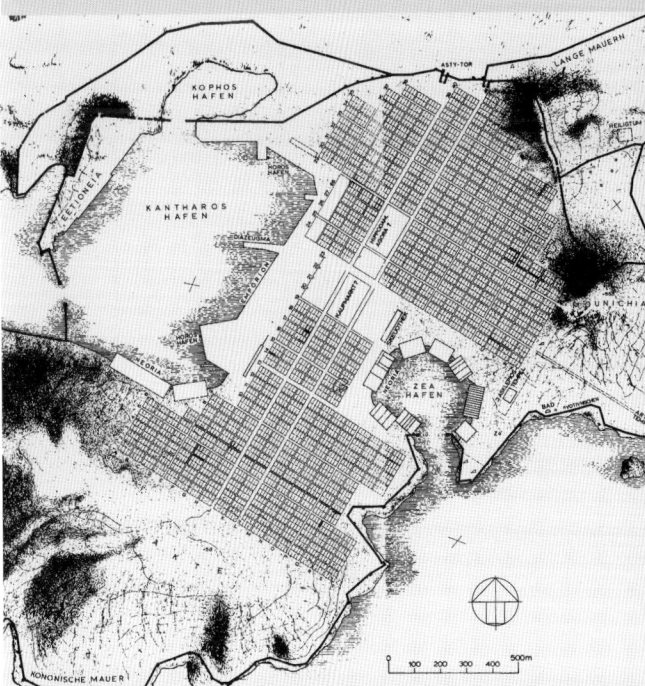

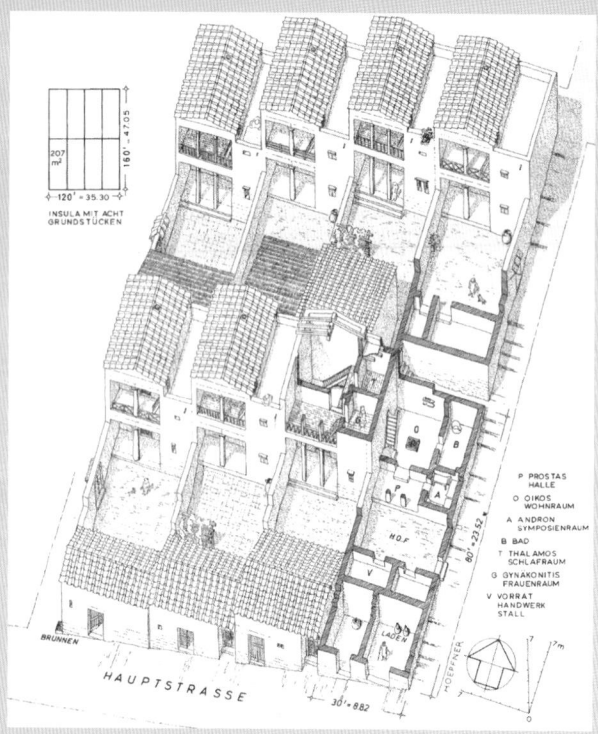

Priene: Rekonstruktion einer Insula mit acht Wohnhäusern (Hoepfner 1999, 346)

Priene: Rekonstruierter Grundriss einer Insula (Hoepfner, 1999, 345)

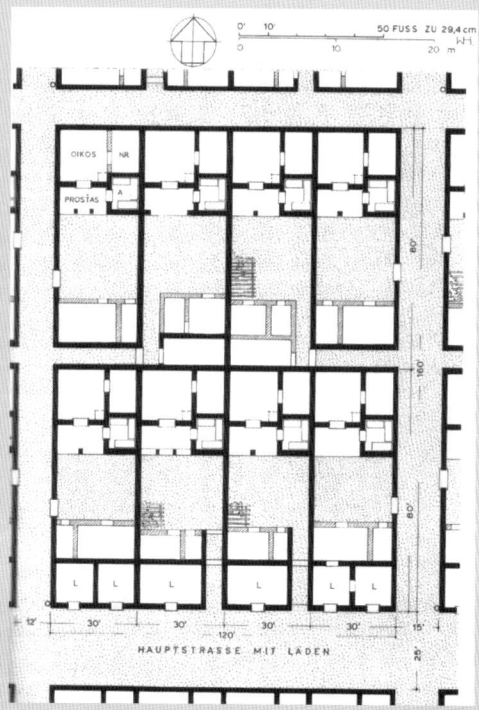

Fall mit einer der heutigen Reihenhausbebauung sehr ähnlichen Addition von „Serien-Typenhäusern": Alle verfügen über die Einteilung eines Hofes sowie eines zur Südseite hin ausgerichteten Hauses mit Wohnräumen im Erdgeschoss und Schlafräumen im Obergeschoss.

Bei der gleichmäßigen Parzellierung und den relativ kleinen Grundstücksgrößen schien ein Bau mit Typenhäusern vorteilhaft zu sein; zudem begünstigten die in der homogenen Gesellschaft vorhandenen ähnlichen Wohn- und Lebensgewohnheiten solcherlei Vorgaben (Hoepfner 1999, 201). Auch hier finden sich Parallelen z.B. zur Phase des stark funktionalisierten Städtebaus mit der Normierung der Grundrisstypen zwischen 1920 und 1970.

Häuser und Grundstücke befanden sich im Eigentum der Bürgerfamilien, denn nur ihnen war es erlaubt, Eigentum an Haus und Grund zu haben: Fremde mussten ihre Wohnungen und Häuser mieten (Hoepfner u.a. 1999, 587ff) und durften kein Land besitzen. Der Anteil der ortsansässigen Fremden (metöken) war zeitweise recht groß: In Athen um 313 v. Chr. soll er ca. 50 % betragen haben. Der Schutz des privaten Eigentumstitels war bereits gängige Praxis bei gleichzeitiger Vorgabe eines Ordnungsrahmens für die Entwicklung der Gemeinschaft der Stadtbürger. Die Parzellen wurden bei Stadtneugründungen durch Losverfahren vergeben, das Eigentum an Grund und Boden war prinzipiell frei veräußerlich und vererbbar (Hoepfner u.a. 1999, 587ff).

Das geordnete Leben in der Stadt war nur möglich durch ein Regelwerk für die elementaren Aufgaben des städtischen Zusammenlebens, das Gebote und Verbote beinhaltete: Unrat oder Baumaterial durften nicht auf öffentlichem Grund gelagert und keine offenen Abwasserkanäle durch die Stadt geführt werden. Auf die zuverlässige Passierbarkeit von Straßen und Plätzen und deren Instandhaltung wurde strengstens geachtet. Ebenso regelte ein ausgeprägtes Nachbarschaftsrecht Streitfragen.

Die Überwachung der Aufgaben wurde jährlich neu auf die Stadtbürger verteilt: So wurden in Athen zehn Bürger durch das Los mit diesen Aufgaben betraut (Hoepfner u.a.1999, 588). Dies verdeutlicht: Es bestand ein strenger Konsens über die beste Struktur und Organisation der Stadt.

Wurde die antike griechische Stadt bislang unter dem Gesichtspunkt der rationalen Planung und der Einführung des hippodamischen Schachbrettstädtebaus behandelt, so muss dies lediglich als Muster für die neu geplanten und durch Kolonisten „bezogenen" Städte angesehen werden.

Die Städte, die schon ältere Vorgänger hatten und vor allem über einen längeren Zeitraum gewachsen waren, wurden durchaus von unregelmäßigen Stadtgrundrissen geprägt. Ein bedeutendes Beispiel ist diesbezüglich die Stadt Athen, die seit etwa 1 300 v. Chr. bestanden haben soll. Mit der akropolis und einer agora verfügte sie zwar erkennbar über einen öffentlichen Bereich und damit über die funktionale Teilung, allerdings verliefen die Straßen und Wege sehr ungleichmäßig und waren an die Topographie angepasst.

Hier führten die neuen Gesichtspunkte des hippodamischen Städtebaus nicht zu einer Überformung der alten Stadtstruktur oder zu einem rigorosen Stadtumbau. Dagegen folgte man bei der Anlage einer neuen Hafenstadt für Athen, d.h. bei der Neugründung von Piräus konsequent dem neuen Planungsmuster. Auch bei Erweiterungen und Modernisierungen unregelmäßig gewachsener Städte übernahmen Griechen wie Römer Elemente dieses Systems. Der Stadtumbau vollzog sich punktuell z.B. an den zentralen Orten über den Ausbau der agora oder die Anlage neuer öffentlicher Bauten sowie durch Umbau und Erweiterung der Wohnhäuser (Hoepfner 1999, 443).

Ungefährer Plan von Athen zur Zeit des Perikles (Wohnviertel punktiert, öffentliche Gebäude und Monumente schwarz eingezeichnet) (Benevolo 1990, 130)

Der gewachsenen Stadt Athen wird keine herausragende Stadtgestaltung testiert, die ihrer politischen und wirtschaftlichen Bedeutung entsprochen hätte. So zitiert Kolb (1997, 75) einen griechischen Schriftsteller aus dem 3. Jh. v. Chr.: „Die Stadt ist schlecht entworfen, in altertümlicher Manier; sie ist völlig trocken und besitzt keine gute Wasserleitung; die Straßen sind eng und winklig, da ja die Stadt so alt ist. Die meisten Häuser sind ärmlich, nur wenige wohnlich."

Alexandria (gegr. 332 v. Chr.) war die erste echte Großstadt der Antike. Die Stadt verfügte über ein differenziertes Straßensystem. Vorbild waren die Prozessionsstraßen und Kolossalbauten des alten Ägypten (Kolb 1997, 78).

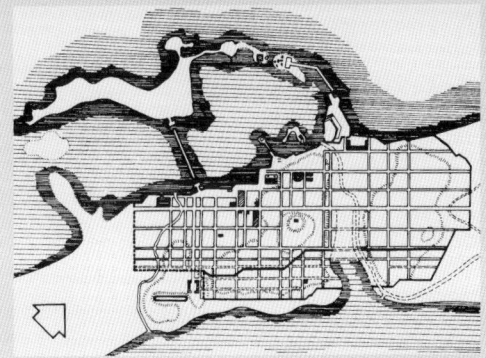

Alexandria: Straßensystem mit einem Hauptachsenkreuz (Hofrichter 1995, 60)

3. Stadt in der römischen Antike

Seit der Stadtwerdung durch etruskische Könige im 8. Jh. v. Chr. dehnte sich das seit ca. 470 v. Chr. von den Etruskern losgelöste Rom aus; um 300 v. Chr. beherrschte Rom bereits weitgehend das Gebiet der italischen Halbinsel. In den drei Punischen Kriegen im 3. und 2. Jh. v. Chr. gewannen die Römer die Kontrolle über Spanien und Nordafrika und im 1. Jh. v. Chr. über die gesamte hellenistische Welt. Um 30 v. Chr. wurde die Phase der Republik abgelöst durch das Kaiserreich als eigentliche Hauptphase des Römischen Reichs, das bis 426 n. Chr. bestand.
Nahezu 1 000 Jahre lang bestimmte Rom die Entwicklung im Mittelmeerraum und seit der Kaiserzeit in ganz Europa. Die Romanisierung des gesamten Lebensbereichs prägte von nun an wesentlich die europäische Kultur, das Bauwesen und den Städtebau eingeschlossen.

Basis des römischen Bau- und Städtewesens war die etruskische Kultur Mittelitaliens, deren Blütezeit im 8. bis 4. Jh. v. Chr. lag und deren Reichtum sich auf Erzgewinnung, intensiven Handel und ertragreiche Landwirtschaft gründete. Die Etrusker hatten ein florierendes Stadtstaatensystem errichtet, das sich als ein auf gemeinsamer Kultur, Sprache und Religion basierender Zusammenschluss unabhängiger Stadtstaaten („Zwölfstädtebund") organisierte. Straßen- und Kanalbautechnik, die Anlage von Stadtmauern und -toren, die rational-zweckmäßige Einteilung des Raumes und die Bestimmung der Lage der öffentlichen und heiligen Stätten waren genuin etruskisch und wurden später von den Römern übernommen.

Mit der Ausdehnung des römischen Imperiums wurden die in den besiegten Ländern vorhandenen Kulturen von der römischen überlagert und so romanisiert. Eine überaus geschickte Politik gestattete es den „Besiegten", ihre Identität, Religion und Gebräuche beizubehalten.
Je nachdem, wie hartnäckig sie gegen die Römer gekämpft hatten und auch für wie integrationsfähig

sie eingeschätzt wurden, verfuhren die Machthaber mit den einzelnen Völkern unterschiedlich: Die fremden Völker konnten römische Bürger gleichen Rechts werden, sie konnten teilintegriert werden (d.h. sie waren zum Militärdienst verpflichtet), sie konnten einen völkerrechtlichen Vertrag erhalten (und „freiwillig" Soldaten stellen) oder zu Provinzialen mit Steuerpflicht unter einem römischen Statthalter werden (Hantos 1983). Gleichzeitig wurden Elemente der Kunst und Kultur aus den anderen Kulturen übernommen, wie die der Griechen oder Etrusker (Nuttgens 2002).

Die Aristokratien bildeten de facto die städtischen Eliten, die allerdings durchlässig waren und in die man nach Besitz, Ansehen und Leistungsfähigkeit aufsteigen konnte. Das öffentliche Leben basierte wie in Griechenland oder in den etruskischen Städten auf ehrenamtlicher Tätigkeit und Leistungsbereitschaft; Voraussetzung waren die Bürgerrechte der Stadt Rom, die auch freigekaufte Sklaven erhalten konnten.

In den dauerhaft befriedeten Gebieten wurden Kolonien meist durch Veteranen als neue Siedler gegründet. Mit der Ausdehnung des Reiches kam es zu einer regelrechten Gründungswelle – mit den Kolonien schuf man verlässliche Stützpunkte. Diese latinischen Kolonien galten als selbständige Stadtstaaten. Sie wurden im 2. Jh. v. Chr. von den römischen Kolonien abgelöst, deren Bürger Römer waren. Benevolo zitiert Ovid mit dem Satz: „Anderen Völkern wurde Land in fester Grenze gegeben: Der Umfang der Stadt Rom und der Welt sind gleich" (Benevolo 1990, 176).

Die Entscheidung über die Koloniegründung wurde von der Volksversammlung in Rom gefasst und daraufhin eine Gründungskommission zusammengesetzt. Der Ritus zur Gründung der Stadt ist etruskischen Ursprungs: Nach Plutarch wurde eine Grube ausgehoben und „Erstlinge von allem, was man der Sitte nach als Gut und der Natur nach als

Volterra: Ausdehnung in etruskischer Zeit mit Stadtmauerverlauf (Steingräber/Blanck 2002, 19)

Die Stadt Volterra in der Toskana ist eine bedeutende etruskische Stadtgründung und kann auf mehr als 2 500 Jahre Stadtgeschichte zurückblicken. Das etruskische Volterra (etruskisch: Velathri) hatte sich ab dem 7. Jh. v. Chr. zu einer einflussreichen Stadt im Zwölfstädtebund entwickelt. Mitte des 4. Jhs v. Chr. umgab eine 7 km lange Stadtmauer die ca. 25 000 Einwohner zählende Stadt, deren Reichtum aus Salz-, Kupfer- und Alabastervorkommen herrührte. Die Einteilung eines Hauptachsenkreuzes prägt den heute noch erhaltenen Stadtgrundriss. Mit der Eingliederung in das römische Bundesgenossensystem Mitte des 3. Jhs v. Chr. ging die politische Bedeutung Volterras zurück. Mit dem Bau der Küstenstraße (Via Aurelia) wurde die Stadt verkehrstechnisch „abgehängt" und vom Handel abgeschnitten. Mit den veränderten politischen und ökonomischen Bedingungen begann der „Niedergang": In Volterra nahm die Einwohnerzahl während der römischen Phase rapide ab und die Stadtmauer zerfiel. Nur in einem kleineren Kernbereich wurde die Stadt weiter „genutzt"; bis auf das römische Theater und die Thermen wurden keine bedeutenden römischen Bauten errichtet (Steingräber/Blanck 2002).

Die Stadtgeschichte ist im Bewusstsein der Bevölkerung präsent: So verhinderten die Bewohner Volterras im 2. Weltkrieg die Zerstörung des aus etruskischer Zeit stammenden Stadttores, die Porta all`Arco (4. Jh. v. Chr.), indem sie das Tor mit herausgeholten Pflastersteinen aus der Straßen „zupackten" und damit schützten.

Mosaikdarstellung zur Feststlegung der Umgrenzungs-
linie (Humpert/Schenk 2001, 74)

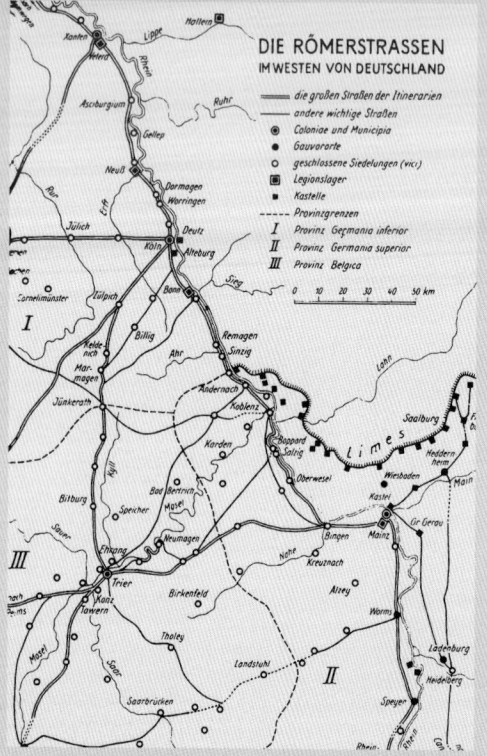

Römerstraßen im Westen Deutschlands und Limes (Jansen
1999, 793)

Xanten (Jansen 1999, 802)

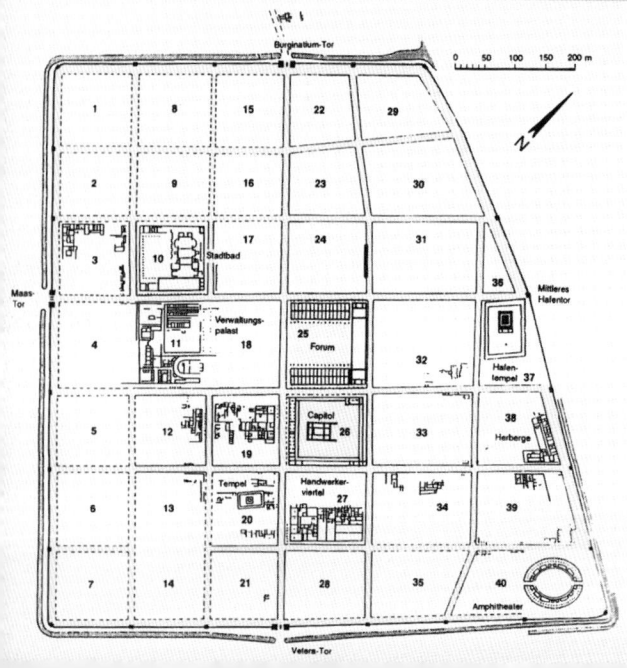

notwendig in Gebrauch hatte, da hineingelegt. Zuletzt
brachte jeder eine Handvoll Erde aus dem Lande,
woher er gekommen war, und warf sie darauf und
dann rührte man alles durcheinander" (Plut. Rom.
11). Diese Grube wurde mit mundus („Weltall")
bezeichnet.

Mit einem Pflug zog man entlang der Stadtgrenze
eine tiefe Furche und bestimmte damit den Verlauf
der Stadtmauer. Dort, wo beabsichtigt wurde, ein Tor
einzufügen, nahm man die Pflugschar heraus und
ließ einen Zwischenraum.

In der Begrenzung nach außen war die Mauer
geweihter Bereich – das Stadtinnere wurde klar
abgegrenzt vom äußeren, unreinen Bereich, in dem
auch die Toten bestattet wurden. Als politische Grenze
trennte die Mauer zugleich auch den bürgerlich-
städtischen Bereich mit seinen innerhalb der Grenzen
geltenden Bürgerrechten; im Gegensatz dazu herrschte
außerhalb militärisches Recht (eine Teilung, die auch
im Mittelalter Stadt und Land voneinander trennte).
Ausgehend von der Mitte wurde das Straßenkreuz
festgelegt: Es bestand aus einem Hauptachsenkreuz
mit einer Nord-Süd-Achse (cardo) und einer West-
Ost-Achse (decumanus), die zu den (in der Regel) vier
Haupttoren der Stadt führten.

Die Ausdehnung des römischen Reichs nach Norden
hin zu Germanien fand ihre Begrenzung an Rhein
und Donau und wurde im 1. Jh. durch den Bau des
2005 in die Liste als Weltkulturerbe der UNESCO
aufgenommenen limes geschützt, des mit Palisaden,
Mauern und Wachtürmen befestigten Grenzwalls. Die
meisten großen Städte südlich und westlich des limes
gehen auf römische Gründungen zurück, während
die östlich in Germanien gelegenen Bereiche über
keine festen städtischen Strukturen verfügten.

Zu den römischen Stadtgründungen gehören z.B.
Augsburg, Como, Florenz, Köln, London, Lyon, Mainz,
Paris, Regensburg, Speyer, Trier, Verona, Wien, Worms,
Xanten etc. Viele dieser Städte wurden nach dem
Zerfall des Römischen Reichs Ausgangspunkt der sich

anschließenden mittelalterlichen Stadtentwicklung. Insgesamt werden auf dem Boden des Imperium Romanum ca. 2 000 Städte vermutet (Kolb 1997, 81). Die meisten Städte wiesen eine Einwohnerstärke von 1 000 bis 15 000 Einwohnern auf (Fellmerth 2003, 157); Großstädte mit mehreren 100 000 Einwohnern waren neben Rom Alexandria, Antiochia oder Konstantinopel.

Verona zu römischer Zeit

Bei der römischen Stadt muss ebenso wie bei der griechischen unterschieden werden zwischen den neu gegründeten oder gewachsenen bzw. kulturell überformten Städten wie die der Etrusker, Griechen oder Ägypter.

Den Kernpunkt des römischen Städtebaus bildeten die zahlreichen, mit der Eroberung gegründeten neuen Städte, die teils aus Militärlagern (castra) entstanden waren. Neben der Zahl von Stadtgründungen, auf die weite Teile des heutigen Europas zurückblicken können, besticht der römische Städtebau durch seine technische Perfektionierung insbesondere beim Straßenbau und bei der Be- und Entwässerung der Städte.

Nîmes: Aquädukt

Die Leistungen im Ingenieurwesen, in der Gesetzgebung und dem Aufbau der Verwaltung sowie bei der Urbanisierung und der Einteilung des Landes bei den imperialen Eroberungszügen sind beeindruckend („Autorität der Kompetenz" nach Nuttgens 2002, 102).

rechts: Römische Straße in Paestum (Benevolo 1990, 240)

unten: Rekonstruktion Wasser- und Abwasserleitung unterhalb einer Straße (Connolly/Dodge 1998, 132)

Im Römischen Reich entstand ein umfangreiches Straßennetz. Zeitgleich mit den Eroberungszügen wurden die Straßen für den Truppentransport gebaut und ermöglichten anschließend den Waren- und Nachrichtenaustausch im Römischen Reich. Der Straßenbau war von hoher technischer Qualität und wurde zum bedeutenden „harten" Standortfaktor: Er begünstigte das Wachstum der Städte entlang der Hauptstraßen, wie die an der über 60 km geradlinig verlaufenden Via Appia. Die Straßenbreite betrug in der Regel 4 bis 6 m und bot Platz für einen Wagen

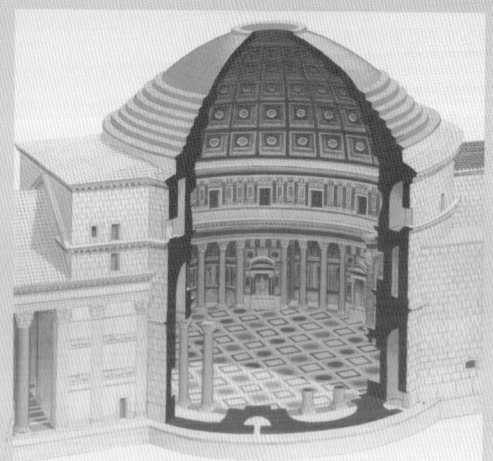

Rom: Querschnitt Pantheon (Connolly 1998, 229)

Das Pantheon wurde um 125 von Kaiser Hadrian als Tempel errichtet. Das imposante Gebäude besteht aus einer gleichgroßen Kreisform der Rotunde in Grundriss und Gebäudehöhe von 43,2 m. Das Betondach wurde so konstruiert, dass die Schalung zum Kuppelmittelpunkt hin immer dünner wurde und leichter werdende Zuschlagstoffe wie Travertin verwendet wurden.

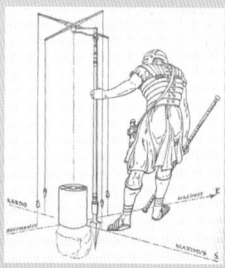

Groma (Benevolo 1990, 250)

Die groma bestand aus vier, jeweils 45 cm langen Holzleisten, an deren Ende vier Bleilote hingen. Die Stange, an der die Bleilote befestigt waren, wurde so in den Boden gesteckt, dass das Leistenkreuz genau über dem Mittelpunkt des Kreises lag, der in dem fest am Boden verankerten Markierungsstein eingezeichnet war. Mit einfachen Peilvorgängen konnte die Richtung festgelegt und der rechte Winkel auf das Straßensystem übertragen werden.

Landeinteilung Emilia Romana (Kostof, 1992, 133)

und einen Fußgänger. Die Fundamente bestanden aus einem behauenen Stein mit verschiedenen darüber liegenden Sand- und Kiesschichten. Den Abschluss bildete eine flache Steinplatte. Viele noch heute erhaltene Pflasterstücke sind Nachweise für diese gute und dauerhafte Verarbeitung.

Eine weitere technische Perfektionierung erfolgte beim Bau der großen Aquädukte, die zur Wasserversorgung der Städte angelegt wurden und die das Landschafts- und Stadtbild prägten. Die Wasserversorgung diente in erster Linie den öffentlichen Gebäuden und Brunnen und erst in zweiter Linie den privaten Einfamilienhäusern (domus). Die Bewohner der vorherrschenden Mietshäuser mussten sich aus öffentlichen Brunnen bedienen. Hinzu kam entsprechend ein Abwassersystem mit großen unterirdischen Abwasserkanälen, z.B die cloaca maxima in Rom.

Die eingesetzten bautechnischen Errungenschaften wie die Konstruktion mit „echten" Bögen, die Entwicklung hölzerner Sparrendachkonstruktionen oder die des Betons unterstützen die Dynamik des Stadtwachstums. Dies sind Beispiele für eine höchst leistungsfähige Technologie, die nach dem Zerfall des Reiches „verloren ging" und in dieser Perfektion erst wieder in der Renaissance erreicht wurde (Nuttgens 2002).

Der römische Städtebau ging in der Regel ebenso nach vorgegebenem Raster vor wie der Städtebau der Griechen und brachte diesen bei den umfangreichen Koloniegründungen zum Einsatz. Für die Gründungsstädte bot sich eine leicht einteilbare Grundstruktur an, die sowohl als erstes Militärlager genutzt werden als auch später der dauerhaften Besiedlung dienen konnte. Als Vermessungsinstrument benutzte man die groma (Benevolo 1990, 250).
Diese Art der Vermessung wurde bis zum 17. Jh. eingesetzt.

Nicht nur die neu gegründeten Städte, sondern auch die neu angelegten landwirtschaftlichen Parzellen wurden planmäßig mit einer rasterförmigen Einteilung überzogen. So vergab man in Italien Parzellen von ca. 700 x 700 m (50 ha) an ehemalige Soldaten (Benevolo 1990, 251). Das Rasternetz ist noch heute in der Landschaftsstruktur, der sog. Emilia Romana erkennbar. Diese planmäßige Parzellierung der landwirtschaftlichen Flächen, der umfangreiche Straßenbau, der groß angelegte Bau der Aquädukte und auch die Anlage von Sommerresidenzen der reichen Stadtbürger kann als eine frühe Art von „Regionalplanung" jenseits des städtischen Territoriums angesehen werden.

Doch zurück zur Stadt. Die funktionale Teilung der Stadt und die hervorgehobene Bedeutung der öffentlichen Gebäude und Plätze des Hellenismus finden sich bei den Römern wieder. Jede Stadt erhielt eine „Grundausstattung" mit öffentlichen Bauten. Das forum entsprach weitgehend der griechischen agora und bildete das politische, religiöse und auch rechtliche Zentrum der Stadt. Am forum lagen die Tempel, die Volksversammlungsstätten, die Verkaufshallen etc. und oft auch das Gericht; hinzu kamen weitere Heiligtümer, Ehrenstatuen und andere Denkmäler, öffentliche Bäder und Schulen. Der profane und der religiöse Bereich gingen häufig ineinander über; die Heiligtümer der zahlreichen Gottheiten waren im Stadtgebiet überall präsent.

Die Gräberfelder (nekropolen) wurden vor der Stadt zumeist an Ausfallstraßen angelegt. Die Einwohnerzahl in den Städten war recht unterschiedlich, und im Gegensatz zu den Leitsätzen des hellenistischen Städtebaus bestand diesbezüglich keine Richtgröße (Eaton 2001, 35). Die latinische Kolonie wurde jeweils in einer Größenordnung zwischen 2 500 und 6 000 Siedlern gegründet (dies entspricht männlichen Bürgern und evtl. einer Familie); im Verlauf des Siedlungswachstums mit Tendenz zu zunehmenden Siedlerzahlen.

Rom: Forum Romanum – politisches und kulturelles Zentrum

Rom: Trajansmarkt – antikes „Einkaufszentrum" mit mehr als 150 Läden

Curia Julia: Tagungsort des römischen Senats

Rekonstruktionsmodell des antiken Roms mit Circus Maximus, Palatin und Kolosseum (Benevolo 1990, 185)

Rekonstruktion eines Mietshauses in Ostia (Liedtke 1999, 723)

Rekonstruktion Straßenbild Rom (Connolly/Dodge 1998, 135)

„Selbst im traurigsten Neste lebt sichs's besser als hier im wilden Getreibe der Hauptstadt mit den tausend Gefahren, den Häusereinstürzen und Bränden." (Juvenal III 6 bis 8 zitiert in Kolb 1997, 80)

Der Wohnungsbau in den Stadtvierteln lag in der Hand der Privatpersonen. Man unterschied im Wesentlichen zwei Grundtypen des Wohnungsbaus: das private ein- bis zweigeschossige Einfamilienhaus (domus) und das mehrgeschossige städtische Mietshaus (insulae), welches von Unternehmern gebaut wurde. Der Grundbesitz in der Stadt war Privatbesitz, auf den der Staat allerdings mit weit reichenden Rechten zugreifen konnte.

Die Weltstadt Rom war um Christi Geburt mit ca. einer Million Einwohnern (Kolb 1995, 457) die größte Stadt der Welt. Drei der sieben Hügel Roms waren bereits im 9. bis 7. Jh. v. Chr. besiedelt. Die Stadtwerdung Roms erfolgte unter etruskischem Einfluss und unter Trockenlegung des sumpfigen Tals des Tiber. Rom kann als eine der ersten wirklichen Großstädte mit gigantischen Zuwachszahlen angesehen werden. Wie die Stadt Athen unterlag Rom als kontinuierlich gewachsene Stadt und Hauptstadt des Reiches einer ständigen baulichen Veränderung, und jeder Kaiser hinterließ seine eigene Handschrift im Stadtkörper.

Die Geschichte der Stadt Rom und ihrer Mietshäuser liest sich teilweise wie die der Mietskasernenstadt Berlin im 19. Jh. Die fünf- bis sechsgeschossigen Mietshäuser aus Stein waren oft schlecht gebaut, wurden unter Nichtbeachtung statischer Gesetzmäßigkeiten aufgestockt und der hohe Mietwucher in der dynamisch wachsenden Stadt führte zu Zwangsräumungen wegen ausstehender Mietzahlungen.
Die Brandgefahr in den Wohnblocks war wegen der engen Bauweise, der Holzdecken und der völlig unzureichenden Brandbekämpfung sehr hoch. In den niedrig gelegenen Stadtteilen waren die Bewohner hingegen den Überschwemmungen durch den Tiber ausgesetzt. Die Wohnungen waren auf engstem Raum und große Dichte geplant und mit meist ungenügender sanitärer Ausstattung erbaut. Das Entleeren der Nachttöpfe aus den Fenstern in die Gassen hinaus war verboten, was auf eine wohl weit verbreitete Ent-

sorgungspraxis hinweist. Gekocht und geheizt wurde mit tragbaren Kohlepfannen.

Das Wachstum in der Stadt und die Dichte der Einwohnerzahl führte zwangsläufig zu strengen Regeln. So wurde der Verkehr zur Zeit Cäsars in der Art geregelt, dass im „Schichtbetrieb" gearbeitet werden musste: Die Warenzulieferungen erfolgten nachts, da tagsüber nur Baustellenfahrzeuge zulässig waren (Benevolo 1990, 228); das führte zu entsprechend extremen Dauerlärmbelastungen. Wie Ende des 19. Jh.s in Berlin flüchteten auch in Rom die Reichen in ihre Landvillen, um dem Lärm der Hauptstadt zu entkommen. Die Gebäudehöhen waren durch Kaiser Augustus (30 v. Chr.) bei den Steinbauten aus Feuerschutzgründen auf 21 m (6 bis 7 Stockwerke) festgelegt worden.

Bedeutsam für die Stadtbau- und Planungsgeschichte sind zudem Typus und Struktur der Verfassungen römischer Städte, die Grundlage für unser bis heute geltendes Rechts- und Verfassungssystem sind.

Griechischer und römischer Städtebau hinterließen in Europa nicht nur bedeutende Stadtstrukturen wie den rasterförmigen Stadtaufbau und die Herausbildung von öffentlichen Räumen. Sie hinterließen auch die Idee der rationalen Planung, der Ordnung und Strukturierung des Raumes nach menschlichem Willen, nach einheitlichen Gesichtspunkten – und nicht zuletzt nach einem Ideal, welches als sinnvoll, aber auch als schön angesehen wurde.
Es bestand ein gesellschaftlicher Konsens über die „beste" Struktur und Organisation der Stadt. Die räumliche Ordnung spiegelte das Ordnungssystem der Gesellschaft wider, das in hohem Maße das Element des „Öffentlichen" enthielt. Auf dieser Grundlage entwickelt sich bis heute die europäische Stadt weiter fort und stellt sich ganz anders dar als beispielsweise die islamische Stadt.

Die islamische Stadt stellt einen eng mit der Religion verbundenen Stadttypus dar. Mit der Ausdehnung des

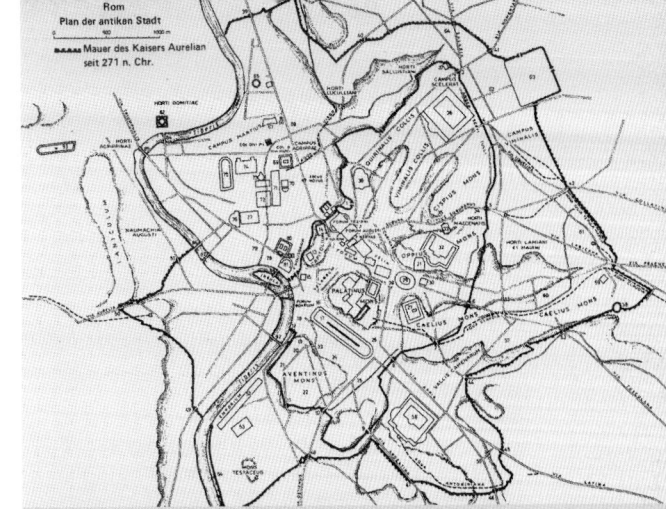

Rom: Darstellung der Stadtmauern (Benevolo 1990, 187)

Die Stadt Rom war bald über die Grenzen ihrer ersten Stadtmauer hinaus gewachsen und erhielt erst dann eine neue Stadtmauer, als sie mehr und mehr Angriffen von außen ausgesetzt war (im 2. Jh.). Der Schutz durch eine Stadtmauer erübrigte sich, wenn die Herrschaftsbereiche als gesichert galten: So konnte z.B. bereits im Absolutismus die Stadt Paris ihre Stadtmauern niederlegen, da die Grenzsicherung weit entfernt von der Hauptstadt an den Landesgrenzen erfolgte.

Nach Kolb (1997, 81) beschreibt um das Jahr 200 der in Nordafrika lebende Autor Tertullian die römische Zivilisation wie folgt: „Alles ist erschlossen, alles ist erforscht, alles ist dem Handel und Gewerbe zugänglich. Gefällige Landgüter sind an die Stelle notorischer Einöden getreten. Ackerfluren haben den Urwald gezähmt, Viehherden die wilden Tiere verdrängt, Sandwüsten werden besät. Es gibt so viele Städte wie früher nicht einmal Häuser. Selbst Inseln und Klippen schrecken nicht mehr ab; überall stehen Häuser, überall gibt es Menschen, überall Gemeinwesen, überall Leben."

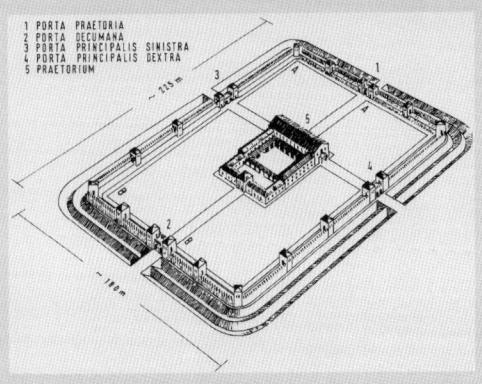

Abbildung Castrum (Hofrichter 1995, 90)

Die Verfassungen im Osten des römischen Reichs galten als „Demokratien", im Westen waren sie Abbilder Roms im Kleinen. De facto handelte es sich aber überall um Aristokratien. Ihnen allen gemeinsam war ein je eigenes Bürgerrecht mit einem Anspruch des Einzelnen auf Teilhabe am öffentlichen Leben und an der Selbstverwaltung. Die umfangreichen Stadtrechte, die alle Einzelheiten des öffentlichen Lebens regelten, erhielten sie von Rom. Überall gab es das Volk (populus, demos), den Rat (curia, boulè) und die Magistrate, die von der städtischen Elite gestellt wurden und über einen eigenen Personalstab verfügten. Es gab einen festen Kanon von Ämtern (Rechtsprechung, Gewährleistung der Lebensmittelversorgung, Instandhaltung der öffentlichen Gebäude, Abwasserkanäle etc.).

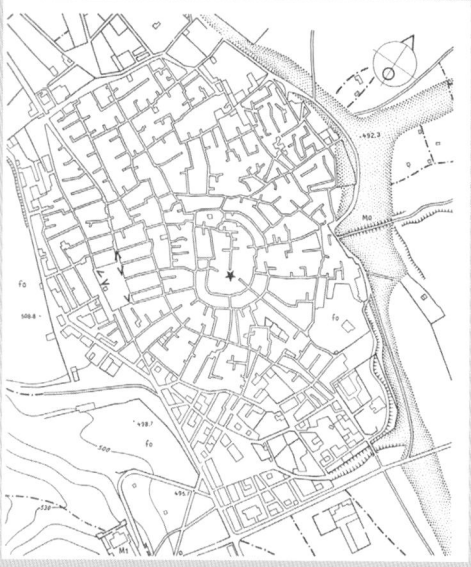

Die islamische Stadt Gardia in Algerien (gegr. 1035) mit verwinkeltem Wegesystem und Moschee im Zentrum (Benevolo 1990, 300)

Nach Wirth gab es auch mittelalterliche islamische Stadtgründungen, die sich an den orthogonalen Kanon der klassisch-griechischen Stadtstruktur hielten, z.B. Anjar im Libanon (Wirth 2000 Bd.1, 38).

Kreuzbasar von Lar (Iran) (Wirth 2000, Bd.2, Tafel 102)

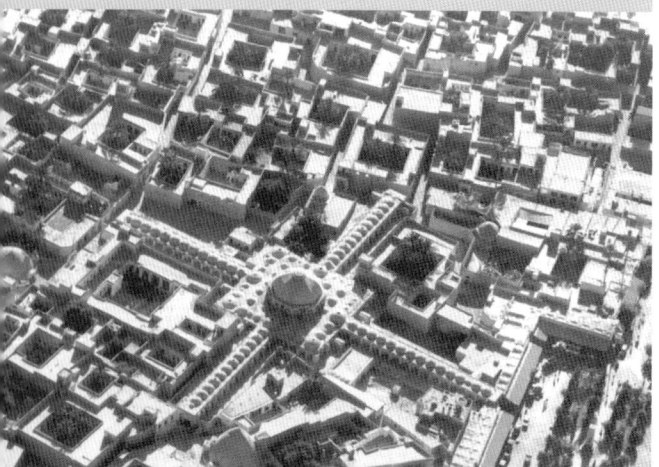

Islams durch die Beduinenstämme über Nordafrika bis nach Südspanien entstanden zahlreiche neue Städte bzw. wurden bestehende durch die islamische Kultur überformt.

Da im Wesentlichen Nomadenstämme den Islam verbreiteten, konnte die islamische Kultur nicht auf eine eigene Tradition von Bauwerken und städtebaulichen Mustern zurückgreifen; vielmehr entstanden Architektur und Stadtaufbau aus den Regeln des Alltags der Gläubigen. So stellte beides bildhaft die Oase dar und den vor Feinden, Dieben und vor der Sonne geschützten und mit Wasser und Schatten versorgten Lebensbereich.

Nach Benevolo (1990, 293) waren die sozialen Kontakte der Stadtbewohner aufgrund der Schlichtheit des kulturellen Systems, das vollständig auf den Koran und das einfache Leben ausgerichtet war, meist auf den Familien- und Sippenverband beschränkt. Das hatte zur Folge, dass die Stadt aus am Privatbereich orientierten Wohngebieten bestand (Wirth 2000, 331). Die Gebäude und Höfe waren nach innen gerichtet und die Straßenseite – gründend auf das islamische Recht des Schutzes vor fremden Blicken – relativ bedeutungslos.

Nicht die großen öffentlichen Gebäude und deren Nutzung für das öffentliche Leben hatten Vorrang – wie die Foren, Theater, Stadien oder Gymnasien der Antike –, sondern nur zwei Typen an öffentlichen Gebäuden: die Moscheen und die Bäder zur Reinigung des Körpers. Im Stadtzentrum lag der Bazar mit seinem hierarchischen Laden- und Passagensystem als wirtschaftlicher und finanzpolitischer Mittelpunkt. In dessen Nähe befanden sich zumeist die Moscheen und Bäder (Benevolo 1990, 291ff).

Es gab keine von oben eingesetzten Vorschriften über das Aussehen der Stadt, sondern es wurde die räumliche Ordnung akzeptiert, die sich aus der sozialen Ordnung ergab: Der Zusammenschluss der Verwandtschaft und der Stämme sowie die jeweiligen Sitten und Besitzverhältnisse gliederten die Wohnviertel.

Eine Kontrolle der städtischen Form erfolgte nicht, so dass das Stadtwachstum nach diesen verankerten Grundlagen des sozialen Zusammenlebens weitgehend ungeplant verlief. Anstatt eines regelmäßigen Straßensystems bestanden die Straßen aus einem gewundenen System von Gassen, die entsprechend den Aussagen des Propheten Mohammed 3,5 m breit sein sollten. Viele Sackgassen prägen das Straßensystem.

Die Umgrenzung der Stadt durch Stadtmauern und -tore bestimmte das äußere Erscheinungsbild der islamischen Stadt. Die Stadtmauern wurden zudem z.T. noch durch innere, die einzelnen Bezirke abgrenzende Stadtmauern ergänzt und trennten ethnische oder religiöse Gruppen sowie Sippenverbände in einzelnen Quartieren voneinander (medina). Die Stadt bestand so aus einer Summe von relativ selbständigen Einheiten (Wirth 2000, 301). Die sozial, kulturell und religiös geprägte Gesellschaftsstruktur sorgte so – zum Teil bis heute noch – für ein gänzlich anderes Muster der Stadtentwicklung als das auf der klassischen Antike beruhende europäische Stadtsystem.

Lage der Moschee im Stadtgefüge (Nuttgens 2002, 149)

rechts:
Luftaufnahme von Tripolis (Benevolo 1990, 298)
unten:
Medina: Gassen- und Hofhaussystem (Wirth 2000, Bd. 2, 59)

4. Stadt im Mittelalter

Die besondere, ja einmalige Stellung der mittelalterlichen Städte in Europa liegt in ihrer politischen, ökonomischen, sozialen und rechtlichen Sonderrolle begründet. In vielen europäischen Städten hat diese Phase deutliche bauliche und städtebauliche Spuren hinterlassen und prägt bis heute ihren unverwechselbaren Charakter.

Das Mittelalter ist eine spezielle Erscheinung in der europäischen Geschichte und umfasst das sog. „mittlere" Zeitalter zwischen Antike und Neuzeit. Es ist die Zeit der Christianisierung und der großen Neuordnungen in Europa, in der die verschiedensten Strömungen der antiken, germanischen, keltischen und auch slawischen Kultur zusammengeführt wurden. Die ökonomische und politische Blütezeit liegt im Hochmittelalter, d.h. zwischen dem 11. und dem 13. Jh., und endet mit dem ausgehenden Spätmittelalter im 16. Jh.

Herausbildung des Städtewesens im Mittelalter

Nach dem Zerfall des Weströmischen Reiches im Jahre 476 wurde Westeuropa von heftigen Machtkämpfen in den aufgeteilten Gebieten geschüttelt. Die durch die Hunneneinfälle ausgelöste Völkerwanderung (4. bis 6. Jh.) und die Wikingereinfälle im Norden verstärkten die politisch unsichere Situation. In Spanien wurden die Westgoten durch die Ausdehnung des maurisch-islamischen Reiches verdrängt (um 711). Erst unter Karl dem Großen schufen die Franken gegen Ende des 8. Jh.s, unterstützt von der Kirche, ein Reich von kultureller und politischer Einheit in Westeuropa.

Im ersten Jahrtausend herrschte nach dem Niedergang Roms in Europa überwiegend eine agrarisch geprägte Gesellschaft und die Naturalwirtschaft vor. Die Städte blieben – oft als Überbleibsel der römischen Stadtsiedlungen – im Wesentlichen weiter besiedelt. Die verlassenen römischen Städte mit hoher Lagegunst an schiffbaren Flüssen oder einer Furt (z.B. Köln,

Regensburg) wurden weiter genutzt. Dabei dienten die römischen Gebäude und Stadtmauern oft als Baustofflager und Steinbruch.

Diese Überlagerung der römischen und mittelalterlichen Geschichte, die insbesondere in den ersten Jahrhunderten nach Ende des römischen Reiches stark ausgeprägt war, ist in vielen Städten bis heute deutlich sichtbar – so z.B. im frühchristlichen Sakralbau Santa Maria in Trastevere in Rom. Dort stammen die Granitsäulen des Hauptschiffes aus altrömischen Bauwerken.

Beim Bau des Aachener Doms ließ Karl der Große im Jahre 787 antike Säulen aus Rom und Ravenna im Zentralbau (Oktogon) einbauen.

Im italienischen Lucca wurden die neuen bürgerlichen Bauten in den Baubestand des antiken Amphitheaters eingebaut und als Marktplatz genutzt. Die großen Bögen und Zugänge zum Amphitheater sind bis heute in den Fassaden abzulesen.

In Arles (Frankreich) entstand die neue Stadt im ehemaligen Amphitheater und auch in Florenz ist der Grundriss des ehemaligen Amphitheaters noch in der Stadtstruktur erkennbar.

In anderen Städten blieben die Steinmassen der antiken Theateranlagen als Ruinen erhalten und sind heute z.B. in Verona neuer kultureller Mittelpunkt für Opernauftritte. In Nimes „verschonte" die nachlassende wirtschaftliche Bedeutung nach Abzug der Römer die Zerstörung des Amphitheaters und des römischen Tempels.

Neben den sichtbaren dreidimensionalen Zeugnissen blieben vor allem der Stadtgrundriss und das Straßennetz erhalten, und sie wurden zu Ausgangspunkten der neuen städtebaulichen Entwicklung. So lassen sich im Stadtkern von Bologna, Florenz oder Verona die Ursprünge des römischen Straßenrasters noch sehr deutlich ablesen.

„Die im Mittelalter gewachsene urbane Realität ist auch noch in den Städten lebendig, die in darauffolgender Zeit überall neu entstehen. Ihr verdanken wir das, was wir unter einer Stadt verstehen, nämlich ein individuelles Gebilde mit einem eigenen Leben, ein Gebilde, das nicht in moderne, abstrakte Kategorien – wie etwa die Nation – eingeordnet werden kann" (Benevolo 1993a, 95).

Rom: Santa Maria in Trastevere

Arles: In das Amphitheater hineingebaute Stadt (Benevolo 1990, 331)

Lucca: Fassadenbestandteile des antiken Amphitheaters

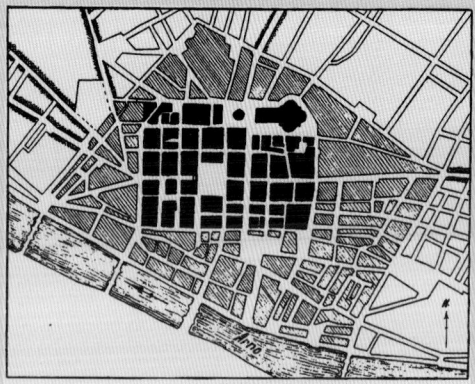

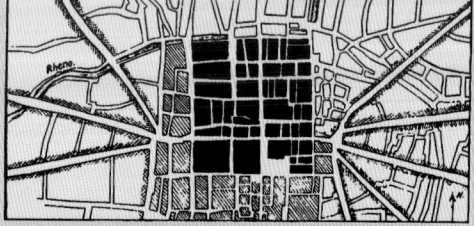

Pläne von Florenz (oben) und Bologna (unten) mit römischen Stadtgrundriss (schwarz markiert) (Hall 1978, 37)

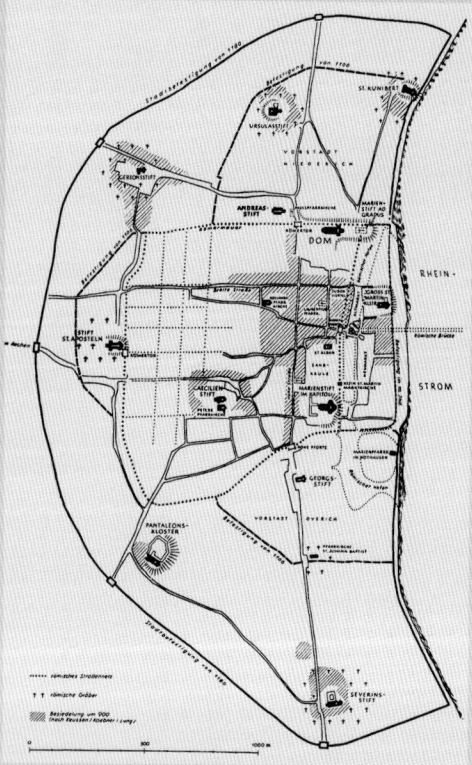

Köln in ottonischer Zeit (Hall 1978, 45)

Der Stadtgrundriss und die Parzellenstruktur sind oft die langlebigsten Elemente einer Stadt. Ihr Beharrungsvermögen erklärt sich durch die über den Straßenverlauf und die Grundstückseinteilung markierten Eigentumsgrenzen.

Die Besitzverhältnisse haben sich als Bausteine der Stadtstruktur von großer stadtbaugeschichtlicher Kontinuität erwiesen: So wurde die Stadt Aachen nach dem großen Stadtbrand 1656 auf dem bereits 500 Jahre bestehenden mittelalterlichen Grundriss neu aufgebaut. Nach 1945 wurden beim Wiederaufbau in Deutschland häufig die bestehenden Straßen und Kanäle weiter genutzt und die Grundstückseinteilung beibehalten.

Während somit die Städte in den ehemaligen römischen Gebieten bei neuerlichem Erstarken meist die bereits vorhandenen Baustrukturen nutzten, wurden östlich des Rheins vor allem die neuen weltlichen und geistlichen Zentren zu Ausgangspunkten der Stadtentwicklung. In Germanien selbst hingegen gab es keine städtebauliche Tradition: Der Adel lebte auf den Höfen und Burgen; die überwiegende Mehrheit der Einwohner stellte die Landbevölkerung.

Mit der durchgängigen Christianisierung entstanden Klöster und Kirchen. Burgen als Zentren der „weltlichen" und Klöster und Kirchen als Zentren der „geistlichen Macht" wurden die neuen Kristallisationspunkte der Siedlungen, die mehr und mehr städtischen Charakter erhielten: So entstanden die Residenzen und Pfalzen (z.B. Aachen, Ravenna), die Bischofsstädte (z.B. Köln, Trier) und die Ordensstädte (Gruber 1976).

In den Städten östlich des Rheins, die keine römische Vergangenheit aufzuweisen hatten, wurden oft unterschiedliche kirchliche und weltliche Baukomplexe Ansatzpunkte des „vielkernigen" städtischen Wachstums, so z.B. in Braunschweig, Hildesheim, Würzburg, Magdeburg und Paderborn (Hall 1978).

Der Niedergang des alten und der Aufstieg des neuen Stadtsystems lässt sich gut am Beispiel verschiedener bedeutender römischer Städte verdeutlichen:

• Bei der Gründungsstadt Trier blieb von der großen Stadtfläche aus der Zeit der Römer ein wesentlich verkleinerter mittelalterlicher Kern als Keimzelle der neuen Bischofsstadt bestehen.

• Die Stadt Köln konnte nach dem Abzug der Römer einen neuen Aufschwung als Bischofsstadt erlangen, die durch ihre strategisch gute Lage am Rhein gekennzeichnet war. Während das römische Straßennetz im Stadtkern beibehalten wurde und die Besiedlung sich bis ca. 950 innerhalb der römischen Stadtmauer vollzog (Kluge-Pinsker 1998, 108), entstanden neue Stadtgebiete um Klöster und Kirchenanlagen. Viele römische Stadtgründungen lebten als Bischofssitze weiter.

Dem Typus „Stadt" kam gegen Ende des Frühmittelalters (5. bis 10. Jh.) eine besondere Bedeutung zu. Die Stadt als abgegrenzter und durch die Stadtmauer geschützter Raum symbolisierte auch die auf christlichen Werten basierende neue gesellschaftliche Ordnung.

Die Stadt wurde als Abbild der Harmonie und der göttlichen Ordnung auf Erden angesehen. Darstellungen des himmlischen Jerusalems aus dem 12. Jh. geben eine nach damaligem Verständnis wohlgeordnete Stadtstruktur wieder. Viele symbolische Darstellungen zeigen die Stadt als Ort Gottes und Ort der Sicherheit der Gemeinschaft in Ordnung und Freiheit.

Diese Sichtweise der herausgehobenen Rolle der Stadt als „wunderbare, durch göttliche Inspiration ermöglichte Schöpfung" (Kostof 1992, 36) reicht bis in die frühen Anfänge der Stadtgeschichte zurück. Doch die Stadt kann durchaus auch Züge eines gottabgewandten und selbstherrlichen Ausdruckes der Menschen annehmen – wie beim Turmbau zu Babel. So bildet die sündige Stadt Babylon das Gegenstück zur heiligen Stadt Jerusalem (Eaton 2001, 25).

In der Mitte des karolingischen Oktogons im Aachener Dom hängt der im 12. Jh. von Kaiser Barbarossa gestiftete Leuchter. Mit Haupttoren, der schutzbietenden und mit Türmen versehenen Stadtmauer: Er symbolisiert Stadtmauer und -tore des himmlischen Jerusalems, ein über die Bedeutung des realen Ortes Jerusalem hinausgehender Name „für die Idee einer Stadt als Ort der Seeligen. Ein höchstes Symbol für die Gemeinschaft der Christen" (Miller 2003, 10).

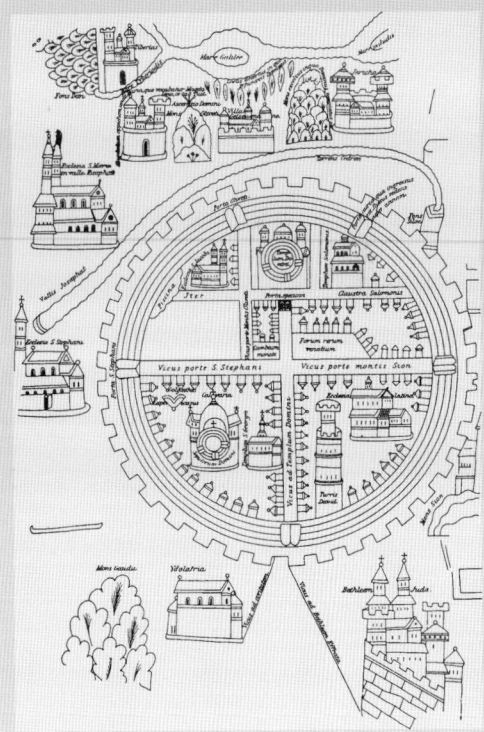

Darstellung des „himmlichen Jerusalem" aus dem 12. Jh. (Hall 1978, 76)
In der Offenbarung des Johannes (Vers 21:18) wurde die neue himmlische Stadt Jerusalem ausführlich beschrieben (Eaton 2001, 25).

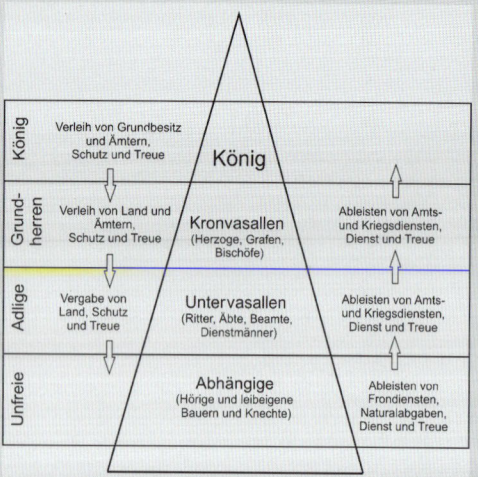

König	Verleih von Grundbesitz und Ämtern, Schutz und Treue	König	
Grund-herren	Verleih von Land und Ämtern, Schutz und Treue	Kronvasallen (Herzoge, Grafen, Bischöfe)	Ableisten von Amts- und Kriegsdiensten, Dienst und Treue
Adlige	Vergabe von Land, Schutz und Treue	Untervasallen (Ritter, Äbte, Beamte, Dienstmänner)	Ableisten von Amts- und Kriegsdiensten, Dienst und Treue
Unfreie		Abhängige (Hörige und leibeigene Bauern und Knechte)	Ableisten von Frondiensten, Naturalabgaben, Dienst und Treue

Der Adel verfügte über Herrschaftsrechte gegenüber den Untertanen, eine staatsbürgerliche Gleichheit des Einzelnen bestand nicht. Zu den Herrschaftsrechten gehörten zahlreiche, ständische Privilegien, wie die Befreiung des Adels von Steuern oder die Ausübung von Gewerbe durch das Stadtbürgertum ebenso wie die Standesgerichtbarkeit.
Die Dorfbewohner benötigten den städtischen Markt zum Absetzen ihrer Waren gegen Geldleistungen, die wiederum als Steuerzinsen an den Grundherrn entrichtet wurden (Miller 2003, 128).
In den Städten erbrachten die Handwerker und Händler ebenfalls Geldleistungen für ihren Schutz; der Feudalherr gestattete ihnen im Gegenzug höhere wirtschaftliche Freiheiten.

Am unteren Ende der feudalen Gesellschaftspyramide bewirtschafteten Bauern das Land als Pächter oder Leibeigene (Konstam 2005, 102)

Bei den bildhaften Darstellungen der funktionalen und räumlichen Ordnung der Stadt wird neben der Ummauerung und den Toren der orthogonale Stadtgrundriss deutlich. Hier finden sich die Grundprinzipien der Stadtstruktur der Antike wieder, die in die städtebaulichen Vorstellungen des Mittelalters transportiert wurden. Auch fand der gleichmäßige Stadtgrundriss als leitendes Ordnungsprinzip – wenn möglich – Anwendung.

Die Hauptphase der Entwicklung des Städtewesens lag im Hochmittelalter zwischen dem 11. und dem 13. Jh. Es war die Blütezeit des Rittertums, der Kreuzzüge, des Römisch-Deutschen Kaiserreichs, des Lehnswesens und der herausgehobenen Position der Städte. Der Einfluss der Kirche wuchs und der Streit zwischen kirchlicher und weltlicher Macht bestimmte allerorts auch die regionalen Auseinandersetzungen.

Als zentraler Entwicklungsfaktor erwies sich die Durchsetzung des Feudalsystems (Lehnswesens), das im 11. Jh. bereits fest installiert war: Das Land wurde im „Austausch" gegen Treuedienste und militärische Gefolgschaft vergeben. Die einem Feudalherrn unterstehenden Gebiete mussten im Gegenzug für den Schutz der Dörfer und Städte Natural- oder Geldzahlungen leisten. Die adelige Oberschicht lebte von der Lehnswirtschaft, d.h. von den Abgaben und Dienstleistungen der abhängigen Bauern. So entstand eine Lehnspyramide gegenseitiger Abhängigkeit (Konstam 2005, 102) – das ständische Herrschaftsprinzip baute somit auf Ungleichheit und Abhängigkeit auf.
Im Spätmittelalter (14. bis 15. Jh.) hingegen verstärkte sich in den Städten die Macht der Handwerker- und Kaufmannsgilden, die nunmehr, z.B. in den oberitalienischen Städten, den Kampf gegen die Dominanz von Kirche, Adel und Lehnsherrschaft aufnahmen.

Während die frühmittelalterlichen Städte noch eher aufgelockert um verschiedene „Kerne" herum bebaut waren, erfolgte um 1100 in den Städten eine Verdichtung. Ebenso wurde das Städtewesen durch eine neue

Rechtsform ausgebaut mit der Herausbildung der Stadtgemeinde im „Rechtssinne": Die Städte erhielten das Recht zur Selbstverwaltung und zur Bildung einer gewählten Ratsvertretung sowie das Recht, Abgaben einzufordern, eine eigene Gerichtsbarkeit zu unterhalten, Siegel zu führen und Münzen zu prägen. Die Geldwirtschaft erhielt eine immer bedeutendere Rolle gegenüber der Naturalwirtschaft. Von den heute noch vorhandenen Städten Mitteleuropas entstanden 90% zwischen 1100 und 1350 (Isenmann 1988, 31).

Ökonomische und soziale Bedeutung der Stadt

Die Städte wurden zu Orten mit autonomer ökonomischer Entwicklung; sie brachten Leistungen – wie die spezialisierte handwerkliche Produktion und den organisierten Warenaustausch – hervor, die sonst nirgendwo anders möglich waren (Häußermann/ Siebel 1987).

Mit der Entwicklung des Zunftwesens entstanden in den Städten immer spezialisiertere Gewerbemonopole. Die Städte waren exklusive Rechts- und Wirtschaftsräume. Durch die verliehenen Privilegien des Marktrechts wurde das Abhalten der Märkte und Messen zur wichtigen städtischen Einnahmequelle ebenso wie auch das sog. Stapelrecht, das Recht auf Warenniederlage.
Die Stadtmauern umschlossen diesen ökonomischrechtlichen Sonderbezirk und grenzten ihn nach außen ab.

Vor allem das Zunftwesen begünstigte den Aufstieg der Städte. Seine strenge Ordnung und seine Qualitätskontrollen sicherten bei zunehmender Handelskonkurrenz die Produktqualität, sein Fürsorgesystem schuf soziale Sicherheit.
Diese aus heutiger Sicht als Qualitätsmanagement zu bezeichnende Überwachung durch die Zünfte ermöglichte auch die Herstellung besonderer Spitzenprodukte wie das Solinger Messer oder die Brüsseler

Händler (Le Goff 1998, 53)

Beim sog. Stapelrecht mussten die Reisenden, die in der Stadt Unterkunft fanden, dort ihre Waren zum Verkauf anbieten. Von dieser erzwungenen Aufenthaltspflicht profitierten die Gastwirte und das Transportwesen, aber auch die Stadtbewohner, die mit „fremden" und neuartigen Waren versorgt wurden.

Tuchmarkt in Bologna (Girouard 1987, 31)

Bis zum Ende des Mittelalters erfolgte eine zunehmende Spezialisierung der Produktion: Einerseits trat neben den klassischen Schmied der Nagel-, Messer- und Hufschmied (horizontale Spezialisierung) und andererseits erfolgte eine vertikale Differenzierung der Herstellung, bei der das Produkt bis zur Endfertigung durch die Hand vieler einzelner Spezialisten ging - so erfolgte z.B. die Tuchherstellung unter Beteiligung von Wollkämmer, Spinner, Weber, Färber etc. (Häußermann/ Siebel 1987, 95).

Wollkämmer (Girouard 1987, 35)

Großer Kran in Brügge (Girouard 1987, 95)

Börse in Brügge (Girouard 1987, 96)

In Frankreich war im Spätmittelalter - anders als in Deutschland - der Einfluss des Staates auf die Städte größer: Bereits zu Beginn des 16. Jh.s war der Bürgermeister eher ein königlicher denn ein vom Stadtrat gewählter Verwalter. Auch in England wurden starke städtische Autonomiebestrebungen vom König unterdrückt. Die bürgerlich-städtische Oberschicht war allerdings dort schon seit 1295 im Parlament vertreten und übte hier Einfluss auf nationale Angelegenheiten aus; der König war somit auf das Wohlwollen der Vertreter aus den Städten angewiesen (Rörig 1955, 42). Die in England und Frankreich bereits seit dem 13. Jh. auf nationaler Ebene erfolgte Münzprägung kann ebenso als Merkzeichen des stärkeren staatlichen Einflusses gelten.

Spitze. Gleichzeitig wurden durch die Zünfte Warenangebot und Zugang zum Arbeitsmarkt streng gesteuert und reglementiert. So durfte ein Schreiner nicht mehr als „sieben schöne Tische im Jahr" herstellen.

Neben der Bedeutung als regionale Handwerks- und Handelsstädte erhielt das städtische Wachstum durch das Anwachsen regelrechter Städtenetze und Fernhandelswege eine neue Schubkraft (z.B. Organisation der Hansestädte). Ebenso wuchs die kulturelle Bedeutung der Städte: Sie waren die Orte von Bildung, Kunst und Wissenschaft und aufgrund der Bildungsinstitutionen auch die wichtigsten Schmieden von Innovationen und technologischen Neuentwicklungen (z.B. Kran in Brügge).

Gleichzeitig erhielten ihre „Bürger" größere Freiheiten gegenüber der Leibeigenschaft auf dem Land. Ein Rechtssatz im Mittelalter lautete: „Stadtluft macht frei". Wer mehr als ein Jahr und einen Tag in einer Stadt lebte, wurde freier Bürger und unterstand nicht mehr der Leibeigenschaft des Feudalherrn. „Die persönliche Unfreiheit verschwand in den Mauern der Stadt" (Rörig 1955, 159) – und die freien Bürger zahlten Steuern und Bürgergeld.

Ein weiteres wichtiges Merkmal der Stadt im Mittelalter war die innere Differenzierung der Sozialstruktur einer nach Ständen gegliederten Stadtgesellschaft. Es gab reiche Patrizierfamilien, Fernhändler, reiche Zunftangehörige, Mägde, angesehene Handwerksleute oder auf der untersten Skala der Stadtbewohner stehende Handwerker wie die Gerber. Von dieser inneren Differenzierung sprechen neben den unterschiedlichen Wohnverhältnissen, dem Zugang zu Bildung oder Heirat auch die Kleiderordnungen. So war festgelegt, wer Samtbesatz an der Kleidung tragen durfte, zu bestimmten Fest- und Tanzveranstaltungen zugelassen wurde (Isenmann 1988, 60ff) oder „Herrenspeise" wie Hecht oder Braten zu sich nehmen durfte (Dirlmeier u.a. 1998, 245).

Die mittelalterliche Stadt war ein höchst funktionales Gebilde; ihre Nutzungsstruktur und die Lage der Einrichtungen ergab sich aus den inneren Notwendigkeiten der Stadtgesellschaft wie Rathaus, Markt, Kaufhaus, Hafen, Waage, Zollhaus, Münze, Schule, Stadtapotheke, Zeughaus, Pranger, Galgen, Getreidespeicher, Badehäuser und Wirtshäuser, Wasserkanäle und Brunnen. Vor der Stadt lagen Leprosenhaus, Spital, Armenhaus, Herberge, Bordell usw.

Auch die Bedeutsamkeit der Märkte für die mittelalterliche Ökonomie spiegelte sich im Stadtbild wider. Neben dem zentralen Markt folgten kleine spezialisierte Marktflächen: Gemüse-, Korn-, Holz-, Vieh- oder Weinmarkt (z.B. in Dinkelsbühl; Miller 2003, 59). Auch die stadttechnische Versorgung mit Brunnen war sehr bedeutsam: In der 1340 gegründeten Ordensstadt Putzig befanden sich neben den vier Brunnen an jeder Ecke des Marktplatzes weitere Brunnen in jeder Gasse (Miller 2003, 145).

Baulich dominierte in den Städten entweder
• das geistlich-kirchliche Element mit Dom, Bischofssitz, Klöstern, Stiftsherrenhäusern (z.B. Speyer und Worms),
• das adelig-feudale Element mit Burgen, Pfalzen oder Adelssitzen (z.B. Graz und Stuttgart) oder
• das bürgerliche Element mit Rathaus, Kaufhaus, Bürger- und Zunfthäuser, Vorratsspeicher, Herbergen etc. (z.B. Brügge, Lübeck und Nürnberg) (Isenmann 1988).

Öffentliches Bad in Nürnberg nach einem Stich von Albrecht Dürer (Benevolo 1990, 37)

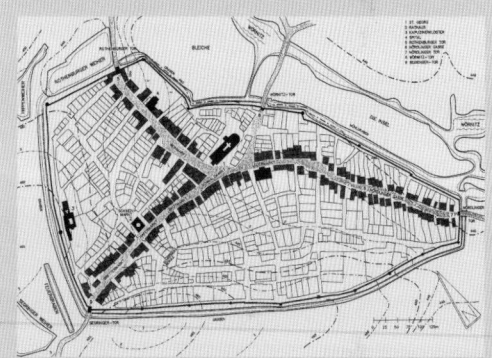

Märkte in Dinkelsbühl (Müller 2003, 59)

Stadtsilhouette von Aachen: Die markanten Bauten der Stadtgemeinschaft und die an topografisch hervorgehobener Stelle erbauten Burgen zeugen von der „Dreidimensionalität" der mittelalterlichen Stadt (siehe Miller 2003, 7).

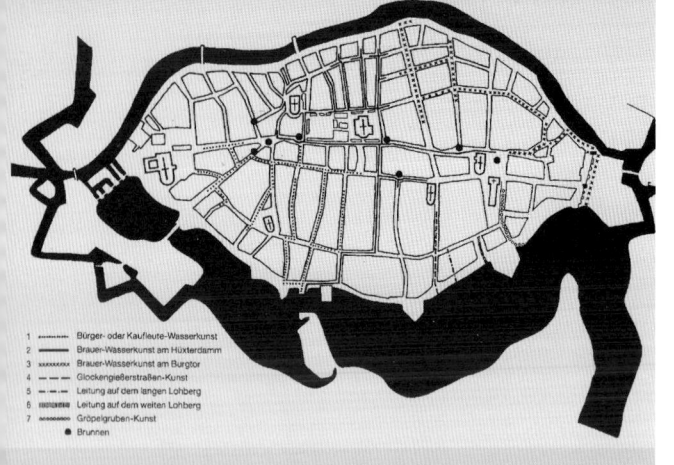

1 ——— Bürger- oder Kaufleute-Wasserkunst
2 ——— Brauer-Wasserkunst am Hüxterdamm
3 ——— Brauer-Wasserkunst am Burgtor
4 ——— Glockengießerstraßen-Kunst
5 —·—·— Leitung auf dem langen Lohberg
6 ▭▭▭ Leitung auf den weiten Lohberg
7 ——— Gröpelgruben-Kunst
● Brunnen

**Mittelalterliche Wasserversorgung in Lübeck (Schmitz/
Dirlmeier 1998, 265)**

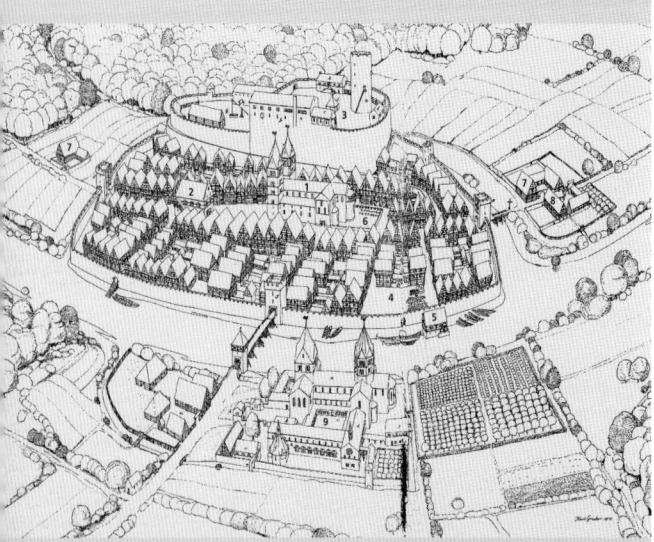

Eine deutsche Stadt um 1250 (Gruber 1976, 160/161)

1 Die Pfarrkirche	6 Der Kirchhof
2 Das Rathaus	7 Herbergen
3 Die Burg	8 Hospital mit Kapelle
4 Stapelplatz	9 Benediktinerkloster
5 Die Mühle	

**Stadtmauern in Dinkelsbühl (links) und in Aigues Mortes
(Südfrankreich) (rechts)**

Bevölkerungsentwicklung

Nach dem 11. Jh. stiegen die Bevölkerungszahlen stark an. Dieses Bevölkerungswachstum wurde durch die Verbesserung der Agrartechnik (Dreifelderwirtschaft, Einsatz von Zugtieren, Gewinnung landwirtschaftlicher Flächen durch Rodung etc.) begünstigt. Erst diese technischen und organisatorischen Veränderungen in der Landwirtschaft und die Steigerung der Produktivität ermöglichten auch die verstärkte gesellschaftliche Arbeitsteilung, bei der sich mehr Menschen der Herstellung gewerblicher Erzeugnisse und dem Handel widmen konnten. Wie in der antiken Stadt beförderte also erst die landwirtschaftliche Überschussproduktion das Wachstum der Städte.

Ab dem 12. Jh. entwickelte sich daher das Städtewachstum rasant: Gab es 1150 nur 200 Städte, so wurden Ende des 15. Jh.s im deutschen Sprachraum bereits 4 000 Städte gezählt (Kluge-Pinsker 1998, 107). Dabei handelte es sich zu 95% um Klein- und Zwergstädte mit zentraler Funktion für das Umland, deren Einwohnerzahl unter 2 000 lag (Engel 1993). In 200 Städten betrug die Einwohnerzahl 2 000 bis 10 000 Einwohner. Großstädte mit über 10 000 Einwohnern gab es im Mittelalter nur circa 30 an der Zahl; Beispiele sind Aachen, Antwerpen, Köln, Lübeck und Nürnberg. Als Weltstädte mit über 50 000 Einwohnern galten Brügge, Florenz, Gent, Mailand, Paris und Venedig (Fuhrmann 1989, Isenmann 1988, Rörig 1955).

Große Pestepidemien und andere Seuchen, Flutkatastrophen oder Hungersnöte trafen vor allem die Städte: so dezimierte sich die Gesamtbevölkerung während der Pestkatastrophe von 1350 bis 1400 von 73 auf 45 Millionen.
Da nicht zuletzt deswegen in der Stadt die Sterbequote höher war als die Geburtenrate, war für die Bestandserhaltung der Stadt eine Zuwanderung von außen notwendig. Die Notwendigkeit der Zuwanderung und die Aufnahme von Neubürgern auch aus anderen

Ländern erforderten schon damals einen spezifisch städtischen Umgang mit Fremdheit, Integration und Duldung – ein für urbane Städte geltendes Charakteristikum. Die hohe wirtschaftliche Leistungsfähigkeit beruhte auf Bildung und Erfahrungsaustausch mit der „Welt".

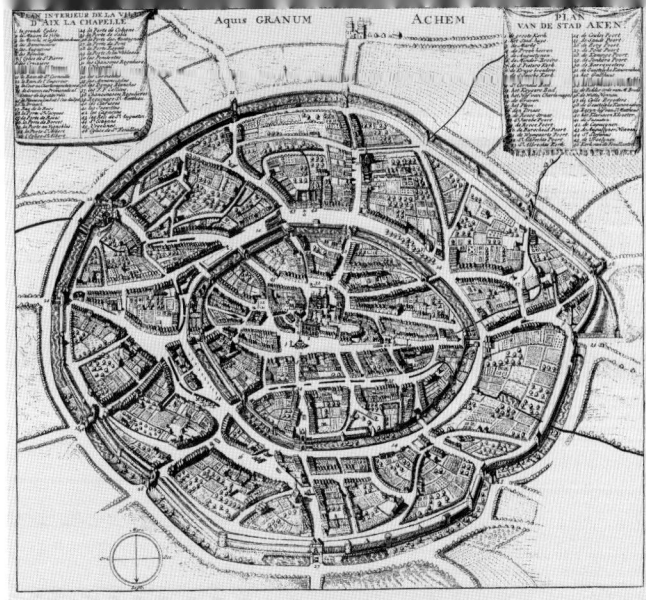

Plan der Stadt Aachen von 1613 (Miller 2003, 14)

Beherrschendes Element: Umgrenzung der Stadt

Als geschlossener Wirtschafts- und Sozialraum bedurfte die nach innen sehr differenzierte Stadt nach außen einer manifesten Grenze: der Stadtmauer. Diese Abgrenzung wurde ein wesentliches Merkmal der mittelalterlichen Stadt in Europa. Die Stadtmauer wurde baulich-räumliche Manifestation der unterschiedlichen Rechts- und Machtbereiche und zugleich kulturell-geistige Grenze zwischen Stadt und Land.

Die Ummauerung der Städte als Schutz gegen Plünderung und als militärische Befestigung begann schon früh (um 300), wenn auch nicht in der so konsequenten Form wie ab dem 12. Jh. Im Allgemeinen versuchte man, in Anlehnung an das römische Castrum quadratische oder rechteckige Mauern anzulegen. Oft musste man aber diese idealtypische Form aufgeben und sich an topografischen Verhältnissen orientieren oder bestehende bauliche Anlagen berücksichtigen.

Die Dimensionen der Stadtmauer durften einerseits aus Kostengründen nicht zu groß und andererseits die für das erwartete Wachstum vorzuhaltenden Reserveflächen nicht zu gering sein. So reichte z.B. die zweite, 1650 erbaute Ringmaueranlage Aachens noch bis in das 19. Jh. als Reservefläche für eine innere Stadterweiterung aus. Auch in Köln dienten die großen Garten- und Klosteranlagen innerhalb des Kölner Mauerrings der Stadterweiterung im 19. Jh.

Der Bau der Steinmauern, die die Holzpalisaden ablösten, war für die Stadtbevölkerung eine kostspielige Aufgabe: Jedermann musste „Dienste" beim Mauerbau erbringen, denn die Abgrenzung nach außen durch Mauern und Tore

Stadtmauer (Le Goff 1998, 12)

Gärten in der Stadt (Le Goff 1998, 28)

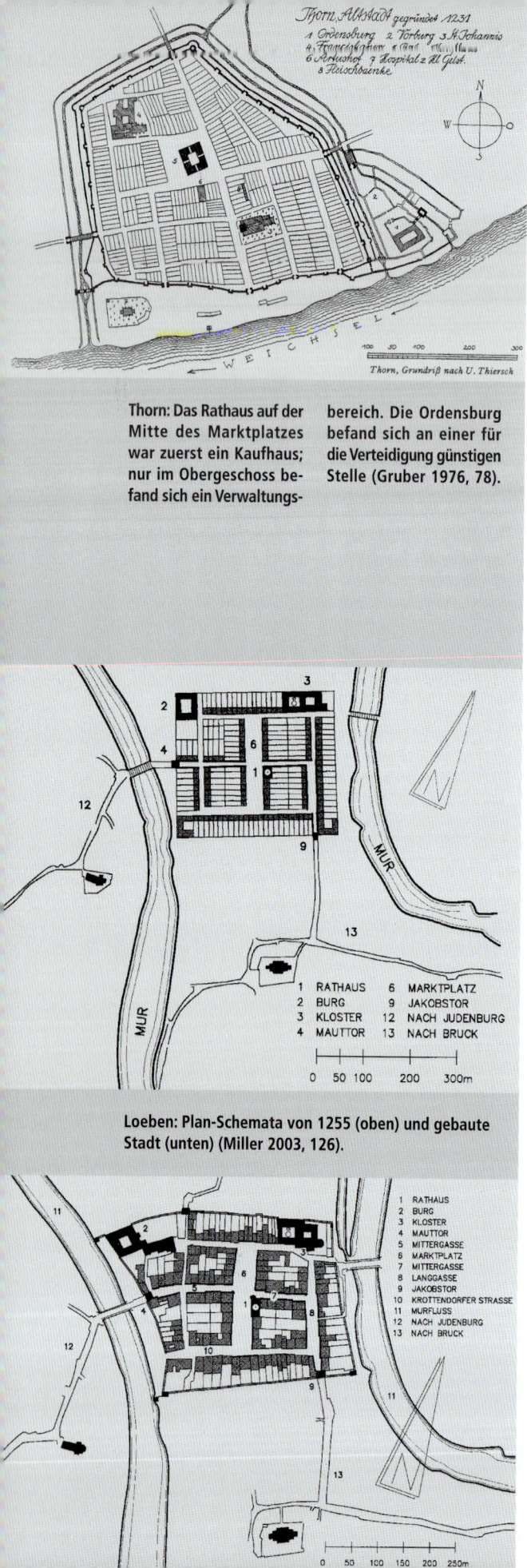

Thorn: Das Rathaus auf der Mitte des Marktplatzes war zuerst ein Kaufhaus; nur im Obergeschoss befand sich ein Verwaltungsbereich. Die Ordensburg befand sich an einer für die Verteidigung günstigen Stelle (Gruber 1976, 78).

Loeben: Plan-Schemata von 1255 (oben) und gebaute Stadt (unten) (Miller 2003, 126).

war überlebenswichtig; nur so konnte die Bewachung erfolgen, das Steuer- und Abgabenwesen kontrolliert und vor allem das Marktprivileg geschützt werden.

So stellte der Bau der Kölner Stadtmauer 1179 mit 4,6 km Länge das größte profane Bauvorhaben im Reich dar (Isenmann 1988, 48).

Bei der Anlage der Stadtmauern wurde darauf geachtet, dass sie von den zentral gelegenen Plätzen aus gut erreicht werden konnten. Von den Toren aus bildeten sich die Wege zum zentralen Marktplatz als Hauptstraßennetz heraus, an das sich das differenzierte Netz der Nebenstraßen und Gassen angliederte (z.B. Freiburg, Rottweil).

Innerhalb der Mauern war z.T. ausreichend Platz für Gartenanlagen vorhanden (Vorsorge mit Lebensmittel bei Belagerung), die auch als Baureserveflächen zur Verfügung standen (z.B. Ypern in Flandern).

Neue Stadtgründungen mit regelmäßiger Stadtstruktur

Das „gängige" Bild einer mittelalterlichen Stadt entspricht eher einem Stadtbild mit pittoresken Gebäuden und verwinkelten Gassen, das geprägt ist von der geschmeidigen Anpassung der Bebauung an die Topografie und dem Fehlen von Rastersystemen.

Realiter findet sich die unregelmäßige Form am häufigsten in den nur langsam und stufenweise gewachsenen Städten. Neue Erweiterungen mussten sich den Gegebenheiten der Parzellierung und des Grundbesitzes anpassen.

Demgegenüber lassen die Städte oder größeren Stadterweiterungen aber erkennen, dass man im Mittelalter planmäßig neu gründete und erweiterte. Insbesondere in der Ebene wurden die Straßen regelmäßig, gerade und relativ breit angelegt. Schon zur Zeit Karls des Großen brachte man der „Schönheit des antiken Städtebaus" (Hall 1978, 65) hohe Wertschätzung entgegen.

Im 12. und 13. Jh. erfolgte neben dem Ausbau der Städte die bedeutendste Phase der Stadtgründungen (Kostof 1993b, 329): Fast 1 000 Städte wurden im Mittelalter neu gegründet. Die Gründungsstädte erhielten in der Regel direkt eine Mauerbefestigung, waren auf schnelle Zuwanderung und zügiges Wachstum angelegt und wurden mit größeren bürgerschaftlichen Freiheiten und Grundbesitzrechten ausgestattet (Isenmann 1988, 76).

Bedeutende Stadtgründungen, die als Markt- und Handelsorte konzipiert waren, entstanden z.B. durch die Ostkolonisation des Deutschritterordens und durch die Herzöge von Zähringen in Süddeutschland. In England und Frankreich ließen die Könige planmäßige Städte, die Bastides, anlegen.

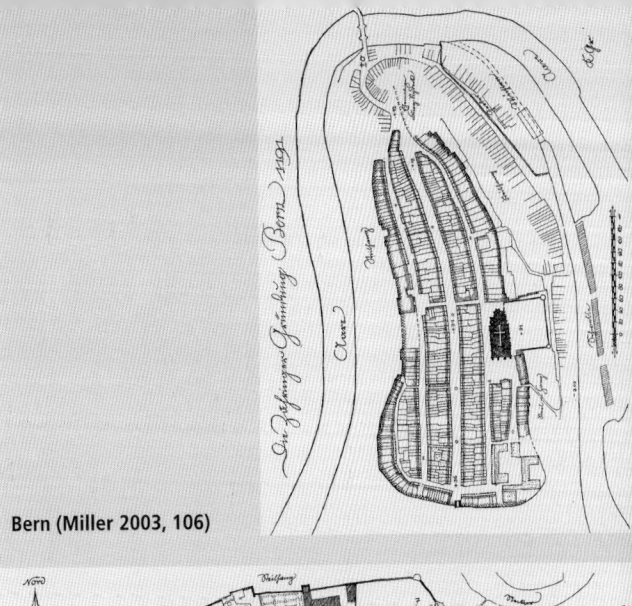

Bern (Miller 2003, 106)

Um 1225 kolonisierte und christianisierte der Deutschritterorden Ost- und Westpreußen und gründete 93 neue Städte. Der Kolonialtypenplan sah nahezu rechteckige oder ovale Grundrisse, die Anlage eines Marktplatzes und eines orthogonalen Straßennetzes (Raster und Baublock) vor. Ordensstädte im Osten sind z.B. Kulm, Thorn und Elbing. Kennzeichen der Ordensstadt war die Ordensburg und das Spital mit einem zentralen quadratischen oder rechteckigen Marktplatz, auf dem die große Markthalle stand (Isenmann 1988, 62).

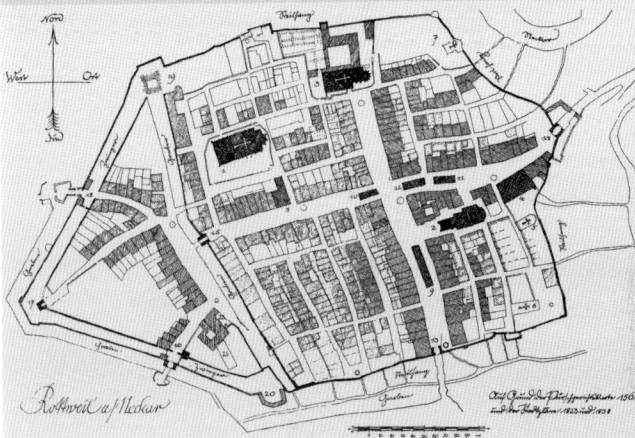

Rottweil, Grundriß
1 Heiligkreuz-Kirche, 2 Kapelle, 3 Prediger, 4 Hospital, 5 Annen-Kapelle, 6 Johanniter-Kirche, 7 Lorenzkapelle, 8 Rathaus, 9 Kornhaus, 10 Herrnstube, 11 Metzig, 12 Kaufhaus, 13 Hochbrücken-Tor, 14 Au-Tor, 15 Schwarzes Tor, 16 Neutor, 17 Hochturm, 18 Flöttlinstor, 19 Alte Schanze, 20 Alte Bastei, 21 Abgebrochene Au-Vorstadt mit Neckarschlinge, 22 Kapuziner-Kloster, 23 Ehem. Zeughaus.

Rottweil (Gruber 1976, 62)

Marktplätze mit Rathaus bildeten den Mittelpunkt der Stadt und waren von den giebelständigen Häusern des Patriziats der ratsfähigen, reichen Bürger umgeben. Einige Marktbauten in der Mitte bildeten bereits große Baukomplexe mit basarähnlichen Einrichtungen. Planungsmerkmale der Gründungsstädte waren das gleichmäßige Straßengerüst und eine rationale Grundstückseinteilung. Die durch eine Mauer umschlossenen Ordensstädte wurden wie ein Netzwerk an strategisch wichtigen Punkten der Handels- oder der Verkehrswege angelegt (Miller 2003, 140).

In der heutigen Schweiz und am Oberrhein gründeten die Herzöge von Zähringen mit einem Konsortium von 24 angesehenen Kaufleuten ein Städtenetz als

Das Rathaus in Büdingen stand in einer geschlossenen Baufront mit den städtischen Bürgerhäusern: Lediglich durch seine Größe und eine stärkere Fassadenverzierung stach es hervor (Gruber 1976, 122).

43

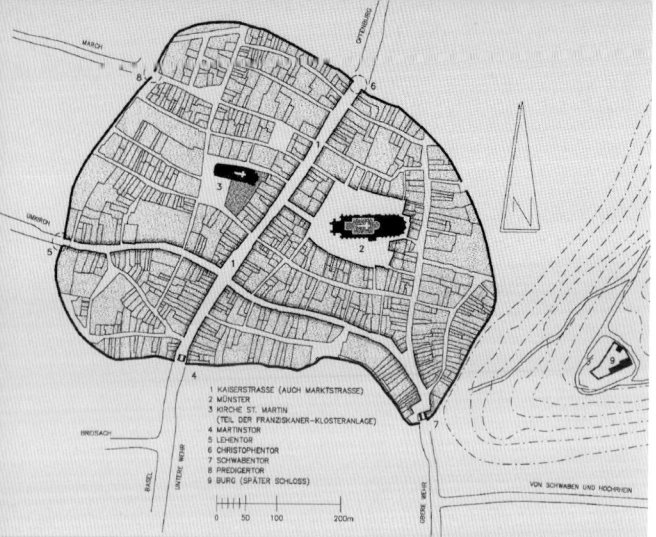

Freiburg im Breisgau (Miller 2003, 101)

In aktuellen Forschungen zu den mittelalterlichen Gründungsstädten wurde jüngst von Klaus Humpert die These (2001) aufgestellt, dass diesen Stadtgründungen umfassende Vermessungsarbeiten zugrunde lagen.

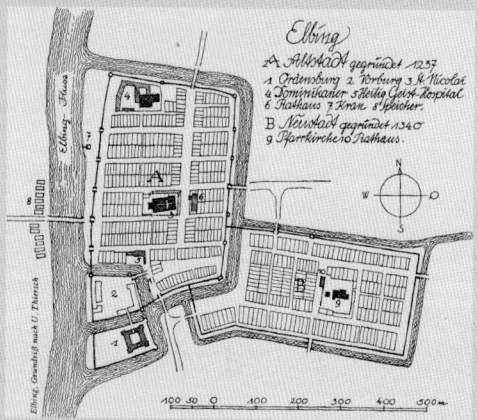

Elbing (Gruber 1976, 79)

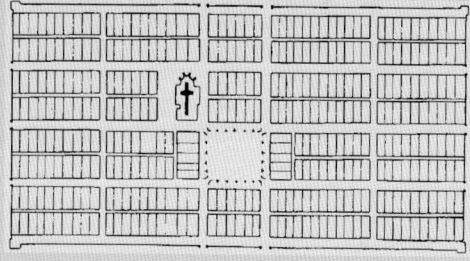

Montpazier. Rekonstruktionsplan von Lavedan (Hall 1978, 141)

„In Portsmouth gestand König Richard I den Bürgern zu, dass sie 'los und ledig sein sollten aller Zölle und Brückengelder, Standgelder und Abgaben zu Wasser und zu Lande, wo auch immer sie hinkommen in Unserem ganzen Land" (Kostof 1993b, 335).

Markt- und Handelsorte, z.B. Bern, Freiburg i. Br. und Rottweil. In den Zähringerstädten, deren wesentlichstes Merkmal ein Achsenkreuz war, stellte der Straßenmarkt als Hauptachse das zentrale Element dar; das Rathaus wurde in die Reihe der Bürgerhäuser „eingestellt" und die Kirche mit dem Kirchhof bildeten einen eigenen Bereich. Während die Stadt Freiburg i. Br. auf bestehendem Stadtgrundriss umgebaut wurde, erfolgte die Neugründung von Rottweil oder Villingen unweit des alten Siedlungsplatzes (Humpert 2001). Weitere Gründungsstädte lassen sich in Ober- und Niederösterreich oder in der Steiermark ausmachen (Miller 2003).

Weitere Stadtgründungen erfolgten in England, Frankreich und Italien. Hier versuchte der Lehnsadel seinen Einfluss zu stärken. Er ließ militärische Vorposten errichten und verband diese zu einem Netz von Handelsplätzen; z.T. wurden von dort aus Kreuzzüge unternommen.

Die neuen Städte erhielten Stadtrechte; zwecks Anwerbung von Bewohnern wurden weitgehende Privilegien wie Steuererleichterungen oder Erleichterungen beim Hausbau erteilt (ein bewährtes Mittel, das im 17. und 18. Jh. Nachahmer durch die Landesfürsten fand). Beispiele für derartige Stadtgründungen in Frankreich sind: Montpazier (1284) und Aigues-Mortes (Kreuzfahrerhafen, 1248). Den angeworbenen Bürgern gestand man neben den wirtschaftlichen auch große persönliche Freiheiten zu.

In den französischen Bastides wurden die Grundstücke gleichmäßig parzelliert und die Stadt meist in quadratischer oder rechteckiger Form angelegt. Die Grundstücke wurden in Pacht vergeben und mussten von den Bewohnern innerhalb einer bestimmten Frist selbst bebaut werden. Die Infrastruktur – Straßen, Kirche, Mühle oder Backhaus – wurde vom „Gründer" zur Verfügung gestellt, ebenso außerhalb der Stadt Felder und Weingärten (Kostof 1992, 133). Bei den mittelalterlichen Bastides erinnert das Einweihungsritual der Verkündigung der Stadtgründung sehr an antike Gründungsriten; auch hier wurde die Stadtmitte markiert und ein Pfahl mit dem Wappen des Gründers gesetzt (Kostof 1993b, 335).

Den Stadtgründungen ging nicht selten eine städtebauliche Planung voraus. Begünstigt wurde die Umsetzung einer einheitlichen Stadtstruktur und die systematische Einteilung der Baustellen durch die Besitzverhältnisse an Grund und Boden: Da der jeweilige Landesherr die neue Stadt auf „seinem" Boden gründete und auf zusammenhängender Fläche planen konnte, mussten keine festgelegten Eigentumsgrenzen etc. berücksichtigt werden; die Grundstücke wurden gegen Zinszahlung „verliehen". Der Grund und Boden konnte vererbt und veräußert werden; das „Obereigentum" lag jedoch beim Grundherrn. Dieser Gründungsboom fand um die Mitte des 14. Jh.s durch die Pestepidemien sein Ende.

Baublockeinteilung und Nutzungsmischung

Weitere städtebauliche Merkmale waren die Baublockeinteilung und die Parzellierung; in der Regel herrschten lange, schmale Parzellen vor (5 bis 6 m, abhängig von der Länge der Eichenbalken für die Deckenkonstruktion). Diese Bauweise brachte zum einen den Vorteil mit sich, dass so die städtischen Kosten für die Herstellung und Unterhaltung der Straßen klein gehalten wurden. Zum anderen konnten sich über die schmalen Parzellen möglichst viele Kaufleute einen Anteil an der begehrten Straßenfront sichern. In den in die Tiefe gebauten Häusern wurde unter einem Dach gewohnt und gearbeitet. Zur Straße hin lagen die Verkaufsräume oder Kontore; in Anbauten lagerte das Material oder wurde produziert (z.B. Kaufmannshäuser in Nürnberg oder Florenz).

Die Städte beherbergten alle Nutzungsarten vom Markt bis hin zu Hospital und Rathaus, zu Gewerberäumen, Hotels und Kirchen. Vom Stadtinnern nach außen war meist eine Nutzungsdifferenzierung und in der Bewohnerschaft ein soziales Gefälle anzutreffen.

Katschhof Aachen:
Die mittelalterliche Bau- und Parzellenstruktur ist bis heute im Altstadtkern der Stadt Aachen erhalten. Die sehr enge und kleinteilige Struktur um Krämerstraße, Körbergasse oder Fischmarkt erklärt sich aus der vormaligen Anordnung der Marktstände und Verkaufshallen.

Mit zunehmendem Bevölkerungswachstum konnten die schmalen Parzellen nicht weiter geteilt werden. Die Gebäude wurden aufgestockt und mit der Einführung des Stockwerkeigentums entstand eine neue Eigentumsform, die dem heutigen Teileigentum sehr nahe kommt.

Volterra: Bebauung im Stadtzentrum

Volterra: Bebauung am Stadtrand

Häuserblock in Florenz (Benevolo 1990, 513)

Siena: Unterschiedliche Fahnen markieren die Abgrenzung der Stadtquartiere

Lübeck aus der Vogelschau (Gruber 1976, 72)

Kaufmannshaus in Nürnberg (Benevolo 1990, 464)

Parterre   erster Stock   zweiter Stock   dritter Stock

So lagen die bedeutenden Einrichtungen und die Häuser der reichen Patrizierfamilien im Kern und an den Hauptstraßen; es folgten die besser gestellten Handwerker – zum Stadtrand hin wohnten die „einfachen" Leute. Hier befanden sich oft auch die „Arme-Leute-Viertel". Feuergefährliche Nutzungen wie Schmieden und Gießereien oder stark geruchsintensive Nutzungen wie Gerbereien und Färbereien lagen ebenfalls am Rande (Benevolo 1993a).

Die Stadt bestand meist aus einzelnen Stadtquartieren, die ihre eigenen Pfarrkirchen unterhielten und oft auch mit eigenen Organisationen für einen Teil des Stadtlebens zuständig waren: In Aachen übernahmen z.B. sog. „Christoffel" in den Stadtteilen einen Teil der Überwachung des dortigen Bauprozesses (Dettmering 1986). Hieraus erwuchsen Identität und Quartiersbewusstsein, das z.B. im 17. Jh. in Siena bei den jährlichen Pferderennen (Contraden) wieder auflebte: Die einzelnen Stadtviertel lassen bis heute im Wettstreit „ihre" Pferde gegeneinander auf dem zentralen Platz antreten.
Vor den Toren der Stadt entstanden schon früh „ungeschützte" Vorstädte als eine Art Zwischenform zwischen Stadt und Land, deren Bewohner in der Regel ärmer als die Stadtbewohner waren.

Gebäudetypen

Das Gebäudeinnere wurde einer „Nutzungsmischung" von Wohnen und Arbeiten unterzogen. Nach dem Prinzip des „ganzen Hauses" (Häußermann/ Siebel 1996) wohnten hier nicht nur mehrere Generationen einer Familie, sondern auch Arbeitgeber und Bedienstete zusammen.

Nördlich der Grenzlinie Flandern-Köln-Hessen-Sachsen herrschte das eineinhalb- bis dreigeschossige Dielenhaus mit hohem Satteldach vor: Gewohnt wurde im Erdgeschoss in einer hohen hallenartigen Diele, die Werkstatt, Kontor und Aufenthaltsraum zugleich war

46

und an die später seitlich und im hinteren Bereich
Kammern angefügt wurden. Die oberen Geschosse
dienten als Speicher.

Südlich der oben genannten Grenzlinie wohnte man
im Obergeschoss. Der Grundriss war zweigeteilt: Die
eine Seite bestand aus dem Hauseingang und Zugang
zum Hof, an den gewerbliche Anbauten, Lagerräume
und Garten angrenzten, sowie aus der Treppe, die ins
Obergeschoss führte. Die andere Seite bestand aus
dem Haupthaus mit gewerblicher Nutzung im Erdgeschoss und den Wohnräumen im Obergeschoss. Ebenso
traten Sonderformen auf, wie z.B. die an die oberitalienischen Geschlechtertürme angelehnten „Patrizier-
türme", die seit dem 12. Jh. in Regensburg erbaut
wurden.

Der städtische Immobilienbesitz befand sich zum
Ende des Mittelalters zu großen Teilen in der Hand
der städtischen Oberschicht und/oder der Geistlichkeit
(Isenmann 1988). Viele der Häuser wurden z.B. von
reichen Patrizierfamilien vermietet, die ihr Geld in
sicheren Immobilienbesitz investierten. Obwohl der
Anteil der Mietwohnungen sehr groß war, unterschieden sie sich in ihrer Baustruktur nicht von denen der
Eigentümer.
Neben der Miete mussten auch Nebenkosten für
Beleuchtung und Heizung gezahlt werden; Miete und
Nebenkosten stellten den Grossteil der Lebenshaltungskosten dar (Schmidt/ Dirlmeier 1998, 242). Es
sind nur wenige Beispiele eines „sozialen Wohnungsbaus" bekannt, so z.B. die Wohnanlage der Fuggerei
in Augsburg (1523). Diese Wohnungen wurden bedürf-
tigen Arbeitern und Einwohnern der Stadt nahezu
kostenfrei zur Verfügung gestellt.

In Nürnberg deutet folgender Vorgang im 16. Jh. auf
den sich bildenden freien Wohnungs- und Mietmarkt
mit allen negativen Folgen hin: „Vom Bäckermeister
Heinrich Gräf ist bekannt, dass er immerhin 80 Miet-
parteien unterhielt.
Schlechte Wohnbedingungen waren nur eine Konsequenz.
Der Rat beklagte, dass er allerlei Lumpengesindel von
Unbürgern und Landverwiesenen `und auch sonst lie-
derliche Leute` einziehen ließe, sie aber dann, wenn sie
die Miete nicht zahlen konnten, `hart hielt und sie aus
dem Haus stieß, so dass sie auf der Gasse liegen muss-
ten`. Der Rat musste es dabei belassen, Gräf einen
schädlichen Bürger zu nennen und ihn mit Geldstrafen
zu belegen, eine weitere Handhabe fand er nicht"
(Deutsch/ Esser 1974, 156).

Augsburg: Fuggerei, Hauptstraße

Stadt- und Bevölkerungsentwicklung im ausgehenden Mittelalter

In den politischen Umwälzungen des Spätmittelalters bzw. ausgehenden Mittelalters (bis zum 16. Jh.) verloren sowohl die Zentralgewalt des Kaisers als auch die Städte an Einfluss gegenüber den Landesfürsten, die ihre Verwaltung ausbauten, ihre Einkünfte erhöhten und so eine immer größere Unabhängigkeit von der Reichsspitze erreichten. Auch der Versuch, durch den Zusammenschluss von Städtebünden an politischem Einfluss zu gewinnen, scheiterte. Kennzeichnend für die politische Situation in dieser Phase ist die Zunahme der „Staatlichkeit" und die Umformung der Fürstentümer hin zu Territorialstaaten.

So wurden von 1450 bis zum Ende des 16. Jh.s nur noch wenige Städte gegründet. Schwere Hungersnöte und „Pestzüge" ab der Mitte des 14. Jh.s bremsten zudem das Bevölkerungswachstum, so dass von den 170 000 Siedlungen im Deutschen Reich knapp 40 000 wieder verschwanden (Schmitz/ Dirlmeier 1998, 236). In den Städten standen Wohnungen leer und Gebäude verfielen.

„Einen erneuten wirtschaftlichen Aufschwung auf breiter Front brachten erst das nach der Mitte des 15. Jahrhunderts wieder einsetzende Bevölkerungswachstum, ferner technische Fortschritte wie die Entdeckung des Buchdrucks mit beweglichen Lettern, die Erschließung neuer Edelmetallvorkommen sowie schließlich die Entdeckung Amerikas und des Seeweges nach Indien" (Schmitz/ Dirlmeier 1998, 232). Die wirtschaftliche Situation z.B. der reichen Kaufmannsfamilien hatte sich durch ausgedehnten Fernhandel beträchtlich verbessert.
Nun setzte ein erneutes kontinuierliches Wachstum mit reger Bautätigkeit ein. Gegen 1600

lebten dann etwa 15 Millionen Einwohner in Deutschland; davon ein Viertel in Städten. Der Zuzug löste in der ersten Hälfte des 16. Jh.s sogar eine Wohnungsnot aus, da viele von Krieg und Hungernot betroffene Menschen in die Städte strömten und sich daraufhin die städtische Bewohnerstruktur stark veränderte (Le Goff 1998, 67): Es kam zu Verdichtungen und Überbelegungen (Deutsch/ Esser 1974, 156). Mit dem Bau von Wohnungen wurde kräftig spekuliert, da hier die Gewinne aus Handel und Gewerbe verhältnismäßig sicher angelegt werden konnten (Fouquet 1998, 495).

Hinzu kamen vielfältige Anstrengungen im öffentlichen Bauwesen: Rathäuser, Kornhäuser, Ball- und Hochzeitshäuser, Gymnasien sowie stadttechnische Anlagen (Wasserleitungen, Brunnen, Brücken) und die Anpassung der Festungsbauten entsprechend der neuen zeitgenössischen Waffentechnik standen auf dem Bauprogramm der Städte (siehe Kapitel 5). Diese Entwicklung betraf nicht alle 3 000 deutschen Städte im 16. Jh. gleichermaßen. In vielen kleinen und mittleren Städte dominierten bis weit ins 18. Jh. hinein noch Ackerbau und Viehzucht und eine gewerbliche Produktion für den lokalen Markt.

Wer bestimmte über die städtebauliche Struktur und wer regelte den Bau- und Planungsprozess?

Das Grundprinzip der städtebaulichen Ordnung lautete: Ordnung in Mannigfaltigkeit. Bei den langsam wachsenden Städten erfolgte ein angepasstes Stadtwachstum Stück für Stück entsprechend den unmittelbaren Anforderungen. Eine „Planung" im Sinne eines vorliegenden Planes bestand aber nicht.
Diese Stadterweiterungen, die durch die Ratsvertreter beschlossen wurden, verliefen allerdings nicht ungeplant, wenn man Planung als eine rationale Entscheidung über die Art und Weise der baulichen Erweiterung versteht.
Bei den gegründeten und planmäßig angelegten Städten dagegen lässt sich der zugrunde liegende

Theater Verona

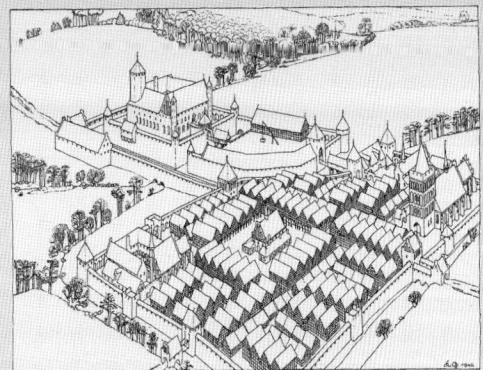

Idealbild einer Ordensstadt (Gruber 1976, 81)

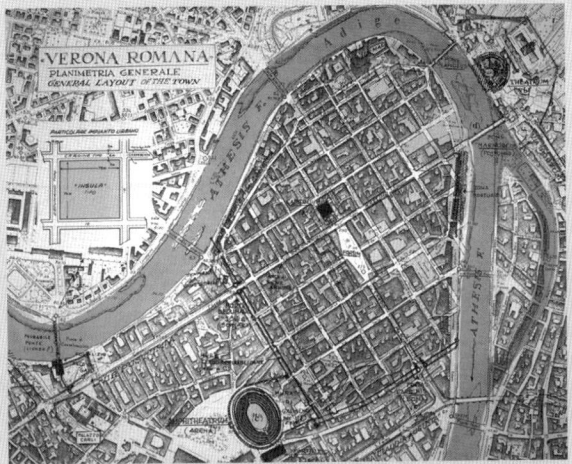

Stadtplan Verona im Mittelalter

Zur Zeit Roms im 4. Jh. zählte Trier 60 000 Einwohner, und die Stadt wurde von einer Stadtmauer umgeben. 200 Jahre später bewohnten nur noch wenige tausend Einwohner die Stadt (Hall 1978,55). Erst um 1100 erlangte Trier eine neue Bedeutung als Bischofssitz, ohne jedoch an die Vormachtstellung der Römerzeit anknüpfen zu können. Die neue Stadtmauer wurde dem geringeren Stadtwachstum angepasst: Teile der alten römischen Mauer wurden integriert. Aus dem ehemaligen Bauland wurde wieder Acker- und Gartenfläche. An der Stelle der römischen Tempelanlage entstand die Bischofskirche.

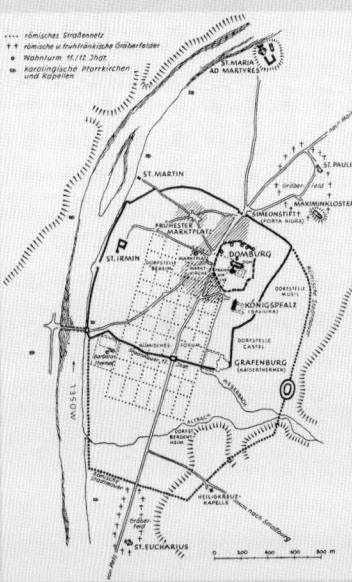

Trier im 11. Jh. (Hall 1978, 48)

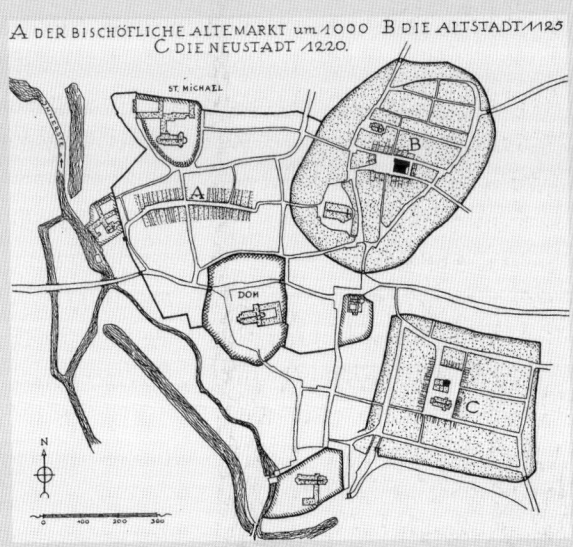

Stadtplan Hildesheim (Gruber 1976, 45)

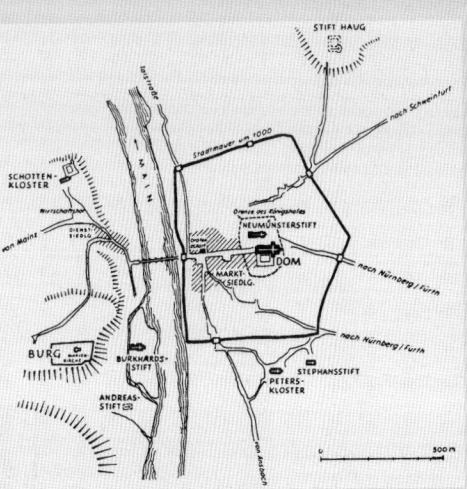

Würzburg (Hall 1978, 98)

Im Rathaus (Palazzo Pubblico) befindet sich die berühmte Wandmalerei von Ambrogio Lorenzetti (1338): Die Gute und die Schlechte Regierung. Das Gemälde sollte den Vertretern der Bürgerschaft vor Augen halten, welchen Interessen ihr Bemühen gewidmet sein sollte. Die „gut regierte Stadt" protzte vor Wohlstand, gut erhaltenen Häusern, bestgekleideten Menschen, reichlich Nahrung sowie Bildungs- und Kunstangeboten. In der „schlecht regierten Stadt" sah man den baulichen und sittlichen Verfall ebenso wie ein von Kriminalität beherrschtes Straßenbild.

Ausschnitt „Gute Regierung" (Vercelloni 1994)

Ausschnitt „Schlechte Regierung" (Vercelloni 1994)

Siena: Blick auf die Platzanlage Campo

rationale Gedanke über das städtebauliche Gesicht einer Stadt besser nachvollziehen, da z.B. die rasterförmige Straßenanlagen oder gleichmäßige Parzellierungen darüber Zeugnis ablegen.

Die städtische Machtelite, die Bürgerschaft und ihre Ratsvertreter bestimmten den Bau- und Planungsprozess; sie hatten weitgehende Entscheidungskompetenz. In einigen Städten wurde die Regelung der privaten Bautätigkeit einer speziellen Baubehörde anvertraut (z.B. in Bern oder Siena). Die Mittel, um den Bauprozess zu ordnen und für städtebauliche Gestaltung zu sorgen, waren:
• Baufluchtanweisung
• Bauordnung
• Baugebote
• Bauverbote
• Bereitstellung von Baumaterial.

Die städtebauliche Form wurde durch die altbekannte Regelung der Baufluchtanweisung und die Überwachung der Einhaltung der Bauflucht durch den Bürgermeister oder durch die Baukommission festgelegt. Das „Rechtsinstitut" der Bauflucht war ein lange praktiziertes Recht und bedeutete, eine schnurgerade abgesteckte Linie der Häuserflucht zu ziehen. Die Bauflucht bildete die Grenze zu den öffentlichen Straßen; die Anlieger hatten das Recht und die Pflicht, hieran Gebäude zu errichten. Zum Beispiel erfolgte in Hamburg, München und Nürnberg ab dem 13. Jh. eine solche Baufluchtanweisung durch Rat bzw. Bürgermeister (Schmitz/ Dirlmeier 1998, 262).
Die Errichtung oder gravierende Veränderung von Gebäuden war nur erlaubt, wenn vorher die Bauerlaubnis mit Feststellung der Bauflucht eingeholt wurde. Sie war wichtig für die Aufrechterhaltung des Verkehrs und aus Feuerschutzgründen. Gegen „Baufrevel" und Nichteinhaltung der Bauflucht wurde streng vorgegangen. In Siena konnte die Baukommission gar zu Verbreiterung, Begradigung oder Neubau von Straßen und Plätzen Flächen enteignen (Kahle 1974, 136). Die seit dem 13. bzw. 14. Jh. geltenden städtischen

Bauordnungen regelten Gebäudehöhen, Gebäudevorsprünge, Art der Giebel und Erker, Baumaterial, Brandabschnitte sowie Standsicherheit und setzten hygienische Bestimmungen fest (z.B. Lage der „Abtritte"). Zudem bestanden weitreichende nachbarschaftsrechtliche Festlegungen (Engel 1993, 89ff). Die Bauordnung von Siena (Ende des 13. Jh.s) machte zudem weitreichende Festlegungen für das weitere Stadtbild. So wurden keine in die engen Gassen hineinragenden Treppen, Erker oder Arkaden erlaubt, was bis heute das Erscheinungsbild von Siena prägt (Kahle 1974, 136). Ebenso strenge Auflagen galten für Florenz.

Vor allem Feuerschutzauflagen spielten eine große Rolle: So wurden ab dem 15. Jh. in Nürnberg und Augsburg Ziegeldächer anstelle der Stroheindeckung vorgeschrieben. Die generell übliche Benutzung des öffentlichen Straßenraumes zur Lagerung von Holz, Weinfässern oder Mistbeeten wurde reglementiert (Schmitz/ Dirlmeier 1998, 260 ff). In Bern wurden nach einer Ratssatzung (1316) Parzellenbreiten unter 5 m untersagt (Kühnel 1996).

Neben Baufluchtanweisung und Bauordnung fand eine Beeinflussung des Bauprozesses durch Baugebote statt: Oft musste nach drei oder fünf Jahren gebaut sein, sonst fiel das Grundstück wieder zurück. Damit sollte ein „geschlossener Anbau" der Stadt und eine geordnete Stadterweiterung innerhalb der Mauern erfolgen. Insbesondere im Stadtkern wurden freiliegende Baustellen nicht geduldet. Auch „ungewöhnliche Bauten", die nicht dem Althergebrachten entsprachen, ließen sich durch Baugebote verhindern. Ebenso bestand eine Verpflichtung zur Instandhaltung der Gebäude. Bei Verstößen gegen die Instandhaltungsverpflichtung konnten die Baugrundstücke entzogen werden.

Die Eingriffsmöglichkeiten in den Bauprozess sollen am Beispiel der Stadt Aachen verdeutlicht werden: Da die Bewohner oft nicht in der Lage waren, die Häuser in gutem Zustand zu erhalten, wurden diese

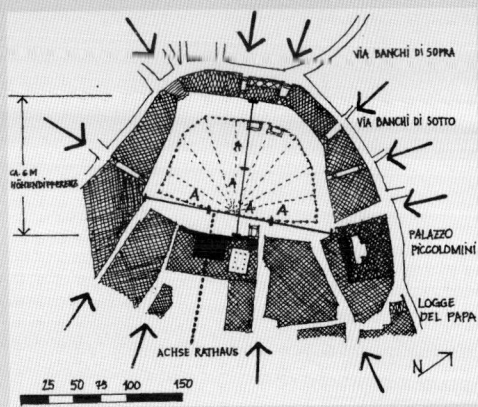

Siena: Lageplan Campo (Praeckel 2006, 93)

Siena: Beispiel planmäßiger Stadtgestaltung

In der Blütezeit des mittelalterlichen Städtewesens waren die politische Selbstorganisation und Mitbestimmung der Bürger ausgeprägt, z.B. turnusmäßige Vertretung in Rat und Ausschüssen, zahlreiche Ehrenämter oder öffentliche Versammlungen. Nach dem Zerfall des römischen Reiches hatte das städtische Leben in den italienischen Städten nicht einen solchen Niedergang erfahren wie nördlich der Alpen. So konnten Pisa und Lucca sich im 11. Jh. von der kirchlichen und kaiserlichen Oberherrschaft lösen und eigene Stadtstaaten gründen. Zudem hatte das Handelsbürgertum in den oberitalienischen Städten seine ökonomische Machtstellung durch die Ausweitung des Fernhandels, nicht zuletzt durch die bei den Kreuzzügen geschaffenen Verbindungen zum Levante, ausbauen können. Ein sehr einprägsames Beispiel für die Orientierung auf eine „schöne" Stadtgestaltung und die Schaffung eines zentralen Stadtplatzes als Ausdruck und Manifestation städtischer Selbstbestimmung stellt der Campo in Siena dar. Die Schönheit der Platzanlage war von großem allgemeinen Interesse und galt als Darstellung des Stadtreichtums und der Stadtkultur gegenüber anderen Städten.

Die Stadt Siena verfügte nicht über eine große römische Vergangenheit wie Florenz oder über eine bedeutende Stellung zur Zeit der Etrusker wie Volterra. Siena ist die „Stadt der Gotik". Stadt- und Baustruktur entstanden in der Blütezeit der Stadt vom 12. bis zum 14. Jh. Bei der Suche nach einem Bauplatz für ein neues Rathaus sollte ein repräsentativer Platz gefunden werden, der die Macht der erstarkten Bürgerschaft verkörperte und als „neue Mitte" in zentraler Lage zu den drei Stadtteilen lag, die sich auf drei Höhenzügen erstreckten.

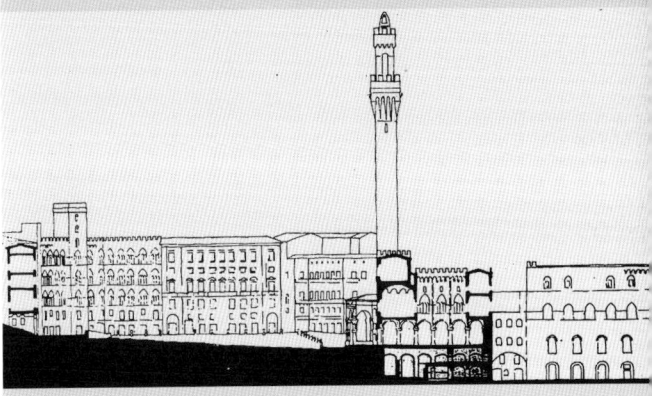

Siena: Schnitt durch die Platzanlage

Fotomontage: Palazzo Pubblico mit angrenzender Bebauung

Der zwischen 1297 und 1348 angelegte Platz zählt zu dem schönsten Platzanlagen der Welt. Der Campo wurde Symbol für eine vitale und unabhängige Stadt. „Klar, elegant und komplex wie eine mathematische Gleichung, ist er zugleich ein Kunstwerk, dessen Farben sich mit dem Licht ändern und eine Generation nach der anderen verzaubert" (Webb 1990, 36).

Mit der Platzgestaltung inszenierte das Bürgertum seine Macht. Das Rathaus wurde an bedeutender Stelle platziert und durch die seitlich angefügten niedrigen Häuser wurde es seiner Bedeutung entsprechend optisch hervorgehoben. Die dem Rathaus gegenüberliegende geschlossene Bebauung der Bürgerhäuser sollte mit der Rathausgestaltung korrespondieren: So erhielt der jüngst renovierte Palazzo Sansedoni die gleichen gotischen Fensterelemente wie das einige Jahre später erbaute Rathaus. Es wurden sogar öffentliche Ämter vergeben, damit über die hier erzielten Einnahmen die aufwendige Gestaltung der Patrizierhäuser finanziert werden konnte – eine Art Bausubvention durch öffentliche Mittel. Die Häuserfassaden sollten vom Ruhm und der Schönheit der Stadt sprechen. Der Bau des Platzes wurde durch eine eigens eingerichtete Schönheitskommission (Braunfels 1979, 93) überwacht. So musste ein Maurermeister ein Gebäude wieder abreißen, da die Fassade 40 cm aus der festgelegten Gebäudeflucht hervorsprang.

Für die Lage des Platzes war ein zum Tal hin stark abfälliges Gelände ausgewählt worden. Diese schwierige topografische Lage musste bei der Planung beachtet werden. Damit sich das Platzgefälle in Grenzen hielt, wurde das Rathaus „versetzt" in den Hang gebaut: Von der Platzseite aus liegt der Haupteingang quasi im 1. Obergeschoss. Da der Zugang zum Platz von allen Stadtteilen aus gesichert sein sollte, führten elf Straßen auf den Platz zu. Diese Einmündungen wurden so geschickt durch die Führung der Wege in schmalen Gassen, durch überdachte Passagen zwischen den Häusern sowie durch Vermeidung von Straßendurchstößen an den Platzseiten angeordnet, dass der Platz trotz der vielen Einmündungen als geschlossener Raum erscheint.

häufig baufällig. Die Stadt entzog dann den Bewohnern die „Verfügungsbefugnis", da bei der Überlassung der Häuser durch die Stadt die Bewohner verpflichtet wurden, diese in Stand zu halten.

Der „Verfügungsberechtigte" durfte die Häuser selber nicht verkaufen. Die wirtschaftlich schwächeren Bewohner waren gezwungen, die Stadt zu verlassen, wenn sie sich kein neues Domizil leisten konnten. Damit konnte über das „Bauen" die Bevölkerung quasi auf ihren leistungsfähigen Kern reduziert werden. Die baufälligen Häuser wurden neu versteigert. Hier lenkte die Stadt den Bauprozess, indem nur die Häuser versteigert wurden, die in der Nähe zum Kernbereich lagen. Vor allem in der Zeitphase, als sich die Stadt stark entleerte, wollte man eine Zersiedelung und eine Art „Zahnlückenbebauung" in der Stadt vermeiden. So versuchte die Stadt die Geschlossenheit der Bebauung von innen nach außen zu wahren: Zu weit abgelegene, baufällige Häuser wurden nicht mehr neu versteigert und verfielen. Die Bürger versuchten jedoch immer wieder, die am Rande gelegenen, meist billigeren Bauplätze und Häuser zu bekommen (Detmering 1986).

Bauverbote konnten je nach städtischer Situation ausgesprochen werden: So wurde z.B. in Aachen das Bauen an den Bachbereichen in der Stadt sowie vor den Stadtmauern untersagt. Auch durfte nicht an die Stadtmauern angebaut werden.

Ebenso war es möglich, innerhalb der Stadt Schutzzonen festzulegen, z.B. entlang von Klostermauern wie in Mönchengladbach (Schröteler-von Brandt 1998a). Aus Feuerschutzgründen konnten Nutzungen auch ausgeschlossen werden, wie der Bau von Kupfermühlen nach dem großen Stadtbrand in Aachen 1630. In Siegen ließ im 16. Jh. der Rat die Zünfte wissen, dass Schmiede, Schlosser oder Schlächter nur in besonderen Gassen anzusiedeln waren (Schmitz/Dirlmeier 1998, 384).

Die Stadt bestimmte selbst oft auch den Bauprozess: So wurden Häuser schlüsselfertig übergeben oder der

Rat regelte die Lieferung der Baumaterialien und ließ die Arbeiten von Bauarbeitern durchführen. Über die städtischen Waldflächen und/oder Steinbrüche konnte preiswertes Material zur Verfügung gestellt werden; stadteigene Bauhöfe, Ziegeleien oder Kalkbrennereien wurden gegründet.

Die wesentliche Grundlage für den Bauprozess war der städtische Grundbesitz. Auf dem Lande bestand unverändert die Grundherrschaft mit weitreichenden Abhängigkeitsbeziehungen. In den Städten – und vor allem in den Gründungsstädten – fielen dagegen die Bindungen auf den Grundbesitz langsam weg. „Es entwickelt sich ein Recht, das am Prinzip der Freiheit des Grundbesitzes orientiert ist und das auf den römischen und heutigen Eigentumsbegriff hin tendiert" (Isenmann 1988, 87).

Die Bürger erlangten mehr und mehr die Verfügungsrechte über den Boden. Haus- und Grundbesitz wiederum waren oft die Voraussetzungen für die Erlangung des Bürgerrechts, über welches die große Zahl der Einwohner wie Knechte, Mägde, Handwerksgesellen oder Tagelöhner nicht verfügten.

Die Koppelung von Bürgerrecht und Grundbesitz hielt sich noch lange und wurde Grundlage des Dreiklassenwahlrechts im 19. Jh. (siehe Kapitel 7).

Es entstand der Begriff des Privateigentums an Grundstücken mit der Folge des freien Grundstücksverkehrs oder der Beleihungsmöglichkeit von Grundstücken (mit Grundbucheintragung). Im Zuge der Verfestigung des städtischen Grundbesitzes konzentrierte sich dieser zunehmend in den Händen weniger. Der Grund- und Hausbesitz wurde als „Pfand" bei Kreditgeschäften immer bedeutsamer (Isenmann 1988, 88).

Im Verhältnis zur nachfolgenden Epoche wuchsen die mittelalterlichen Städte relativ langsam. Zudem steuerten sie ihre Aufnahmefähigkeit durch die Zulassung von Bürgerrechten. Für die Lenkung des Stadtwachstums im Mittelalter war dies eine wichtige Voraussetzung.

Das Muster des Ziegelpflasters auf dem Campo ist in neun Segmente unterteilt und auf den Wassereinlauf vor dem Rathaus ausgerichtet: Symbol für den regierenden „Neunerrat" der Bürgerschaft.

Fassadendetails am Campo in Siena: Palazzo Sansedoni (links) und Rathaus Palazzo Pubblico (rechts)

„Seit dem 13. Jahrhundert war es eine städtische Baubehörde, die das ganze Brügge der späteren Jahrhunderte gestaltet hat, welche die Baufluchten in gewollter, fast übertriebener Betonung der Geländeunterschiede festlegte, für Straßenpflasterung sorgte, auf die Wasserversorgung der Stadt bedacht war, durch eine Art Prämiensystem die Verdrängung der Strohdaches durch Ziegeldächer förderte, kurz überall eingriff." (Rörig 1955,116ff)

Die Kontrolle der Maß- und Gewichtseinheiten durch die Stadt stellte eine gängige Praxis dar. Entsprechende Kennzeichnungen wurden an öffentlich zugänglichen Stellen, z.B. an Rathäusern oder an Stadttoren, angebracht. (Kühnel 1996, 35)

Merkmale der mittelalterlichen Stadt:

- Städte als Orte einer autonomen ökonomischen Entwicklung

- Städte als Orte der Marktprivilegien und Zentren des Warenaustausches

- Städte als Orte der Gewerbemonopole/Zünfte und des spezialisierten Handwerks

- Städte als Orte der Gerichtsbarkeit und höherer Freiheit gegenüber dem Land

- Städte mit weitgehender politischer Autonomie und dem Recht auf Münzprägung sowie auf Erhebung von Steuern

- Städte als Orte von Bildung, Kunst und Wissenschaft.

Durch Marktprivilegien und Gewerbemonopole hatte die städtische Wirtschaft exklusiven Charakter. Erst als sich diese ökonomische Besonderheit änderte und Privilegien und Monopole fielen, veränderte sich auch das Bild der bis dahin blühenden Stadtwirtschaft. Der Schutz der städtischen Wirtschaft durch die Zunftordnungen wurde zunehmend zur Fessel der städtischen Entwicklung.

Zusammenfassend lässt sich feststellen, dass das Mittelalter es verstand, Einzelne in seine Ordnung einzugliedern. So entstand eine Stadtstruktur aus einem inneren Bild der Gesellschaft, deren öffentliche Bauten (von Kirche bis Rathaus) das Wesen und den Sinn der Gesellschaft charakterisierten. Die Rangordnung der Werte zeigte so auch die Rangordnung der Bauten (Gruber 1976).

Diese Ordnung war insbesondere durch das Vorherrschen der Religion im gesellschaftlichen Leben geprägt; diese war eingebettet in die einheitliche mittelalterliche Weltanschauung und wurde entscheidend geprägt durch die einheitlichen wirtschaftlichen Strukturen, die im städtischen bzw. im ländlichen Raum herrschten. Städtebauliche und bauliche Ordnung waren in diesem Sinne Teil der gesamtgesellschaftlichen Ordnung, die sich in der Struktur der Stadt und ihrer Gebäude fortsetzte. Für die mittelalterliche Stadt war ihr abstrakt geistiger Zusammenhang prägend und nicht die Orientierung an eine absolute Gestaltung des Raumes (Gruber 1976, Le Goff 1998).

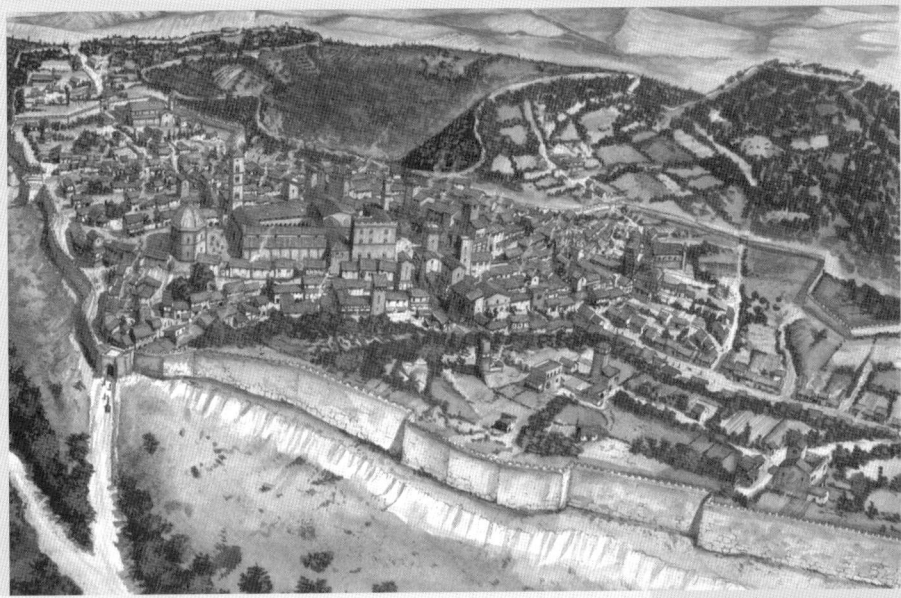

In der Rekonstruktion der Stadtansicht im 13. Jh. waren die Hauptstraßen entlang von cardo und decumanus wieder bebaut. Die Stadtmauern waren ausgebaut und verstärkt worden. Die sich selbst regierende Stadtgemeinde hatte ein neues Rathaus (Palazzo dei Priori) errichtet; das früheste Rathaus der oberitalienischen Stadtstaaten. Mit dem Bau von Rathaus und Platzanlage wurden Kirche und Bischofssitz an den Rand der Stadtmitte gedrängt. Die selbstbewussten Bürger hatten die Wiese des Bischofs für den neuen Platz ausgewählt und das Rathaus gegen die Apsis des Domes gebaut. Vom Platz aus war nur noch ein Teil der Domfassade zu erkennen: Eine bis heute sichtbare Manifestation der Auseinandersetzung zwischen Kirche und Bürgertum.

Volterra im 13. Jahrhundert

Volterra

Ab dem 7. Jh. begann die Christianisierung durch die Langobarden. Volterra erhielt unter Otto dem Großen eine bedeutende Position und wurde Bischofssitz. Bereits um 1180 erlangte Volterra die Selbständigkeit als freie Stadtgemeinde und konnte den Bürgermeister selber einsetzen. Das Centro Interculturale Villa Palagione in Volterra gab im Rahmen seiner Ausstellung über die Zeit Ottos des Großen 2002 in Volterra zwei wissenschaftlich fundierte Rekonstruktionen der Stadtansicht heraus. Im 10. Jh. ist hiernach die Stadt von einer Stadtmauer umgeben, die nur in einem kleineren Bereich intakt erhalten ist. Der umfangreiche Verlauf der etruskischen Stadtmauer ist noch in Ansätzen zu sehen. Im Stadtinnern dominierte baulich der neue Bischofssitz mit Kreuzgang und Kirche; ansonsten bestanden nur wenige Häuser.

Die große Freifläche am unteren Bildrand der beiden Abbildungen ist bis heute als große innerstädtische Parkanlage und „Parco Archeologico" erhalten geblieben. Hier befand sich die Akropolis und das Heiligtum der Etrusker auf der zugleich höchsten Stelle in der Stadt. Die Römer errichteten hier ebenfalls ihre Tempelanlagen und im Mittelalter stand dort das Wohnhaus des Bischofs. Mit der Eroberung Volterras durch Florenz und mit der Machtübernahme der Medici im 15. Jh. wurde an dieser Stelle die bis heute erhaltene Festung errichtet. Der Standort war somit Jahrhunderte lang jeweils Standort der „Mächtigen" und eine Art „Stadt in der Stadt". Insbesondere innerhalb der Festung der Medici waren die Kanonen nicht nur auf den äußeren Feind gerichtet, sondern gleichermaßen auf die Bebauung im Stadtinnern.

Volterra im 10. Jahrhundert

5. Planstädte der frühen Neuzeit

Im 16. und 17. Jh. wurden in Europa kaum neue Städte gegründet; das Wachstum erfolgte im Wesentlichen durch den Ausbau der bestehenden Städte, der mit einer weiteren funktionalen Differenzierung verbunden war. Auch neue Funktionen traten zu denen der mittelalterlichen Handels- und Gewerbestädte, der Bischofs- und Pfalzstädte hinzu; so entstanden in der frühen Neuzeit (16. bis 18. Jh.) neue Stadttypen – Ideal-, Kolonial-, Festungs-, Manufaktur- und die Residenzstädte.

Bei der antiken und mittelalterlichen Stadt fanden das gesellschaftliche Wertesystem und die ständische Struktur der sozialen und wirtschaftlichen Ordnung ihre Entsprechung in der Stadtstruktur. Beim Städtebau der frühen Neuzeit, insbesondere beim Bau der „Planstädte" (d.h. der planmäßig auf der Grundlage eines Planes angelegten Städte) konnte die Stadtstruktur noch stärker an die gesellschaftspolitischen Verhältnisse angepasst werden.

Der neue Stadttypus der Bergbau- bzw. Manufakturstädte, Exulantenstädte, Festungs- bzw. Garnisonsstädte und Residenzstädte trat jedoch nicht nur bei neu gegründeten Städten in Erscheinung; auch bereits bestehende Städte bekamen diese neuen Funktionen von den Territorialherren zugewiesen. Etwa 10% aller frühneuzeitlichen deutschen Städte sollen diese Funktionen erhalten haben (www.uni-muenster.de/FNZ-online, Mai 2006).

Das folgende Kapitel geht vor allem auf die Stadtgründungen und -erweiterungen bzw. auf einige bedeutende Stadtumbauprojekte ein, weil die städtebaulichen Leitideen dieser Epoche hier am deutlichsten sichtbar werden. Doch auch die vielen kleinen Anpassungen und Veränderungen der mittelalterlichen Strukturen, die in dieser Zeit erfolgten (von den Verteidigungsbauten bis hin zu neuen Bautypen), vollzogen sich nach neuen städtebaulichen Leitlinien.

Gesellschaftliche Veränderungen der beginnenden Neuzeit

Mit Renaissance und Humanismus begann im 15. und 16. Jh. die frühe Neuzeit in Europa, doch bereits im ausgehenden Mittelalter hatte ein enormer Umwandlungsprozess der Gesellschaft und ihrer geistig-kulturellen, religiösen und sozialen Werte eingesetzt. Von den mystischen und unverrückbaren Normen der Kirche lösten sich Ratio und Wissenschaft immer mehr: Der Blick der Menschen wendete sich vom Himmel zur Erde, die einzelne Person trat aus den ständischen und kooperativen Bindungen des Mittelalters heraus und erkannte sich selbst als Individuum. Das Zunft- und Ständewesen (Adel, Bürger, Bauern und Klerus), dessen zentraler Fokus die Gemeinschaft war, hatte ausgedient.

Mit der Renaissance (Wiedergeburt) knüpfte man nun an die vernunftbetonten antiken Lehren, Werte und Ideen an und stellte die Würde des Menschen sowie die eigene Persönlichkeit in den Mittelpunkt.

Wissenschaftliche Entdeckungen (z.B. Schießpulver, Druckerkunst, Kompass) und gesellschaftliche Veränderungen durch Kolonisierung und Reformation sind zentrale Wegemarken im Übergang zur frühen Neuzeit. Auch die Sichtweise auf die „Stadt" bleibt von neuen Ideologien, technischen Innovationen und veränderten Wirtschaftssystemen nicht unbeeinflusst – neue städtische Strukturen werden erforderlich.

Eine Folge war in der Renaissance die Idealisierung der Stadt; es war die Blütezeit für Stadtutopien in Architektur, Literatur und Kunst, die oft erst im 17. und 18. Jh. ihre reale Umsetzung erfuhren. Zugleich fanden diese neuen Stadtideen und Utopien bei der Kolonisierung eine weltweite Verbreitung. Ebenso prägend für den neuen Stadttypus waren die durch die neue Kriegsführung veränderten Anforderungen an die Stadt: Auch diese fanden ihre Umsetzung im Stadtgrundriss.

Getragen vom wirtschaftlichen Aufschwung nahm die kunstgeschichtliche Phase der Renaissance ihren Ausgangspunkt bereits im frühen 14. Jh. in Oberitalien und breitete sich von dort aus in Europa aus.

„Im Mittelalter lagen die beiden Seiten des Bewustseins – nach der Welt hin und nach dem Innern des Menschen selbst – wie unter einem gemeinsamen Schleier träumend oder halb wach (...) der Mensch aber erkannte sich nur als Rasse, Volk, Partei, Korporation oder sonst in irgendeiner Form des Allgemeinen. In Italien zuerst verweht dieser Schleier in die Lüfte; es erwacht eine objektive Betrachtung und Behandlung des Staates und sämtlicher Dinge dieser Welt überhaupt; daneben aber erhebt sich mit voller Macht das Subjektive; der Mensch wird geistiges Individuum und erkennt sich als solches." (Jacob Burckhardt zitiert in Eaton 2001, 40).

„Die eingewurzelten gotischen Gewohnheiten (nach denen die Gebäude nach Skizzen weitgehend im Detail an Ort und Stelle entwickelt wurden, Anmerk. d. Verfasserin) wurden jetzt aufgegeben. Der Architekt entwarf das Gebäude und legte es in einem einheitlichen Grundriß fest, der maßstabsgerecht gezeichnet wurde. Nach diesem Plan konnten Bauarbeiter den Bau errichten, ohne daß der Architekt sie beaufsichtigte. Das wurde möglich, weil die Verhältnisse einfach und auf ein festes Modul von soundso vielen Braccia (die italienische Maßeinheit) angestimmt waren und weil die Bauelemente standardisiert waren und auf rationale, vorhersehbare Weise zusammengestellt werden konnten, nicht viel anders als etwa bei griechischen Tempeln" (Kostof 1993b, 381).

Zudem entstammte der Architekt nicht mehr den Baugilden, sondern genoss eine breite und mehr intellektuelle Ausbildung. „Die Baukunst ist eine sehr vornehme Wissenschaft (...) sie ist nicht für jeden Kopf geeignet. Es sollte ein Mann von hohem Geist, von großer Hingabe, von der besten Bildung sein (...), wer sich vermisst, sich einen Baumeister zu nennen" (Alberti zitiert in Kostof 1993b, 381). Nach Kostof löste sich der Architekt mit zunehmender Bildung mehr und mehr von der Praxis und im Gegensatz zu den Meistern der Bauhütten konnte er keinen Stein mehr bearbeiten.

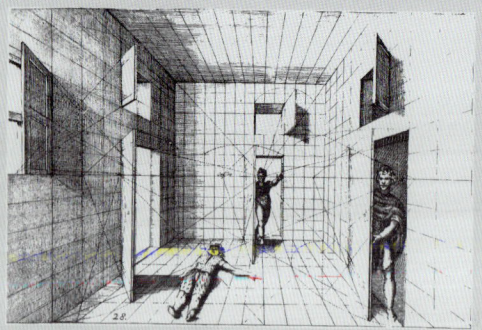

Perspektivischer Raum, De Vries 1560 (Benevolo 1990, 567)

Durch die Perspektive „wurde die Kunst in den Bereich der Wissenschaft erhoben, der Künstler vermochte nun, die ihn umgebende Welt täuschend nachzubilden, und der Architekt konnte ungebaute Architektur in der Illusion der Dreidimensionalität vor dem Auge des Betrachters entstehen lassen (Borrmann 1990, 39).

Die Idealstädte „liegen in einem Land, das es nicht gibt. Dieses Land, das nur in der Vorstellung als Gegenbild zur Wirklichkeit, vielleicht als erhoffte Möglichkeit besteht, ist Utopia" (Kruft 1990, 31).

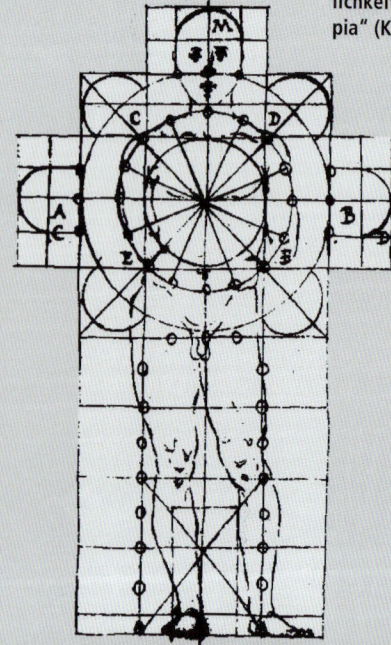

Proportionsstudie des menschlichen Körpers von Francesco di Giorgio Martini, Ende 15. Jh. (Eaton 2001, 47)

Der Umbruch vom Mittelalter zur Renaissance ist gleichzusetzen mit dem Wandel von der geistlichen zur weltlichen Ordnung – und zum perspektivischen Raum. Im Städtebau erhielt die perspektivische Darstellung eine zentrale Bedeutung. Die Entwicklung der Zentralperspektive wird Filippo Brunelleschi zugeschrieben (1420).

Die Gesetze der Mathematik und der Geometrie wurden als rationale Ordnungsmuster angesehen; die Welt und der Kosmos konnten mathematisch durchdrungen und wissenschaftlich erklärt werden. „Die Figur des Menschen, der den Mittelpunkt der Welt bildet, verkörpert die vollkommenen Maße und die universellen Prinzipien der natürlichen Ordnung" (Eaton 2001, 47). Der antike Philosoph Protagoras wurde zitiert mit dem Satz, dass der „Mensch das Mittel und Maß aller Dinge sei".

Idealstadtentwürfe

Die Idealstadt sollte in idealer Weise die materiellen und ideellen Wünsche des Menschen erfüllen. Idealstädte wurden erdacht, gezeichnet, beschrieben und blieben Vision; nur wenige wurden wirklich gebaut.

Der Stadtentwurf als solcher wurde als Vorgriff auf die Zukunft und als Abbild eines neuen und besseren Systems des menschlichen Zusammenlebens angesehen. Die Stadt sollte eine genaue Wiedergabe dieser neuen Wirklichkeit und der erdachten gesellschaftlichen Systeme sein (Kruft 1990, 34).

Vielen Idealstädten lag eine Staats- und Sozialutopie zu Grunde: In den Idealstadtutopien wurde der neue Staat oft als „Stadt" kreiert, obgleich die Städte ihre dominierende politische und wirtschaftliche Rolle verloren hatten.

Im Folgenden werden einige der bedeutendsten Idealstadtkonzepte erläutert, wenngleich sie nur einen Bruchteil der Veröffentlichungen wiedergeben. Ob literarisches Konzept, ideale Planzeichnung oder gebaute Realität: Die Entwürfe zeigen in beeindruckender Weise das neue Gesellschafts- und Stadtbild. Die Regelmäßigkeit der Stadtanlage und die optimale Orientierung an die neue Verteidigungstechnik (nach Einführung der Kanonen) sind prägende Bestandteile dieser Konzepte.

Der Rückgriff auf antike Vorbilder in Architektur und Städtebau erfolgte vor allem durch die Wiederentdeckung der Lehre von Vitruv (30) und durch die „Zehn Bücher über die Baukunst" von Leon Battista Alberti (1404–1471), die über die neue Buchdruckkunst verbreitet wurden und die Grundlage für die architekturtheoretischen Diskussionen bildeten.
Alberti prägte den Begriff der „Stadt als Kunstwerk". In seinem Werk gab er eine Zusammenfassung über die Gesetzmäßigkeiten der Architektur und der Stadt (im fünften Buch), die er im Wesentlichen nicht als Neugründung, sondern als Erneuerung der bestehenden Stadtstrukturen auffasste (Kostof 1993a, 381ff). Vor dem Hintergrund der Baustagnation und der Stadtumbauerfahrungen in Florenz zur Zeit der Entstehung seines Buches wird diese Auffassung verständlich.

1516 erschien das Buch „Utopia" von Thomas Morus, dem Lordkanzler von England, welches als frühestes Beispiel der literarischen Utopie gilt. In seinem Werk entwarf er vor dem Hintergrund des niedergehenden Feudalsystems und der Stagnation der mittelalterlichen Zunftwirtschaft ein neues Gesellschaftsbild und verknüpfte es mit dem Entwurf eines Stadtsystems. In seinem Werk entwickelte Morus einen neuen Ort, die Insel Utopia. Das Land bestand aus 54 Städten, die alle dasselbe Aussehen und dieselben Einrichtungen hatten und in einem wohl durchdachten räumlichen Verhältnis zueinander standen. Als Gesellschaft ohne Privateigentum gedacht, trug „Utopia" bereits kommunistische Grundzüge in sich (Eaton 2001, 66ff). Hier lassen sich Parallelen zur Gartenstadtidee von Ebenezer Howard gegen Ende des 19. Jh.s ziehen. Den meisten Idealstadtkonzepten ist gemein, dass

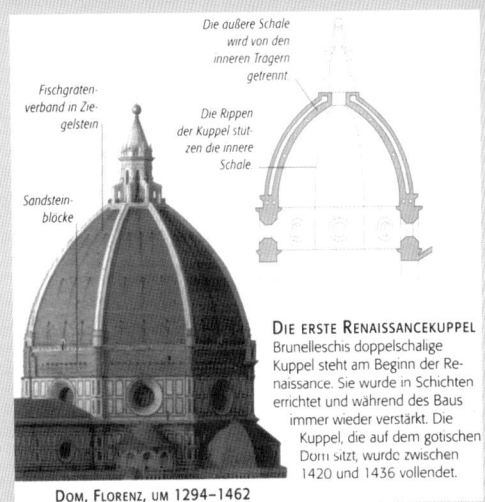

Die äußere Schale wird von den inneren Trägern getrennt

Fischgratenverband in Ziegelstein

Die Rippen der Kuppel stutzen die innere Schale

Sandsteinblöcke

DIE ERSTE RENAISSANCEKUPPEL
Brunelleschis doppelschalige Kuppel steht am Beginn der Renaissance. Sie wurde in Schichten errichtet und während des Baus immer wieder verstärkt. Die Kuppel, die auf dem gotischen Dom sitzt, wurde zwischen 1420 und 1436 vollendet.

DOM, FLORENZ, UM 1294–1462

Kuppel des Doms von Florenz (Glancey 2001, 74)

In der Renaissance wurden Konstruktionsmethoden wiederentdeckt, die seit der römischen Zeit in Vergessenheit geraten waren. (Zum Wirken von Filippo Brunelleschi in Florenz siehe Praeckel 2006)

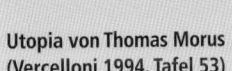

Utopia von Thomas Morus (Vercelloni 1994, Tafel 53)

„Die Insel hat vierundfünfzig Städte, alle geräumig und prächtig, in Sprache, Sitten Einrichtungen, Gesetzen genau übereinstimmend. Sie haben all dieselbe Anlage und, soweit das die lokalen Verhältnisse gestatten, dasselbe Aussehen. Die einander am nächsten benachbarten liegen immer noch vierundzwanzig Meilen auseinander, und wiederum liegt keine so einsam, dass man nicht von ihr aus zu Fuß in einem Tagesmarsch die nächste Stadt erreichen könnte (...) Wer eine Stadt kennt, kennt sie alle: so völlig ähnlich sind sie untereinander, soweit nicht die Örtlichkeit Abweichungen bedingt (...) Ein hohe und breite Mauer umgibt die Stadt, mit zahlreichen Türmen und Bollwerken. (...) Die Anlage der Straßen nimmt ebenso auf die Verkehrsverhältnisse wie auch den Windschutz Rücksicht" (Thomas Morus zitiert nach der Übersetzung in Reclam 2003, 59ff). Weiterhin wurde von langen dreistöckigen Häuserzeilen mit Gärten gesprochen.

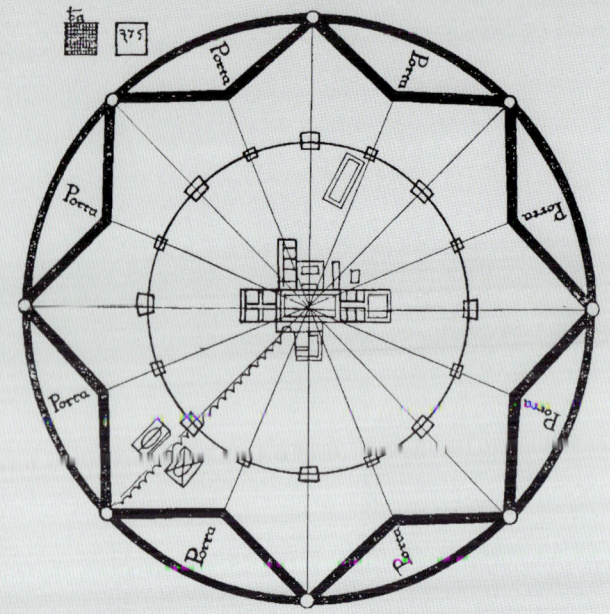

Plan von Sforzinda aus dem Traktat von Filarete um 1465 (Benevolo 1990, 577)

sie auf unbebautem Boden errichtet werden sollten: Hier mussten keine Rücksichten auf vorhandene Stadtstrukturen und vor allem nicht auf bestehende Eigentumsverhältnisse genommen werden. Filarete und Albrecht Dürer entwickeln in ihren Idealstadtkonzepten konkrete Vorstellungen zu einer solchen Stadtgestaltung, zur funktionalen Einteilung der Städte und zu den sozialen Verhältnissen.

Eine der frühesten Idealstadtplanungen ist der Entwurf für die Stadt „Sforzinda" von Antonio di Pietro Averlino, genannt Filarete, der 1457 bis 1464 als ein literarischer „Dialog" (Traktat) zwischen Filarete und dem Herzog Sforza von Mailand entstand. Dieser Stadtentwurf enthielt alle Leitlinien einer visionären Idealstadt. Als erster Radialstadtentwurf der Neuzeit wies er aber auch noch Elemente des mittelalterlichen Denkens auf: So wird in dem Stadtentwurf der Bezug zur Erdenstadt des Augustinus mit dem Symbol vom Rad mit Speichen als Ausdruck des unabwendbaren Schicksals deutlich. Gleichzeitig erfolgte der Rückgriff auf die Antike und die Lehren Vitruvs von der Durchlüftung der Stadt und der Anlage der Straßen nach der Windrose (Vercelloni 1994).

Filarete bediente sich bei seinem Stadtentwurf des Mittels einer erdachten antiken Vorgängerstadt mit Namen Plusiapolis, die sich an der Stelle der neuen Stadt befand. In den alten Fundamenten wurde die Baubeschreibung von Plusiapolis gefunden; diese sollte nunmehr beim Stadtentwurf berücksichtigt werden.

Das Stadtzentrum bestand aus einem freien Platz, an dem sich das Schloss und die Kathedrale befanden, und welches sich an der Idee des römischen Forums anlehnte. Von dem Platz aus führten 16 Strassen zu den Toren und Türmen und an ihnen lagen 16 weitere Plätze für Märkte und Kirchen. In diesem differenzierten Stadtaufbau wurde auch ein zehngeschossiges „Haus der Tugenden und der Laster" mit Schule, Lesesaal, Krankenhaus, Restaurants und Bordell (Eaton 2001, 53ff) angelegt, in ihm sollte die sozialpolitische Ausrichtung zum Ausdruck kommen. Längs der Radialstraßen waren Kanäle angeordnet, die in einen um das Zentrum führenden Ringkanal mündeten (Delfante 1999, 91ff). Filarete wird somit auch zugeschrieben als Erster das Element Wassers in den Städtebau integriert zu haben.

Die Stadt war in Nutzungszonen (Warenhäuser, Läden, Verwaltungsbezirke etc.) und sozial differenzierte Wohngebiete eingeteilt, die noch die alte ständische Ordnung der italienischen Stadtstaaten mit Edelleuten, Kaufleuten, Handwerkern und armen Leuten beibehielt (Kruft 1991, 56ff). Wie Alberti unterschied auch Filarete nach öffentlichen Gebäuden, Sakralbauten und Privathäusern und ließ so die antiken Muster deutlich hervortreten.

„Ein von einer monumentalen Statue der Tugend bekrönter Zylinder-Bau spiegelt in seiner inneren Einteilung und Begehbarkeit ein Bildungs- und Entwicklungsprogramm. Man muß sieben Räume durchschreiten, um die sieben Freien Künste zu erlernen, die sieben Geschosse entsprechen den vier Kardinaltugenden und den drei theologischen Tugenden bzw. den sieben Todsünden usw. Architektur wird zum äußern Abbild einer Bildungsidee" (Kruft 1991, 58ff).

Den Idealstadtentwurf für die „Stadt des Königs" verband Albrecht Dürer (1471-1528) mit realen Überlegungen zum Bau einer Festungsstadt. Der Entwurf folgte einem strengen Idealstadtschema in Form eines Quadrats und mit rational-funktionalem Aufbau: In der Mitte der Stadt befand sich das Königsschloss, das von den Wohnungen der Räte und des Hofperso-

Turm der Tugenden (Eaton 2001, 53)

nals umgeben war. Von der Stadt wurde das Schloss durch einen umlaufenden Graben abgetrennt, an dem die Weinschenken lagen.

Das Schema der Idealstadt entsprach vollkommen der neuen städtischen Gliederung mit dem Königsschloss als Sitz der weltlichen Macht im Zentrum der Stadtanlage; Kirche und Rathaus traten an den Rand. Solche nie gebauten Idealstadtentwürfe sind in der Literatur zahlreich. Sie bildeten mit die Grundlage des späteren landesfürstlichen Städtebaus.

Von den gebauten bzw. zum Teil realisierten Idealstädten sollen zwei Beispiele vom Beginn und vom Ende der frühen Neuzeit aufgezeigt werden, die sich neben der gesellschaftlichen und wehrtechnischen Neuausrichtung besonders durch ihre städtebauliche und architektonische Gestaltung auszeichnen: Pienza (1462) und Chaux (ab 1775).

Das südlich von Siena gelegene Pienza wurde im Jahre 1462 als erste gebaute Idealstadt der Neuzeit eingeweiht. An der Geburtsstätte von Papst Pius II. wurden vom Architekten Bernado Rosselino die humanistischen Leitgedanken mit dem Regelkanon der herrschenden räumlichen Ordnungsmuster der Zeit konsequent bei der Planung umgesetzt.

Die damalige gesellschaftliche Hierarchie wird auch heute noch in der Gebäudekonstellation deutlich: So tritt der Stadtpalast in seiner Bedeutung eindeutig hinter die des Adelspalastes der Papstfamilie und des Bischofspalastes zurück. Aus fünf Einzelbauten wurde ein einmaliges Ensemble errichtet, in deren Mittelpunkt die Kirche steht. Die in geometrischen Feldern verlegten Travertinstreifen des Platzes binden die Gebäude zusammen. Durch eine inszenierte Öffnung der Platzanlage wird der Blick auf den Monte Amiata frei.

Die Untersuchungen von Pieper (1990) zeigen, dass Proportion, Zahl und Maß die Anordnung der Gebäudegruppe bestimmten und ein klar ablesbares geometrisches Raumgefüge entstand. Der Platz und seine Einzelelemente wurden als ganzes Ensemble in mathematischer Ordnung zueinander konstruiert. Alle

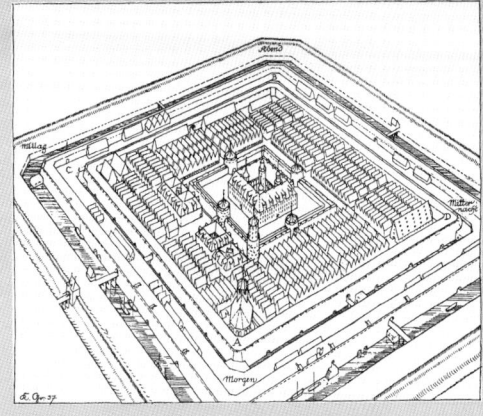

Albrecht Dürer „Stadt des Königs" (Gruber 1976, 139)

Die Kirche wurde von der Stadtmitte nunmehr an den Rand gerückt und lag im Osten der Stadt. Die vier Ecken des quadratischen Stadtgrundrisses wurden nach der Windrose angelegt und damit die Lehre von Vitruv aufgenommen. Im Südosten stand das Rathaus, im Südwesten lagen die Gebäude für die Rüstungsherstellung, im Nordwesten arbeiteten die Handwerker für den Bedarf des Hofes an Bekleidung und im Nordosten waren die Handwerker für die Nahrungsmittelherstellung ansässig (Eaton 2001, 60). Nach der Vorstellung von Dürer sollten die Festungsbauten unter Einsatz von arbeitslosen Leuten errichtet werden, „die man ohnehin durch Almosen unterhalten müsste" (Kruft 1993, 124).

oben: Pienza Rathaus
rechts: Pienza Kirche und Palast

unten: Pienza – Grundrisse der vier am Platz liegenden Gebäude (Benevolo 1990, 580)

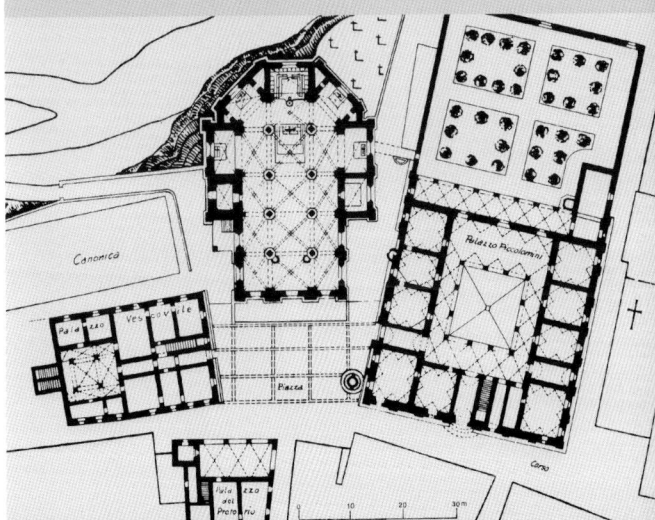

Stadtansicht von Chaux (Kostof 1992, 197)

König Ludwig XV. war Monopolinhaber der Salinen des Landes. Die Sole sollte über einen 24 km langen Kanal bis in die Nähe zum Wald bei Chaux geführt werden, der genügend Brennholz für den Betrieb der Saline lieferte. Die Produktionsstadt war aus Sicherheitsgründen von der Außenwelt abgeriegelt. Die Stadt war äußerst funktional organisiert mit kasernenartigen Wohngebäuden für die Arbeiterschaft, Versorgungsanlagen, Lagerflächen, Produktionsgebäuden etc. Leben und Arbeiten der Bewohnerschaft wurde auch im Innern streng kontrolliert. Im Zentrum befand sich statt des Schlosses des Herrschers das Direktionsgebäude, das umgeben war von einer großen, an einen Exerzierplatz erinnernden Hoffläche.

Weitere Beispiele von Idealstadtkonzepten (Vercelloni 1994):

• Francesco di Giorgio Martini (1439-1501)
• Urbane Modelle von Leonardo da Vinci (1452-1519): „Die Stadt der Vernunft" oder das „Modell einer Wasserstadt"
• Daniele Barbaro (1513-1570): Stadtkonzepte nach Vitruv
• Anton Francesco Doni (1513-1574): Kreisförmige Sternstadt

• Vincenzo Scamozzi (1548-1616): Lehrbuch „Die Idee der universellen Architektur"
• Tommaso Campanella (1568-1639): das utopische Werk „Der Sonnenstaat"
• Pietro Cataneo (gestor. 1569): Ideale Festungsbauten
• Francesco de Marchi (1504-1576): Festungsarchitektur

Strombehörde in Chaux (Eaton 2001, 114)

Neben dem gebauten Teil der Salinenstadt entwickelte Ledoux eine Vielzahl einzelner Architekturobjekte für seine Idealstadt, bei denen er den Bezug zu Landschaft und Natur besonders hervorhob. So lag der streng rationale Gewerbebau der Strombehörde in Chaux eingebettet in eine malerische und wilde Natur.

Maße haben als Quersumme die Zahl 9: „Neun enthält (die) Anspielung auf den Namen des Bauherrn" (ennea: griech. = neun) (Pieper 1990, 105).

In nur fünf Jahren Bauzeit wurde die Mitte des vormaligen Dörfchens Corsignano komplett neugestaltet; nach dem frühen Tod des Papstes im Jahr 1464 versank die Stadt allerdings schnell wieder in der Bedeutungslosigkeit. Die eindrucksvolle urbane Geste wirkt heute im Landstädtchen eigenartig fremd, hat aber von ihrer räumlichen Qualität nichts eingebüßt.

Einen weiteren wichtigen Beitrag zu den Idealstädten lieferte der französische Architekt Claude-Nicolas Ledoux (1736–1806), der eine umfassende, mit über hundert Plänen versehene Beschreibung einer nach ästhetischen, sozialen und politischen Gesichtspunkten idealen Stadt entwarf. Die Stadt Chaux sollte ein angenehmer Ort des Glückes, der Geborgenheit und der Tugendhaftigkeit sein (Stoloff 1983, 120). In seinem Konzept für Chaux schwingt die von Rousseau als Philosophen der Aufklärung propagierte Abwendung von der Großstadt als Übel der Zivilisation (Kruft 1991, 183) und damit eine frühe Großstadtkritik mit. Ledoux Ideen waren für die nachfolgenden Idealstadtkonzepte von Owen oder Fourier im 19. Jh. wichtige Vorbilder. Realisiert wurde nur ein sehr kleiner Teil des Stadtentwurfes: Lediglich eine Saline wurde bei Besançon gebaut (1775–1795).

Kolonialstädte

Das 16. Jh. wurde das Jahrhundert der Kolonisation (Benevolo 1993a), in dem sich abgeschlossene Kulturräume öffneten und unabhängig voneinander sich entwickelnde Kulturen aufeinandertrafen; dies hatte naturgemäß weitreichende materielle und kulturelle Folgen. Diese erste Globalisierung spielte vor allem für das im 16. Jh. dicht besiedelte Europa eine große Rolle, da Europa mit 70 bis 80 Millionen Einwohnern einem starken Expansionsdruck unterlag: Nach Benevolo (1993a, 126) lagen von jedem Kirchturm aus vier bis fünf andere Orte in Sichtweite. Insbesondere für die landwirtschaftliche Entwicklung bestanden somit recht enge Grenzen.

An der Kolonisierung hatten in besonders starkem Maße die beiden großen Seefahrernationen Portugal und Spanien Anteil, die von Papst Alexander VI. (1494) per Vertrag ihre „Zielgebiete" zugewiesen bekommen hatten: Portugal orientierte sich nach Osten und Spanien nach Westen.

Die im Folgenden in diesen Gebieten realisierten städtebaulichen Formen zeigen, dass viele Gründungsstädte in Indien oder Macao dem aus den Ursprungsländern „mitgebrachten" Bild der Stadt entsprachen: So gestalteten die Portugiesen den Stadtgrundriss von Goa dem von Lissabon nach. Der Stützpunkt Batavai in Java (1614) wurde von den Holländern nach dem Vorbild von Delft mit Kanälen und Kais angelegt (Benevolo 1993a, 126ff). Die Landeroberer nahmen meist aus der Heimat die Grundidee der Siedlungsstruktur sowie Vorbilder für das Bauen mit.

Im Westen eroberte Hernán Cortés (1519–1529) das Reich der Azteken und Francisco Pizarro (1532–1537) das Inkareich. Die weit entwickelte städtebauliche Kultur der eroberten Reiche wurde dem Boden gleichgemacht: Das als rückständig empfundene Chaotische und Naturhafte der Gebiete der Neuen Welt „bedurfte" nach Ansicht der Eroberer einer rationalen Organisationsform (Benevolo 1993a, 130).

So hielt man auf dem Boden der alten Städte und bei den zahlreichen Neugründungen das „Raster" als Muster der antiken und mittelalterlichen Stadt bei. Die wiederentdeckten Leitlinien der Antike und die Schriften von Vitruv und Alberti flossen in die Planungen der neuen Städte mit ein. Denn während in Europa viele Projekte, Planungen und Visionen entstanden, die nicht realisiert werden konnten, boten sich die Kolonialländer als Experimentierfeld für die neuen Ideen geradezu an.

Plan von Goa / Indien (Benevolo 1990, 656)

Die eingeschossigen Gebäude mit den hintereinander gestellten Höfen verdeutlichen eine abgestufte „Öffentlichkeit" mit einem Verkaufs- bzw. Repräsentationshof bis hin zu einem Wirtschaftshof. Die überwiegend eingeschossige Bauweise prägt noch heute oft das Stadtzentrum der Gründungsstädte. In den peruanischen Stadt Arequipa findet sich der Gründungsgedanke heute noch in der Stadtstruktur wieder: So entspricht der große Hauptplatz dem Größenideal einer Kolonialstadt und wird an drei Seiten von einem Säulengang begrenzt. Die Kathedrale ist mit ihrer Breitseite zum Platz hin ausgerichtet – eine eher untypische Anordnung.

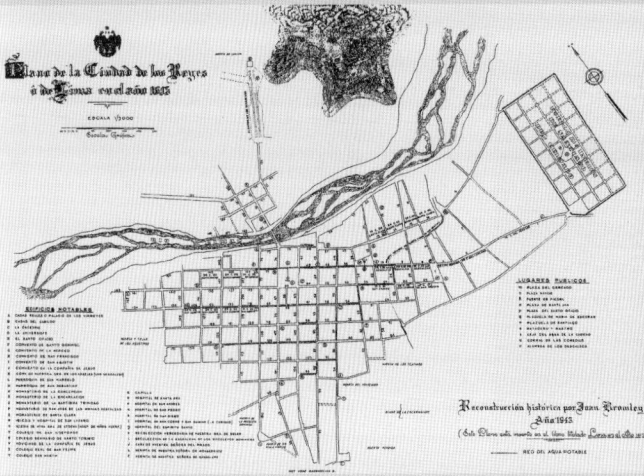

Bei der im Jahre 1535 gegründeten Stadt Lima, der Hauptstadt Perus, wurde die konsequente Rasterplanung fortgesetzt (Del Pilar Tello 1999, 39).

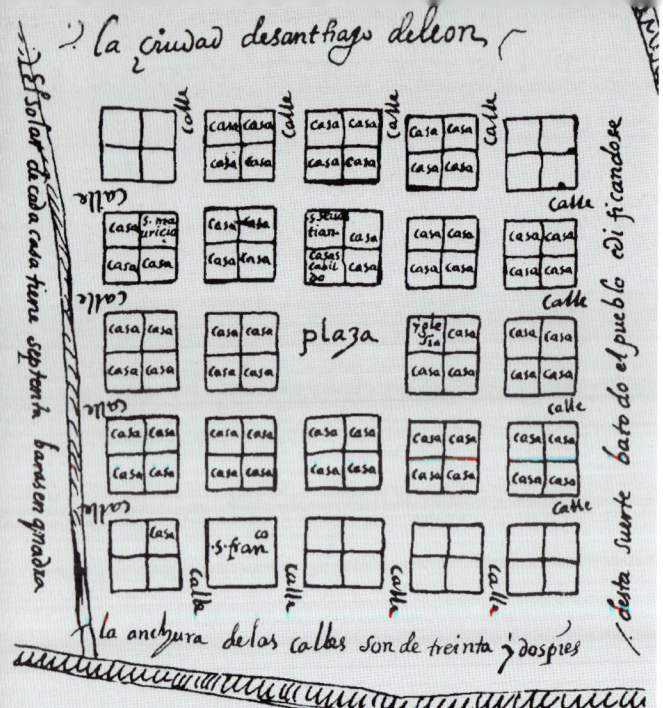

La ciudad de santiago delleon

la anchura delas calles son de treinta y dospies

Gründungsplan des heutigen Caracas (Benevolo 1990, 675)

Bereits 30 bis 40 Jahre nach der Eroberung hatten die Spanier im „Westen" in Süd- und Mittelamerika Hunderte von Städten gegründet; dies war verbunden mit der Zwangsurbanisierung der Indios, die in den Städten ein Leben nach christlicher Vorstellung führen sollten (Benevolo 1993a, 140).

Von Anfang an beruhten die hier entstandenen Stadtgründungen auf einem Planungsschema und auf festen Vorschriften zur Realisiation. Im Gegensatz zu den künstlerischen Stadtentwürfen in Europa wurden die Städte der Neuen Welt pragmatisch und in eher einfacher Form ausgeführt. Cortés hatte bereits 1525 einheitliche Vorschriften für die Absteckung der Parzellen und die Bereitstellung öffentlicher Flächen bis hin zum Straßenbau vorgesehen. Zu den bekanntesten Stadtgründungen in Peru zählen San Miguel (1531), Quito (1532) und Lima (1535).

1573 erließ der spanische König Philipp II. – unter dem Einfluss der Renaissance, der „Auferstehung" der vitruvianischen Lehren und der mittelalterlichen Tradition der französischen Bastides – gesetzliche Vorschriften zur Stadtplanung in den eroberten süd- und mittelamerikanischen Gebieten, die als frühe umfassende Planungsgesetzgebung angesehen werden können, nämlich das „Gesetz für die Reiche Indiens" („Leyes de los Reynos de las Indias").

Der Stadtplan der Gründung („traza") war ein zweidimensionaler Entwurf; die Stadt sollte streng mit Schnur und Lineal angelegt werden. Von dem Hauptplatz gingen vier Hauptstraßen ab, die Baublockeinteilung sah vier Bauparzellen vor und die Bauplätze wurden zugewiesen. Den Besitzern wurden keine Baugebote auferlegt: In der Stadt blieben so große Flächen unbebaut und auch Teile des Straßennetzes waren ungenutzt.

Dieser Schachbrettgrundriss konnte beliebig erweitert werden, da man die Stadtgröße noch nicht kannte und auch nicht festlegen wollte: So entstanden aus oft nur einigen Dutzend Baublöcken nach und nach

Auszüge Leyes de los Reynos de las Indias:
„Nach unserem Willen (...) ist zunächst der Plan für die Plätze, Straßen und Grundstücke mit Hilfe von Pflöcken und Schnüren auf das Gelände zu übertragen; dabei beginnt man mit dem Hauptplatz, von dem die Straßen zu den Toren und den wichtigsten Landstraßen ausgehen; auch ist darauf zu achten, dass genügend freier Raum gelassen wird, damit die Stadt unter Beibehaltung dieses Musters erweitert werden kann (...) Der Hauptplatz muß im Zentrum der Stadt liegen und in Form eines Rechtecks angelegt sein, dessen Länge mindestens das Anderthalbfache der Breite betragen muß, weil diese Ausmaße am günstigsten sind für Veranstaltungen mit Pferden und für andere Feierlichkeiten. (...) Die Größe des Platzes soll sich nach der Einwohnerzahl bemessen, wobei stets bedacht werden muß, daß die Städte...weiter wachsen sollen (...) ein wohlproportionierter Platz mittlerer Größe sollte 600 Fuß lang und 400 Fuß breit sein" (Benevolo 1990, 674). Nach Kostof (1993a, 418) sollte der Platz wenigstens 61 m breit und 91 m lang und nicht größer als 162 m mal 243 m sein. Die vier Hauptstraßen sollten von den Ecken des Hauptplatzes ausgehen und die Windrichtung berücksichtigen; auch sollte der Platz mit Säulengängen versehen werden, die als zweckmäßig für den Handel galten. Baugrundstücke am Hauptplatz sollten nicht an Privatleute vergeben werden, sondern für Kirchenbauten, königliche Bauten, Verwaltungsgebäude und Geschäfte nebst Wohnungen der Kaufleute zur Verfügung gestellt werden. Die Gebäude am Platz sollten als erste erbaut werden.

große Städte, und noch heute wird das „bewährte" Erweiterungsmuster von Rasterform und „Viererbaublock" bei den ungeplanten „wilden" Stadterweiterungen (z.B. in Peru) angewendet. Auch bei geplanten Stadterweiterungen (z.B. Lima: „Villa el Salvador", gegr. 1970) ist der Erschließungstypus heute noch zu finden.

Die Gebäude bestanden aus niedrigen eingeschossigen Häusern mit Höfen. Die Einförmigkeit des am Reißbrett entstandenen Stadtgrundrisses ist bezeichnend: Auf die Topografie oder Stadtgestaltung wurde nicht geachtet. Durch die geradlinigen Straßen und die niedrige Bauweise konnte kaum eine perspektivische Wirkung erzielt werden.

Die Städte gewannen dort an städtebaulicher Qualität, wo sie auf eine Vorgängerstadt aufbauten und diese einbezogen (wie in Cuzco in Peru). Dort wurde der Hauptplatz „Huacapata" der Inkahauptstadt in verkleinerter Form als zentraler Platz erhalten (1533) und um zwei bedeutende Kirchenbauten erweitert. Einige Straßenzüge und die beeindruckend bearbeiteten Grundmauern der Inkazeit blieben erhalten und wurden weiter genutzt.
Für die Realisierung humanistisch-utopischer Ideen lassen sich ebenfalls Beispiele finden: So gründeten die Jesuiten Dörfer, die „reducciones, in denen aufbauend auf christlichem Gedankengut eine humanistische Gemeinschaft entstehen sollte. Ein anderes Beispiel: Der Laienprediger Vasco de Quiroga versuchte die „neue Welt" zu schaffen und gründete 1550 eine Siedlung für Obdachlose und kranke Indianerkinder (Kostof 1992, 112).

In Nordamerika übernahmen die englischen, französischen und holländischen Siedler weitgehend das Raster als Grundmuster. Alte Siedlungsformen der als Nomaden lebenden Indianer waren nicht vorhanden. Die Standortentscheidungen für die neuen Städte orientierten sich an topografisch und verkehrsstrategisch günstigen Lagen.

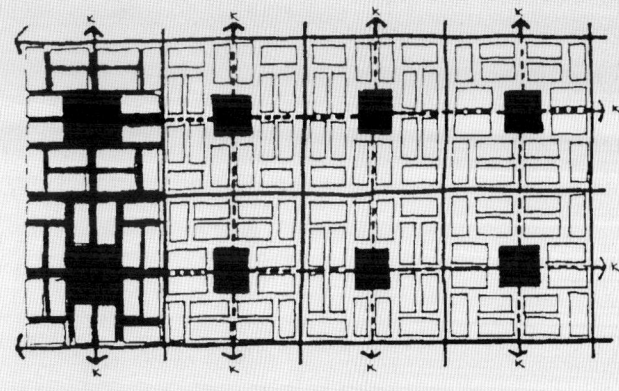

Das bis heute anzutreffende koloniale Parzellierungsmuster liegt z.B. dem Erweiterungsplan für das Gebiet „Villa el Salvador" in Lima/Peru zugrunde.

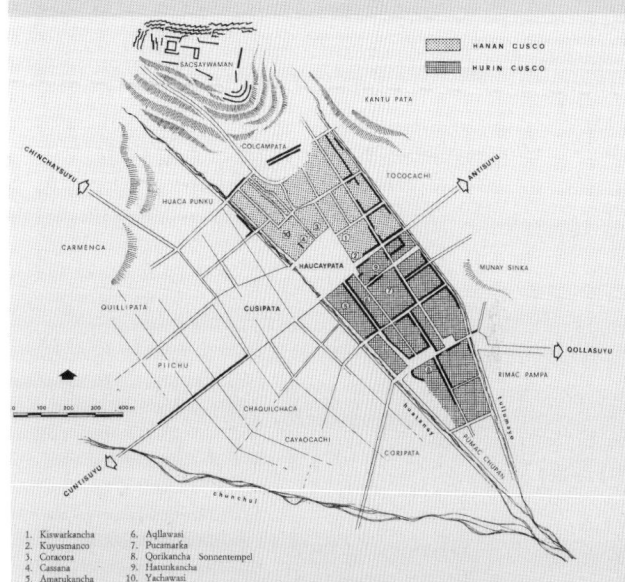

In Cuzco wurde der zentrale Hauptplatz des Inkareiches durch die Spanier verkleinert; selbst in dieser verkleinerten Form entstand eine eindruckvolle Platzanlage, deren Bauten mit der Kulisse der Bergwelt zu einer Einheit verschmelzen: Der urbane, städtische Platz scheint sich in die Unendlichkeit der Landschaft auszudehnen. (Benevolo 1990, 668)

Cuzco: Straße mit Mauern aus der Inkazeit (oben) und zentraler Platz (rechts)

Auf den Mauern des Sonnentempels der Inkaherrscher wurde von den Spanier ein Dominikanerkloster (Abb. links) errichtet: wie so oft bediente sich die Siegermacht der heiligen Orte der besiegten „Kultur".

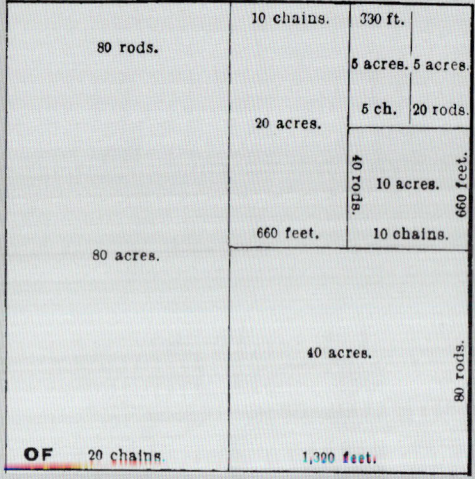

Das Raster von Jefferson konnte universell für verschiedene Größenanforderungen angewandt werden: es umfasste 16 Quadratmeilen, die weiter unterteilt werden konnten (Benevolo 1990, 687).

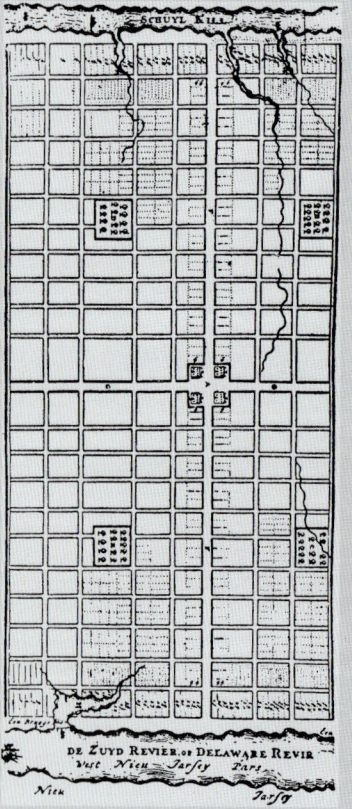

Philadelphia (Benevolo 1990, 688)

Neben der Rastereinteilung sah der Plan aus Gründen des Feuerschutzes und der besseren Durchlüftung wegen freistehende Häuser mit großen Hausgärten für eine Selbstversorgung vor. Die Struktur der europäischen Großstadt wurde zugunsten einer grünen „Landstadt" abgelehnt. Auch Savannah in Georgia wurde 1733 auf Grundlage dieser Leitgedanken errichtet. Vielleicht begründet sich hierin auch die aufgelockerte Siedlungstradition in Nordamerika, wenngleich sich in den Gründungstädten die Baugebiete schon bald verdichteten (Girouard 1987, 249).

Mit dem Festungsbau verbunden war eine Spezialisierung und Differenzierung der mittelalterlichen Baumeistertätigkeit in das Ingenieurwesen („Kriegsbaumeister") und die Architektur („Friedensbaumeister") (Neumann 2000, 146ff und Kruft 1993, 122ff).

Interessant ist hier, dass das Schachbrettraster auch für die Einteilung der Ackerflächen übernommen wurde. Dieses „territoriale Raster" wurde 1785 von Jefferson durch die „Land Ordinance" als gesetzliche Grundlage festgelegt, welche sich am Längen- und Breitengrad orientierte und die Einteilung der Vereinigten Staaten bis hin zu den Staatsgrenzen bestimmte. Die Rasterplanung umfasste Stadt und Land gleichermaßen. Hier lässt sich unschwer ein geschichtlicher Vergleich zu den großen Landvermessungen der Römer mit ihren gleichförmigen Ackerfluren ziehen. Ein bekannter Rasterplan lag der Stadtgründung von Philadelphia (1682) durch William Penn zu Grunde. Im Plan von Washington lockerte Pierre l'Enfant 1790 das streng orthogonale Gitternetz durch die Einführung von Diagonalstraßen auf und orientierte sich an einer zweckmäßigen Grundstückseinteilung, an den großen Gesten des barocken europäischen Städtebaus mit Platzanlagen und Sichtachsen sowie an verkehrstechnischen Gesichtspunkten. Hier finden sich bereits Merkmale der modernen Stadtweiterungsplanung, die Cerda im 19. Jh. für Barcelona aufgriff (siehe Kapitel 8).

Festungs- und Garnisonsstädte

In der Architektur und im Städtebau spielte seit der Frührenaissance der Festungsbau eine zentrale Rolle. Die mittelalterlichen Verteidigungsanlagen waren auf die so genannten „kalten Waffen" wie Angriffs-, Belagerungs- und Abwehrgeräte sowie Pfeil und Bogen oder Armbrust ausgerichtet.
Mit der Einführung der „heißen Waffen" (z.B. Kanonen) oder dem Einsatz von Eisen- statt Steinkugeln wurde der Festungsbau zur militärischen Notwendigkeit. Der Übergang von der frühen Nutzung der Pulvergeschütze zum ausgebauten Bastionärsystem umfasste in etwa die Zeitspanne von 1450 bis 1530 (Neumann 2000, 132). Mitte des 16. Jh.s kam es zur Trennung von Militär- und Zivilarchitektur. Zur Festungsstadt

gehörte dann die entsprechende Infrastruktur mit Zeughaus, Magazinen, Kasernen etc.

Die jeweilige militärisch-strategische Gestaltung der Festung bot nur für eine bestimmte Zeit Schutz und musste laufend den neuen Taktiken angepasst werden. Insbesondere die umfangreichen Stadtbelagerungen im 17. Jh. erforderten eine fortwährende Veränderung. Zuerst wurden vor den Mauern noch Geschützplattformen als spitz-, kreis- oder halbkreisförmige Rondelle angelegt, die allerdings Nachteile bei der Kampfführung im Nahbereich aufwiesen. Die Weiterentwicklung des pfeilförmigen Bastionärsystems schloss „tote" Winkel aus und ermöglichte ein „geometrisch perfektes Bestreichen der eigenen Verteidigungswerke und des Vorfeldes" (Neumann 2000, 136).

Die Variationen der Ausbildungen der „Manieren", d.h. die durch Waffentechnik und Taktik bestimmte Ausbildung einer Befestigungsanlage (Neumann 1990, 67) waren immens zahlreich. Während die Bastionen durch ihre pfeilspitzenartige, oft achteckige Form vorbestimmt waren, wurde die innere Stadtstruktur als Radialtyp oder Rastertyp ausgebildet.
Die Festungsstadt konnte über ihre militärische Funktion hinaus nicht wachsen (z.B. wegen der Freihaltung des Schussfeldes). Zudem kam es oft zur Trennung von befestigter Bürgerstadt und eigenem Militärbereich (z.B. bei der „ersten" Gründung von Mannheim im Jahr 1606). In den Garnisons- und Festungsstädten übernahm das Militär die Macht- und Ordnungsfunktion des Rates. Mit der Einführung der offenen Feldschlacht durch Napoleon wurde der Festungskrieg und damit die Festungsstadt bedeutungslos.

Eine der wenigen gebauten idealstädtischen Garnisonsstädte ist Palmanova (1593–1623), das als militärischer Außenposten der Republik Venedig angelegt wurde. Palmanova wurde auf einem polygonalen Grundriss aufgebaut und entsprach vollständig den militärischen Erfordernissen: In der Mitte befand sich ein sechseckiger zentraler Exerzierplatz – auf dem

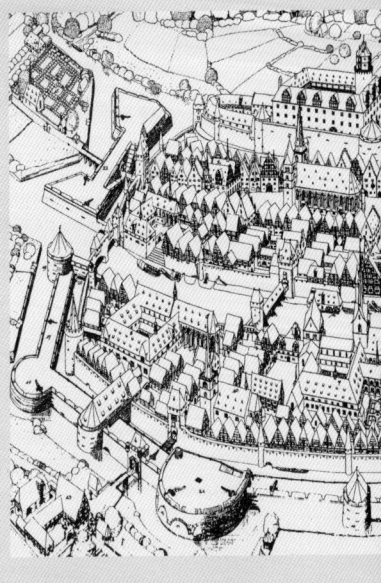

Die Rondellbefestigung bedingte „tote" Winkel und Bereiche der Festung waren „ungedeckt und unbestreichbar" (Neumann 2000, 134); ein Nachteil, den sich bei Belagerungen die Gegner oft zu Nutze machten (Gruber 1976, 168).

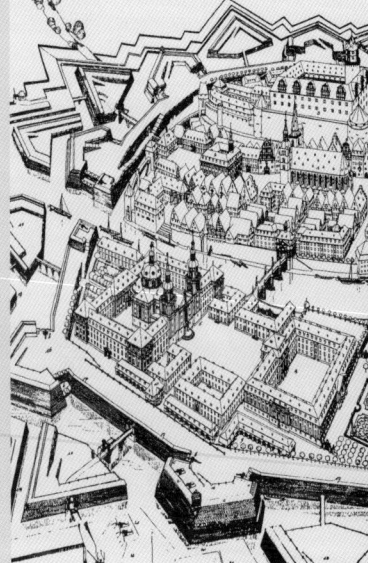

Bastionärssystem: Die Bastionen wurden als pfeilspitzenförmige Erdkörper vor die Verteidigungsfront der Wallanlage geschoben und dazwischen Gräben ausgehoben. Von den Bastionen aus konnte jeweils das gesamte Schussfeld abgedeckt werden (Gruber 1976, 172).

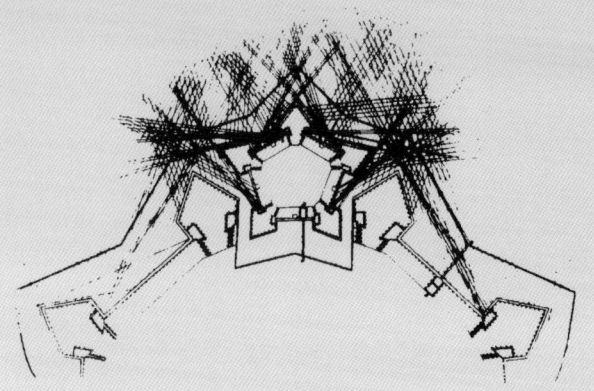

„Bestreichen" der Bastionen (Neumann 2000, 138)

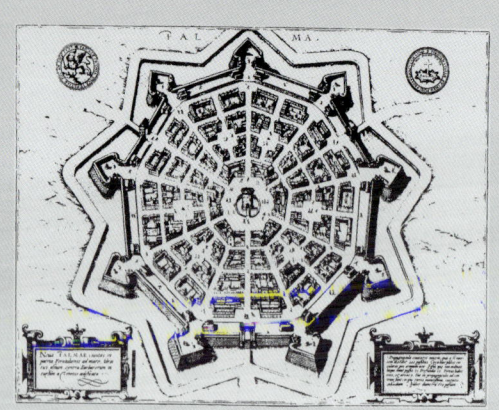

Lageplan Palmanova (Kostof 1992, 161)

Luftaufnahme Neubreisach (Neumann 2000, 108)

Neubreisach: Exerzierplatz und Befestigungsanlage

Vielfalt der Ausbildung von Festungsfronten (Manieren)
(Neumann 2000, 67)

ursprünglich ein von einem Graben umgebener Verteidigungsturm stand – und von dem aus die Soldaten und Offiziere auf den in Sternform abgehenden Straßen auf dem schnellsten Weg die Bastionen erreichen sollten. Entlang der Befestigungsanlagen wohnten die Söldnertruppen und im Zentrum die befehlshabenden Offiziere und linientreuen Soldaten. Für spätere Nutzungen erwies sich dieses Grundprinzip der Radialform allerdings als wenig flexibel.

Ein weiteres Beispiel einer idealen Garnisonsstadt ist die Stadt Neubreisach, die 1699 nach den Plänen des berühmtesten Festungsbaumeisters unter Ludwig XIV., Sébastien le Prestre de Vauban (1633–1707), entworfen wurde.
Beim Stadtgrundriss handelte es sich um ein vollständig regelmäßiges Oktogon. Innerhalb der Stadt lag an zentraler Stelle der große Exerzierplatz (Place d'Armes), der die Grundfläche von vier Quartieren einnahm und im Aufbau an den kolonialen Gründungsplan („traza") erinnert. Die Bebauung war mit eineinhalb bis zwei Geschossen eher niedrig.

Absolutismus und Entwicklung der Territorialstaaten

Infolge des Dreißigjährigen Krieges (1618–1648) erlitten die Städte schwere ökonomische Einbußen und verloren an politischer Bedeutung. Die Einwohnerzahl dezimierte sich im Deutschen Reich um ein Drittel von 15 auf 10 Millionen (Müller 1990, 259). Viele kleine Siedlungen wurden gänzlich ausradiert. Europaweit verstärkte sich mit der Etablierung der Territorialstaaten und ihren landesfürstlichen Regierungen die Zentralisierung der Macht zu größeren Staatszusammenhängen. Die bereits erwähnten neuen Stadttypen entstanden auf der Grundlage obrigkeitlicher Initiative der Landesfürsten.

Vorherrschende Regierungsform in Europa wurde im 17. und 18. Jh. der Absolutismus. Im Absolutismus galt der Landesherr als über dem Recht stehend und vereinigte in seiner Person Gesetzgebung, Verwaltung, Rechtsprechung und militärische Gewalt zugleich. Neben dem Absolutismus steuerte im 17. und 18. Jh. die so genannte Aufklärung (ca. 1650–1789) als individueller und gesellschaftlicher Emanzipationsprozess entscheidend die gesellschaftliche Weiterentwicklung. Bedeutende Philosophen wie Voltaire, Kant oder Lessing traten für religiöse Toleranz und gegen die Bevormundung des Menschen durch Kirche oder absoluten Herrscher ein.

Leitlinie des Absolutismus wurde die merkantilistische Wirtschaftspolitik, die die Zunft- und Stadtwirtschaft nun ablöste. Die Landesherrn förderten den Außenhandel und das landeseigene Gewerbe, steigerten die landwirtschaftliche Produktivität, führten Steuern und Abgaben ein und schufen damit die Grundlage der nationalen Volkswirtschaften.
Die Handelsbeziehungen wurden ausgedehnt mit entsprechendem Ausbau der Verkehrsinfrastruktur.

„Je populärer und güterreicher eine Republik ist, je glückseliger und mächtiger ist selbige auch", lautete ein staatswissenschaftlicher Grundsatz nach Ende des Dreißigjährigen Krieges. Die politische und ökonomische Macht eines Territorialstaates war somit abhängig von der Anzahl der Einwohner. Da sich das landesfürstliche Einkommen u.a. aus der Einnahme von Verbrauchssteuern bzw. Akzisen und Zöllen bestritt, war die Anzahl der Steuerzahler bedeutend. Auch waren hohe Einwohnerzahlen bei der Bereitstellung von Soldaten für die neuen „stehenden" Heere und zur Förderung der landeseigenen Gewerbeproduktion sehr nützlich. Diese Peuplierungspolitik (frz. peuple = Volk; aktive Bevölkerungspolitik) als zeittypisches Phänomen und die merkantilistische Wirtschaftspolitik standen somit im Mittelpunkt der absolutistischen Herrscher: Das Interesse an einen zahlenmäßig großen Untertanenverband, der zudem aus gut ausgebildeten und möglichst wohlhabenden Einwohnern bestand, war groß. So machte sich vor allem Preußen die Auswanderungswelle der Religionsflüchtlinge aus anderen Staaten zunutze.

Die neue barocke Stadtästhetik entsprach den Ansprüchen der absolutistischen Herrscher. Die barocke Stadt wurde ausgerichtet auf theatralische Außenräume und perspektivische Wirkung sowie auf die Platzierung bedeutender Gebäude und die effektvolle Anordnung von öffentlichen Plätzen. Der absolutistische Staat brauchte eine „Bühne" zur Darstellung seiner Macht und fand diese in der Inszenierung der Residenzstädte. Daher regierten die Landesväter im Absolutismus als oberste Bauherrn und als Mäzene aller Künste.

Im barocken Städtebau eröffneten sich insbesondere neue perspektivische Dimensionen. Die Gebäude der Antike, des Mittelalters und auch noch der Renaissance standen im Verhältnis zu einem noch für das menschliche Auge wahrnehmbaren Abstand. Innerhalb einer „Entfernung von 300 Metern entfalten die architektonischen Formen ihre maximale räumliche Wirkung; jenseits dieser Grenze verflachen die Objekte und verschmelzen mit dem landschaftlichen Hintergrund" (Benevolo 1993b, 14).
Die Inszenierung von neuen Achsen und Raumeindrücken, die sich über diese Wahrnehmung hinwegsetzten und die Landschaft mit einbezogen, prägten barocke Stadtplanungen. So ließ z.B. in Kassel auf der Wilhelmshöhe der Landgraf von Hessen-Nassau eine Anlage mit Herkulesnachbildung und Wasserfallkaskade errichten (ab 1700). Mit einer Sichtachse von 7,5 km Länge und 400 m Höhenunterschied wurde hier eine perspektivische Inszenierung realisiert, die der neuen barocken Ästhetik voll und ganz entsprach.

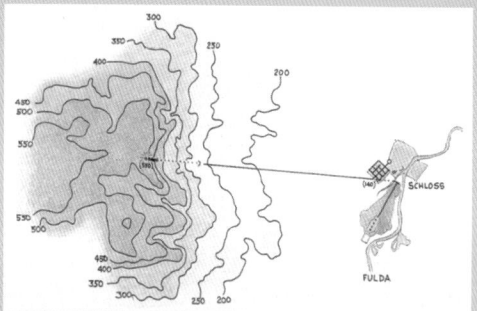

Kassel: Verbindung Schloss und Wilhelmshöhe (Benevolo 1993b, Karte 9)

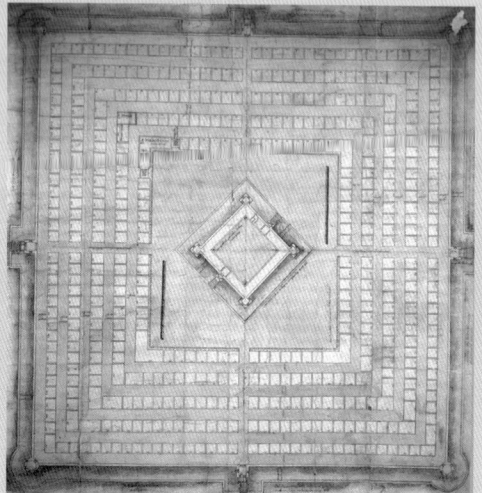

Freudenstadt 1604: Planung von Heinrich Schickhardt (Eaton 2001, 65)

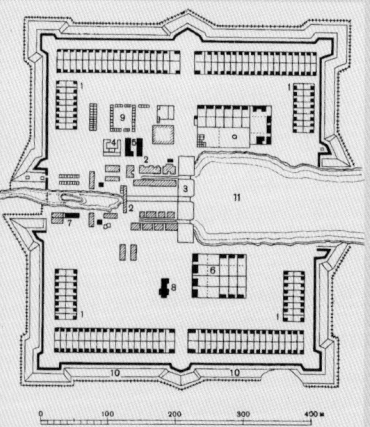

links: Jekaterinburg: Fabrik/Festung ca. 1730 (Bunin 1961, 91)

1 Arbeiterwohnhäuser
2 Werksanlage
5 Schule
7 Hospital
8 Kirche
9 Kaufhof

unten: Krefeld um 1850: Die ursprüngliche Rasterplanung aus der Gründungszeit ist noch gut erkennbar (Schröteler-von Brandt 1998a, 199)

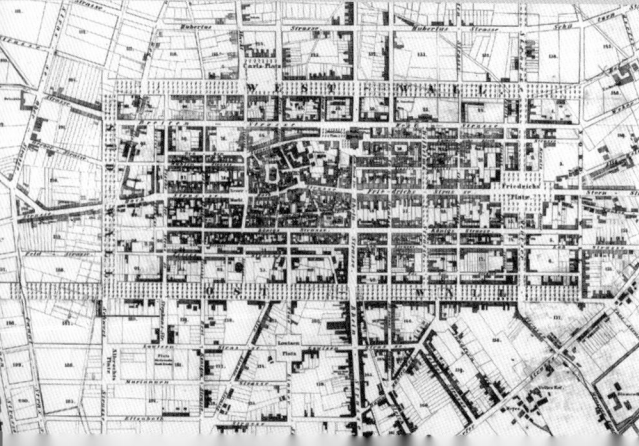

Manufakturstädte

Die Festigung der Territorialstaaten und der gleichzeitige Ausbau der gewerblichen Tätigkeit veränderte die wirtschaftliche, durch Privilegien geschützte Sonderstellung der Städte. Außerhalb der Städte wurden Bodenschätze gewonnen und vom Landesfürsten geförderte Manufakturen errichtet, die ohne Zunftzwang produzierten und eine große Bedeutung für den Außenhandel sowie für den Luxuskonsumbedarf des Hofes hatten (z.B. Spiegel-, Glas-, Porzellan-, Seiden-, Salzherstellung, Tabak-, Erzverarbeitung). Da die Städte vor allem mit der veralteten Produktionsform des Zunftwesens besetzt waren, entwickelten sich die neuen Manufakturen vor den Toren der Stadt. Ein Beispiel für diesen neuen Typus der Gewerbe- und Manufakturstadt ist Freudenstadt im Schwarzwald. Die Stadt wurde bereits gegen Ende des 15. Jh.s durch Herzog Friedrich von Württemberg für die Arbeiter der Silbermine Christophtal errichtet. Er warb zudem protestantische Flüchtlinge aus Kärnten und der Steiermark an.

Ein weiteres Beispiel ist die „Seidenstadt" Krefeld, die zugleich Exulantenstadt war: Krefeld bot den verfolgten Mennoniten aus den Niederlanden Aufenthaltsrechte an und erlangte Privilegen für die Seidenherstellung. Der Stadtgrundriss von 1678 beruhte auf einem streng orthogonalen Raster (Rösen 1959).

Viele andere Städte mit vormals großer Bedeutung wie die Freien Reichsstädte Worms und Speyer oder bedeutende Handelsstädte wie Nürnberg und Lübeck büßten nun ihre wirtschaftliche Vorherrschaft ein. Nur die großen Städte, die als Haupt- und Residenzstadt eine neue Bedeutung erhielten oder die nach wie vor an wichtigen Handels- und Verkehrsrouten lagen (z.B. Köln, Frankfurt), konnten in der Hierarchie der Städte ihre Vormachtstellung behaupten.

Residenzstädte

Die Phase absoluter Herrschaft im 17. und 18. Jh. hinterließ nicht zuletzt durch die Residenzstadtplanungen deutliche Spuren im europäischen Städtebau. Die nachfolgende Betrachtung bedeutender Residenzstädte erfolgt unter zwei Gesichtspunkten: Zum einen soll die städtebauliche Idee der „Stadt als Gesamtkunstwerk" und zum anderen das zu deren Umsetzung notwendige städtebauliche Instrumentarium herausgestellt werden.

Die Vorstellungen zur „Stadt als Gesamtkunstwerk" knüpften an Überlegungen zur Idealstadt an, die seit der Renaissance (15. bis 16. Jh.) als beschriebene und gezeichnete Modelle existierten. Der Stadtaufbau sollte die Vollkommenheit der Gesellschaft und der räumlichen Ordnung ausdrücken, die fürstliche Baupolitik der „Glückseligkeit und Wohlfahrt des Staates dienen" (Friedhoff 1998, 571) und die großartigen Stadtanlagen und Bauten den Nachruhm des Erbauers sichern.

Der Garant dieser räumlichen Ordnung und der ihr zugrunde liegenden Ideale war der Landesfürst, der sich für „seine" Untertanen verantwortlich fühlte (Fehl 1983). Umsetzbar war die Ordnung nur durch die zentralisierte Macht: durch öffentlichen Grundbesitz, strenge Rahmenbedingungen für die Ansiedlung in den neuen Städten und durch die Vergabe von Privilegien sollte die Umsetzung einer anspruchsvollen Gestaltung sichergestellt werden.

Das Idealbild wurde vor allem dort umgesetzt, wo die Landesfürsten neue Städte gründeten. Auf „unbesetztem" Boden ließ sich die idealtypische Form am besten durchsetzen. Die Haupt- und Residenzstädte waren wirtschaftlich abhängig und wurden durch den fürstlichen Hof dominiert. Eine Selbstverwaltung bestand oft nicht bzw. wurde sehr stark eingeschränkt. Die Stadtverwaltung stand unter dem Einfluss des Hofes; landesfürstliche Baubeamte regelten das Bauwesen in der Stadt.

Zentrale Planungsleitlinien wurden die Regelmäßigkeit der Platzanlagen sowie die räumliche Inszenierung von Straßen, Plätzen und öffentlichen Gebäuden als bedeutende Elemente der Stadt. Verordnungen über die Größe und Proportion der Straßen und Gebäude bildeten die Grundlage einer der gesellschaftlichen Ordnung entsprechenden räumlichen Ordnung.

Als Vorbild neu gegründeter Schlossanlagen, die sich zu Residenzen herausbildeten, galt Versailles. Unter Ludwig XIV. wurde ab 1670 vor den Toren der eng und dicht bebauten Hauptstadt Paris auf freiem Gelände eine künstlerische Komposition aus Schloss, Stadt und Gartenanlage geschaffen. Nach dem Versailler Vorbild wurden insbesondere im Südwesten Deutschlands die Idee der Schaffung einer unabhängigen neuen Residenzstadt verfolgt und z.B. die Städte Ludwigsburg, Karlsruhe und Rastatt angelegt.

Der Markgraf Ludwig Wilhelm ließ zwischen 1697 und 1709 in Rastatt im Bereich eines bestehenden kleinen Marktfleckens ein Lustschloss bauen, das aus strategischen Gründen als Festung angelegt wurde und um 1700 Stadtrechte erhielt. Die Anlage in Rastatt orientierte sich am deutlichsten an Versailles: Eine breite Mittelachse wurde auf das Schloss geführt, das auf einer Anhöhe lag. Die Achse verband Schloss, Stadt und Schlossgarten miteinander. Trotz der immensen Kosten für den Bau der Festungsanlage wurde auch ein großer Schlossgarten errichtet, der nahezu die Hälfte des befestigten Geländes einnahm.

Zur Betonung der perspektivischen Wirkung wurden neben der Mittelachse zusätzlich zwei Diagonalstraßen angelegt, die das Schloss optisch noch weiter in den Mittelpunkt rückten. Als Eingang führte ein zentrales Tor in die als Gesamtkunstwerk gestaltete Stadt. Die Straßen waren einheitlich ausgeführt; lediglich wurden

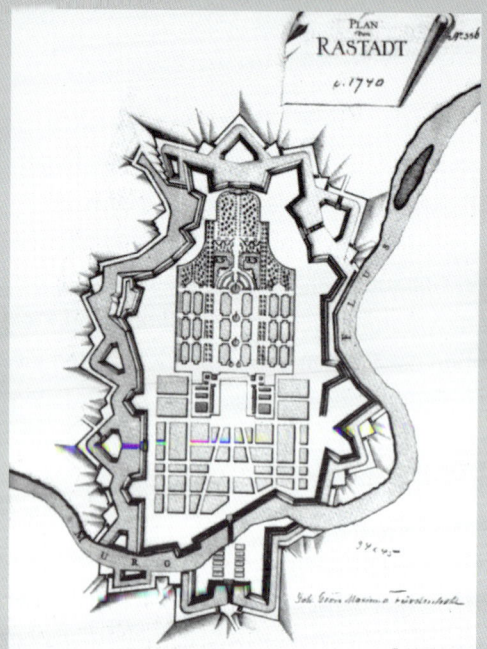

Rastatt um 1740 (Neumann 1990, 58)

Rastatt: Schloss

Rastatt: Bebauung in Schlossnähe (oben) und am Stadtrand (unten)

Rastatt: Ende des 18. Jh. (Baumgärtner 1990, 84)

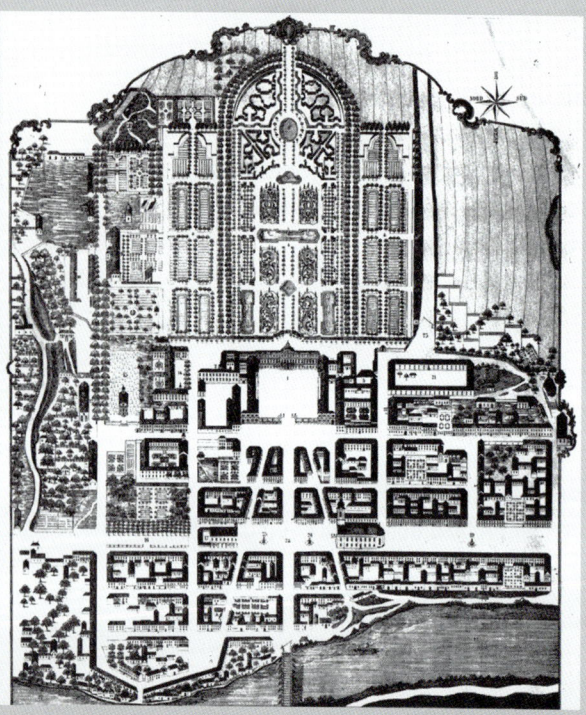

in Abhängigkeit ihrer Lage zum Schloss unterschiedliche Straßenbreiten vorgesehen.

Am Fuße des Schlosses erstreckte sich die „Bürgerstadt" in einer gestuften sozialen Hierarchie: Direkt am Schloss wohnten Adelige und hochrangiges Hofpersonal, zum Rande hin die ärmeren Leute. Der Marktplatz mit Rathaus und Kirche wurde zwar als Ort der „bürgerlichen Stadt" städtebaulich betont, doch die bürgerlichen Rechte waren durch den Landesfürsten weitgehend reglementiert (z.B. Versammlungsverbot). In der Umgebung der Stadt wurden Flächen für die Landwirtschaft und die bürgerlichen Gärten angelegt und als unbebaute Zonen für das Schussfeld freigehalten.

Bei der Realisierung von Rastatt wurde seitens der ansässigen Bauern kein großer Widerstand erwartet; allerdings musste die Umsetzung der hochgesteckten gestalterischen Ziele genau durchdacht werden, um das Projekt des finanzschwachen Markgrafen zu verwirklichen.
Die Bauplätze wurden veräußert (Müller 1990, 264), aber die Bauwilligen erhielten auf unbeschränkte Zeit Steuerfreiheit und für den Bau der Häuser wurde „freies Bauholz" zugesichert. Neben diesen Bauanreizen bestanden allerdings auch Auflagen: So mussten z.B. innerhalb von drei Jahren Steinhäuser errichtet und eine „Stube" für Hofbeamte bereit gestellt werden.
Als oberster Städtebauer setzte der Landesfürst somit seine Idee der „Stadt als Kunstwerk" konsequent durch und sicherte deren reibungslose Funktion als Residenzstadt.

Karlsruhe wurde 1715 als Jagdschloss von Markgraf Karl Wilhelm von Baden in Anlehnung an das Versailler Vorbild gegründet. Die neue Stadt, die Ausgangspunkt der späteren Residenzstadt war, entstand auf dem Reißbrett mit konsequent zentralperspektivisch aufgebautem, sternförmigen Grundriss mit 32 strahlenförmigen Alleen.

Bei der Anlage von Straßen und Plätzen wurden klare Ordnungsprinzipien umgesetzt und genaue Regeln eingehalten – bei Straßen, Plätzen und angrenzender Bebauung achtete man besonders auf die Maßstäblichkeit.

Nach dem Repräsentationsinteresse und Gestaltungswillen des Herrschers hatte alle räumliche Ausrichtung auf das Schloss zu erfolgen, das als neue dominante Form, umrahmt von Bauten für Hofbeamte, in den Stadtmittelpunkt rückte. Die Ordnung der Stadt sollte so den gesellschaftlichen Aufbau widerspiegeln. Der Landesherr trat damit nicht nur als Gestalter der baulich-räumlichen Ordnung auf, sondern auch als Schöpfer der städtischen Gesellschaft (Fehl 1983, 137ff).

Zentrales Mittel für die Planverwirklichung war das Obereigentum des Landesherrn und das kostenlos zur Verfügung gestellte Bauland. Der Grundriss der Stadt wurde durch Fluchtlinien abgesteckt: Die Stadt sollte Stück für Stück in „geschlossenem Anbau" hergestellt werden, wenngleich dies in Karlsruhe nicht ohne weiteres gelang. Noch über viele Jahrzehnte bestanden Baulücken und die Residenz wies eher dörflichen als städtischen Charakter auf. Mit einem umfassenden Privilegienbrief sollten Neusiedler gewonnen werden: In Karlsruhe wurden die Bauplätze unentgeltlich zur Verfügung gestellt sowie Holz und Sand geliefert (Merkel 1990, 244).

Zur baulichen und räumlichen Gliederung wurden zwei Hausmodelle vorgegeben: die zweigeschossige Bauweise für Hofbeamte und Adelige in Schlossnähe, die eingeschossige für den Rest der Untertanen. „Baulustige" bekamen Bauzeichnungen ausgehändigt und Baumaterial, Mindestfrontlänge etc. wurden vorgeschrieben; das Baumaterial wurde teils unentgeltlich geliefert. In der Vorgabe der Baumodelle nach „Modellbauverordnungen" (Hartog 1962, 105) sah man die wirkungsvollste Möglichkeit, ein einheitliches und geschlossen wirkendes Straßen- und Platzbild zu erzielen (Merkel 1990, 243).

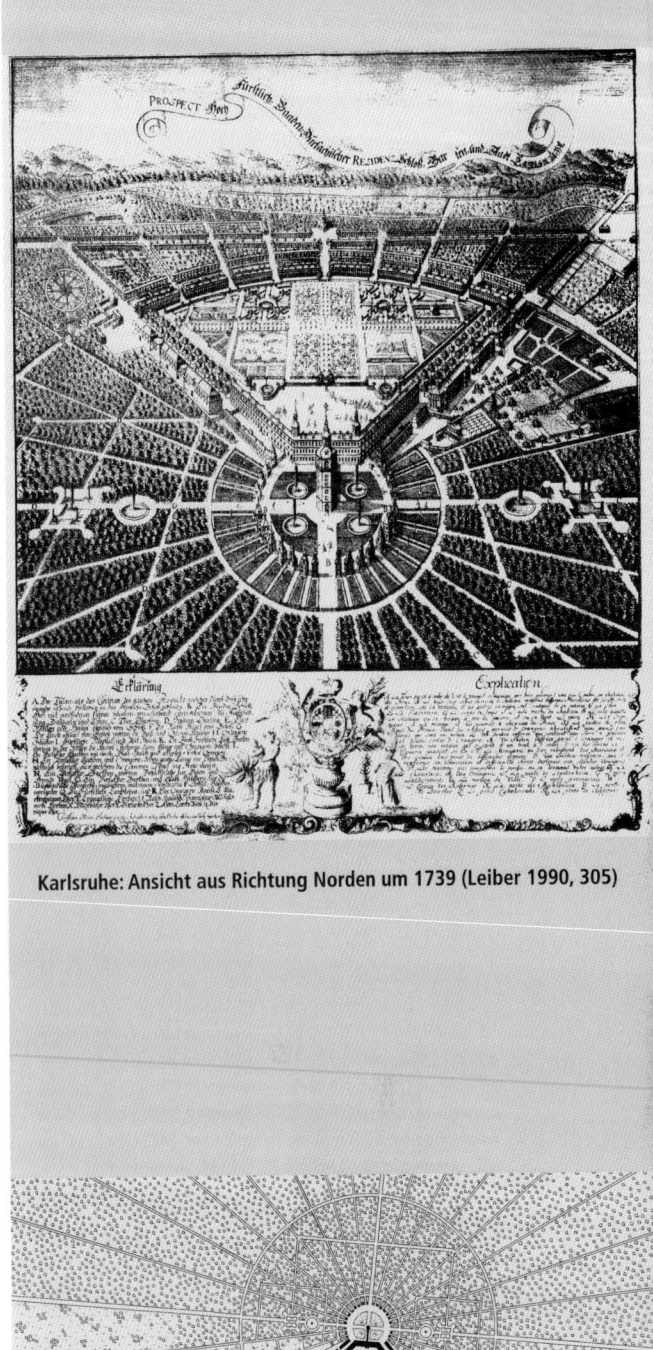

Karlsruhe: Ansicht aus Richtung Norden um 1739 (Leiber 1990, 305)

Karlsruhe um 1739 (Spörhase 1970, Tafel 2)

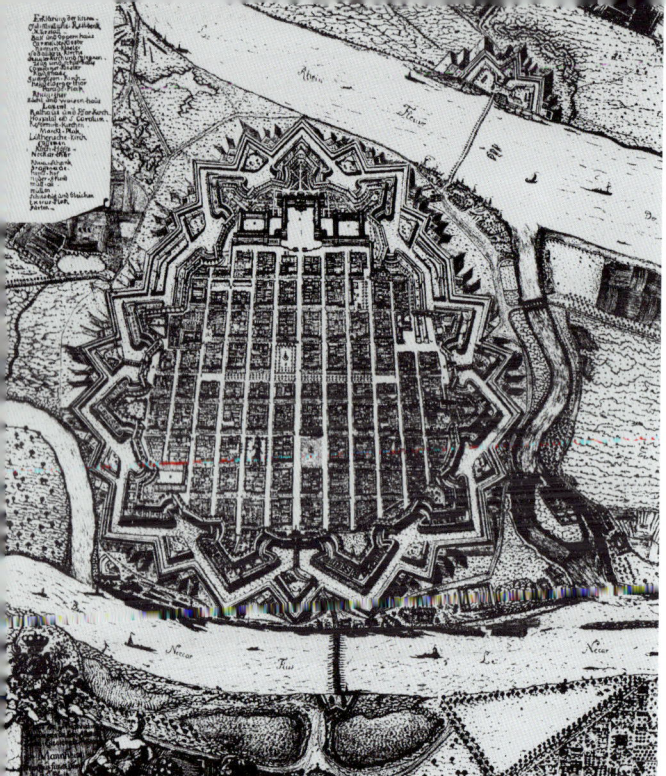

Mannheim im Jahre 1758: Kupferstich von Joseph Baerels
(Gruber 1976, 181)

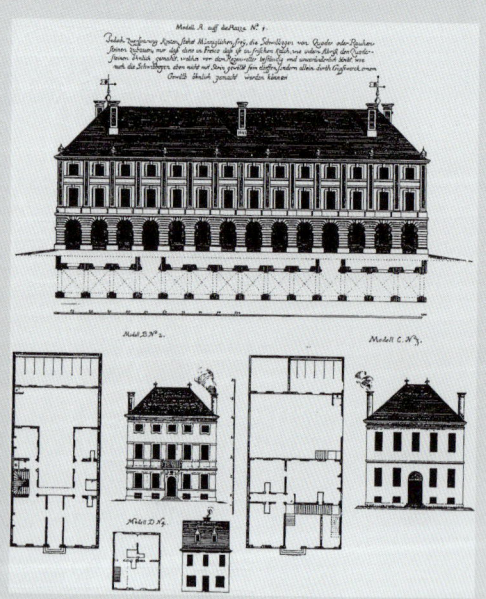

Baumodelle Mannheim
(Schröteler-von Brandt 1998a, 51)

1752 wurde per Erlass festgesetzt, dass nur noch Steinhäuser erstellt werden durften. Die Staatskasse gewährte dem Bauwilligen dazu die so genannte „Baugnade", d.h. es wurde – je nach Frontlänge des Hauses – eine Prämie für den Kauf des teuren Steinmaterials ausgezahlt. Die „Baugnade" löste damit die Belieferung mit Baumaterial ab. Auch der Bau von öffentlichen Gebäuden ging auf die Kosten der Staatskasse.

Das Badische Haus gründete, strategisch günstig an der Einmündung des Neckars in den Rhein gelegen, 1606 die Stadt Mannheim. Der Landesfürst wurde hier zum Erbauer einer kombinierten Festungs- und Bürgerstadt (für Exulanten), die nach streng rationalen Kriterien geplant wurde: Durch die sternförmig angelegte Festungsstadt sollte gewährleistet werden, dass die Truppen den kürzest möglichen Weg vom Exerzierplatz zu den Verteidigungsbastionen nehmen konnten. In der Bürgerstadt wurde auf die strenge Anwendung des Rastersystems zwecks günstigster Baublockeinteilung geachtet – zur Vermeidung spitzwinklige Ecken.
Im Dreißigjährigen Krieg wurde die Stadt zerstört und 1652 zum zweiten Mal gegründet, und nun übertrug man – aus Gründen der besseren Bebaubarkeit – auch das Rastersystem der Bürgerstadt auf die Festungsstadt (Schröteler -von Brandt 1995, 169ff)

Der Landesfürst bestimmte auch in diesem Fall das Bild der Stadt: Mit der kostenlosen Vergabe der Grundstücke und Nutzungsrechte verknüpfte er weitreichende Auflagen. So war z.B. der Bau von zwei- bis dreistöckigen Häusern an den Hauptstraßen und ein- bis zweistöckigen Häusern in den Nebenstraßen verpflichtend. Die Vorgabe von Baumodellen mit Differenzierung nach Höhe, Größe und Ausstattung je nach der Lage der Gebäude im Stadtgebiet war übliche Praxis. Auch Baugebote wurden eingesetzt. Mannheim galt hier als frühes Vorbild für Durlach, Karlsruhe, Mühlburg und Rastatt.

Über Steuererleichterungen oder Steuerbefreiung sollten reiche und finanzkräftige Bürger angesiedelt werden; auch Religionsflüchtlinge wie Hugenotten und Mennoniten fanden Aufnahme in der Stadt. Es waren weitreichende Subventionen nötig, da wegen der unmittelbaren Nähe der Festung eine Ansiedlung wegen möglicher Angriffe nicht ungefährlich war. Erst 1720 wurde Mannheim Residenzstadt und erlebte einen wirtschaftlichen Aufschwung.

Neben den vorgenannten Neugründungen wurden auch Stadterweiterungen nach idealstädtischen Gesichtspunkten gebaut. So wurde die Neustadt von Hanau 1595 vom Grafen von Hanau neben der bestehenden Residenz angelegt und sollte den verfolgten Reformierten als Zufluchtsort dienen. Die Stadtstruktur wurde in nahezu quadratische Baublöcke und gleichmäßige Parzellen eingeteilt, es wurden Haustypen vorgegeben und zwei freie Baublöcke für den Bau der reformierten Kirche und den Marktplatz reserviert. Auch in Hanau gewährte man den Bürgern neben der Religionsfreiheit weitreichende Privilegien.

Die Stadterweiterung von Turin wurde 1673 unter hoheitlicher Kontrolle und der Anwendung eines gleichmäßigen Gitternetzes durchgeführt. Die Straßenplanung bis hin zur Anlage gleichförmiger Fassaden ließ der Herzog von Savoyen streng überwachen (Girouard 1987, 223).

Weitere Beispiele von Stadterweiterungen des 17. und 18. Jh.s in Deutschland finden sich in Berlin, Dresden, Erlangen, Kassel, Koblenz, Magdeburg, Minden, Saarbrücken, Stuttgart. Bedeutende europäische Beispiele sind Mailand, Sankt Petersburg und Paris.

Neugründungen, Stadterweiterungen oder Stadtumbauten fanden unter Einsatz eines umfassenden „Kanons" an steuernden Eingriffen statt, wie Baugeboten, Bauprämien, Baupflicht etc. Die Organisation

Hanau (Stober 1990, 347)

Turin (Mandracci 1990, 135)

Rom wurde mit der Rückkehr des Heiligen Stuhls in die Stadt um 1420 bedeutendste europäische Kulturstadt. Im 15. und 16. Jh. wurden zahlreiche geradlinige Straßendurchbrüche geschaffen. Über die mittelalterliche Stadtstruktur wurde ein Straßennetz gelegt, welches vor allem auf perspektivische Wirkungen hinzielte; die Anlage von Sichtachsen, in die zudem antike Säulen und Obelisken gestellt wurden, sollte diese Wirkung unterstützen.

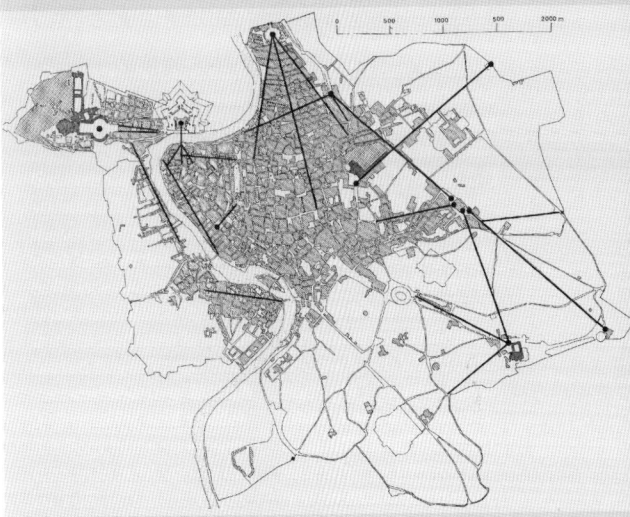

Rom im 18. Jh. (Benevolo 1990, 623)

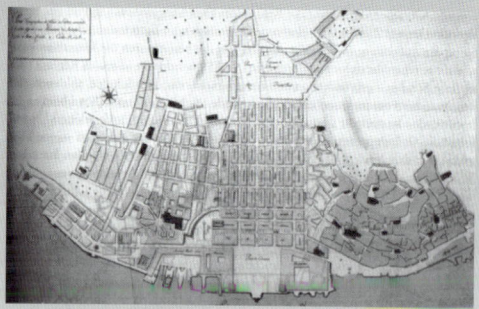

Lissabon: Wiederaufbauplan von Santos und Mardel um 1756 (Alte Stadt 3/2002, 211)

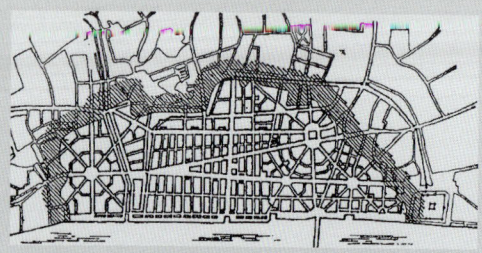

London: Wiederaufbauplan der City von Chr. Wren nach dem Brand von 1666 (Benevolo 1993a, 177)

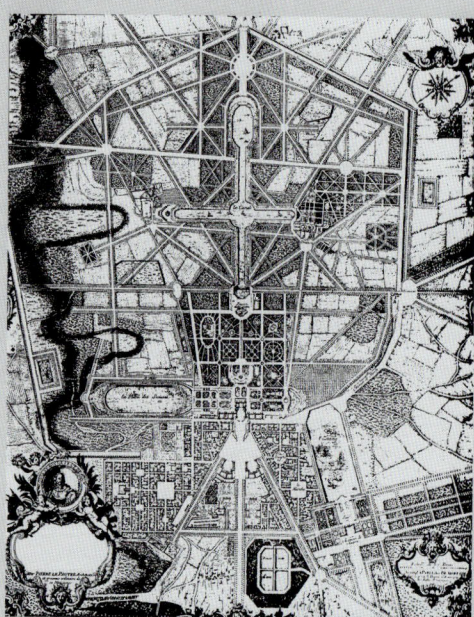

Versailles Anfang 18. Jh. (Benevolo 1990, 718)

Die Rauminszenierungen veränderten sich gravierend: Während in den Gartenanlagen der Renaissance sich noch die Architektur der Natur unterordnete, wurde der natürliche Hintergrund nunmehr in die Gestaltung der Parkanlagen mit ein bezogen (z.B. beim Park von Vaux in Frankreich, Benevolo 1993a, 166).

der umfangreichen städtebaulichen „Planungspraxis" erfolgte durch den neuen „Apparat" der landesfürstlichen Baubeamten.

Der große Nachteil der Idealpläne war ihre mangelnde Flexibilität: Als sich die gesellschaftliche Ordnung änderte und nicht mehr auf den absoluten Herrscher ausgerichtet war, verlor auch der räumliche Ausdruck dieser Ordnung an Gewicht und wirkte sich z.T. hemmend auf die Stadtentwicklung aus.

Der Wiederaufbau von Lissabon und London

Nachdem Lissabon im Jahre 1755 durch ein großes Erdbeben vollständig zerstört worden war, übernahm der Marquis von Pombal, ein fortschrittlicher Vertreter des aufgeklärten Merkantilismus (Schau 2002, 212), den Wiederaufbau der Stadt. Er verfolgte das Ziel, den Stadtgrundriss an die neuen Erfordernisse der Verkehrserschließung anzupassen und integrierte zugleich die Anlage von Stadterweiterungsflächen. Da für die obdachlose Bevölkerung ein zügiger Wiederaufbau dringend notwendig war, ließ sich der „Neubau" der Stadt auf der Grundlage eines weitreichenden gesetzlichen Instrumentariums rasch durchsetzen.

In den Dekreten wurden Abrissgebote und Enteignung des Grundbesitzes gegen Entschädigungszahlungen vorgesehen, um so eine zügige Realisierung zu gewährleisten, die durch Baugebote und Kontrolle der Bautätigkeit unterstützt wurde. Beim Wiederaufbau der Stadt auf dem alten Standort setzte man ein streng orthogonales Rastersystem und eine standardisierte Bauweise nach idealstädtischen Vorstellungen durch, die mit den aufgeführten Baumodellen in Süddeutschland vergleichbar ist.

Nach dem großen Stadtbrand in London (1666) stritt man sich beim Wiederaufbau heftig darüber, ob die Parzellierung nach der vertrauten Gitternetzstruktur oder nach der neuen barocken Ästhetik vorgenommen werden sollte. Die Pläne von Wren und Evely sahen eine Mischung von Rasterform und barockem städtebaulichen Repertoire von Sternplätzen, Achsen und Diagonalen vor. Andere Pläne – wie die von Newcourt – orientierten sich an der Gitternetzplanung mit öffentlichen Plätzen, die als zweckmäßiger für die Einteilung der Bauplätze angesehen wurden; als Parzellierungssystem war es eines, von dem „Landvermesser und Immobilienhändler träumen: leicht zu erschließen und leicht zu bebauen" (Girouard 1987, 223). Doch keiner der Pläne wurde konsequent umgesetzt: Vor allem die „unumstößlichen Besitzverhältnisse" (Kostof 1992, 112) verhinderten die durchgreifende Umgestaltung – eine Argumentation, die uns im 19. Jh. immer wieder begegnet.

Der Umbau der Residenzstädte Paris und Berlin

Der endgültige Aufschwung von Paris zur bedeutendsten Großstadt Europas erfolgte im 16. Jh., als die Stadt königliche Residenzstadt und damit Sitz des Könighauses wurde. Paris verzeichnete ein rasantes Wachstum: 1590 lebten in der Stadt 200 000 Einwohner und 1637 bereits 415 000. Die Stadt platzte aus allen Nähten und die Verdichtung im engen inneren Stadtkern war enorm. Der Ausbau und die Ertüchtigung der Stadt für diesen Bevölkerungszuwachs kümmerte den König allerdings nur wenig. Sein Hauptaugenmerk richtete er auf den Ausbau der Schlossanlagen vor der Stadt.

In Frankreich hatte bereits im 16. Jh. eine systematische Städtebau- und Baupolitik eingesetzt. Mit der wachsenden Dominanz des absoluten Herrschers waren zu Beginn des 17. Jh.s auch die Provinzstädte (z.B. Marseille, Nancy) nach dem Idealschema „order, symmetry and vista" (Sutcliffe 1981, 128) ausgebaut worden.

Mit der Königlichen Verordnung Ludwigs XVI. von 1783 besaß Frankreich die umfassendste Bauordnung Europas: Durch Bauverbote versuchte man den starken Bevölkerungszustrom auf Paris zu steuern.

In Paris wurde unter Regie des Königs das Bauwesen mit den bekannten Instrumenten (z.B. Baufluchtenabsteckung) straff organisiert: So wurde die Gebäudehöhe festgelegt, die nicht höher als die Straßenbreite sein durfte, damit bei Bränden die einstürzenden Fassaden nicht die gegenüberliegende Seite beschädigten.

Die alte Befestigungsanlage von Paris wurde im 18. Jh. abgerissen; um die Altstadt herum entstand ein Kranz von breiten Alleen und neuen Wohnbereichen. Die Stadterweiterung in diesen noch unbebauten Stadtgebieten ließ sich, anders als im Innern, durchaus nach dem Prinzip der Regelmäßigkeit und Symmetrie gestalten.

Vor den Toren der Stadt wurden im Umland im 17. Jh. große, neue Schlossanlagen des reichen Adels errichtet (z.B. Vaux). Nach den idealen Gestaltungsvorstellungen der Erbauer wurden in den großen Gartenanlagen natürliche und künstliche „Landschaften" geschaffen.

Auch der König selbst baute neue Anlagen außerhalb der Stadt. Der Ausbau der Residenz Ludwigs XIV. zur südwestlich von Paris gelegenen „Palast-Stadt" Versailles (ab 1670) fand zahlreiche Nachahmer in Deutschland.

In fast allen bedeutenden Hauptstädten Europas wurde neben dem Stadtpalast ein Sommersitz außerhalb der Stadt angelegt, und zwar unter Berücksichtigung der neuesten Gesichtspunkte der barocken Rauminszenierung: Erst wenn sich die Projekte in der freien Landschaft unbeschränkt ausdehnen konnten, war die gewünschte perspektivische Wirkung erreicht (Wien: Schloss Schönbrunn; München: Schloss Nymphenburg oder auch für den Kölner Erzbischof: Schloss Brühl bei Bonn (Benevolo 1993a, 172).

Innerhalb des mittelalterlichen Paris reichten die Mittel des Königs nicht aus, um die Stadt in großem Stil an die neuen stadtgestalterischen

Paris: Boulevard St. Antoine (Girouard 1987, 176)

In Paris entstand im frühen 17. Jh. bereits der Boulevard St. Antoine, der mit einem 18 m breiten Mittelstreifen und mit vier Baumreihen versehen war. Der Boulevard war in seiner Entstehungszeit im Barock ein außerstädtisches Element und er stellte die Grenzziehung zwischen Stadt und Land her. Die Struktur des Boulevard geht auf die neuartigen Befestigungen der Städte zurück, die seit dem später 16. Jh. mit Bäumen bepflanzt wurden, nachdem Militäringenieure die stabilisierende Wirkung der Baumpflanzungen auf die aufgeschütteten Erdwälle der Bastionen erkannt hatten (Kostof 1992, 240). Der Boulevard wurde schon bald als schattiger, luftiger Spazierweg durch die Bürger der Stadt genutzt: Er bot eine wunderbare Aussicht auf die umgebende Landschaft und stand damit in Kontrast zu den engen, lärmbelasteten und baumlosen Gassen der Altstädte.
Es entwickelten sich neue Orte für das Flanieren in der Stadt (wie Boulevard, Cours, Mall, Corso, Lustgarten oder Vergnügungspark) die zunehmende Verbreitung in Europa fanden und bald auch in Übersee kopiert wurden (z.B. der Paseo Nuevo und Paseo de Bucareli in Mexiko um 1770; Girouard 1987, 237).

Paris: Place Royale – Darstellung der Hochzeit Ludwigs XIII. (Girouard 1987, 173)

Paris: Place de Vendôme (Benevolo 1990, 172)

Ziele und Ideale anzupassen; hier beschränkte er sich auf repräsentative Bereiche. Er hätte zwar theoretisch das Recht der Enteignung für innerstädtische Umbauprojekte gehabt, hätte sich aber damit auch bei der zunehmend mächtiger werdenden Bürgerschaft sehr unbeliebt gemacht: Ein Grundstückserwerb mit Wertausgleich wurde ohnehin oft abgelehnt (Girouard 1987, 172).

Im Sinne der besonderen Förderung und Ausgestaltung der Residenz wurde Paris im 17. und 18. Jh. dennoch Zentrum der öffentlichen Arbeiten, die von einem festen Stab von Fachleuten umfassend geplant und durchgeführt wurden:
• Um die entstehenden Vorstädte einzugliedern, erfolgte die Erweiterung des Mauerrings nach Westen.
• Das Straßennetz wurde reorganisiert und das Kanal- und Wasserleitungssystem verbessert.
• Es wurden ein Vielzahl von neuen, regelmäßig angelegten Platzanlagen errichtet wie der Place Royal, Place Dauphine oder Place de la France.
• Die Erweiterung des Königspalastes Louvre und die Zusammenführung mit den Tuilerien zu einem einheitlichen Komplex verzögerten sich und wurden erst im 19. Jh. von Napoleon III. abgeschlossen.

Neubauten wurden in der Stadt nur auf unbebauten Flächen oder eigenen Ländereien des Königs durchgeführt. So begann 1605 der Bau des Place de Royale (heute: Place des Vosges) durch Heinrich IV. Er wollte hier Arkadengänge mit Läden und Wohnbauten sowie einen Komplex zur Seidenherstellung errichten. Als die gewerblichen Projekte „platzten", entstand ein reines Wohnprojekt für die vornehme Pariser Gesellschaft. Der Platz wurde 1611 mit großen Feierlichkeiten anlässlich der Hochzeit von Ludwig XIII. eingeweiht. Mit diesen Baumaßnahmen in der Stadt verfolgte der König das Ziel, eigene wirtschaftliche Interessen (z.B. Bau renditeträchtiger Immobilien, Herstellung von Luxuswaren) mit dem Ambiente königlicher Macht und Selbstdarstellung zu verbinden.
Die Obrigkeit versuchte mit vielen Mitteln, das Bau-

wesen durch hemmende oder fördernde Eingriffe zu regulieren und damit direkt und unmittelbar Einfluss auf Stadtwachstum und Stadtbild zu nehmen: So wurde unter Ludwig XIV. bei der Anlage des Place Vendôme (1701) sogar die Fassade als äußere Gebäudeschale errichtet und den Grundeigentümern lediglich der dahinterliegende Bau der einzelnen Häuser überlassen, um auf diese Weise eine einheitliche und repräsentative Gestaltung zum Platz hin sicherzustellen.

Im 18. Jh. erlebte Preußen durch systematische Stadterweiterungs- und Baupolitik seiner brandenburgischpreußischen Könige eine Hochphase an landesfürstlicher Bautätigkeit, die entsprechend den Zielen merkantilistischer Wirtschaftsauffassung auf die Ankurbelung von Wirtschaft und Gewerbe ausgerichtet war. Im Rahmen dieser Wirtschaftspolitik wurden Städte und Stadtteile planmäßig und systematisch neu angelegt.

Die ausgedehnte Planungs- und Bautätigkeit betraf nicht nur die Hauptstadt Berlin. Im 17. und 18. Jh. wurden viele kleinere Städte der Kurmark, der brandenburgischen, schlesischen oder pommerischen Provinzen sowie der alten westlichen Provinzen Preußens (z.B. die Städte Kleve und Ruhrort) durch „Baufreiheitsgelder" gefördert.

Das Recht zum Entzug unbebauter Grundstücke, Baugebote für „wüste" Baustellen, die unentgeltliche Vergabe von Bauland und die Gewährung von Baumaterialien gehörten zu den Elementen dieser in Preußen geförderten Bautätigkeit, die bis in die 1830er Jahre hineinreichte. Auch öffentliche Gebäude oder an Private vergebene Kolonisten- und Bauernhäuser wurden erbaut (Schröteler-von Brandt 1998, 49). Mit Bauverpflichtung und Instandhaltungspflicht, einem umfangreichen Bauprämiensystem und Steuerbefreiung wurde systematische Baupolitik nach „Plan" betrieben; quantitative Ziele, wie die Festlegung auf mindestens 200 Neubauten jährlich, wurden vorgegeben. Selbst gegen den „Mietwucher" wurde aus

Berlin: Friedrichstadt um 1737 (oben) (Kostof 1992, 257)

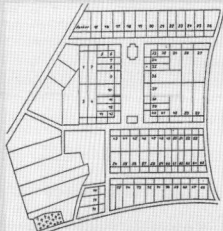

Erweiterungsplan von Ruhrort 1782 (rechts) (Schröteler-von Brandt 1998a, 53)

Die Einwohner der Stadt Berlin mussten auf Konsumartikel (z.B. Getreide oder Fleisch) eine Verbrauchssteuer – vergleichbar mit der heutigen Mehrwertsteuer – zahlen. Zu diesem Zweck wurden die ehemaligen Stadtmauern bis ins 19. Jh. hinein oft als „Zollmauern" aufrecht erhalten.

Typenbauten Berlin Friedrichstraße (Kostof 1992, 257)

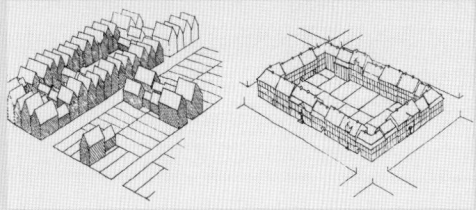

Mittelalterliche und barocke Baublockerschließung (Gruber 1976, 143)

Im 17. und 18. Jh. vollzog sich eine Veränderung von der giebelständigen hin zur traufständigen Bauweise. Das „bessere" städtische Wohnhaus war nunmehr als traufständiges Flurhaus mit Längsflur in der Mitte des Hauses und beidseitigen Zimmerfluchten konzipiert (Friedhoff 1998, 620).

wirtschaftspolitischen Erwägungen seitens des Königs vorgegangen, um die Ansiedlung nicht zu stören (Voigt 1901, 34).

In Berlin, dem Zentrum der landesfürstlichen Baupräsenz, wurden z.B. die Dorotheenstadt (Bebauungsplan: 1673) auf kurfürstlichem und die Friedrichstadt (ab 1688) auf vom Fiskus okkupierten Grundstücken oder zusammen mit dem Magistrat der Stadtteil „Neu-Köln" angelegt.
Diese starken bautätigen Ambitionen erfolgten nicht ohne Grund: Ein treibendes Motiv für den königlichen Städtebau in Preußen war die Eintreibung der Akzise als Rückgrat der fürstlichen Finanzen (Preuss 1912, 346). Neben der Anwerbung von Einwohnern als „Steuerzahler" mussten auch qualifizierte gewerbliche Fachkräfte für die Manufakturen gewonnen werden.
Diese Politik zeigte bald Früchte und die Einwohnerzahl Berlins stieg rasant: Von 1640 bis 1730 erhöhte sie sich von 6 000 auf 72 000, und 1816 zählte die Stadt bereits 197 000 Einwohner.

Der Planungs- und Bebauungsprozess wurde somit bis ins 18. Jh. weitgehend durch die Obrigkeit kontrolliert, die sich jedoch unterschiedlich gut durchsetzen konnte. Während bei den Stadtneugründungen auf freiem Gelände großzügig geplant werden konnte, musste sich der Landesherr in den gewachsenen Städten mit den gefestigten Besitzverhältnissen des städtischen Bürgertums auseinandersetzen, dessen Macht ständig größer wurde.
Die landesfürstliche Planungstradition war Hoheitsrecht und originäres Recht zugleich. In seiner rechtlichen und politisch gefestigten Stellung konnte sich der Landesfürst zur Realisierung der Planung weitreichender bodenrechtlicher Instrumentarien bedienen, wie die bereits

erwähnten Baugebote, der Entzug unbebauter Grundstücke oder die unentgeltliche Abgabe von Grundstücken. „Weil der königliche Städtebauer Gesetzgeber, Verwalter und höchster Richter in einer Person war" (Preuss 1912, 352), konnte er das Enteignungsrecht sehr weit fassen und die Entschädigungspflichten in seinem Sinne regeln. Bis heute finden viele der gebauten und durch die landesfürstliche Hand „geformten" Stadtbilder Beachtung durch ihre einheitliche, qualitativ hochwertige städtebauliche Gestaltung und ihre klar erkennbaren räumlichen Ordnungsgedanken. Umgesetzt wurde das „Gesamtkunstwerk Stadt" oft mit repressiven Mitteln und obrigkeitlicher Willkür (z.B. Enteignung von Privateigentum).

Mit dem Fortfall der Hoheitsrechte der Landesfürsten entfiel auch ihr Recht zur verbindlichen städtebaulichen Planung, so dass im Übergang zum 19. Jh. eine Art planungspolitisches Vakuum entstand (Schröteler-von Brandt 1998, 59).

Neben den Planungen unter landesfürstlicher Ägide erfolgte Städtebau auch noch unter anderer Prämisse. Dies soll nun am Beispiel von Amsterdam an einer eher an den wirtschaftlichen Interessen des Bürgertums orientierten Erweiterungsplanung aufgezeigt werden. Hier deutete sich bereits das neue Verhältnis zwischen öffentlicher Planung und privatwirtschaftlich organisiertem Bauprozess an.
In den Niederlanden verlief die Entwicklung anders als in den neuen Hauptstädten der absoluten Landesfürsten, da hier das Handelsbürgertum in einem Staatenbund organisiert war und dieser einen rasanten wirtschaftlichen Aufschwung verzeichnete (z.B. Ostindien-Kompanie). In dem Zusammenschluss der Vereinigten Niederlande war der Verstädterungsgrad gegen Ende des 16. Jh.s sehr groß; ungefähr 50% der Bevölkerung sollen zu diesem Zeitpunkt bereits in Städten gelebt haben (Kostof 1993a, 503). Neben Paris war Amsterdam im 17. Jh. die „dynamischste"

Stadt in Europa und hatte sich zu einem bedeutenden Handels- und Finanzplatz entwickelt (Bau der Börse: 1608).

1612 lebten 50 000 Menschen in Amsterdam, 1632 bereits 125 000 und in der zweiten Hälfte des 17. Jh.s waren es 200 000 (Benevolo 1993a, 158). Der Wachstumsschub löste eine vermehrte Nachfrage nach Bauflächen aus. Im Jahre 1607 erstellte die Zentralregierung eine Erweiterungsplanung, für die das benötigte Gelände durch Enteignung zur Verfügung gestellt wurde: Man legte drei große, parallel geführte Kanäle an und begrenzte das Gebiet durch eine neue Befestigungsanlage. Das Gebiet um Heerengracht, Prinsengracht und Keizersgracht sollte Wohngebiet für die gut gestellten Bürger werden (Girouard 1987, 161). Die Grundstücke wurden gleichmäßig eingeteilt und waren mit 9 m breiter als die üblichen, nur 6 m breiten Stadthäuser.

Das Bauen wurde dann von den Privaten übernommen, und es entstand ein vornehmes Wohnviertel, das entlang der Grachten mit Bäumen versehen wurde. Der „Kanal war Hollands Antwort auf den französischen Boulevard oder die barocken Diagonalen" (Kostof 1993a, 503).

Der „Jordaan" hingegen war für die gewerblichen Nutzungen und bescheidene Handwerkerhäuser (bei entsprechend kleinteiliger Parzellierung) vorgesehen. Die Steuerung der Nutzung erfolgte somit über den städtebaulichen Erweiterungsplan; durchgesetzt wurde er durch die Zentralregierung mit dem Mittel der Enteignung.

Amsterdam mit Markierung des Neubaugebietes um Heeren-, Prinsen- und Keizersgracht (Kostof 1992, 137)

Amsterdam: Baumallee entlang der Prinsengracht

Neue Stadttypen als landesherrliche Gründung oder Stadterweiterung

1. Bergstädte auf der Grundlage des Erzbergbaus insbesondere Silberabbau (gesteigerter Geldbedarf des Landesherrn und Waffenproduktion), z.B. Clausthal im Harz, Freudenstadt im Schwarzwald (1599)
2. Exulantenstädte für die Aufnahme von Glaubensflüchtlingen wie Hugenotten oder Mennoniten in Berlin, Erlangen, Hanau, Krefeld oder Mannheim; Exulantenstädte wurden oft mit besonderen Privilegien ausgestattet, die außerhalb der Zünfte ein blühendes gewerbliches Wachstum durch neue Produktionsweisen, wie die Seidenherstellung in Krefeld, hervorbrachten.
3. Festungs- und Garnisonsstädte, die den neuen Anforderungen an die Waffentechnik entsprachen, z.B. Dömnitz an der Elbe, Jekaterinburg / Rußland (1721), Jülich (1549), Neubreisach (1669), Saarlouis (1680)
4. Residenz- und Hauptstädte, die im Zuge des Absolutismus in Deutschland entstanden Berlin Dorotheenstadt (1674) und Friedrichstadt (1688), Erlangen-Neustadt (1686), Karlshafen (1699), Karlsruhe (1715), Kassel-Oberneustadt (1688), Kristiansand / Norwegen (1641), Kristiansstadt / Schweden (1614), Livorno / Italien (1576), Mannheim (1606), Neu-Isenburg (1699), Neuwied (1653), Rastatt (1697)

Die Abwendung von den großen perspektivischen Rauminszenierungen vollzog sich zu Ende des 18. Jh.s. Die Flucht in die Natur und die wachsende Bedeutung von Wald und Gebirge entsprang dem Rousseauschen Gedankengut. So äußerte sich Goethe um 1778 über den nach diesen Gesichtspunkten angelegten Park in Wörlitz folgendermaßen: „(...) keine Höhe zieht das Aug und das Verlangen auf einen einzigen Punkt, man streicht herum ohne zu fragen wo man ausgegangen ist und hinkommt" (Benevolo 1993a, 182).

6. Städtebauliche Planung seit 1800: Planungsbedingungen und -grenzen

Mit der Französischen Revolution (1789) begann in der Neuzeit die „Moderne". Die gesellschaftlichen Veränderungen hatten bereits Mitte bis Ende des 18. Jh.s zu einem Entwicklungsstand geführt, der die Befreiung von den alten Ketten der feudalen und absoluten Vorherrschaft heraufbeschwor.

Der unvermeidliche Zusammenbruch des alten Gesellschaftssystems brachte die Enteignung des feudalen Grundbesitzes und des Klerus sowie die Einführung von Gewerbe- und Handelsfreiheit mit sich. Im Code civil (1804) wurde die Gleichheit vor dem Gesetz festgeschrieben; weitere rechtliche Absicherungen des Privateigentums folgten.

Nachdem sich die kapitalistische Produktionsweise durchgesetzt hatte, war nun der Weg geebnet für die Industrielle Revolution.

Das in den vergangenen Jahrhunderten (z.B. durch Handel und Kolonisation) angesammelte Kapital förderte den Einsatz der neuen technischen Errungenschaften (z.B. Dampfmaschine, Eisenbahnbau) und machte die Erweiterung der Anlagemöglichkeiten erforderlich. Die Befreiung vom Zunftzwang führte zu einer ungeheuer dynamischen gewerblichen Entwicklung.

Die neuen Planungsbedingungen seit 1800: private Baufreiheit und freier Bodenmarkt

„Vom Mittelalter bis zum Ausgang des 18. Jahrhunderts hat die Anlage und Erweiterung einer Stadt, die Schaffung der Existenzgrundlage für die städtische Bevölkerung, als eine im eminentesten Sinne öffentlich-rechtliche Angelegenheit und deshalb auch stets als Aufgabe der städtischen oder staatlichen Gewalt gegolten" (Voigt 1901, 92). Die Durchführung der städtebaulichen Planung als Wahrnehmung einer hoheitlichen Aufgabe wurde aufgegeben und der privaten Spekulation überlassen.

„Bereits seit der Mitte des 18. Jh.s hatten sich in

Deutschland Veränderungen angedeutet, die die gültige Ordnung der Bodennutzung und damit auch die ökonomischen und institutionellen Grundlagen der städtischen Planung völlig veränderten: Liberalisierung des Hypothekenwesens (Hegemann 1930, 179ff) und des Bodenkredites, Abbau der politisch-öffentlichen Kontrolle über die Nutzung des Bodens und des Häusermarktes in den Städten sowie der zunehmende Verlust des öffentlichen Obereigentums" (Schröteler-von Brandt 1998a, 27).

Innerhalb des sich entwickelnden kapitalistischen Wirtschaftssystems wurde in den frühen Verfassungswerken der Grundsatz der Unantastbarkeit des Privateigentums festgelegt (z.B. Code civil, 1804; Preußisches Allgemeines Landrecht, 1794). Im preußischen Gesetz hieß es: „In der Regel ist jeder Grundeigentümer befugt, seinen Grund und Boden mit Gebäuden zu besetzen und seine Gebäude zu verändern". Dies war gleichzusetzen mit freiem Bodenverkehr und weitgehender Baufreiheit auf den privaten Grundstücken. Neben der Baufreiheit und dem freien Bodenhandel ermöglichte die Gewerbefreiheit eine Dynamisierung des Bauhandwerks.

„Der 'Drang zur Verwertung' liegt nicht in der Natur des Bodens an sich, sondern in den Interessen und Möglichkeiten seiner Besitzer. Sie verfügen aufgrund ihres Monopols an Grund und Boden über die Macht und das Recht, für die Nutzung des Bodens eine Gegenleistung (Rente, Pacht, Miete) zu verlangen" (Schröteler-von Brandt 1998a, 27).
Die sich auf dem freien Markt bildenden Bodenpreise bzw. die „Grundrente" wurden zum mitbestimmenden Faktor der städtischen Entwicklung. Auf dem freien Markt bildeten sich die Bodenpreise von nun an als Marktpreise und unterlagen damit auch deren Gesetzmäßigkeiten. Da der Boden unvermehrbar ist, musste er seine Wertigkeit auf anderem Wege als durch Ausweitung der Quantität erzielen, d.h. der vorhandene Boden wurde immer teurer. Um den angestrebten Preis zu erzielen, veränderte man seine Lagewerte durch höhere Ausnutzung oder anspruchsvollere Nutzungen.

Bestimmende Aspekte der Bodenspekulation sind
• die Umwandlung von landwirtschaftlicher Fläche in Bauland,
• die Art der Nutzung, die sich auf den Preis auswirkt (Wohnbauland am Stadtrand ist billiger als Bauland für Handels- oder Verwaltungsgebäude im Zentrum, Flächen für großbürgerliches Wohnen sind teurer als Flächen für Arbeiterwohnungsbau),
• die Intensität und die Dichte,
• die notwendigen Investitionen für die Herrichtung und Vorbereitung des Bodens für das Bauen (Kanalbaukosten, Straßenbaukosten etc.).

Für den Städtebau hat dies bis heute zur Folge, dass durch die Höhe des Bodenpreises Bauweise, Nutzungsart und Mietpreise beeinflusst werden. Die Standortverteilung der städtischen Nutzungen nach rationalen, objektiven oder auch ästhetischen Kriterien steht in Wechselwirkung zur Grundrentenbildung; sie folgt der „Logik" der verschiedenen Formen und Staffelungen der Grundrenten und deren innewohnenden „Logik" zur ständigen Steigerung. So werden wenig ertragreiche Nutzungen von bestimmten Lagen in der Stadt ausgeklammert, ertragreiche dagegen bevorzugt.

Die städtische Grundrentenbildung muss sich zwangsläufig auf die städtebauliche Planung auswirken. Die Folge der spekulativen Bodenverwertung löst in der Stadt bis heute einen ständigen Prozess von Aufwertung und Verdrängung aus. Die Verbesserung der Lage durch Planung oder die Ausweitung einer besseren Nutzung in benachbarte Gebiete führt zur Aufwertung des Bodens und zur Verdrängung der weniger ertragreichen Nutzungen. Dies bleibt nicht ohne Folgen: Wohnnutzung und Kleingewerbe werden aus der City verdrängt, durch Attraktivitätssteigerung in den innenstadtnahen Wohngebieten werden angestammte Bewohnergruppen durch Besserverdienende verdrängt usw.

Auch die Ausweisung einer „schlechteren" Nutzung kann zur Abwertung des Bodenpreises in benachbarten Gebieten führen. Die Aufwertung von Gebieten und die Verdrängung von minderwertigen Nutzungen im Sinne der Bodenpreisbildung sowie die Durchsetzung von höherwertigen und „besseren" Nutzungen sind fester Bestandteil der Stadtplanung.

„Städtische Lagen" werden ständig neu geschaffen und Standortfaktoren neu bewertet. Dies zeigen z.B. die aktuellen Debatten um „1a- und 1b-Lagen" bei der Entwicklung der innerstädtischen Einkaufsquartiere oder die Berücksichtigung von Standortbewertung und Wohnumfeld-Image bei der Festlegung des Mietwertspiegels.

Die hygienischen Probleme vergangener Tage und die heutigen ökologisch-klimatischen Probleme, die durch übermäßige bauliche Verdichtung sowie die Konzentration der Verkehrs auf die Innenstadt entstehen, stehen in enger Beziehung zum Bodenpreis.
Ebenso beeinflussen die häufigen Umorientierungen von Lagemerkmalen mit Veränderungen im Nutzungs- und Sozialgefüge einer Stadt die Bodenpreise.

Die neuen Planungsgrenzen: Privateigentum und Verlust des öffentlichen Einflusses

Insbesondere mit dem freien Bodenhandel gingen zentrale Rechte über Nutzung und Gestalt der Städte in die private Verfügungsgewalt über

und drängten die öffentlichen Einflussmöglichkeiten immer stärker in den Hintergrund.

Für die sich neu herausbildende „öffentliche Hand" in Deutschland traten große Probleme bei der Umsetzung planerischer Ideen zutage. Die neue „öffentliche Hand", das waren jetzt die neuen Staaten und konstitutionellen Monarchien, die Landräte und Baubeamten der Regierungsbezirke sowie die Städte mit ihren neuen Selbstverwaltungsaufgaben.
Unter den veränderten sozioökonomischen Verhältnissen wurde die Stadtentwicklung nun in einer Art Arbeitsteilung zwischen der öffentlichen Hand und den Privaten vorangetrieben: Die öffentliche Hand, d.h. die Gemeindeparlamente und Verwaltungen übernahmen den „Part" der Planung und legten den Rahmen für die Umsetzung fest. Die Umsetzung (z.B. die Errichtung der Gebäude) erfolgte weitgehend einseitig und fast ausschließlich durch die privaten Bauherren, Bauunternehmer oder Bodenbesitzer.
Damit ergaben sich gegenseitige Abhängigkeiten und Wechselwirkungen: Einerseits wurde bei der Herstellung des Planes die spätere Umsetzung vorausschauend berücksichtigt und andererseits wurde die Umsetzung möglichst eng an den einmal festgestellten Plan gebunden.
Im öffentlichen Einflussbereich blieb oft nur noch die Gestaltung des Straßen- und Platzraums und der öffentlichen Gebäude (Schröteler-von Brandt 1998, 30ff). Bis heute stellt diese Arbeitsteilung die Regel dar.
So waren die im nächsten Kapitel erläuterten rheinischen Stadtbaupläne Teil der neuen arbeitsteiligen „Produktion" der Stadt (Fehl 1992a): Die neue Teilung in „Planung" und „Umsetzung" durch die faktischen Veränderungen der Eigentumsverhältnisse musste erst Einzug in die Köpfe der planenden Bezirksbürokratie im Rheinland halten; zu Beginn der Planungsarbeiten wurden die neuen Machtverhältnisse daher sehr gründlich ausgelotet (Schröteler-von Brandt 1998a, 177ff).
Der „moderne" Städtebau musste nun lernen, mit

der neuen Realität umzugehen, die sich aus dem freiem Bodenhandel und der Handhabung des Bodens als Handelsobjekt ergab; d.h. sie hatten die Realisierungserwartung der Grundrente ebenso wie die Lage bzw. die Sicherung der Lageerwartungsrente der örtlichen Grundeigentümer zu berücksichtigen. Auch mussten verschiedene weitere Faktoren mit einkalkuliert werden, nämlich die Investitionsbereitschaft von Gemeinde, Staat und Privaten oder die Forderungen der neuen privaten „Gegenpole" in Person der örtlichen Industriellen, die an preiswertem Bauland für gewerbliche Anlagen und für den Arbeiterwohnungsbau interessiert waren.

In den ersten Jahrzehnten der Übergangsphase vom 18. ins 19. Jh. und z.T. bis 1850 taten sich die Baubeamten, die Baumeister und die Landesregierungen in Deutschland schwer, die neuen Bedingungen und Grenzen ihres Einflusses zu erfassen. Zwischen der Planungsidee und der Planungswirklichkeit bzw. -umsetzung lagen oftmals Welten (siehe Kapitel 7).

Neben der als Regelfall anzusehenden Trennung zwischen Planung und Umsetzung finden sich bis heute städtebauliche Entwicklungen, bei denen die Privaten auch die Planung übernehmen und man von einer ungeteilten „Produktion" von Stadt sprechen kann (Fehl 1992a), wie z.B. seit 1990 beim Vorhaben- und Erschließungsplan nach BauGB. Frühe Beispiele einer solchen „privaten Stadtplanung" stellen ansatzweise die Stadterweiterungen durch Terrainunternehmer dar, z.B. beim Bau von Rehm- und Steffensviertel in Aachen. Hier entwickelten zwei Unternehmer zwischen 1860 und 1870 Mischbaugebiete auf der Grundlage von Konzessionen mit der Stadt Aachen bzw. der Königlichen Regierung; hier erstellten sie die Planungen, errichteten die Straßen, parzellierten das Gelände und verkauften es an private Einzelbauherrn (Schmidt/ Schmidt-Hermsdorf 1984).

Auch lassen sich für die Frühzeit der modernen Städtebaus Formen einer rein von privater Seite umgesetz-

ten städtebaulichen Entwicklung nachweisen, die ohne städtebauliche Planung auskommt – was z.B. heute noch oft die Regel beim Bau der „wilden" Siedlungen in Südamerika ist.
So verlief auch der Bauprozess im Rheinland und in Belgien in der ersten Hälfte des 19. Jh.s relativ ungeplant. Nach dem hier (noch) geltenden „Code Civil" durfte an vorhandenen Wegen und selbst an unbefestigten Straßen und Feldwegen gebaut werden, wenn die Feuerwehr die Gebäude erreichen konnte (Fehl 1992b).

Neben dem freien Bodenbesitz bestand die Baufreiheit im frühen 19. Jh. insoweit, als bei der baulichen Nutzung der privaten Grundstücke in der Regel nur geringfügige Auflagen erlassen wurden. Eine Einschränkung der privaten Baufreiheit wurde entschädigungspflichtig. Mit dem Ausverkauf des öffentlichen Grundeigentums im Verlauf des 19. Jh.s wurden die Eingriffs- und Lenkungsmöglichkeiten noch weiter abgebaut. Der private Bodenmarkt beeinträchtigte in Kombination mit der Aufgabe des öffentlichen Grundbesitzes (durch massive Privatisierung im 19. Jh.) die Eingriffsmöglichkeiten durch die öffentliche Stadtplanung.

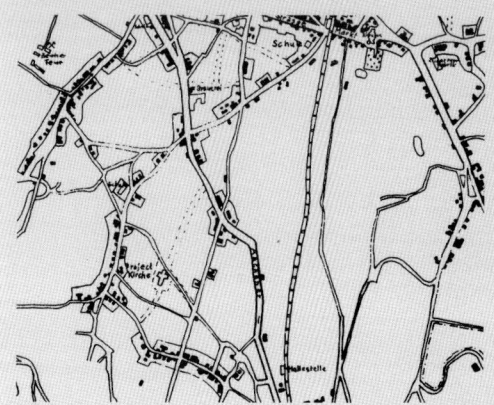

Die Möglichkeit des Bauens an Feldwegen führte einerseits zu einer starken Zersiedelung der Städte und Siedlungen und andererseits bedingte der ungestörte Bauprozess eine relativ geringe Wohnungsnot in den linksrheinischen Industriegebieten.

Bebauungsplan der Gemeinde Würselen 1904, Ausschnitt (Fehl 1992b, 286)

7. Städtebau im frühen 19. Jahrhundert

Im 19. Jh. war der Städtebau zum Geschäft geworden und ein Werk von vielen, nicht selten sich widersprechenden Einzelinteressen. Es entstand dasjenige Spannungsfeld, in dem sich der Städtebau bis heute noch befindet: die Verfügbarkeit über den Boden. Der hieraus resultierende Konflikt wurde im Übergang vom 18. ins 19. Jh. besonders dort deutlich, wo man noch nach dem alten Muster plante: Denn die so Planenden hatten noch nicht realisiert, woran die Planung neuerdings scheiterte oder wann sie tatsächlich umsetzbar war. In dieser Phase vollzog sich nach Fehl (1983, 135ff) der Wandel vom „Städtebau als Kunstwerk" zum „Städtebau als Geschäft".

Im Folgenden sollen Konflikte mit den neuen Planungsbedingungen und -grenzen, das Aushandeln von Konflikten und vor allem die Herstellung von Kompromissen für Planungen in der ersten Hälfte des 19. Jh.s aufgezeigt werden.

Das Ende der landesfürstlichen Planungshoheit

Für die Landesfürsten war es unmöglich geworden, ihre idealstädtischen Vorstellungen fortzuführen; sie scheiterten an der neuen Realität und der Eingrenzung ihrer Machtbefugnisse. So wurde in Karlsruhe 1812 im Auftrag des Landesfürsten eine Erweiterungsplanung an Stadtbaumeister Weinbrenner vergeben; diese hatte zum Ziel, die Radialstruktur der Stadt weiterzuführen und neue Hausmodelle vorzugeben, die „zeitgemäßer" gestaltet werden sollten (siehe auch Fehl 1983).

Die „Baugnade" (d.h. die Prämie für die Umsetzung der Hausmodelle) musste immer mehr erhöht werden, um noch Interessenten für deren Ausführung zu finden. Bald waren die Grenzen der Belastung der landesfürstlichen Kassen erreicht (Merkel 1990, 243ff). Nur noch in Ansätzen ließ sich der Erweiterungsplan von Weinbrenner für die Residenzstadt durchsetzen, so z.B. bei der Verlängerung der Schlossstraße und bei dem neuen Marktplatz mit Rathausneubau sowie dem Bau des Lyzeums. Bei der Planungsdurchsetzung musste man sich auf zentrale öffentliche Stadtbereiche beschränken.

Bei der Stadterweiterung hatte sich der Landesfürst die Grundlage zum Weiterbau des Stadtgrundrisses selbst „verbaut": Er hatte seine Gärten im Westen der Stadt, die er als Wirtschaftsgärten an die Bürger verpachtet hatte, mittlerweile an diese verkauft. Damit endete sein Einfluss und der seines Baumeisters, denn die neuen privaten Grundbesitzer wollten keine Fortführung der Radialstruktur mit den sich daraus ergebenden spitzwinkligen und schlechter zu bebauenden Grundstücken. Über viele Kompromissplanungen hinweg setzten sie die Rasterform unter Beibehaltung der bereits vorhandenen Bebauung durch.

München erlebte um 1800 einen großen Bevölkerungs- und einen ebensolchen Bedeutungszuwachs durch die neue Funktion als Hauptstadt des Königreiches Bayern (ab 1816).

Die Stadterweiterung außerhalb der Mauern wurde ganz nach dem planerischen Modell der „regulären und rechtwinkelichten Vorstädte" (Kieß 1991, 75) angelegt. Der Generalplan für die neue Maxvorstadt (1804) bestand neben rechteckigen Baublöcken aus Rechteck- und Rondellplätzen. Da die zukünftige Bewohnerschaft aus dem reichen Beamtentum kommen sollte, konnte in großzügige Gestaltung und „ästhetisch schönem Plan" investiert und großzügige, freistehende Stadtpalais vorgesehen werden.

Die ersten Stadterweiterungen im Sinne der Generalpläne (1804, 1810) sahen eine umfassende baukünstlerische Lenkung vor, doch stießen sie schon bald an ihre Grenzen: Die Probleme mit den Grundstückseigentümern wurden größer und die Staatskasse zur Zahlung der Entschädigungssummen wurde leerer, so dass man sich von großen Planungsansätzen zurückzog.

Der Ausbau der Ludwigstraße jedoch wurde von Kronprinz Ludwig im Sinne einer Prachtstraße nach dem Vorbild der italienischen Renaissance konsequent

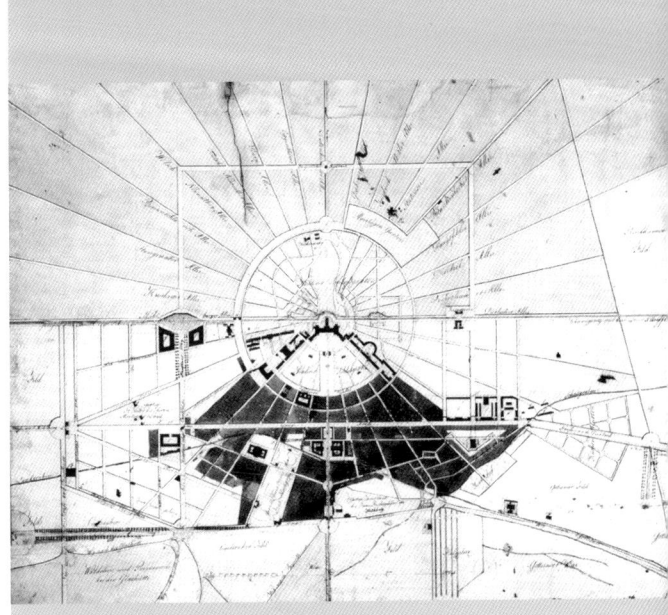

Karlsruhe: Stadtplan mit Erweiterung um 1814 von Friedrich Weinbrenner (Kieß 1991, 90)

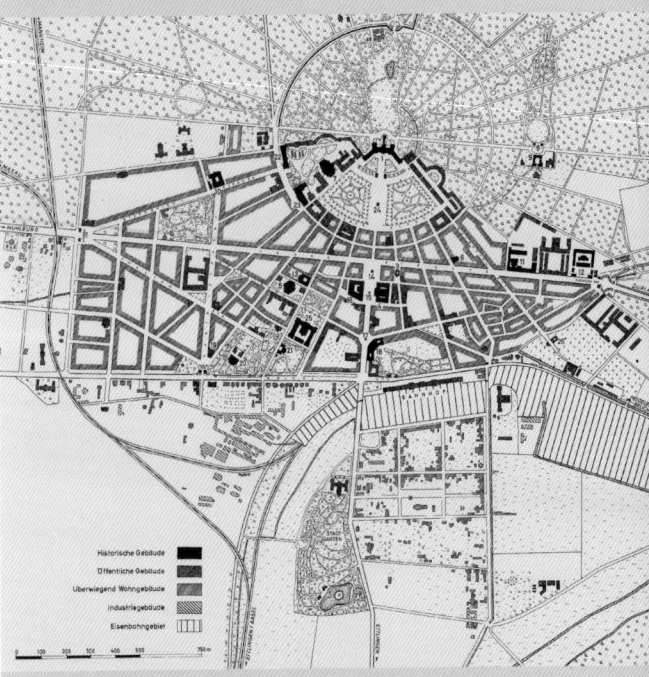

Karlsruhe 1873: Im linken Bildrand sind die gegenüber der Planung abgeänderten Baublockzuschnitte zu erkennen. Die rechtwinkligen Baublöcke haben sich durchgesetzt (Spörhase 1970, Tafel 3).

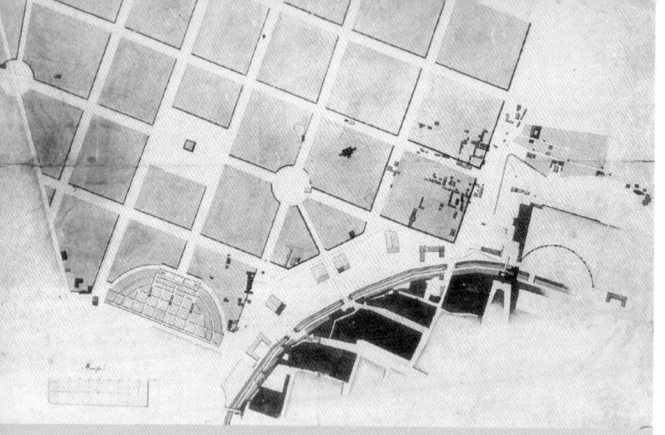

Entwurf für die Maxvorstadt 1808 (München wie geplant, 2004, 49)

oben: Ansicht Ludwigstraße, Planer Leo von Klenze erhielt die Oberleitung (Kieß 1991, 83)

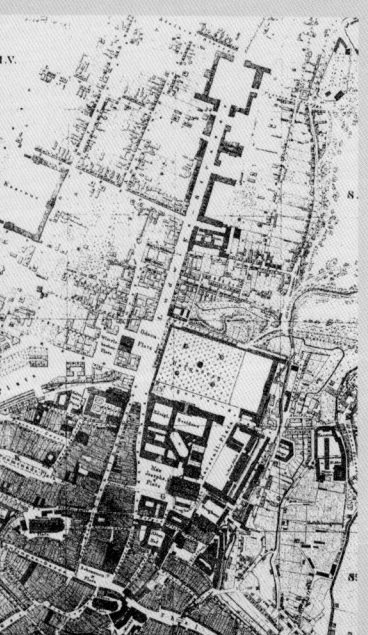

München: Stadtplan um 1849 mit weitgehend ausgebauter Ludwigstraße (München wie geplant, 2004, 53)

weiterentwickelt. Die 1220 m lange, geradlinige Straße führte von der Altstadt in die Vorstadt hinaus und wurde städtebaulich mit Vor- und Zurücksprüngen und Betonungen der Platzwände städtebaulich inszeniert.

Kronprinz Ludwig betätigte sich um 1817 als Terrainunternehmer. Ebenso wie der Landesfürst von Karlsruhe beteiligte auch er sich am „Geschäft mit der Stadt": Er kaufte Grundstücke auf und verkaufte sie mit umfassenden „Gestaltungsbestimmungen".
Es wurden Fassadenrisse für die Bebauung mit Gesimshöhe, Nutzung oder Torausbildung vorgegeben sowie im Grundstücksvertrag Gestaltungsbedingungen bei dem Verkauf der Grundstücke an die Privaten festgeschrieben. Auch heute noch stellt der private Grundstücksvertrag bzw. städtebauliche Vertrag die sicherste Möglichkeit dar, Festsetzungen für das Bauen verbindlich zu treffen.
Doch die strengen Vorgaben des Kronprinzen waren nicht einfach zu verwirklichen; z.T. sprangen die bürgerlichen Bauherrn ab, weil sie die Auflagen, die das Bauen verteuerten, nicht einhalten wollten.
Der Bauprozess zog sich hin und stagnierte teilweise.

Nach seiner Thronbesteigung im Jahre 1825 reagierte König Ludwig I. mit der Änderung des Programms. Er nutzte seine neue Machtposition aus und verpflichtete die Stadt München, weitere Grundstücke aufzukaufen und für öffentliche Bauten – wie die Staatsbibliothek und die Universität – kostenlos zur Verfügung zu stellen (Fisch 1988, 155). Anders als bei den privaten Eigentümern konnte der König als wichtigste „Institution" und als Wirtschaftsfaktor auf die Stadt München Druck ausüben.
Auch in Berlin entstand bei den Erweiterungsplanungen der Stadtmauer ein Konflikt zwischen dem Kronprinzen Friedrich Wilhelm IV. und der Stadt. 1826 legte er mit seinem königlichen Gartendirektor Lenné eine an repräsentativer Gestaltung und großzügiger Straßenanlage orientierte Planung vor, die als Alternativplanung zur Planung des städtischen Baurats

Schmid gedacht war. Diese orientierte sich eher an einer rationalen und sparsamen Grundstückseinteilung (Kieß 1991, 69).

In Paris bestand seit 1793 mit dem „Plan des Artistes" eine Art städtebaulicher Rahmenplan, der z.B. die Schaffung von Straßendurchbrüchen, die Anlage neuer Straßen oder die Freilegung von Monumenten vorsah. Napoleon Bonaparte legte diesen Plan seinen Umbaumaßnahmen von Paris zugrunde.

Die Anlage herrschaftlicher Straßen und der Ausbau der Residenz – in Fortsetzung der klassisch barocken Tradition – gehörten zum Bauprogramm unter Napoleon I.; diese Maßnahmen hatten die Manifestation der kaiserlichen Macht zum Ziel. Napoleon versuchte bei dem Ausbau der Rue de Rivoli so zu verfahren wie die Landesfürsten in Karlsruhe oder München. Zugleich sollte die Baumaßnahme als neue Ost-West-Verbindung eine verbesserte militärische Erreichbarkeit des Zentrums gewährleisten.

Die ihm mittlerweile gehörenden, vorher quasi enteigneten Klostergrundstücke wurden mit den entsprechenden Fassadenplänen verkauft und mit weit reichenden Gestaltungsvorschriften versehen:
- ein offener Arkadengang von 3,24 m Tiefe,
- mit Naturstein verkleidete Fassaden,
- der Ausschluss von jeglichen Betrieben, die Lärm verursachten oder Öfen betrieben (wie Bäcker)
- bis hin zum Verbot von Reklametafeln.

Alles in allem: Die Bebauung in der Nähe des Schlosses sollte eine einheitliche und qualitätsvolle Gestaltung vorweisen.

Doch wie in Karlsruhe oder München war auch hier der Einfluss des Kaisers weitgehend geschwächt. Die baulichen Auflagen waren so groß, dass die private Wirtschaft nicht auf das Projekt „ansprang". Der Bauprozess kam nur äußerst mühsam in Gang. 1804 ließ Napoleon dann anlässlich seiner Krönungsfeierlichkeiten selber das Pflaster anlegen und die

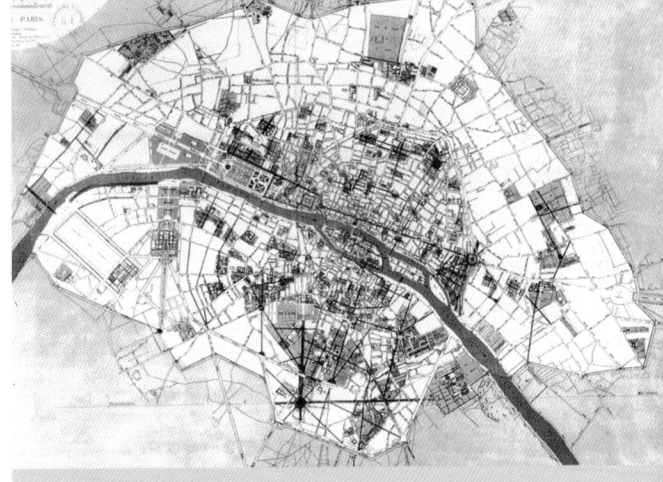

Paris: Plan des Artistes (Kieß 1991, 38)

Napoleon Bonaparte legte bei den Umbauplanungen für Paris den Plan des Artistes zugrunde. Er wollte die realen städtebaulichen Probleme lösen, indem er moderne ingenieurwissenschaftliche Kenntnisse zur Anwendung brachte: z.B. bei den verkehrlichen Verbesserungen, beim Bau neuer Brücken und Uferbefestigungen, beim Bau von Brunnenanlagen und Wasserleitungen sowie bei der Anlage von Schlachthäusern an der Peripherie. Aufgrund der kriegsbedingten schlechten finanziellen Lage kamen viele dieser Planungen nur mäßig voran.

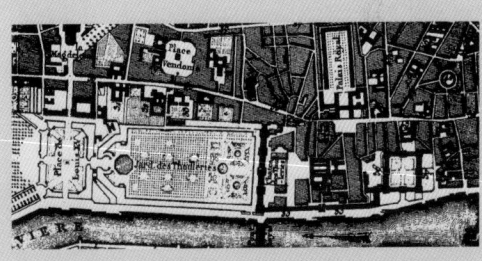

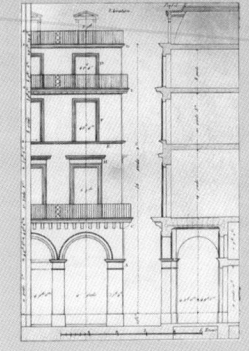

oben:
Bebauung im Bereich des Louvre um 1785 vor dem Ausbau der Rue de Rivoli (Kieß 1991, 42)
links:
Modellentwurf der Gebäude an der Rue de Rivoli (Schilling 1921, 277)
unten:
Rue de Rivoli (Kieß 1991, 44)

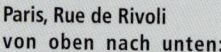

Paris, Rue de Rivoli
von oben nach unten:

Die ersten beiden Fotos zeigen die Ausführung der Rue de Rivoli entsprechend der Planung.
Um das geschlossen wirkende Straßenbild nicht zu unterbrechen, wurde die Kirche „eingebaut".
Das untere Bild zeigt die Fortsetzung der Bebauung unter Aufgabe der Gestaltungsanforderungen.

Einwohnerzahlen in Preußen
1816   10,3 Mio.
1849   16,3 Mio.
1871   24,6 Mio.
1910   40,2 Mio.
(Reulecke 1997, 94)

Armenviertel in London um 1872 (Benevolo 1990, 792)

Laternen aufstellen, um den durch große baulichen Lücken gekennzeichneten Baustellenzustand zu beenden. Und auch 1810 waren noch so wenige Häuser vorhanden, dass der Kaiser zum Mittel der Steuerbefreiung für 30 Jahre griff, um Investoren anzulocken. 1811 bediente er sich mit dem Bau des Hôtel de Poste des Mittels der staatlichen Investition, wodurch die Rue de Rivoli auf 90 m Länge geschlossen werden konnte. Die Arkaden wurden durch die Regierung gebaut (Kieß 1991, 42ff). In diesem ersten Teilstück ist das geschlossene Straßenbild mit der horizontalen Fassadengliederung als durchgängige Gestaltungsidee noch heute vorhanden.

In der anschließenden Bebauung konnte der Gestaltungsanspruch eines autoritär regierenden Kaisers nicht mehr durchgesetzt werden; die Bauparzellen wurden vertikal aufgeteilt und einzeln bebaut. Der neue „Markt" entschied sich für profitablere Investitionen in anderen Stadtvierteln.
Doch aus der Erfahrung wurde man klug: Beim Bau der Rue Napoleon gab sich der Kaiser schon bescheidener; es wurde lediglich ein breiter, großzügiger Straßenquerschnitt vorgegeben, und auf Gestaltungsvorgaben verzichtete man.

Verlassen wir nun den landesfürstlichen Städtebau mit seinen sich zeigenden Planungsgrenzen in den Residenzstädten und wenden uns dem neuen Stadttypus des 19. Jh.s zu: der Industriestadt.

Die Industriestadt und ihre Probleme

Die gewerbliche Entwicklung hatte in Deutschland bereits im 18. Jh. eingesetzt und vor allem am Rand der Mittelgebirge und im Süden sowie im Westen des Deutschen Reiches zu regelrechten „Gewerbelandschaften" geführt. Dies hatte ein Wachstum von Wirtschaftskraft und Bevölkerungszahl der ländlichen Regionen zur Folge, die sich in der Nähe der Rohstoffvorkommen befanden: Die so entstandenen neuen

Ortschaften wurden Anziehungspunkte für Menschen aus den ärmeren landwirtschaftlichen Regionen. Hinzu kam die Ausweitung der hausindustriellen Textilherstellung der ländlichen Bevölkerung.

In der Nähe der Rohstoffvorkommen kam es sogar in der zweiten Hälfte des 18. Jh.s zeitweise außerhalb der Städte zu einer größeren Wachstumsdynamik als in den Städten: Die engen Bindungen und Reglementierungen der Produktion durch das Zunftwesen, die noch stark handwerklich orientierte städtische Produktion und die höheren Lebenshaltungskosten in der Stadt durch die Erhebung der Akzise machten die neuen Arbeitsmöglichkeiten außerhalb der Städte attraktiv. Hinzu kam in vielen Städten eine religiöse Intoleranz. So wurden die protestantischen Tuchhändler Aachens in die ländlichen Nachbarorte Vaals oder Monschau „getrieben", indem man ihre wirtschaftliche Betätigung in der Stadt behinderte (Schröteler-von Brandt 1998a, 127ff).

Das Beharrungsvermögen althergebrachter städtischer Strukturen und die geringe Aufgeschlossenheit gegenüber neuen technologischen und ökonomischen Entwicklungen lässt sich bis heute beobachten. Netzwerke von Grundbesitz, lokale Unternehmerlobby und lokalpolitische Verflechtungen behindern hier den Einsatz von neuen technologischen Entwicklungen in der Produktion (z.B. im Ruhrgebiet der 1950-70er Jahre; siehe ausführlich Krätke 1995). Oft finden Neuentwicklungen nicht in „besetzten" Räumen mit scheinbar unabänderlichen lokalen Besitz- und Gesellschaftsstrukturen ihre Anwendung, sondern in für neue Entwicklungen aufgeschlossenen Räumen statt, wie z.B. bei der Automobilherstellung in Baden-Württemberg zu Beginn des 20. Jh.s oder noch aktuell bei der Mikroelektronik im kalifornischen Silicon Valley.

Die ökonomische Entwicklung im 19. Jh. ging mit der neuen technologischen Entwicklung der Dampfmaschine einher, die in der ersten Hälfte des 19. Jh.s als

Vaals: Tuchfabrik Clermont (Fehl/Kaspari-Küffen/Meyer 1991, 80)

In der am Rande der Stadt Aachen gelegenen Gemeinde Vaals baute die Tuchhändlerfamilie Clermont in der 2. Hälfte des 18. Jh.s ihre Produktionsanlagen aus: Preiswerter Boden für die Fabrikationsanlagen sowie geringere Lebenshaltungskosten als in der Stadt für die Arbeiter begünstigten die Entwicklung. Die in Folge von Realteilung im Rheinland stark verarmte und „landlos" gewordene ländliche Bevölkerung konnte hier eine neue Arbeit finden.

Wohnverhältnisse in Berlin um 1845: Schusterwerkstatt als Wohnung (Geist/Kürvers 1980, 280)

handwerkliche Dampfmaschine und nach 1840/50 als industrielle Dampfmaschine eingesetzt wurde. Diese Technologie wurde bis zum Ende der 19. Jh.s Motor der wirtschaftlichen Entwicklung, an die sich die neue „Welle" mit der Technologie der Benzin- und Elektromotoren anschloss (zur Theorie der Langen Wellen von Kondratieff siehe Krätke 1995).

Als die Kohle das Wasser als Antriebskraft der Dampfmaschine verdrängte, erhielt die Industrialisierung ihren entscheidenden Entwicklungsimpuls. Die neuen attraktiven Standorte lagen nun in der Nähe der Kohlevorkommen (z.B. Ruhrgebiet, Saarland) oder an einem Bahnanschluss, der Kohletransporte ermöglichte. Verkehrstechnisch benachteiligte Städte und Regionen verloren rasch den Konkurrenzkampf mit den Orten, die an den neuen Eisenbahnstrecken lagen und über die Kohle und Rohstoffe an die industriellen Zentren angeliefert werden konnten.

Die das 19. Jh. beherrschende Industriestadt lebte von dieser Zentralität. Die alten Zonen der Frühindustrialisierung des späten 18. und frühen 19. Jh.s waren die ersten Verlierer der kapitalistischen Raumentwicklung.

Die industrielle Entwicklung war durch den Einsatz der neuen Technologien begünstigt worden. Durch neue landwirtschaftliche Bearbeitungsgeräte, verbesserte Düngemethoden, Stallfütterung, Kultivierung von Moor- und Ödland, Einführung der Kartoffel und verstärkte wissenschaftliche Forschung konnten landwirtschaftliche Produktivität und Bevölkerungszahl auf dem Lande rapide ansteigen (Schröteler-von Brandt 1998a).

Durch eine bessere Gesundheitsversorgung sank die Sterblichkeit und stieg die Lebenserwartung von 35 auf 50 Jahre an. In Stadt und Land nahm die Bevölkerung nun rasant zu: In Deutschland lebten 1750 18 Millionen Einwohner; um 1800 waren es bereits 24 Millionen, ein Viertel davon lebte in den Städten. In England verdoppelte sich die Einwohnerzahl von 7 (1760) auf 14 Millionen (1830).

In der Hoffnung auf bessere Lebens- und Arbeitsmöglichkeiten drängte die ländliche Bevölkerung in die Städte oder wanderte in ferne Kontinente aus. Vom Zuzug in die Stadt sowie der neuen Freizügigkeit erwarteten die Menschen zudem größere bürgerliche Freiheiten, einen sozialen Aufstieg für sich und ihre Nachkommen; sie entwichen auf diese Weise auch den sozialen Spannungen und den „Arbeitshäusern" der ländlichen Regionen (Reulecke 1997, 33).

Mit der Zunahme der städtischen Bevölkerung veränderte sich auch die soziale Zusammensetzung der Stadtbevölkerung: Aus der bürgerlichen Stadt wurde eine proletarische Stadt, die sich zudem in räumlich verschiedene Zonen spaltete. Neue städtische Funktionen wie Industrie und der wachsende tertiäre Sektor (z.B. Banken, Verwaltungen, Versicherungen) beanspruchten Flächen und stellten neue Anforderungen an Verkehrsanschlüsse oder den Ausschluss störender Nutzungen.

Die Verstädterung (d.h. die Zunahme und Konzentration von Menschen in einem Raum sowie die Zunahme der städtischen Bevölkerung gegenüber der ländlichen) stieg an. 1871 lebte ca. ein Drittel der deutschen Bevölkerung in Städten und zwei Drittel in ländlichen Gemeinden. Um 1910 hatte sich dieses Verhältnis nahezu umgekehrt (Häußermann/Siebel 2004, 20).

Die räumliche Verdichtung der Innenstädte und die Bauentwicklung an der Peripherie sowie entlang der Ausfallstraßen nahm zu; die Städte verloren ihre alte geschlossene und überschaubare Form und erstreckten sich in die Landschaft.

Folgen für die Städte waren bereits bis zur Jahrhundertmitte unglaubliche hygienische Missstände, Wohnungsnot oder Verkehrskonflikte. Es bestand eine extreme Wohndichte (von Saldern 1997): Immer wieder brachen Epidemien aus. Die Wasserversorgung war unzureichend und die Abwässer flossen z.T. in offenen

Bächen und Kanälen; Senkgruben für einzelne Aborte herrschten vor. Es gab nur eine sporadische Straßenreinigung und überall häuften sich Abfälle.

Mit dieser Situation waren die neuen Stadtverwaltungen konfrontiert, die die Stadtplanung im Allgemeinen vor ganz neue Aufgaben stellte, denn das Wachstum betraf nicht nur die großen Städte, sondern auch die prosperierenden Landstädtchen und Industriedörfer.

Planungsversuche in den rheinischen Industriestädten

Mit den neuen Randbedingungen des Städtebaus ließt sich nun längst nicht mehr jede Planung realisieren; vielmehr wurden Kompromisslösungen zur Regel. Es gab in der preußischen Rheinprovinz den Versuch, die räumliche Entwicklung durch einen städtebaulichen Plan, den sog. Stadtbauplan zu steuern. Ebenso versuchte man, die Straßenbreiten über die Festlegung der Bauflucht entlang der Straße zu vergrößern oder Straßendurchbrüche zu schaffen, um dem wachsenden Verkehr gerecht zu werden (siehe ausführlich Schröteler-von Brandt 1998a). Über die Anlage von Bauquartieren und entsprechender Infrastruktur sollte die Grundversorgung sichergestellt werden; später folgte der Kanalbau.

Das Ziel war nicht die Herstellung einer repräsentativen Stadtanlage des Fürsten, sondern im Vordergrund standen jetzt die Bedürfnisse der „Allgemeinheit" der Stadtbewohner mit den neuen Anforderungen an Verkehr, Sicherheit und Hygiene. Für die Planung zuständig waren zu Beginn des 19. Jh.s im Rheinland die neuen Provinzregierungen. Die hier tätigen alten Stadtbaumeister und königlichen Baubeamten mussten erst noch „lernen", wo die Grenzen für die Umsetzung der Planung nach den neuen Bedingungen lagen – wo es nun doch im Rheinland eine liberale Einstellung zum privaten Grundbesitz gab.

Aufforderung des Oberpräsidenten der Rheinprovinz in Koblenz an die Königliche Regierung in Düsseldorf zur Erstellung von Alignementsplänen („Planungserlaß") vom 19.12.1834
„Ein kürzlich vorgekommener Fall, wo in einem der bedeutenden Städte aus dem Mangel der Feststellung des Alignements der Straßen und des Bauplanes überhaupt ein großer und bleibender Uebelstand hervorgegangen ist, veranlaßt mich, Eure Königl. Hochlöbliche Regierung auf die Nothwendigkeit ergebenst aufmerksam zu machen, die Bestimmungen des französischen Gesetzes vom 16. September 1807, namentlich des § 52 in den größeren Städten und denjenigen Ortschaften, welche von öffentlichen Straßen durchschnitten werden, soweit dies noch nicht geschehen, in Anwendung und Ausführung zu bringen. Sofern die Ausführung der gesetzlichen Bestimmungen an manchen Orten bisher wegen der damit verbundenen Kosten der Aufnahme Anstand genommen haben mag, bemerke ich, daß die nunmehr vollendete Kataster-Vermessung und Kartirung die Ausführung bedeutend erleichtern wird. Mit dem Ablauf des Jahres 1835 sehe ich gefälliger Anzeige über den Stand dieser Angelegenheit entgegen und wolle eure Königl. Hochlöbliche Regierung gleichzeitig gefälligst bemerken, nach welchen Bestimmungen dieselbe auf der rechten Rheinseite behandelt wird." (Quelle: Hauptstaatsarchiv Düsseldorf, Regierung Düsseldorf, 25519,1ff.)

Bauplan der Stadt Düsseldorf von 1831: Die Erweiterungsplanung wurde bereits 1822 begonnen (Schröteler-von Brandt 1998a, 204).

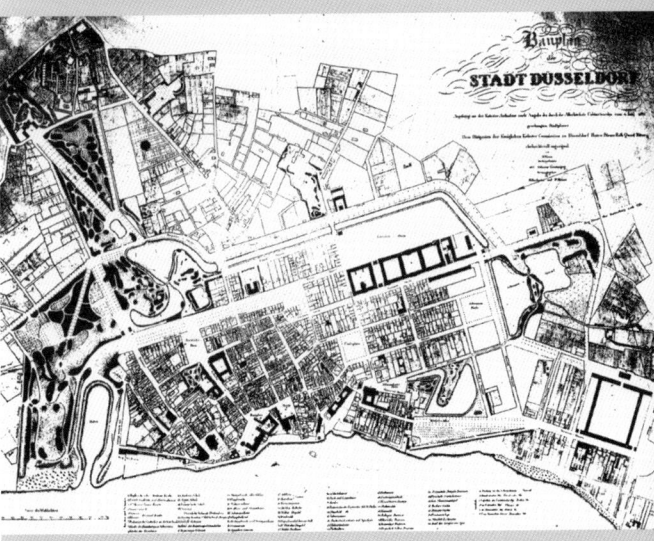

Liste der 29 Städte des Regierungsbezirkes Düsseldorf, für die 1836 die Aufstellung eines Stadtbauplanes beschlossen wurde: Einwohnerentwicklung und Jahr der Bauplangenehmigung,

Städte	Einwohnerentwicklung		Bauplangenehmigung
	1832/34	1867	
Barmen	13.137*	65.022	
Cleve	6.990	9.160	1842
Crefeld	15.015	53.945	1821 und 1843
Düsseldorf	20.912**	63.229	1831
Duisburg	5.660	25.601	1850
Elberfeld	23.836	65.365	1862
Emmerich	5.228	7.849	wurde eingestellt
Essen		40.552	1862
Geldern	3.304	5.053	1845
Gladbach	2.371	22.244	1863
Goch	3.337	4.162	1845
Griethausen	851		wurde eingestellt
Hückeswagen	2.759		
Kempen	3.124	4.799	wurde eingestellt
Kettwig	2.280	2.893	wurde eingestellt
Lennep	4.208	7.567	
Meurs	2.301	3.166	wurde eingestellt
Mülheim	6.879	14.169	1841
Neuß	7.277	12.531	1846
Rees	2.965	3.590	wurde eingestellt
Rheinberg	2.193	2.849	1845
Rheydt	1.869	12.219	wurde eingestellt
Ruhrort	1.982	7.162	1840
Solingen	3.801	12.960	
Uerdingen	2.146	3.116	
Wesel	9.809	18.684	1842
Werden		6.297	
Xanten	2.785	3.521	1850

Auszug aus: Schröteler-von Brandt 1998a, 804, Anhang 17
*   Stadtbezirk Barmen
** engerer Stadtbezirk Düsseldorf

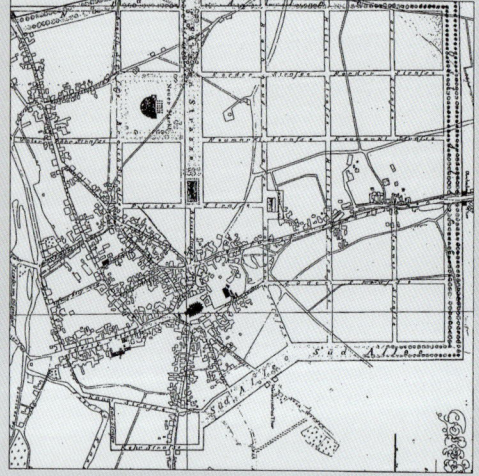

Stadtbauplan für Mühlheim von Adolph von Vagedes 1829 (Günter 1994, 98)

In ihren Entwürfen sahen sie ausreichende Straßenbreiten vor oder reservierten in den Stadterweiterungsgebieten Flächen für Marktplätze, Kirchen und Schulen. Sie versuchten, bei den Stadterweiterungen die Straßen als paralleles Rastersystem auszubilden, da das Raster immer noch als die zweckmäßigste und unter städteplanerisch-ästhetischen Aspekten als die angenehmste Form galt.

Doch die Einsprüche der Grundbesitzer veränderten die Planungsentwürfe – was nicht verwunderlich war, denn sie hatten eine hervorgehobene Stellung innerhalb der Stadträte, die nach dem neuen Gemeindewahlgesetz ab 1845 im Rheinland „gewählt" wurden. Die Stadträte setzten sich nach dem Dreiklassenwahlrecht mindestens zur Hälfte aus Haus- und Grundbesitzern zusammen, was diesen somit einen großen politischen Einfluss verschaffte.
Bereits zur Mitte des Jahrhunderts hatten die Planer die „Schere im Kopf": Sie umplanten die zu erwartenden Konflikte und der Kompromiss wurde zur Regel. Die Planung wurde immer mehr eine Anpassungsplanung an die realen Umsetzungsbedingungen. Der Städtebau schien eine ohnmächtige, sogar entwurzelte Gestaltungskraft zu besitzen (Hegemann 1930).

Im preußischen Rheinland wurde seitens der Königlichen Regierung 1834 in einem „Planungserlass" verfügt, dass alle Städte, die mehr als 2 000 Einwohner zählten und die ein Bevölkerungswachstum aufzuweisen hatten, einen Stadtbauplan aufstellen und insbesondere eine geordnete Verkehrsentwicklung gewährleisten mussten.
Der „Planungserlass" führte auch rein quantitativ zu umfangreichen Planungsleistungen und stellte entsprechend große Anforderungen an die planenden Verwaltungsfachleute.
Allein im Regierungsbezirk Düsseldorf wurden 1836 insgesamt 28 Planungsverfahren begonnen. Diese Planungsintention und der umfassende Regulierungswunsch wurde bislang wenig beachtet, da
• viele dieser Planungen aufgrund der örtlichen

Konflikte im Sande verliefen,
• andere im Schwerpunkt die bestehende Stadtstruktur nachzeichneten und nur an einigen Stellen die Baufluchtlinien zugunsten einer Straßenverbeiterung verlegten.

Dessen ungeachtet ist hier der Ursprung des deutschen Planungsrechts und der Planungsverfahren zu finden (Schröteler-von Brandt 1998a, 177ff).

Der Erweiterungsplan für Mülheim a.d. Ruhr (1829) wurde vom Düsseldorfer Stadtbaumeister Adolph von Vagedes (1777-1842) entworfen. Er sah in dem Erweiterungsgebiet noch eine Rasterplanung vor, die keine Rücksicht auf Parzelleneinteilung und bestehende Wege nahm. Eine bereits vorhandene Bebauung musste allerdings berücksichtigt werden, und es entstand ein deutlicher Bruch mit dem rationalen Planungsgedanken: Immer mehr orientierte man sich an bereits bestehenden Straßen, Feldwegen und Parzellenstrukturen, um nicht in private Eigentumsverhältnisse eingreifen und Entschädigungszahlen entrichten zu müssen (z.B. beim Stadtbauplan von Dortmund, 1857).

Zunehmend wurden die Altstädte von den Planungsüberlegungen ausgeklammert, nachdem in den ersten Jahrzehnten des 19. Jh.s massive Kämpfe um die Anpassung der Altstadtgrundrisse an die Verkehrsbelange ausgefochten worden waren. So endeten die Straßenplanungen beim 1859 genehmigten Duisburger Stadtbauplan vor der ehemaligen Stadtmauer und mit dem Sieg der Grundbesitzer, die keinen Eingriff in den Baubestand duldeten.

In Mönchengladbach dauerte das Planungsverfahren des Stadtbauplanes 28 Jahre (1835–1863). In diesem langjährigen Planungszeitraum wurde die Planung immer wieder abgeändert oder die Genehmigung – z.B. wegen anstehender Entscheidungen über den Bahntrassenverlauf – verzögert. Insbesondere in den ersten Jahren kam es zu immensen Behinderungen der Planungsarbeiten durch Probleme bei den Ver-

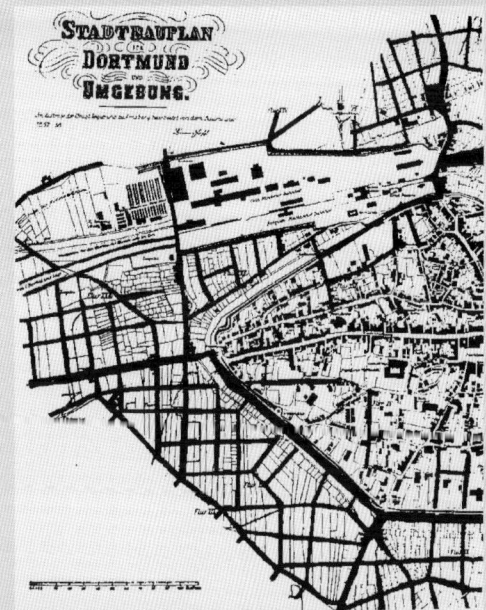

Ausschnitt aus dem Stadtbauplan von Dortmund aus dem Jahre 1857. Die projektierten Straßen wurden zur besseren Verdeutlichung schwarz angelegt (Fehl/Rodriguez-Lores 1983, 71)

Ausschnitt aus dem Bauplan der Stadt Duisburg von 1850 (Schröteler-von Brandt 1998a, 215)

Stadtbauplan von Mönchengladbach aus dem Jahre 1863 (Schröteler-von Brandt 1998a, 487)

Die Terrainaktiengesellschaft Frankenberg bemühte sich um eine durchgängige und überzeugende stadtgestalterische Lösung: Es wurden breite Baumalleen, ein Park und ein Marktplatz vorgesehen, der nach dem Erlass der Königlichen Regierung von 1855 verpflichtend war. Das neu erschlossene Stadtgebiet sollte als „besseres" Wohngebiet (z.B. für die Offiziere der nahegelegenen Kaserne) entwickelt werden.

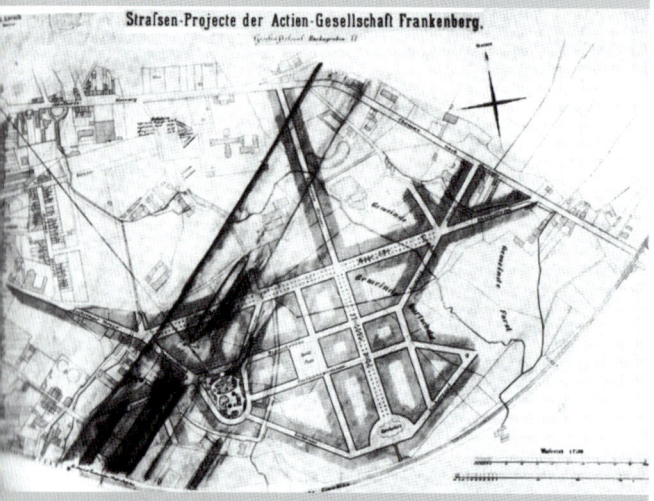

Aachen: Frankenberger Viertel (Ruhnau 1976, 25)

messungs- und Kartierungsarbeiten (Schröteler-von Brandt 1998a, 351ff). Als der Stadtbauplan genehmigt wurde, mussten die in der Zwischenzeit entstandenen Gebäude in den Plan übernommen werden.

Ein deutlich erkennbares planerisches Ordnungsmuster ist beim Stadtbauplan für Mönchengladbach auf den ersten Blick nicht zu entdecken. Nur in den 1863 noch unbebauten nördlichen und westlichen Stadtgebieten wurde eine Rasterplanung über die bestehenden Parzellengrenzen gelegt sowie eine von Bebauung freizuhaltende „Marktplatzfläche" vorgesehen.

Den Planern und den Städten fehlten die Mittel zur Umsetzung des Planes: Es gab keine Umlegungsinstrumente, wonach der Boden durch die Stadt neu parzelliert und verteilt wurde. Dies war in der Regel nur dann möglich, wenn sich die Grundstücksbesitzer dazu aus freien Stücken entschlossen.

Das Straßenland musste noch den Privaten abgekauft und die Straßen von der Stadt hergestellt werden. Die Stadt ging bei der Herstellung der Straßen in „Vorkasse". Enteignungen wurden nur selten ausgesprochen und den Städten fehlte zudem das Geld, um die Entschädigung für das Straßenland zu zahlen. Erst mit dem Preußischen Fluchtliniengesetz von 1875 war die Möglichkeit gegeben, dass die Fläche für das Straßenland unentgeltlich von den Privaten zur Verfügung gestellt werden musste und die Kosten der Straßenherstellung über die Anliegerbeiträge verrechnet werden konnten. Da es in der Rheinprovinz grundsätzlich erlaubt war, zusätzlich zu den Gebieten, für die ein Stadtbauplan bestand, auch entlang bestehender Straßen und Wege zu bauen, resultierte im Westen Preußens das Bild einer ungeordneten und unzusammenhängenden Stadtentwicklung.

Die Verwirklichung einer planmäßigen Stadtentwicklung war nur dort möglich, wo der Grundbesitz zusammenhängend in eine Hand gelangt war und wo einzelne private Bauunternehmer, der Zusammenschluss von Grundeigentümern oder auch die Stadt über größere Flächen verfügten. Insbesondere die

Städte hatten aber bis in die 1830er Jahre zur Verbesserung ihrer Einnahmesituation bereits große Teile ihres Grundbesitzes veräußert und hatten keine Bodenbevorratung für die Stadterweiterung mehr. Allerdings wurde dort, wo der Boden in eine Hand gelangte, in der Regel ein einheitlicher Bauplan aufgestellt und dieser auch umgesetzt: Planung und Ausführung wichen dann nicht voneinander ab (wie beim Frankenberger Viertel in Aachen, siehe Ruhnau 1976).

„Was sich also, oberflächlich betrachtet, als Autoritätsverlust, Planungslosigkeit oder baukünstlerische Verarmung darstellte, ist etwas völlig anderes als zufälliges Chaos" (Fehl, Rodriguez-Lores 1983, 16) oder Unfähigkeit der Planer. Es ist so etwas wie eine notwendige, durch die neuen Grundbedingungen der Baufreiheit und des Bodenhandels hervorgerufene Erscheinung: Der öffentliche Einfluss wurde mehr und mehr auf die Herstellung der Straßen, Plätze und öffentlichen Gebäude zurückgedrängt.

Rheinland: Planungsrechtliche Grundlagen für Preußen

Die Planungsgesetze und -verfahren waren im Rheinland zu Anfang des 19. Jh.s bereits weit entwickelt und bildeten die Grundlage für die späteren Gesetze in Preußen. Sie sind zugleich ein frühes Beispiel für die Entwicklung der Planungsverfahren des modernen Städtebaus.

Den drei wesentlichen städtebaulichen Instrumenten – Bauordnung, Fluchtlinienplanung, Enteignung – kam seit Beginn des 19. Jh.s unter den neuen gesellschaftlichen Verhältnissen eine andere Bedeutung zu als bei ihrer Anwendung unter der landesfürstlichen Planungspolitik, wo sie zur Steuerung der Stadtentwicklung und der Regulierung des Bauprozesses eingesetzt wurden (siehe Kapitel 5). Während die „Bauordnungen mit ihren vorwiegend polizeilichen Vorschriften" (Breuer 1982, 230) meist unberührt

„Anhand der rund 50 Jahre währenden Praxis der Stadtbauplanerstellung kann der Kampf der alten Ordnung mit ihrer Idee der Übertragung von Planungsinstrument und -verfahren aus der landesfürstlichen Praxis sowie den Versuchen autoritärer Durchsetzung seitens der Regierungsbürokratie innerhalb der neuen gesellschaftlichen Realität nachvollzogen werden. Die Grenzen des neuen Instrumentariums werden deutlich. Im Kampf der Bezirksbeamten mit den Bürgermeistern, und oft konfrontiert mit dem sich früh entwickelnden gemeindlichen Selbstbewusstsein und den sich zunehmend emanzipierenden Grundeigentümern, konnte die Planung nicht mehr konfliktfrei durchgesetzt werden; die Anpassung der Planungsidee an die veränderte Planungswirklichkeit wurde notwendig. Der Stadtbauplan wurde zunehmend zu einem Planungsinstrument, welches in kompromißlerischer Form versuchte, öffentliche Interessen zu wahren und gleichzeitig, - in rheinisch liberalistischer Tradition, - das privatwirtschaftliche Interesse unterstützte.
(...) Im Konflikt um die Durchsetzung der obrigkeitlichen Planungsabsicht schlug den Regierungsbaubeamten die neue Realität hart entgegen: von Beginn an waren die Gemeinden und damit die lokalpolitischen Interessen in den Planungsprozess einbezogen. Als Konflikt von „unten" wurden insbesondere die Kosten der Planungserstellung und die Kosten für die Umsetzung, wie Ankauf von abzureißenden Gebäuden oder Aufschließungskosten, massiv der Planungsabsicht entgegengestellt. Die Regierung ließ sich in vielen Fällen zwar nicht in der Weiterverfolgung der Stadtbauplanerstellung beirren, doch war es schwer, gegen eine generelle Blockade der Städte vorzugehen. Die Weigerung der Städte konnte die Planung massiv verzögern und führte in einigen Fällen auch zu ihrer Aufgabe" (Schröteler-von Brandt 1998b, 165).

„Kaiserliches Dekret" vom 27.7.1808:
Wir, Napoleon, Kaiser der Franzosen, König von Italien und Protektor des Rheinbundes, haben, auf den Bericht unseres Innenministers hin, nach Einsicht des Artikels I. II. des Gesetzes vom 16. September 1807 über die Fluchtlinienpläne für die Eröffnung der neuen Straßen in den Städten, oder die Verbreiterung der alten, die nicht zu einer großen Durchfahrtsstraße gehören, nach Anhörung unseres Staatsrates in einem Dekret folgendes erlassen:
Artikel 1
Die Fluchtlinien, welche durch die Bürgermeister in den Städten nach der Stellungnahme der Ingenieure und unter Billigung (mit der Genehmigung) der Präfekten festgelegt werden, sollen ausgeführt werden, bis die General-Fluchtlinienpläne vom Staatsrat festgesetzt werden, spätestens aber nach zwei Jahren von diesem Tag an.
Artikel II
Im Falle des Einspruches eines interessierten Dritten wird darüber in unserem Rat, nach Bericht unseres Innenministers, bestimmt.
Artikel III
Unser Innenminister wird mit der Durchführung dieses Dekrets beauftragt.
gez. Napoleon
Durch den Kaiser, der Minister - Staatssekretär
gez. Hugues B. Mazet
der Innenminister Graf des Kaiserreichs Cretel
(Übersetzung Claudia Schwan, Aachen 1994)

Das Fortbestehen der napoleonischen Gesetze in Preußen stellt aus heutiger Sicht vielleicht eine Besonderheit dar. Zur damaligen Zeit handelte es sich um ein weniger herausragendes Phänomen, da die „Nationalisierung" der Rechtswissenschaft erst später im 19. Jh. erfolgte und bis dahin eine relativ einheitliche gemeinsame Rechtstradition bestand, die auf dem römischen und mittelalterlich kanonischen Recht, in lateinischer Sprache aufbaute (Coing 1979 in: Schröteler-von Brandt 1998). Durch die Industrialisierung verstärkten sich die rechtspolitischen Probleme. Die neuen einzelstaatlichen Gesetze zum Handels- und Aktienrecht sowie Berg- und Eisenbahnrecht entwickelten sich dabei nicht unabhängig voneinander, sondern einzelne nationale Gesetze wurden aufgegriffen, modifiziert, weiterentwickelt oder übernommen.
Bei dieser Rechtsentwicklung innerhalb Kontinentaleuropas waren die identischen Bedingungen der privatkapitalistischen Eigentumsordnung von wesentlicher Bedeutung. Lediglich das politische Gewicht einzelner „Machtblöcke" in den Ländern stellte sich unterschiedlich dar wie z.B. in Alt-Preußen die starke Dominanz der feudalen Junkerschicht oder ein starkes Industriekapital in Belgien.
Das napoleonische Enteignungsgesetz von 1810 wurde nicht nur in der preußischen Rheinprovinz beibehalten, sondern auch in Bayern (1837) und in Hessen-Darmstadt (1821) in eigene nationale Gesetze überführt. Das Gesetz wurde Vorbild für fast alle europäischen Enteignungsgesetze wie z.B. in Italien (1813) und in Belgien (1835).

blieben und weiterbestanden, hatten sich die planungs- und bodenrechtlichen Eingriffsmöglichkeiten grundlegend geändert (siehe Kapitel 6).

„In Frankreich stellte man bereits unmittelbar nach der Revolution die Weichen für neue Gesetze. Da noch kein explizites eigenes Städtebaurecht bestand, wurde die Legitimation zur Planung und rechtlichen Planungsabsicherung (Planfeststellung) im Rahmen der neuen napoleonischen Enteignungsgesetze von 1807 und 1810 mit geregelt. In dem Gesetz über die Trockenlegung der Sümpfe und andere öffentliche Arbeiten, dem so genannten Marais-Gesetz von 1807, wurde in Artikel 52 festgelegt, dass in allen Städten die Fluchtlinie für die Eröffnung neuer und die Erweiterung alter Straßen in Form eines Planes aufzustellen sei." (Schröteler-von Brandt 1998b, 171). Diese „Alignementpläne" sollten die Grundlage für eine vorausschauende städtebauliche Entwicklung bilden. Als neuer Rechts-Grundsatz zum Schutz des Privateigentums war im französischen Enteignungsgesetz von 1810 festgelegt worden, das eine Enteignung nur ausgesprochen werden durfte, wenn ein öffentlicher Nutzen gewährleistet ist, ein gesetzmäßiges Verfahren eingeleitet wird und eine volle Entschädigung gezahlt wird.

Diese Gesetze galten auch in den französisch besetzten Rheinlanden. Nach dem Übergang an Preußen (1816) wurden die französischen Gesetze in der Rheinprovinz als rechtliche Basis für die Weiterführung der Planungstätigkeit beibehalten. Auch hier bestand kein ausdrückliches Städtebaurecht, sondern die Legitimation zur Planung beruhte auf den v.g. Enteignungsgesetzen. Das große Planungsanliegen aus französischer Zeit wurde damit stringent unter Preußen in der Rheinprovinz in Form des „Stadtbauplanes" fortgeführt.

Der rheinische Stadtbauplan stand von Anfang an auf einer breiten rechtlichen Grundlage von der Planerstellung bis zu seiner Umsetzung. Er wurde zudem eng mit den beiden anderen bedeutenden Elementen des Städtebaurechts (Bauordnungs- und Enteignungsrecht) verknüpft. So ließ sich z.B. der Zusammenhang zwischen Stadtbauplan und Bauordnung herstellen, indem man in den örtlichen Baureglements bzw. Bauordnungen textliche Ausführungsbestimmungen zum Stadtbauplan aufnahm. Hier wurde die Heranziehung der Privaten zu den Erwerbskosten für das Straßengelände, die Zuständigkeiten für die Herstellung des Straßenpflasters oder die Festlegung einer Prioritätenliste für die Herstellung der Straßen geregelt. Die Baugenehmigung sprach man nur dann aus, wenn die Festlegungen des Stadtbauplans eingehalten wurden.

Auf Grundlage der Enteignungsgesetze bestand die Möglichkeit, die Fluchtlinienplanung für die Neuanlage von Straßen im Erweiterungsgebiet als auch für notwendige Straßendurchbrüche oder -verbreiterungen im bebauten Stadtgebiet durchzusetzen. Mit der Genehmigung des Stadtbauplanes wurde auch der generelle Enteignungstatbestand festgelegt (wie bei heutigen Bebauungsplanverfahren).

Auch ohne explizit eigenes Städtebaurecht wurden so in der Praxis die rechtlichen Möglichkeiten „kreativ" angewandt, indem die städtebaulichen Instrumente miteinander verknüpft wurden.

„Als in Preußen unter den Einwirkungen der bürgerlichen Revolution von 1848 und aufgrund des wachsenden Problemdrucks in den expandierenden Städten um die Jahrhundertmitte sich auch die Forderung nach einem allgemein verbindlichen Planungs- und Baurecht verstärkte" (Schröteler-von Brandt 1998a, 653), konnte man an die langjährigen Planungserfahrungen in der Rheinprovinz anknüpfen.

1853 wurde im Regierungsbezirk Düsseldorf die Verordnung „über das bei Ausführung baulicher Anlagen an Staats- und Bezirksstraßen wie an Gemeindewegen zu beobachtende Verfahren" erlassen, die inhaltlich an die älteren Instruktionen zur Bauplanerstellung in der Rheinprovinz von 1829 anknüpfte.

Formalrechtlich wurde sie über das neue Preußische Polizeigesetz von 1850 abgesichert.

1855 erfolgte mit dem Erlass „Die Aufstellung und Ausführung städtischer Bau- und Retablissementspläne betreffend" ein weiterer wichtiger Schritt zur Vereinheitlichung der Bauplanverfahren in Preußen. Außer in der Rheinprovinz gab es bis dato kein einheitliches Verfahren für die Erstellung der Alignements- bzw. Fluchtlinienpläne. Der Erlass des aus dem Rheinland stammenden Ministers von der Heydt beruhte im Wesentlichen auf den hier geltenden Vorschriften für die Erstellung der Stadtbaupläne. Erst auf der Grundlage dieses Erlasses wurden im übrigen Preußen größere Stadterweiterungspläne erarbeitet (wie z.B. der Berliner Hobrechtplan, siehe Kapitel 8).

Das so genannte Preußische Fluchtliniengesetz von 1875 – das zugleich erste allgemein gültige Planungs- und Städtebaurecht in Preußen – knüpfte inhaltlich und verfahrenstechnisch an die rheinische Planungspraxis an.

Die Verfahrensregelungen des Fluchtliniengesetzes (z.B. Fragen der Entwässerungstechnik, Erstellung der Nivellements, Offenlagefristen der Pläne, Beteiligung der Privaten oder Umgang mit den Einwendungen der Betroffenen) entsprachen vollständig den rheinischen Planungsverfahren. Man kann davon ausgehen, dass die rheinischen Erfahrungen praktisch einen „Probelauf" für das preußische Planungsrecht darstellten.

Damit ergibt sich eine direkte Verbindungslinie zwischen dem französischen Alignementsplan, dem rheinischen Stadtbauplan und dem preußischen Fluchtlinienplan.

Neu im Preußischen Fluchtliniengesetz war lediglich, dass nunmehr formal die Gemeinden das Recht erhielten, in eigener Verantwortung

Auszüge aus dem Gesetz betreffend „die Trockenlegung von Sümpfen und andere öffentliche Arbeiten" vom 16.9.1807 (das so genannte Marais-Gesetz)

Zum Wertausgleich:

Art. 30: „Wenn infolge der bereits im vorliegenden Gesetz erwähnten Arbeiten, also durch die Eröffnung neuer Straßen, durch die Errichtung neuer Plätze, durch den Bau von Hafenanlagen, oder durch alle anderen allgemeinen öffentlichen, bezirklichen oder gemeindlichen Vorhaben, welche durch die Regierung angeordnet oder bestätigt wurden, der private Besitz einen bemerkenswerten Wertzuwachs erfährt, können diese Eigentümer dazu verpflichtet werden, eine Entschädigung zu entrichten (Ausgleich), die sich bis zur Hälfte des erzielten Wertzuwachses belaufen kann, welches genau geregelt wird durch die Veranschlagungen in den bereits durch das vorliegende Gesetz festgesetzten Formen, beglaubigt und amtlich bestätigt durch die Kommission, die zu diesem Zweck aufgestellt worden ist."

Art. 54: „Sollte gleichzeitig eine Entschädigung an einen Eigentümer für enteigneten Grund und Boden gezahlt und von ihm ein Wertausgleich für Wertsteigerungen seines ihm verbliebenen Eigentums gefordert werden, dann werden diese beiden Positionen gegenseitig aufgerechnet; lediglich der verbleibende Restbetrag wird, je nach Ergebnis, an den Eigentümer ausgezahlt oder aber von ihm zu begleichen sein."

Zur Zonenenteignung:

Art. 51: „Häuser und Bauwerke, die wegen des allgemein anerkannten öffentlichen Nutzens ganz oder in Teilen abgerissen werden müssen, werden bei der Enteignung als Ganzes übernommen, sofern es der Eigentümer verlangt. Dabei bleibt es der öffentlichen Verwaltung oder der Gemeinde vorbehalten, jene miterworbenen Teile eines Gebäudes wieder zu verkaufen, die bei der Ausführung des der Enteignung zugrundegelegten Plans nicht benötigt werden."

Art. 52: „In den Städten stellen die Bürgermeister (maire) die Fluchtlinien für die Eröffnung neuer Straßen, für die Verbreiterung bestehender Straßen, sofern sie nicht Teil eines größeren Straßenzuges (im Sinne von überörtlicher Bedeutung Anm.d.V.) sind, und für alle anderen Maßnahmen von öffentlichen Nutzen fest; und zwar in Übereinstimmung mit dem Plan, in dem die einzelnen vorgesehenen Maßnahmen den Präfekten bezeichnet werden, die ihn dann dem Innenminister zur Kenntnis bringen, und der schließlich vom Staatsrat genehmigt wird. Im Falle des Einspruchs durch dritte Beteiligte wird ebenso im Staatsrat über den Bericht des Innenministers beschlossen."

in: Bulletin des Lois de L`Empire Francais. 4. SERIE, No. 155 a `173, Paris, März 1808 (Übersetzung: Claudia Schwan, Aachen 1994)

Bebauungspläne aufzustellen und die Planungsinitiative nicht mehr von der Provinzregierung bzw. Landespolizeibehörde ausging. Indirekt war die Mitbestimmung der Gemeinde jedoch bereits gängige Praxis im Rheinland gewesen (Schröteler-von Brandt 1998b, 173). Die so genannte Planungshoheit der Städte und Gemeinden, d.h. das Recht der Gemeinden zur räumlichen Planung innerhalb ihres Gemeindegebietes, besteht im deutschen Städtebaurecht bis heute.

Für das Rheinland ergab sich somit die eigentümliche Situation, unter Preußen die fortschrittlichen Elemente des französischen Planungs- und Enteignungsrechtes „hinüberretten" und in der Erprobung der Instrumente einen umfangreichen Erfahrungsschatz ansammeln zu können.

In der Phase von 1816 bis 1875 wurde der größere Einfluss der staatlichen Verwaltung, der unter der napoleonischen Zentralmacht eine große Bedeutung zukam, zugunsten der gemeindlichen Planungshoheit zurückgedrängt; die Rechte der Selbstverwaltungsgremien der neuen Stadt- und Gemeinderäte wurden gestärkt.

Mit dem Enteignungsgesetz von 1810 erhielt die Rheinprovinz „schon früh ein eindeutiges und verfahrensmäßig weitreichend ausgearbeitetes Regelungsinstrument an die Hand" (Schröteler-von Brandt 1998b, 173), das umfassende Beteiligungsformen der Grundeigentümer, aber auch klare Festlegungen zum Vorteil der öffentlichen Hand beinhaltete. Hingegen gingen in diesem Zeitraum die weit reichenden Bestimmungen des Enteignungsgesetzes zugunsten der Planungsdurchführung verloren.

Die finanziellen Mittel zur Umsetzung der Planung hätten die Gemeinden rein theoretisch bei einer konsequenten Anwendung der Abschöpfung des Grundstückmehrwertes, der durch die Wertsteigerung in Folge der Planung entstanden war, erhalten. Auch die Anwendung der Zonenenteignung nach dem Gesetz von 1807, mit der das gesamte für eine Straßenbaumaßnahme beanspruchte Grundstück hätte enteignet werden können und mit dem z.B. die notwendigen Straßendurchbrüche hätten erfolgen können, blieb ohne praktische Anwendung.

Viele einzelne Konflikte wurden vor die Gerichte getragen: Die eigentümerfreundliche Rechtsprechungspraxis der rheinischen Gerichte legte das Gesetz zugunsten des Privateigentums aus und schob damit einen eindeutigen Riegel vor die Anwendung von Wertabschöpfung und Zonenenteignung.

Doch auch unter Verzicht des umstrittenen „Wertausgleichs" für die planungsbedingte Wertsteigerung der Grundstücke hätte auf der Grundlage des Enteignungsrechts von 1810 der Stadtbauplan umgesetzt werden können, wenn den Städten die ausreichenden finanziellen Mittel für die Entschädigungszahlungen für das abzutretende Straßenland oder für die Straßenherstellung zur Verfügung gestanden hätten. Erst in den 1870er Jahren fand eine finanzielle Beteiligung der privaten Grundbesitzer an diesen Kosten Eingang ins Preußische Fluchtliniengesetz.

Die Widerstände und Konflikte mit den privaten Grundeigentümern, deren wachsende politische Einflussnahme und der damit verbundene beschränkte Zugriff der öffentlichen Hand wirkten sich zunehmend hemmend auf das Planungs- und Enteignungsrecht aus. Dennoch blieb das napoleonische Enteignungsgesetz vom 1810 bis zum Erlass des preußischen Enteignungsgesetzes von 1874 in der Rheinprovinz unangefochten gültig. In Frankreich wurde das Enteignungsgesetz von 1810 weiterentwickelt und Grundlage des Stadtumbaus von Paris (s. Kapitel 8).

So waren den Städten die Hände dahingehend gebunden, die Richtung der Stadtentwicklung vorzugeben und gemäß dem Stadtbauplan zu steuern. Die öffentliche Fluchtlinienplanung setzte nur „negative" Schranken und legte fest, wie man nicht bauen durfte. Die „positive" Stadtentwicklung im Sinne einer Realisierung der Planung hing von der Initiative der privaten Grundeigentümer ab (Breuer 1982).

Auch dieser Grundsatz findet sich bis heute im deutschen Städtebaurecht wieder.

Die durch die Instrumente Stadtbauplan, Bauordnung und Enteignungsgesetz geschaffenen rechtlichen Grundlagen und die Planungspraxis klafften im Rheinland immer mehr auseinander. Die Stadtbaupläne wurden in die Grenzen verwiesen, die die Privatwirtschaft der öffentlichen Planung auferlegte. Der Stadtbauplan wurde zunehmend zu einem Planungsinstrument, mit welchem man in kompromisslerischer Form versuchte, das öffentliche Interessen zu wahren und gleichzeitig – in rheinisch liberalistischer Tradition – das privatwirtschaftliche Interesse zu unterstützen.

Das Instrument der Bauordnungen wurde im 19. Jh. auf lokaler Ebene mit den jeweiligen örtlichen Besonderheiten beibehalten und erst im 20. Jh. entwickelten sich verallgemeinerbare einzelne Landesbauordnungen.
Das Fluchtlinien- und das Enteignungsgesetz in Preußen wurden im Folgenden die wichtigsten Grundlagen bei der Weiterentwicklung des deutschen Stadtplanungsrechts.

„Der umfassenden Erstellung von Instruktionen für die Planbearbeitung muss große Bedeutung beigemessen werden, da sie den frühen Versuch darstellen, planungstechnische Grundlagen vorzugeben und damit die Planwerke zu vereinheitlichen – von der Vorgabe des Zeichenmaßstabes, der Blattgröße bis hin zur Darstellungsform. Ebenso wurden umfangreiche ingenieurtechnische Anforderungen festgelegt wie z.B. die Vorgabe des notwendigen Straßengefälles und der Straßenbreiten oder die Vorgabe genauester örtlicher Nivellementsmessungen. Die Erfahrungen mit der Formalisierung der Planerstellung in der Rheinprovinz und ihre Anpassung an den jeweils „neuesten Stand der Technik" wurden in den folgenden preußischen Planungsinstruktionen weitgehend übernommen"

Es kehrte sich immer mehr die Haltung heraus, dass der Stadtbauplan ein Bau-Polizei Reglement darstelle, welches für jedermann verpflichtend sei und die Grundlage für die Genehmigung oder Ablehnung von Baugesuchen darstelle. Ein Stadtbauplan löste an sich noch keine Entschädigungsleistung aus, sondern erst bei der Ablehnung eines konkreten Baugesuches aufgrund der Bauplanausweisung konnte die Entschädigungszahlung anfallen. Dies entspricht der heutigen Praxis bei der Aufstellung von Bebauungsplänen (Schröteler-von Brandt 1998b, 170).

8. Stadtplanerische Reaktionen auf das Stadtwachstum: Stadterweiterungen in Berlin und Barcelona

In der Übergangsphase vom 18. zum 19. Jh. zeigten sich die neuen Grenzen der städtebaulichen Planung: Diese waren bedingt durch die Baufreiheit, die Privatisierung des Bodens, den freien Bodenhandel und das Zerfallen der städtebaulichen Planung in öffentliche Planung und private Umsetzung.

Der städtebauliche Plan wurde auf den öffentlichen Raum (Straßen, Plätze usw.) beschränkt und endete praktisch vor den privaten Eigentumsgrenzen, was gleichbedeutend mit einem Autoritätsverlust der Planung war. Die Hauptaufgabe des städtebaulichen Plans bestand nunmehr darin, Bau- oder Fluchtlinien vorzuschreiben, die von der privaten Bebauung nicht überschritten werden durften. Auch wurden bei ihrer Festlegung die vorhandenen Eigentumsgrenzen oder bestehende Wege berücksichtigt, um Enteignungskonflikten aus dem Wege zu gehen. „Eine willkürliche Unregelmäßigkeit der künftigen Stadtarchitektur war damit schon im Plan selbst vorprogrammiert" (Rodriguez-Lores 1985, 34).

Viele Stadterweiterungsplanungen beschränkten sich so auf das „Machbare" und erstreckten sich auf räumlich und funktional eng begrenzte Gebiete. Die Stadterweiterungspläne von Berlin und Barcelona waren daher zur Mitte des 19. Jh.s ein Novum im europäischen Städtebau. Beide großen Planwerke waren als Gesamtpläne für eine langfristige Entwicklung von bis zu 100 Jahren konzipiert und schlossen große Gebiete des agrarischen Stadtumlandes in die Erweiterungspläne ein. Während sich der Berliner Plan von James Hobrecht als reiner Straßenplan auf den öffentlichen Raum beschränkte und seine Umsetzung mit finanziellen Problemen behaftet war, sah der Plan von Ildefonso Cerdá für Barcelona ein klares städtebauliches Konzept für den öffentlichen und privaten Raum vor und verfügte über ein Instrumentarium und die finanzielle Absicherung, um die Planung entsprechend durchzusetzen.

Der Vergleich der beiden Stadterweiterungen macht deutlich, dass die unterschiedliche lokalpolitische Situation bei den zur Verfügung stehenden Planungs-

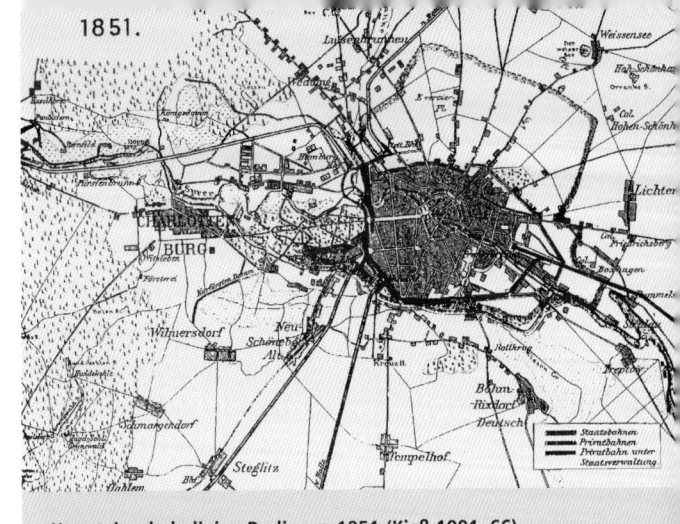

Haupteisenbahnlinien Berlin um 1851 (Kieß 1991, 66)

instrumenten und Mitteln zur Planungsumsetzung gänzlich andere Ergebnisse hervorrief.

Für die Planungspraxis lässt sich daraus der Schluss ziehen, dass man den städtebaulichen Entwurf und die Planung immer in Zusammenhang mit der Umsetzung „denken" und entwickeln muss.

Der Stadterweiterungsplan für Berlin (Hobrechtplan)

Im 18. Jh. war Berlin als bedeutende Militär- und Residenzstadt stark gewachsen. Die Förderung der Königlichen Textilindustrie und die Gewerbefreiheit führten zur Entwicklung eines überörtlich bedeutsamen Industrie- und Handelszentrums (Kleidermanufakturen mit vielen spezialisierten Zulieferfirmen sowie Maschinenbauindustrie, Anlagen- und Instrumentenbau, Nähmaschinenherstellung etc.). Mit der wachsenden Einwohnerzahl erhöhte sich zudem die Nachfrage nach Artikeln des Alltagskonsums.

Barackensiedlung am Kottbusser Tor in Berlin (Reinborn 1996, 59)

Im 19. Jh. stellte sich die Situation in Berlin wie folgt dar: Die Stadt zählte 1816 rund 200 000 und um 1850 ca. 420 000 Einwohner. In den 1860er Jahren wuchs die Stadt jährlich um 20 000 bis 30 000 Einwohner (Kieß 1991, 238). Solche Wachstumsraten findet man heutzutage eher außerhalb Europas.

Die Menschen lebten in Barackenunterkünften an der Peripherie der Stadt oder zogen in die Altbaugebiete, in denen Aufstockungen, Anbauten oder Überbelegung der Wohnungen an der Tagesordnung waren. Die Wohnungsnot war groß; die hygienischen Zustände verschlechterten sich und führten 1831 zu einer Choleraepidemie.

Berlin: 1815 waren noch 6 Wohneinheiten in einem Haus vorhanden. Bis 1850 erhöhte sich die Zahl bereits auf 48 Wohneinheiten (Rodriguez-Lores 1985).
1841 lebten ca. 40 Einwohner auf einem Grundstück, 1861 bereits 48 und 1872 schon 64 (Kieß 1991, 235 und Radicke 1975, 13).

Berlin: Hof des Hauses Dresdener Straße 97 im Jahre 1888 (Berlin 1997, 96)

Zudem wurde das Stadtwachstum durch den staatlich geförderten Bau der Eisenbahnen beschleunigt: Die privaten Bahngesellschaften schufen schon früh ein dichtes Netz von Bahnlinien nach Berlin, die am Rand der Stadt als Sackbahnhöfe endeten. Die Verkehrsprobleme im Innern der Stadt wuchsen.

In Berlin durfte aufgrund einer baupolizeilichen Verordnung nur gebaut werden, wenn eine öffentliche Straße vorhanden und vorher in einem Plan eine Baufluchtlinie festgelegt worden war. Zuerst wuchs die Stadt in den Erweiterungsgebieten des 18. Jh.s in der Friedrich- und Dorotheenstadt und im Umfeld der alten Wege oder der bürgerlichen Gärten, die ehemals vor den Toren der Stadt lagen.

1826 wurde der Bebauungsplan für das Köpenicker Feld von Baurat Schmid als einfacher Rasterplan mit Markt- und Kirchplatz aufgestellt. Er folgte weitgehend den Feldwegen, um die Abfindungen für das Straßenland gering zu halten, die man seitens der Stadt aufbringen musste (Radicke 1975).
Diese ersten Erweiterungen reichten bald nicht mehr aus: Die Stadt wuchs Stück für Stück nach einzelnen Teilbebauungsplänen. Eine städtebauliche Lösung war mit diesen bruchstückhaften Teilplanungen allerdings nicht zu erreichen – nur ein großer zusammenhängender und die längerfristigen Wachstumsraten absichernder Plan wurde als Lösung der Wohnungsnot und der Verkehrsprobleme angesehen.

Der preußische Staat ergriff die Initiative zur Aufstellung eines solchen Gesamtbebauungsplanes für die „Umgebungen Berlins" (1858 - 1862). Zuständig für die Planung war das staatliche Polizeipräsidium von Berlin, also eine Institution, die hauptsächlich mit der Aufgabe der Aufrechterhaltung der öffentlichen Sicherheit und Ordnung beauftragt war. Stadtplanung wurde als ordnungsbehördliche Notwendigkeit und als übergeordnetes Aufgabenfeld verstanden, welche man nicht in die Hände der interessensgebundenen Ratsvertreter und der „Hausbesitzerparlamente" legen wollte.
Für die Umsetzung der Planung war die Gemeinde verantwortlich. Damit musste die Stadt Berlin

die finanzielle Verantwortung für den Bau von Straßen und Kanälen übernehmen und war daher bestrebt, diese Kosten gering zu halten. Viele Straßenplanungen wurde aus diesem Grunde im Weiteren „gestrichen".

Der Planverfasser war ein Beamter im Polizeipräsidium: James Hobrecht (1825–1902), Baumeister für Kanal-, Straßen- und Eisenbahnbau. Planung in Berlin wurde allgemein als Routinegeschäft angesehen und die Stadtentwicklung der nächsten 100 Jahre einem jungen Assessor übertragen, wie Werner Hegemann, der große Kritiker der Berliner Stadtentwicklung, im Jahre 1930 schrieb. An dem so genannten Hobrechtplan wirkten jedoch auch die Baukommissionen, die Stadtverordnetenversammlung und die Polizeibehörde mit (Kieß 1991, 230).

Im Hobrechtplan wurde ein weit gestecktes Planungsziel aufgestellt: Der Stadterweiterungsplan, der sich nahezu kreisförmig um die Stadt erstreckte, sollte eine Fläche für den Zuwachs der Einwohnerzahl auf 4 Millionen Einwohner im Laufe der nächsten 100 Jahre abdecken. Die Erweiterungsfläche entsprach einer aus heutiger Sicht unvorstellbaren siebenfachen Vergrößerung des bebauten Stadtgebietes. Bereits 1861 wurden entsprechende Eingemeindungen vorgenommen (Rodriguez-Lores 1985).
Tatsächlich aber überrollte die dynamische Stadtentwicklung den Planungshorizont und schon nach 50 Jahren wurde die Einwohnerzahl von 4 Millionen erreicht.
Die Altstadt von Berlin sollte im Rahmen der Planung die neue tertiären Nutzungen des Handels und der Verwaltung aufnehmen und von der Wohnfunktion entlastet werden.

Doch zurück zum Entwurf. Das Entwurfsprinzip weist zwei wesentliche Merkmale auf:
• Zum einen wurde die öffentliche Planung auf die reine Straßenplanung reduziert und damit die Berliner Tradition der Festlegung der Baufluchtlinie fortgeführt.
• Zum anderen versuchte man, die Straßenplanung

an die vorhandene Bebauung und Grundstückseinteilung anzupassen, um Enteignungskonflikte zu
vermeiden und die Straßenkosten niedrig zu halten.
Die bestehenden Gebäude wurden in den Plan einbezogen und die z.T. schon bestehenden Teilplanungen
aufgenommen (Kieß 1991, 232).
Der Plan bestand so aus einer Kombination des bestehenden und des neuen Straßennetzes.

Hobrecht versuchte zwar noch, die städtebaulichen
Leitideen der Zeit (z.B. regelmäßiges Raster, Anlage
von Stern- oder Rundplätzen) zu berücksichtigen,
doch immer wieder musste er sich bei der Umsetzung
dieser Prinzipien an den Gegebenheiten der vorhandenen Bodenbesitzverhältnisse orientieren. Ein ge-
samträumlicher Zusammenhang entstand nicht mehr;
„der Linienverlauf der Straßen (wurde) oft 'gekrümmt'
und unterbrochen" (Rodriguez-Lores 1985).

Die Hauptfunktion des Plans bestand in der Schaffung
von Wohnbauflächen als Voraussetzung für die private
Bautätigkeit und in der Ordnung der Verkehrsverhältnisse, an der ein allgemeines Interesse bestand.
Das Ergebnis der Planungskonzeption war eine minimale Regulierung. Der Plan wurde zum reinen Straßenplan, der nur die Richtung und die Breite der Straßen
festlegte. Das Bauen hinter der Straßenbegrenzungslinie wurde den Privaten überlassen; weder die Baudichte noch die Art der Nutzungen wurden festgelegt.
Um die Straßenkosten zu reduzieren, wurden möglichst
große Baublöcke eingeteilt. Darin zeigte sich die neue
Arbeitsteilung der Stadtplanung zwischen öffentlicher
Planung und privater Umsetzung.

Der groß angelegte Plan und die weit in die Zukunft
weisenden Baulandfestlegungen waren das Signal
zur Grundstücksspekulation des auf Kapitalver-
mehrung erpichten Bürgertums. Wer es sich in Berlin
leisten konnte, kaufte – in der Hoffnung auf schnelle
Realisierung der Straßen – Grundstücke innerhalb
des Stadterweiterungsgebietes. Die Urbesitzer (die
„Millionenbauern" nach Voigt 1901, 109) erlebten

Eisenwerk und Villa Borsig in Berlin Moabit 1859 (Exerzierfeld der Moderne 1964, 143)

Die Erleichterung des Hypothekenwesens hatte sich in
Preußen seit Mitte des 18. Jh.s herausgebildet: „Indem
die reine Altersrangfolge nach dem Eintragungsdatum
galt, war das Hypothekenrecht weitgehend schematisiert.
Derart abgesichert, musste die erste Hypothek als 'Platz
an der Sonne` gelten. Den Gläubigern dieser erstrangigen
Sicherheit brauchte, solange der Zins pünktlich einging,
an einer schnellen Darlehenstilgung nicht mehr gelegen
zu sein. Darüber hinaus machte nun die Formalisierung
des Rangvorzugs die Hypotheken verkehrsfähig; durch
Zession konnte die Schuld leicht in die zweite Hand
übergehen. Mit dieser Hypothekenzirkulation waren die
Voraussetzungen für eine Dauerverschuldung der Immobilien gegeben. Die Folgen stellten sich sofort ein: Die
Bodenpreise stiegen, und ihr Steigen wurde wieder mit
einem erhöhten Hypothekenkreditvolumen abgedeckt.
Der Bodenmarkt war damit in das Auf und Ab der
Konjunkturbewegungen einbezogen" Kieß 1991, 243);
bald war der Boden über den eigentlichen Wert hinaus
belastbar.

rechts: Wohnen und Heim-
arbeit im Jahre 1911: Die
Mutter fertigt in der Küche
Knallbonbons, die beiden
schulpflichtigen Kinder
müssen helfen (Exerzier-
feld der Moderne 1964,
258).
unten: Berlin im Jahr 1859:
die bauliche Entwicklung
über die Altstadtgrenzen
hinaus fand vor allem im
Nordosten (heute Prenz-
lauer Berg) und Südosten
(heute Kreuzberg) statt
(Geist/Kürvers 1980, 514).

Hobrechts Bebauungsplan von 1862 (Curdes 1993, 121)

„Alle Arten von Berufen und Schichten beteiligten sich am Baugeschäft. Barbiere und Kellner bauten Häuser und manch gescheiterte Existenz suchte sich hier wieder emporzuarbeiten" (Reich 1912, 90).

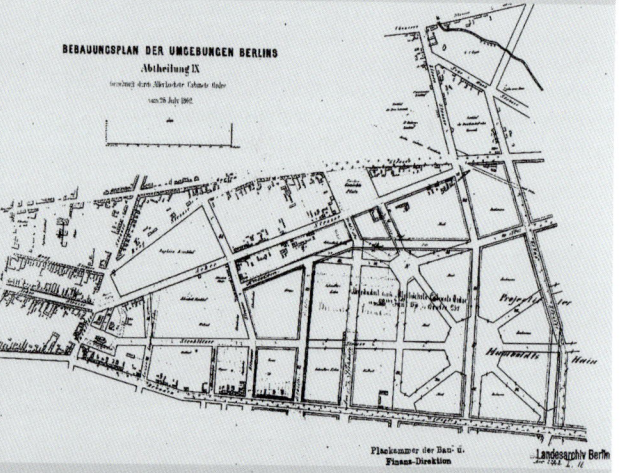

Berlin: Bebauungsplan 1862, Abt. IX (Kieß 1991, 254)

Der Plan bestand aus einzelnen Abteilungen im Maßstab 1 : 2 000. 1862 wurde er im Maßstab 1 : 4 000 gedruckt und war damit für jedermann zugänglich (Kieß 1991, 230).

Luftaufnahme um 1925, Bereich Kreuzberg (Exerzierfeld der Moderne 1964, 204)

Es wurden unterschiedliche Hofformen, Schlitzbauweisen u.ä. entwickelt, die alle den Grundprämissen nach minimaler Hofgröße und maximaler Grundstücksausnutzung folgten.

einen extremen Anstieg ihrer Bodenpreise um das bis zu Fünfzigfache des landwirtschaftlichen Bodenwertes.

Zwischen 1850 und 1873 war das Erweiterungsgebiet bereits fast vollständig in Privatbesitz gelangt. Baustellenhändler und Terraingesellschaften, die neuen Akteure in der Stadt, fungierten oft nur als Zwischenhändler (Radicke 1975, 11). Diese privaten Unternehmer und Gesellschaften nahmen jetzt bei der städtischen Erweiterung die Monopolstellung ein; sie bestimmten zum einen den Preis und zum anderen über den Preis das Erscheinungsbild von Wohnungsbau und städtebaulicher Form. Schon bald waren die Preise so hoch geklettert, dass sich auch keine andere Bauweise mehr als die im Rahmen der Vorgaben zulässige höchste und dichteste rentiert hätte.
Dennoch war die Zunahme des Bauvolumens rasant. Allein zwischen 1862 und 1872 erhöhte sich die Zahl der Wohnungen von 113 000 auf 173 000; zugleich wuchs die Bevölkerung von 525 000 auf 805 000 Einwohner (Radicke 1975, 11).

In den folgenden Jahrzehnten wurde die öffentliche Bekanntmachung des „großen Plans" und die durch ihn ausgelöste Spekulation heftig kritisiert (Eberstadt 1909). Aufgrund der Berliner Erfahrungen mit der Veröffentlichung des großen Bebauungsplanes, der zur Auslösung der Spekulationen geführt hatte, wurde die Forderung ausgestellt, eher kleine Planbereiche festzulegen und auf Bebauungspläne solcher Größenordnung zu verzichten. Hier zeigte sich bereits das Dilemma der modernen Stadtplanung: Einerseits muss die Gemeinde eine vorausschauende Planung treffen, andererseits wird durch die öffentliche Bekanntmachung das Bauerwartungsland angezeigt – mit der Folge steigender Bodenpreise.

In Berlin wirkten zudem städtebaulicher Plan und Bauordnung im Sinne einer baulichen Verdichtung Hand in Hand: Während sich die öffentliche Planung auf die Festlegung der Straßenfluchtlinie beschränkte, regelte die Berliner Bauordnung von 1853 das Bauen

„hinter" der Bauflucht. Die Festlegungen waren minimal. Im Wesentlichen wurde nur vorgegeben, dass die Gebäudehöhe nicht größer sein durfte als die jeweilige Straßenbreite (eine seit alters her bekannte feuerpolizeiliche Bestimmung) und die Fläche eines Hofes mindestens 5,34 x 5,34 m groß sein musste, damit die Feuerspritze wenden konnte (Kieß 1991, 227). Die Straßenbreite im Erweiterungsgebiet betrug in der Regel 20–22 m bei vier bis fünf Geschossen.

Wegen der Übernahme der Straßenherstellungskosten war die Stadt bemüht, den Anteil der Straßenflächen gering zu halten. Es entstanden große Baublöcke, einige 250–350 m tief, in dichter Bauweise und mit hintereinander gestaffelten Höfen (Rodriguez-Lores 1985). Da eine Baukonsenspflicht bestand – d.h. es konnte die Baugenehmigung nicht verweigert werden, wenn die bauordnungsrechtlichen Bestimmungen eingehalten waren –, ließ sich diese dichte Bebauung nicht verhindern. Der Zusammenhang zwischen „primitiver Fluchtlinienplanung und ahnungsloser Bauordnung" (Kieß 1991, 231) sollte sich schon bald zeigen und zum für sie typischen „Auswuchs" führen: zur Berliner Mietskaserne.

Eines der berüchtigtsten Wohnquartiere war dabei der Meyers-Hof in Berlin, der um die Jahrhundertwende in den aufkommenden Protesten gegen die Wohnverhältnisse als ein Beispiel angeprangert wurde.
Der Meyers-Hof in der Ackerstraße wurde 1873/74 erbaut. Auf einer ca. 140 m langen und 40 m breiten Parzelle errichtete man hintereinander gestaffelte Quergebäude, die einen präzisen Abstand von 10,67 m hatten.
Es lebten hier bis zu 2 000 Bewohner in der „halboffenen" Wohnung, der typischen Wohnungsform der Mietskaserne (Geist/ Kürvers 1984, 288). Die Familien bewohnten ein oder zwei Zimmer und teilten sich Küche und Sanitäranlagen mit den Nachbarn. Küche und Abort wurden noch bis zum Ersten Weltkrieg

Berlin: Tordurchfahrten im Meyerhof (Reinborn 1996, 27)

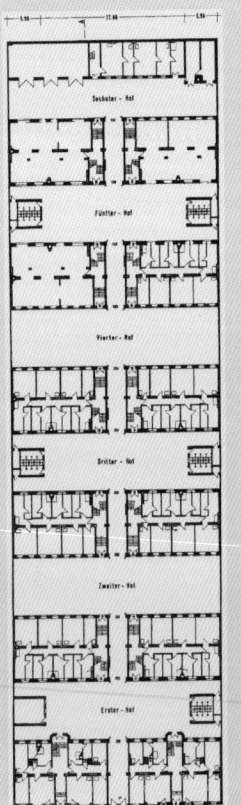

1873 wurde beim Verkauf an Baugrundstücken ein Umsatz von 630 Millionen Mark gemacht: eine riesige Summe für die damalige Zeit. Als nach dem ersten „Fieber" der Gründerjahre 1870/71 der Boom etwas nachließ, kam es zu einem ersten großen Zusammenbruch - dem so genannten Berliner Grundstückskrach. Es zeigte sich, dass die Grundstücke extrem überschuldet waren, da von den Banken Hypotheken bis zu 90% des Grundstücks- und Gebäudewertes zur Verfügung gestellt wurden. Es wurde nur ein geringes Eigenkapital verlangt und die „Hausbesitzer" waren so oft nur bessere Verwalter, deren Geschäft es war, die monatlichen Zinsen für ihre aufgenommenen Kredite zu bezahlen, diese von den Mietern einzutreiben und dabei für sich selbst noch ein gehörige Summe abzuzweigen (Kieß 1991, 243).
Im letzten Glied dieser Kette standen die Mieter. Da infolge der Häuserspekulation die Mieten rasant anstiegen, mussten die Mieter durch die Aufnahme von Untermietern bzw. Schlafgängern, Wohnungsteilungen oder durch den Umzug in kleineren Wohnungen die ständige Mietpreissteigerung auffangen.

Meyerhof (Curdes 1993, 109)

Unterschiedliche Baublockeinteilung (Geist/Kürvers 1980, 520)

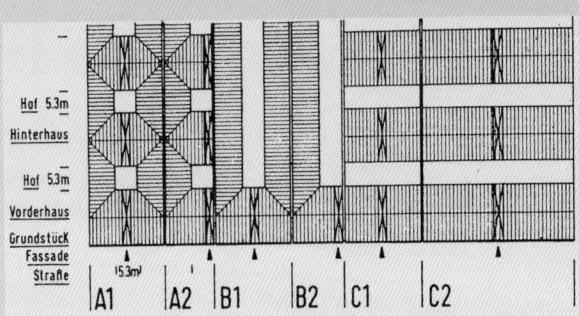

A: Haustyp mit eingeschlossenem Hof (Vorderhaus, Seitenflügel, Quergebäude),
B: Haustyp mit nur von Seitenflügeln eingeschlossenem Hof (Vorderhaus, Seitenflügel),
C: Haustyp mit hintereinandergestellten Quergebäuden, die sich besonders für kleine Wohnungen eignen.

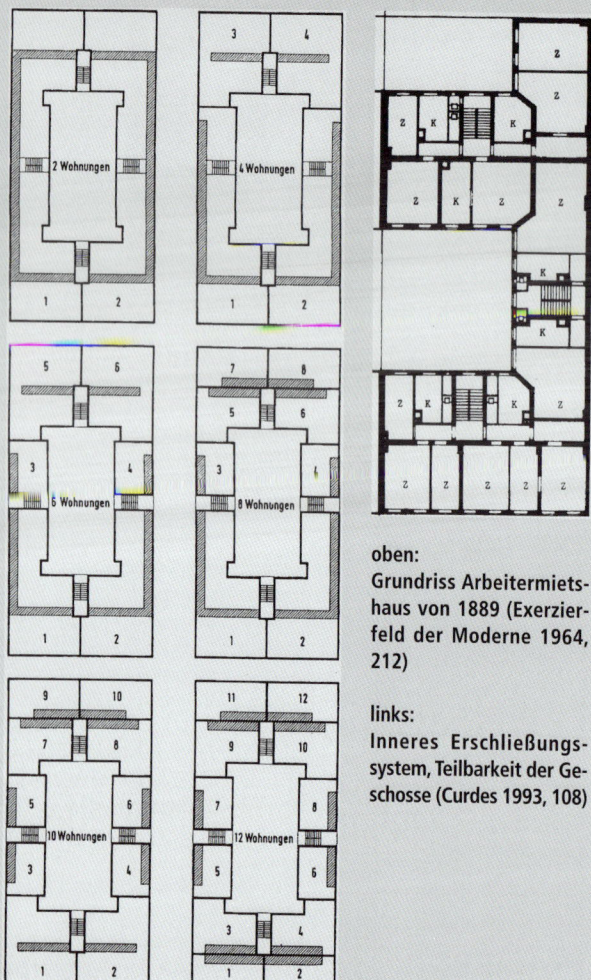

oben:
Grundriss Arbeitermiets-
haus von 1889 (Exerzier-
feld der Moderne 1964,
212)

links:
Inneres Erschließungs-
system, Teilbarkeit der Geschosse (Curdes 1993, 108)

Der Vorläufer der Mietskaserne stellte zum einen die Unteroffiziers-
kaserne des preußischen Heeres dar, die als drei bis viergeschossiges
Langhaus mit Mittelflur konzipiert war, und zum anderen das
großbürgerliche Stadthaus mit seiner zur Straße hin ausgebildeten
„Schauseite" und seitlichen Nebenflügeln. Durch die Anordnung
mehrerer Treppenhäuser sowie durch Türdurchbrüche konnte die
Wohnungseinteilung leicht geändert werden. Die Anteile der Zimmer
je Wohnung war somit beliebig einteilbar.

Heinrich Zille: Der späte Schlafbursch (Exerzierfeld der
Moderne 1964, 248)

nicht als notwendige Bestandteile jeder einzelnen
Wohnung angesehen.

Diese halboffene Wohnform war in Berlin vorherrschend. Der größte Teil der Einwohner (75%) konnte
sich nur eine solche Ein- bis Zweizimmerwohnung
leisten, denn der Mietanteil machte etwa 50% des
Jahreseinkommens eines Arbeiters aus. Für den Wohnungsmarkt war damit eindeutig vorbestimmt, wie
die Wohnungsnachfrage aussah und woran sich die
privatwirtschaftliche Wohnungserstellung orientieren
musste.

In Anlehnung an die bürgerliche Bauweise des Stadtpalais bestand in Berlin die neue Mietskaserne aus
Vorder- und Hinterhäusern, die einen Hof umschlossen.
Die Anordnung der Treppenhäuser und die Anlage
eines längs der Brandwand verlaufenden Flures ermöglichte die Einteilung unterschiedlicher Wohneinheiten (Geist/ Kürvers 1984).

Die Berliner Mietskaserne bewies sich als äußerst
„marktkonform" in dem Sinne, dass die Gebäude ein
sehr differenziertes Angebot an Wohnungstypen
bereitstellten: Die großen Wohnungen konnten, wenn
es die Nachfrage erforderte, in kleinere unterteilt
werden. Eine zusätzliche weitere Unterteilung der
bestehenden Zimmer ließ sich durch den Einsatz der
Rapitzwand bewerkstelligen, einer der heutigen Leicht-
baukonstruktion ähnlichen Zwischenwand aus Holz-
ständern, Stroh und Gips. So war es den Hausbesitzern
möglich, mit einem Haustyp unterschiedliche Nach-
fragesegmente abzudecken.

Dieser Grundtyp ist bis heute noch immer flexibel
nutzbar: Während in Berlin um 1870 die kleinen
Wohnungen nachgefragt wurden, werden die gründerzeitlichen Miethäuser heute in großzügige Eigentums-
wohnungen umgewandelt oder als kleine, mit Bad
ausgestattete Singlewohnungen genutzt.

Auch für die Mieter erwies sich dieser Wohnungstypus
als günstig, da sie – entsprechend ihrer Mietzahlungsfähigkeit – ihre Wohnung um ein Zimmer vergrößern
oder verkleinern und zudem noch Untermieter oder

so genannte Schlafgänger aufnehmen konnten (z.T. bei 40% der Wohnparteien). Wer allerdings in Mietrückstand kam, dem drohte eine schnelle Kündigung. Mietverträge mit ein- bis dreimonatiger Kündigungsfrist erlaubten dem Hausbesitzer schnelles Handeln, und so kam es zu einer unglaublich hohen Umzugshäufigkeit (Wischermann 1997, 376ff).

Diese „Vorteile", die sich aus der Flexibilität der Baustruktur in Bezug auf die Wohnungsnachfrage ergaben, erklären, warum innerhalb kurzer Zeit das Gebiet des Hobrechtplans mit einer sehr einheitlichen Bauweise bebaut wurde und warum eine Stadtstruktur entstand, die man 50 Jahre später als unhygienischen Moloch brandmarkte. Die Bauform, an der sich die spätere Großstadtkritik am stärksten entzündete und die Paradebeispiel für die ungehinderte Durchsetzung reiner Privatinteressen war, ließ bereits bald den Ruf nach Reglementierungen aufkommen.

Die Mietskaserne war in ihren Anfängen auch in sozialer Hinsicht eine Besonderheit, da sie die unterschiedlichsten sozialen Schichten aufnahm: In den Keller- und Dachwohnungen wohnten die armen Leute, zur Straße hin, in bester Lage des ersten Obergeschosses die gut betuchte bürgerliche Familie. Mit der Staffelung der Hinterhäuser staffelten sich auch die immer schlechter werdenden Wohnverhältnisse. Hobrecht vertrat die Ansicht, dass diese soziale Mischung eine Errungenschaft sei. Er betonte die Fürsorgepflicht der reicheren für die ärmeren Hausbewohner: „Nicht 'Abschließung', sondern 'Durchdringung' scheint mir aus sittlichen und darum aus staatlichen Rücksichten das Gebotene zu sein" (Hobrecht 1868 in: Kunsttheorie und Kunstgeschichte 1985, 210).
Doch diese sozialpolitische Begründung griff nur zu Beginn und nur solange, wie sich gute Verwertungsaussichten zeigten. Mit zunehmend unhygienischeren Verhältnissen, der zunehmenden Verdichtung und verstärkten sozialen Spannungen wurde das Leben in der Mietskaserne für das mittlere und gehobene Bürgertum, selbst an deren „Schauseite" zur Straße

Umzug im Scheunenviertel (Exerzierfeld der Moderne 1964, 259)

„In der Mietskaserne gehen die Kinder aus den Kellerwohnungen in die Freischule über denselben Hausflur, wie diejenigen des Rats oder Kaufmanns auf dem Wege nach dem Gymnasium. Schusters Wilhelm aus der Mansarde und die alte bettlägerige Frau Schulz im Hinterhaus, deren Tochter durch Nähen oder Putzarbeiten den notdürftigen Lebensunterhalt besorgt, werden in dem I. Stockwerk bekannte Persönlichkeiten. Hier ist ein Teller Suppe zur Stärkung bei Krankheit, da ein Kleidungsstück, dort die wirksame Hilfe zur Erlangung freien Unterrichts oder dgl., und alles das, was sich als das Resultat der gemütlichen Beziehungen zwischen den gleichartigen und wenn auch noch so verschieden situierten Bewohnern herausstellt, eine Hilfe, welche ihren veredelnden Einfluss auf den Geber ausübt. Und zwischen diesen extremen Gesellschaftsklassen bewegen sich die Ärmeren aus dem III. und IV. Stock, Gesellschaftsklassen von der höchsten Bedeutung für unser Kulturleben, der Beamte, der Künstler, der Gelehrte, der Lehrer usw. In diesen Klassen wohnt vor allem die geistige Bedeutung unseres Volkes. Zur steten Arbeit, zur häufigen Entsagung gezwungen und sich selbst zwingend, um den in der Gesellschaft erkämpften Raum nicht zu verlieren, womöglich ihn zu vergrößern, sind sie in Beispiel und Lehre nicht genug zu schätzende Elemente und wirken fördernd, anregend und somit für die Gesellschaft nützlich, und wäre es fast nur durch ihr Dasein und stummes Beispiel, auf diejenigen, die neben ihnen und mit ihnen untermischt wohnen" (Hobrecht, 1868 in: Kunsttheorie und Kunstgeschichte des 19. Jahrhunderts in Deutschland 1985, 210).

hin, immer unerträglicher. Wer es sich leisten konnte, verließ die Mietskasernenviertel (siehe Kapitel 11). Die von Hobrecht geplante Stadt für alle sozialen Schichten wurde immer mehr zur sozial entmischten Stadt.

Bestand 1862 noch keine Handhabung dagegen, dass sich die Privaten bei den Kosten für die Straßen- und Kanalherstellung heraushielten, so änderte sich dies mit dem Preußischen Fluchtliniengesetz von 1875 (siehe Kapitel 7). Die Grundstruktur des Hobrechtplanes blieb erhalten; bis 1919 war er die planungsrechtliche Grundlage für die Stadtentwicklung Berlins.

Der Stadterweiterungsplan für Barcelona

Hatte man in Berlin das Feld der Bebauung weitgehend der Privatinitiative überlassen und mit der planerischen Festlegung der Straßenfluchtlinie nur die reinen Verkehrsnotwendigkeiten beachtet, so versuchte man bei der Stadterweiterungsplanung für Barcelona andere Wege zu gehen.

Die Stadt Barcelona war, ähnlich wie Berlin, aufgrund ihrer industriellen Entwicklung als Textilzentrum der Region extrem expandiert: Die Bevölkerung hatte sich in den Jahren 1818 bis 1857 von 80 000 auf 188 000 Einwohner mehr als verdoppelt, und die Menschen lebten zusammengedrängt in dem dicht bebauten Altstadtkern.

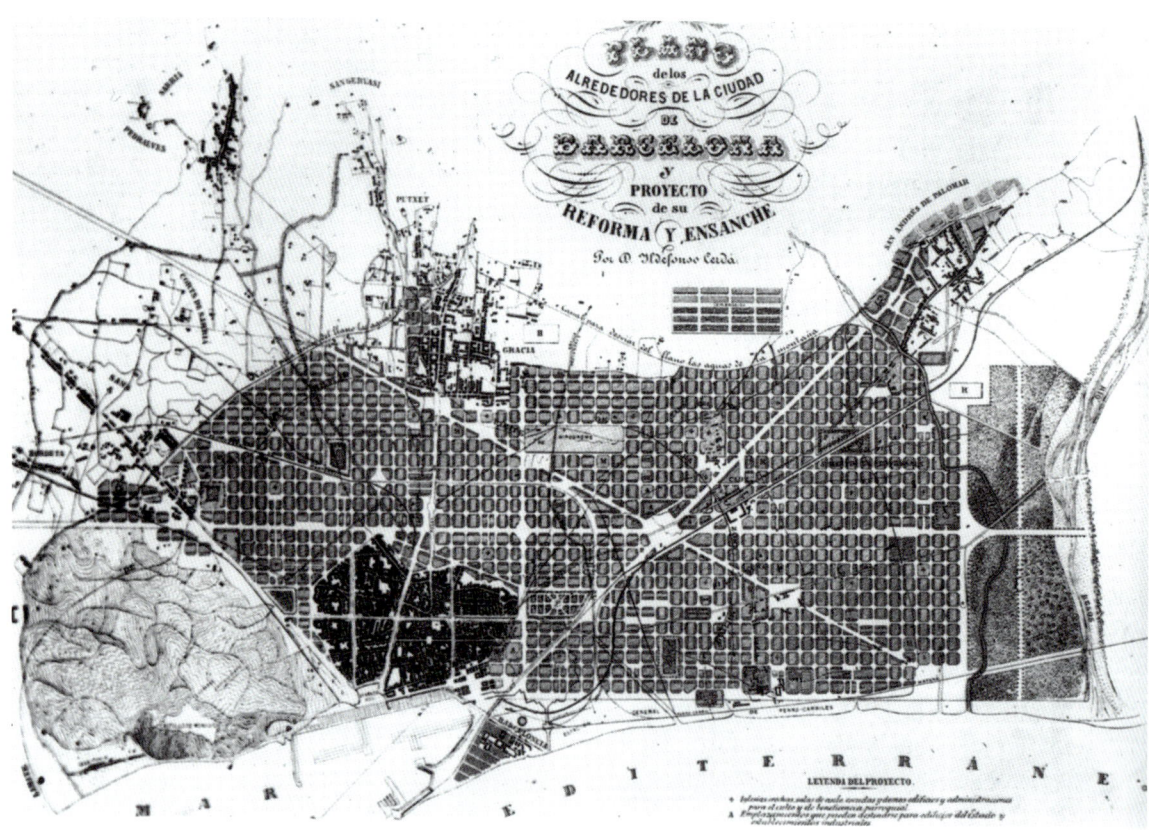

Cerdás Plan für die Stadterweiterung von Barcelona 1858 (Kostof 1992, 152)

„Die Einschnürung durch die mittelalterliche Stadtmauer wurde wie ein Korsett empfunden. Der Ruf
nach Schleifung der Mauern und nach einer den ökonomischen Verhältnissen entsprechenden Stadterweiterungsplanung wurde seitens des erstarkenden
Bürgertums ab den 30er Jahren immer lauter. Doch
erst als der Status als Festung 1854 fiel, konnte die
dringend notwendige Erweiterung umgesetzt werden." (Schröteler-von Brandt, 2000, 85). Die für die
Planung zuständige Zentralregierung beauftragte
1858 Ildefonso Cerdá (1815–1876) mit der Planung.
Den neuen (verkehrs-)technischen, hygienischen und
sozialen Problemen der wachsenden Metropolen
konnte man nicht mehr mit althergebrachten Methoden oder mit rein stadtbaukünstlerischen Anstrengungen begegnen. Cerdá entwickelte daher neue wissenschaftlich fundierte Planungsmethoden und legte
seinen Planungen auch Untersuchungen zur Geschichte und Statistik der Stadt zugrunde. Er erhob Daten
über die Lebenszusammenhänge der Arbeiterschaft,
die er zur Organisation der Industrieproduktion und
zu deren Folgen für die räumliche Struktur in Beziehung
setzte.

Nach seinem Konzept für die Großstadtentwicklung
sah er diese als öffentlich-politische Angelegenheit
an und lehnte die vorherrschenden, rein privatwirtschaftlichen und der Logik der Grundrentenentwick-
lung folgenden Konzepte ab. So entstand die Stadterweiterung von Barcelona auf der Grundlage vieler
Einzelstudien und -pläne, die von Verkehrs- und
Grüngestaltungsplänen bis hin zu konkreten Bebau-
ungsstudien reichten (Rodriguez-Lores 1980, 36ff).

Die Grundidee von Cerdá bestand darin, die neuen
technischen Möglichkeiten der Verkehrsplanung sowie
der Be- und Entwässerung zu nutzen. „Nach der
Planung Cerdás sollte die 'neue' Stadt Barcelona
zehnmal größer sein als die Altstadt, umfasste 36
qkm und sollte 800 000 Einwohner aufnehmen können. Durch die Einheitlichkeit der Quartiere und
Straßen sollten gleiche Lebensbedingungen geschaffen
werden. Das neue Gebiet sollte Wohnraum für alle

Barcelona im Jahre 1806: In der Festungsstadt war ein
Stadtwachstum nur innerhalb der Grenzen erlaubt
(Bel 1985, 425)

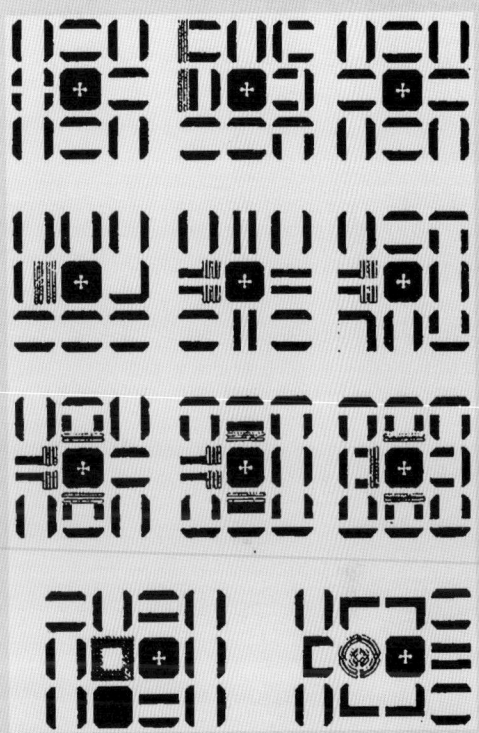

Baublock als Zelle 113 x 113 m: Variation und Addition
Städtebaulicher Elemente (Curdes 1993, 120)

Cerdá verfügte über eine auch für seine Zeitgenossen
ungewöhnliche Fähigkeit als Stadtplaner: er war Theo-
retiker und Praktiker, Generalist und Spezialist zugleich.
Durch sein Studium der Architektur, der Mathematik
und der Ingenieurwissenschaften war er interdisziplinär
ausgerichtet: Die Grenzen der eigenen Disziplin spren-
gend, suchte er eine enge Verbindung zu den sozialen
und gesellschaftlichen Fragen seiner Zeit herzustellen.
Er wollte „zwischen zwei mächtigen Ideologien seiner
Zeit vermitteln: dem aufgeklärten Glauben an die technische Vernunft und den sozialistischen Reformidealen
der ersten Hälfte des 19. Jahrhunderts" (Rodriguez-
Lores/Baumgarten/Franke 1980, 9).

Detail eines Baublocks: Die Gebäudehöhe sollte max. 16 m und die Gebäudetiefe 20 – 24 m betragen. Ein Drittel der Grundstücksfläche war für Gärten vorgesehen. Damit war die Überbaubarkeit begrenzt (Cerdá 1999, 299)

An den Kreuzungspunkten des Gitternetzes führte Cerdá die für den Barcelonaplan typische Baublockstruktur mit den abgeschrägten Ecken ein. Hierdurch wollte er die Verkehrssituation in den Kreuzungspunkten verbessern und zudem die Anordnung bedeutender Geschäfts- und Gastronomienutzungen erleichtern (Cerdá 1999, 215).

Barcelona: Verschiedene Eckausbildungen der Baublöcke

bieten und allen Bewohnern den gleichen Zugang zu den Dienstleistungen und Transportmitteln gewähren: Die Spaltung der Stadt in 'gute und schlechte' Gebiete sollte damit vermieden werden. Die bestehende Altstadt und die Vororte wurden von der neuen Rasterstruktur eingerahmt. (...) Grundmotiv der Planung war die Schaffung einer antihierarchischen und öffentlichen Stadt. Auch das Straßensystem negierte im Wesentlichen jedes hierarchische Prinzip. Alle Straßen des orthogonalen Netzes waren gleichrangig und wiesen eine einheitliche Breite von 20 m auf. Die Bedürfnisse des Straßenverkehrs (noch ohne Autos) erhielten höchste Priorität. Nur den großen Achsen und Diagonalen wurde mit 30 bzw. 60 m Breite eine hervorgehobene Position als Hauptausfallstraßen zu den Vororten sowie den landwirtschaftlichen und industriellen Flächen zugewiesen" (Schröteler-von Brandt 2000, 87).

Ausgangszelle der Stadterweiterung war der gleichmäßig verteilte, 113 x 113 m große Baublock, von dem etwa 1000 Blöcke im Erweiterungsgebiet vorgesehen wurden. Cerdás Planung ist ein frühes Beispiel des Umgangs mit dem Thema „Addition" und „Variation" städtebaulicher Elemente im „modernen" Städtebau. Die in ihrer Grundstruktur gleichen Baublockelemente wurden durch unterschiedliche Anordnungsmöglichkeiten zu flexiblen Baukörpern, die zur variablen Großform des Stadterweiterungsgebietes zusammengesetzt werden konnten.

Die gleichmäßige Verteilung der städtischen Funktionen und Dienstleistungen (z.B. Schulen, Kindergärten, Märkte, Verwaltungsgebäude) erfolgte durch die Zusammenfassung von 25 Baublöcken zu einem Quartier und von je 100 Baublöcken zu einem Distrikt. Solche „Bausteinsysteme" und funktionale Logiken werden uns im 20. Jh. verstärkt begegnen.

Für öffentliche Nutzungen wurden einige Bauquadrate ausgespart und „reserviert". Neben Parkanlagen und Bereichen für öffentliche und private Dienstleistungen waren nur Wohngebiete vorgesehen.

Die Ausweisung von größeren Industrie- und Gewerbeflächen fehlte vollständig; sie sollten entweder kleinteilig innerhalb der Baublöcke untergebracht werden oder außerhalb des Stadterweiterungsgebietes liegen. Wie sich später herausstellen sollte, war dies ein Hindernis für die Planverwirklichung.

Schließlich sollten durch die Verteilung des gleichförmigen „Rasters" und die gleichen Nutzungen gleichmäßige Bodenpreise entstehen.

Cerdás Erweiterungsplan war Ergebnis eines zutiefst rationalistischen Planungsansatzes, der bereits Züge des Funktionalismus des 20. Jh.s enthielt (Barcelona 1992).

Im Vergleich zur Machtlosigkeit des Städtebaus in Berlin mussten Cerdás Festlegungen bezüglich der Blockbebauung revolutionär erscheinen. Sein aufgelockerter Baublock durfte nur an zwei Seiten bebaut werden. Im Innern musste eine Fläche von 60 x 60 m und damit 30% der Baufläche von jeglicher Bebauung freigehalten werden. Die Bebauungshöhe wurde einheitlich auf maximal 16 m und die Bebauungstiefe auf 20–24 m festgelegt. Zugleich wurden Lichthöfe vorgeschrieben, die 10% der Baufläche einnehmen mussten. Der maximalen Grundstücksausnutzung war damit ein Riegel vorgeschoben.

Cerdá hatte bei seiner Planungsstrategie die Umsetzung mitbedacht. Er beteiligte die lokalen Grundeigentümer als Nutznießer der Erweiterungsplanung an den Kosten der Maßnahme und entwarf ein „gerechtes Umverteilungsmodell der Vorteile und Kosten der Stadterweiterung" (Rodriguez-Lores/ Baumgarten/ Franke 1980, 48).

Die Grundbesitzer mussten ein Fünftel des Bodens unentgeltlich für die Herstellung der Straßen und Plätze abtreten. Durch eine besondere Bodenbesteuerung für das Erweiterungsgebiet wurden weitere Mittel für öffentliche Einrichtungen gewonnen. War eine Verrechnung des Mehrwertes durch die Planungs-

Die besondere Stärke der Stadtplaners Cerdá lag in der Entwicklung neuer städtebaulicher Planungsziele und -methoden. Obgleich sein theoretisches Werk weitgehend unbekannt blieb, ist es insofern von großer Bedeutung, als er sich als einer der ersten „Städtebauer" wissenschaftlich mit den Funktionsgesetzen der neuen Großstadt auseinandersetzte und zur Verwissenschaftlichung der neuen Disziplin Städtebau beitrug. Er prägte als erstes den Terminus Urbanizacion (Städtebau, Stadtplanung, Town planning). Städtebau war für ihn theoretische Wissenschaft und praktische Disziplin („Baukunst") gleichermaßen.

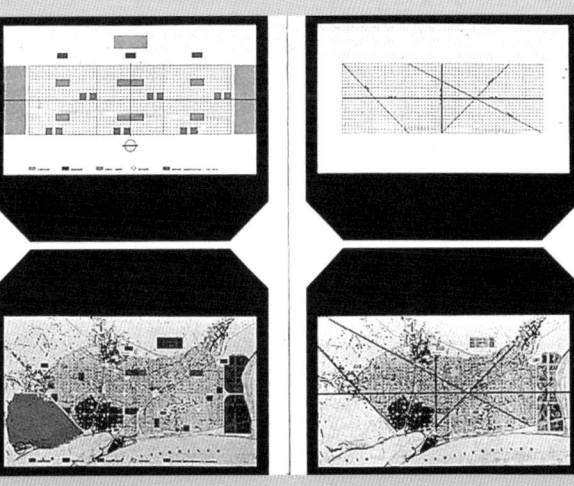

Cerdás Planungssythematik

In den Debatten um die Reform des Städtebaus von der Jahrhundertwende bis zur bundesrepublikanischen Planungsgesetzgebung der 1960er Jahre spielte die Frage der Erhebung einer „Wertzuwachssteuer" zur Finanzierung städtebaulicher Planungen eine zentrale Rolle, blieb allerdings weitgehend unberücksichtigt. Bis heute krankt die Umsetzung der städtebaulichen Planung, z.B. die Ausstattung eines neuen Stadtquartiers mit ausreichend öffentlichen Grün- und Spielflächen sowie sozialer Infrastruktur, an den Möglichkeiten, die privaten Grundeigentümer an den hier entstehenden Kosten zu beteiligen. Letztlich müssen die Kosten von der Allgemeinheit getragen werden. Vor dem Hintergrund zunehmend leerer städtischer Kassen gingen in letzter Zeit einzelne Städte wie z.B. Aachen, Köln, Freiburg und vor allem München dazu über, in lokalen Bestimmungen zu regeln, wie ein Anteil der planungsbedingten Wertsteigerung der Grundstücke den Städten im Sinne einer „sozialgerechten Bodenordnung" zugute kommen kann.

113

maßnahmen bereits beispielhaft im französischen Enteignungsgesetz von 1810 (siehe Kapitel 7) vorgesehen, so erweiterte Cerdá in seiner „Wertzuwachssteuer" diese Möglichkeit und erlangte Mittel für die Umsetzung der Straßen und der Infrastruktur.

Von der Gesamtplanung wurde im Wesentlichen der südwestliche Teil nach Cerdás Planung errichtet und die großen Straßenverbindungen und Bahnlinien angelegt (Hall 1986, 143). „Anfangs konnte der Plan und seine Bestimmungen zur Baudichte oder Bodenregulierung durch die Autorität des reformwilligen Staates durchgesetzt werden, der dem starken Block der lokalen Grundbesitzer entgegentrat. Der Plan wurde revidiert, sobald sich die sozialen und politischen Bedingungen für seine Durchsetzung änderten und die politische Kontrolle fehlte: Sein Idealbild scheiterte an den realen Bedingungen der spekulativen Stadtentwicklung. Viele soziale und hygienische Ziele, wie die gleichmäßige Versorgung mit Plätzen, Grünanlagen und sozialer Infrastruktur, wurden nicht eingehalten. Für Grünflächen reservierte Flächen wurden bebaut, z.B. mit der Sagrada Familia. Die stark minimierte Grundstücksausnutzung (...) wurde stückweise aufgegeben. Die Baublockseiten wurden allseitig bebaut und aus dem „offenen" Block Cerdás wurde der „geschlossene" Baublock." (Schröteler-von Brandt 2000, 92).

Schon bald begann dieser Prozess des „Planens gegen den Plan" (Rodriguez-Lores 1980, 73). Dennoch blieben bis heute bedeutende Teile der Planungshandschrift Cerdás im realisierten Stadtteil erhalten. Der Plan wurde allerdings von seinen weit reichenden sozialen und politischen Inhalten entleert und blieb vor allem als formal geometrisches Muster mit den abgeschrägten Baublockecken erhalten.

Bei beiden großen Erweiterungsplänen in Berlin und Barcelona überließ man das Bauen der Privatinitiative: unterschiedliche städtebauliche Vorgaben und Steuerungsmöglichkeiten schränkten diese allerdings wieder mehr oder weniger ein.

Auch im Frankreich und England des 19. Jh.s hing die Stadterweiterung von der Privatinitiative ab, die hier weitgehend den Planungs- und Bauprozess übernahm. Während in der preußischen Rheinprovinz das französische Gesetz von 1807 fortbestand und Grundlage für die systematische Aufstellung von Stadthauplänen wurde (siehe Kapitel 7), verlor sich im Ursprungsland Frankreich die in dem Gesetz vorgesehene bindende Planungsverpflichtung der Städte – und damit die öffentlichen Initiative zur Stadtplanung – im Zuge der politischen Restauration (Sutcliffe 1983, 46).

In Frankreich übernahmen vielfach private Gesellschaften Planung und Erschließung der kompletten Siedlungen bis hin zur Anlage der Straßen; das Bodengeschäft wurde ihnen überlassen. Wie in Deutschland hielten die Grundeigentümer in Frankreich an den Stadträndern ihren Grundbesitz in der Erwartung zukünftiger höherer Preise fest in Händen. Die durch die Bodenmonopole bedingte Preissteigerung hatten eine höhere Bebauungsverdichtung mit Miethäusern zur Folge. Prinzipielle Hindernisse betreffend der Umwandlung von Grund und Boden in Bauland waren in Frankreich nicht vorhanden (Sutcliffe 1983, 47).

Das Hauptaugenmerk des Staates lag in Frankreich auf der Straßenverbesserung in den Innenstädten (siehe Kapitel 9). Ebenso wurde der private Eisenbahnbau staatlicherseits durch einen Regierungsfond unterstützt und so das Ziel vorangetrieben, die zentrale Bedeutung von Paris zu unterstreichen und einen verbesserten Truppentransport zu ermöglichen.

In England kontrollierte die private Spekulation die Vorstädte. Die Stadterweiterungsgebiete gehörten meist den aristokratischen Landbesitzern, die ihre oft umfangreichen Flächen aufgrund rechtlicher Einschränkungen nicht ohne Weiteres verkaufen konnten. Hier wurde ein europaweit einmaliges System des Erbbaurechts (leasehold tenure) entwickelt: Nach 99 Jahren fielen Land und Gebäude an die Grundbesitzer zurück. Folglich waren diese an der Erstellung von Gebäuden interessiert, die auch nach Ablauf der Frist noch einen „Wert" hatten; die Eigentümer orientierten sich somit oft am Wohnungsbau für die mittleren und oberen Bevölkerungsgruppen und setzten entsprechend bessere, teure Baumaterialien ein (Sutcliff 1983, 39).

Die Befugnisse waren begrenzt, Grundeigentum im Rahmen der Planung entlang der Straßen zu erlangen oder zu enteignen (Sutcliff 1983, 42). Die englischen Gemeinden zögerten bei der Durchführung wichtiger Straßenverbesserungen, da sie die Kosten für die Projekte selber tragen bzw. über höhere Haussteuern finanzieren mussten. Diese Haussteuern wiederum stießen auf Kritik der Hausbewohner, so dass man bis in die 1860er Jahre seitens der Gemeinden nur sehr zögerlich einschritt.
Eine Allianz von öffentlichem und privatem Kapital, wie bei der Sanierung von Paris, war nicht vorhanden. Die öffentlichen Investitionen in London waren 1855 bis 1889 nur halb so groß wie in Paris (Sutcliffe 1983, 45).

Aufgrund der früheren Industrialisierung verlief das städtische Wachstum in England rasanter und in größerem Umfang als in Deutschland. Die Stadtentwicklung nahm die Form eines großen, in stark in die Fläche ausdehnenden „Siedlungsbreis" an. In Deutschland vollzog sich die Bebauung in den noch durch ihre Stadtmauer bzw. spätere Zollgrenze eingeschnürten Städten (Reulecke 1997) eher in verdichteter Form, wie z.B. in Köln. Neben den Wohnvierteln für die besser gestellte Bevölkerung wurden z.T. stark verdichtete Arbeiterhäuser (z.B. in Back-to-Back-Bebauung) errichtet.

Über städtische Bauordnungen versuchte man allerdings, bauliche Auswüchse zu verhindern und das Bauen zu reglementieren. In einem der frühesten Gesetze, welches einen Zusammenhang zwischen Wohnung und Gesundheit herstellte, fanden diese Bemühungen schließlich ihren Niederschlag.
Das Public Health Act von 1875, welches diesbezüglich bis zum ersten Weltkrieg über ein Alleinstellungsmerkmal verfügte, ermöglichte den Sanierungsabriss ungesunder Häuser und sah eine öffentliche finanzielle Förderung von Arbeiterwohnungen vor. Auf der Grundlage dieser Gesetze wurde die Entfernung von Slums aus den zentralen innerstädtischen Gebieten vorangetrieben; das Gesetz wurde Vorbild auch für deutsche Sanierungsgesetze, z.B. später in Hamburg (siehe Kapitel 12).

In England kam die Hauptrolle beim Umbau der Stadtzentren dem Eisenbahnbau zu, der mit weit reichenden Enteignungsmöglichkeiten für den Bau der Bahnstrecken ausgestattet wurde. Überhaupt wurde der Eisenbahnbau in allen Staaten speziell gefördert; den Gesellschaften wurden besondere Rechte zugestanden, wie im „Gesetz über die Eisenbahn-Unternehmungen" von 1839 in Deutschland (Wennemann 1983, 208).

Englische Industriestadt im 19. Jh. (Albers 1997, 132)

Weitere Beispiele von Stadterweiterungsplanungen in der 2. Hälfte des 19. Jh.s in Deutschland z.B. Mainz (1872), Darmstadt-Blumenthalviertel (1872), Mannhein-Oststadt (1872) oder Köln-Neustadt (1886) oder in Europa z.B. Florenz (1864) oder Rom (1873).

9. Neuer Umgang mit der Altstadt: Stadtumbau in Paris und Wien

Das durch die Industrialisierung ausgelöste Stadtwachstum bzw. der Bedeutungszuwachs der Städte als Handels- und Dienstleistungszentren führte zu einer großen Nachfrage nach Stadterweiterungsflächen: Der Eisenbahnbau beanspruchte Platz, die massenhaft in die Stadt strömende Bevölkerung benötigte Wohnraum und die Industrie neue Betriebsflächen. Der planerische Umgang mit der Stadterweiterung wurde an den Beispielen von Berlin und Barcelona aufgezeigt. Beide große Stadterweiterungspläne ließen die Altstädte bei ihren Planungseingriffen weitgehend außen vor.

Doch auch die Altstädte gerieten unter einen ganz besonderen Veränderungsdruck: Auf das Stadtzentrum als dem meist traditions- und geschichtsträchtigen Teil der Stadt richtete sich die Nachfrage nach höherwertigen Geschäfts-, Handels-, Verwaltungs- und Wohnnutzungen und führte dort zu weit reichenden Stadtumbaumaßnahmen.

Im Gegensatz zur „Stadterweiterung", die sich in der Regel auf landwirtschaftlich genutztem Boden erstreckte, erfolgte der „Stadtumbau" in der Stadt, die bereits ein bauliches, soziales und eigentumsrechtliches Gefüge aufzuweisen hatte. Damit verbunden war (ist) zumeist ein hohes Konfliktpotenzial, da durch den „Stadtumbau" der Standort in der Regel aufgewertet und für gewinnträchtigere Nutzungen vorbereitet wird. Folglich werden die weniger ertragreichen Nutzungen verdrängt.
Die planerische Vorbereitung des Stadtumbaus ist somit wesentlich komplizierter und erfordert weit reichende Planungsinstrumentarien, insbesondere die Mittel zur Durchsetzung einer Enteignung.

Bei der Sanierung von Paris und dem Ringstraßenprojekt in Wien führten ebenso wie bei den bereits aufgeführten Beispielen der Stadterweiterung (Berlin, Barcelona) die andersartigen lokalpolitischen Ausgangsvoraussetzungen zu unterschiedlichen Planungsergebnissen. Die Sanierungsplanung von Paris war im 19. Jh. das bedeutendste Beispiel für den Stadtumbau und wurde vielerorts als Vorbild angesehen. Auch die Qualität der Stadtgestaltung in Wien diente als positives Beispiel bei den Versuchen, dem sich zeigenden Qualitätsverlust des Städtebaus Herr zu werden.

Allerdings sind beide Planungsbeispiele Sonderfälle, die ihre Umsetzung der besonderen lokalen Ausgangssituation verdankten und somit nur geringen exemplarischen Wert haben. So „blendeten" beide Planungen die zeitgenössischen Betrachter – und oft auch noch die heutigen Städtebauer –, die ihrerseits die besonderen Umstände und Bedingungen aus ihrer Betrachtung „ausblendeten", die die Planungsumsetzung erst ermöglichten.

Ein Lernen an den Beispielen Wien und Paris hätte nicht nur bei der Analyse des Stadtbildes, sondern auch bei den historischen „Produktionsbedingungen" der Stadt ansetzen müssen. In beiden Fällen handelte es sich zudem um nationale Hauptstädte, deren Ausbau nach repräsentativen Gesichtspunkten eine besondere Beachtung durch die Monarchien erfuhren.

Die Sanierungsplanung von Paris (1853 bis 1870)

Paris zählte bereits im 17. Jh. zu den am dichtesten bebauten Städten Europas und hatte im Zuge des Ausbaus als Residenzstadt zahlreiche landesfürstliche Umbau- und Erweiterungsplanungen erfahren, wie den Ausbau von Boulevards und Stadtplätzen, die Einfügung von Straßen oder Straßenverbreiterungen oder die Erschließung neuer, bürgerlicher Wohnviertel. Nach den Revolutionswirren konnte unter Napoleon I. erneut eine zentrale Planungstätigkeit durchgesetzt und insbesondere ingenieurtechnische Verbesserungen bei Brücken-, Kanal- und Straßenbau und der Wasserversorgung erzielt werden. Er griff dabei auf einen 1794/95 erstellten städtebaulichen Rahmenplan, den „Plan des Artistes" zurück, der neben neuen Straßen in den Stadterweiterungsgebie-

ten auch Straßendurchbrüche in der engen Altstadt von Paris und die Freistellung von monumentalen Gebäuden vorsah (siehe Kapitel 5).

In den krisengeschüttelten Jahren nach der Absetzung Napoleons I. wurde die Planung nicht weiter verfolgt, bis sie 1848 vom Neffen Napoleons, Louis Napoleon III., aufgegriffen und fortgeführt wurde.
Die Einwohnerzahl der Stadt war in der ersten Hälfte des 19. Jh.s enorm angewachsen.
1801 lebten 547 000 Einwohner (Kieß 1991, 132) in der Stadt. Um 1851 zählte sie bereits 1,05 Millionen Einwohner und 1870 ca. 1,83 Millionen (Schilling 1921, 268).

Ähnlich wie in Berlin war der Wohnungsnotstand sehr groß. Die Menschen lebten am Stadtrand in Barackensiedlungen oder in den engen und verdichteten Wohnquartieren der Altstadt. Die beginnende Industrialisierung hatte eine spezielle Mischung von Wohnen und Arbeiten im gleichen Gebäude oder im Baublock, die so genannte „Fabrique Parisienne", hervorgebracht.

Die räumliche Verdichtung in der Stadt zeigte bereits Züge der sozialen Spaltung: Während im Osten der Stadt die Arbeiterschaft dicht gedrängt mit 850–1000 Einwohnern/ha lebten, waren die bürgerlichen Viertel im Westen der Stadt, die sich hier im 17. und 18. Jh. herausgebildet hatten, mit 200 Einwohnern/ha geringer verdichtet (Kieß 1991, 132).
In der historischen Altstadt mit ihren engen Gassen von oft nur 2,5 m Breite waren die Wohnungszustände katastrophal. Da nicht alle Stadtquartiere über einen Wasseranschluss verfügten, musste die Wasserversorgung über Wasserträger sichergestellt werden; Senkgruben nahmen die Abwässer auf, das Schmutzwasser wurde in die Seine geleitet. Die hygienischen Zustände wurden zu einer immer größer wer-

Paris: Barrikadenkämpfe (Geist /Kürvers 1984, 341)

Der Stadtumbau spielte auch eine Rolle bei der Bekämpfung der Arbeitslosigkeit, da jeder fünfte werktätige Pariser in der Baubranche beschäftigt war und durch die öffentlichen Investitionen Arbeitsplätze geschaffen wurden (Hall 1995, 53).

Enge Bebauung Paris (Kieß 1991, 130)

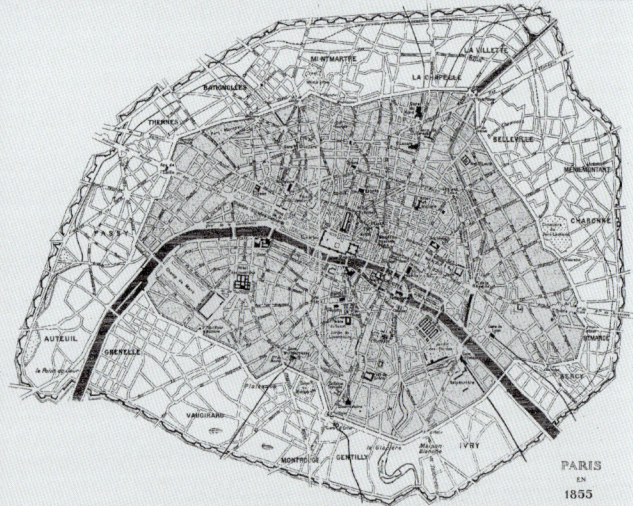

oben: Situationsplan von Paris im Jahre 1855 (Kieß 1991, 131). Die „verbauten" Verkehrsstraßen in der Altstadt sind deutlich zu erkennen.

Abbrucharbeiten im Zuge der Haussmannschen Kahlschlagsanierung (Benevolo 1990, 837)

denden Gefahr für die Allgemeinheit, die dann nahezu zwangsläufig in Epidemien mündeten: 1832 und 1849 traf die Cholera die städtische Bevölkerung schwer.

Die unzureichenden sozialen und hygienischen Zustände entluden sich in politischen Aufständen mit Barrikadenkämpfen (1830, 1833, 1834, 1840, 1848), die die herrschenden Regierungen nicht mehr eindämmen konnten. Vor allem die Altstadt wurde von Aufständischen besetzt, in deren engen Gassen sich das Militär nicht mehr hineintraute (Kieß 1991, 131).
Die sozialen Spannungen verschärften sich und die räumliche Entmischung der sozialen Klassen in Paris setzte sich fort. Die besser gestellten Schichten verließen die Altstadt, und auch viele Arbeiter zogen in die Nähe der neuen Industriebetriebe, die sich im Osten der Stadt ansiedelten. Im inneren Stadtbereich blieben die ärmeren Bewohner zurück.

Das alte Verkehrsnetz im Stadtzentrum mit seinem Straßenkreuz aus der römischen Gründungsphase war immer stärker zugebaut worden und schon lange nicht mehr leistungsfähig. Ein Verkehrsaustausch zwischen dem Zentrum und den neuen, sich weitgehend ungeplant entwickelnden Vororten am Stadtrand wurde erheblich erschwert. Erst 1860 erfolgte eine Eingemeindung der Vororte und deren Einbeziehung in das Straßensystem. In Paris bestand somit ein großer planerischer Handlungsbedarf, denn die Stadt befand sich in einer kritischen Situation.

1848 wurde die Republik proklamiert und Louis Napoleon Bonaparte III. zum Präsidenten gewählt, der sich schon bald als autoritär regierender Herrscher zeigte. Er wurde zum „Motor" des großen Plans der „Transformation" von Paris. Mit der Planung wurde dann Georges Eugène Haussmann (1809–1891) beauftragt, dessen Planungshandschrift bis heute das Bild des Pariser Zentrums bestimmt und dessen Name für den zwischen 1853 und 1870 durchgeführten Stadtumbau von Paris steht.

Wie die nebenstehende Abbildung trefflich wiedergibt, hält er die Spitzhacke in der Hand, mit der die alte Stadt Paris zerstört wurde, die Maurerkelle als Symbol des Neuaufbaus und, verdeckt, den Schlüssel zum Stadttresor.

Georges Eugène Haussmann, der Präfekt der Stadt Paris, wurde von der Regierung ernannt und galt als durchsetzungsstark, skrupellos in der Verfolgung seiner Ziele und als überzeugter Bonapartist (Hall 1995, 46). Haussmann legte bei seiner Planung für den Umbau von Paris den alten „Plan des Artistes" von Napoleon I. zugrunde. Er ließ diesen Plan von Fachleuten weiter ausarbeiten und im Laufe von 17 Jahren in drei Abschnitten komplett realisieren. Dem groß angelegten Stadtumbau von Paris lag damit kein im Voraus gefasster Gesamtplan zugrunde, sondern er bestand aus Einzelmaßnahmen, oft auch aus Zufälligkeiten sowie in der Fortsetzung begonnener Arbeiten aus vorangegangenen Jahren. Doch auch ohne Gesamtplanwerk wurden die Planungsziele des tief in das Stadtgefüge eingreifenden Stadtumbaus konsequent verfolgt. Haussmann setzte diesen Stadtumbau mit dem rigiden Mittel der Kahlschlagsanierung und einem weit reichenden Instrumentarium zur Planungsrealisation durch: Über 20 000 Häuser wurden abgerissen (Hall 1995, 48).

Die strikte Verfolgung der Planungsziele ermöglichte der Kaiser mit seinem autoritären, imperialistischen Kurs des so genannten Zweiten Kaiserreichs (Second Empire). Als sich die politische Situation in Richtung einer liberaleren Haltung der Regierung veränderte, sich vor allem die Kritik an den ungezügelten Ausgaben sowie den ansteigenden Schulden der Stadt verstärkte und Haussmann unseriöse, sogar illegale Finanzierungspraktiken vorgeworfen wurden (Kieß 1991, 161), musste dieser 1867 „seinen Hut nehmen". Zu diesem Zeitpunkt war allerdings die Umsetzung der Planung schon weitgehend abgeschlossen.

Karikatur Haussmann mit Maurerkelle (Benevolo 1990, 836)

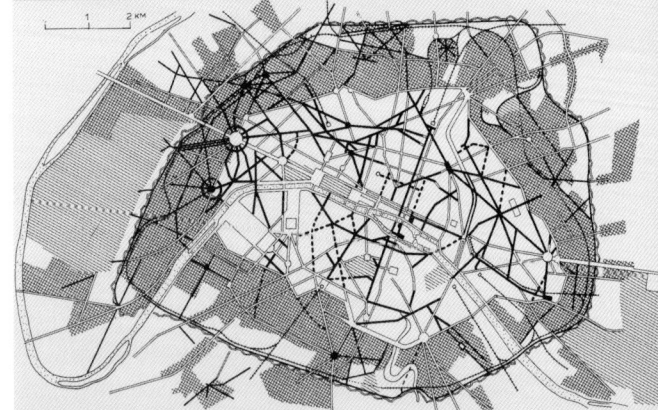

Schema der wichtigsten Arbeiten Haussmanns: Schwarz dargestellt die neuen Straßen und dunkel schraffiert die neuen Stadtteile sowie links Bois de Boulogne und rechts Bois de Vincennes (Benevolo 1990, 839)

Großes Achsenkreuz (Grande Croisée) und neue Ringstraße (Schilling 1921, 266)

unten und rechts: Place de l'Etoile (Kieß 1991, 152 und 153)

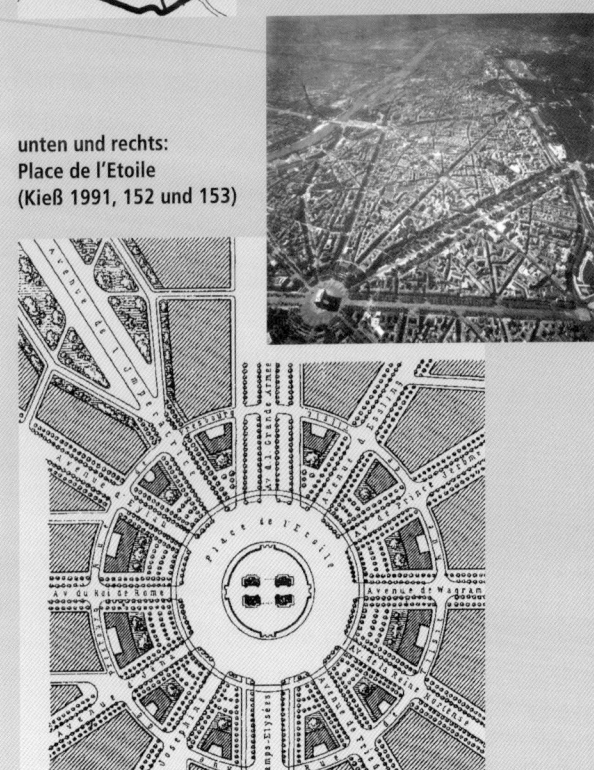

Als Begründung für die Sanierung in Paris wurden folgende Planungsziele aufgeführt:

• die Verbesserung der öffentlichen Gesundheit,
• die Beseitigung der alten Slumviertel,
• die bessere Belüftung,
• der reibungslose Verkehrsfluss,
• zeitgemäßes Wohnen und Gewerbe und
• die Stabilisierung der sozialen Ordnung.

Haussmann griff die Ansätze der sich ungelenkt vollziehenden, dynamischen Stadtentwicklung auf und führte sie planerisch fort: Auf der Grundlage von Stadterweiterungsplänen sollten im Osten Baugebiete für die Arbeiterschaft und im Westen für die besser gestellten Schichten aufgestellt werden; das Stadtzentrum sollte für die neuen Aufgaben wie z.B. öffentliche Gebäude, Banken, Verwaltung, Hotels, gutbürgerliche Wohnungen etc. umgebaut werden.

„Die dicht bebauten Viertel im Osten einfach der Arbeitsbevölkerung zu überlassen, den Westen bewusst für die wohlhabenden Schichten anzulegen und im Übrigen die Neuzuziehenden und die Armen" (Kieß 1991, 165) am Stadtrand ihrem Schicksal zu überlassen ließ allerdings eine soziale Komponente der Transformation seitens Haussmann vermissen. Während im Westen zudem eine sorgfältige Erweiterungsplanung für den Bau von Luxuswohnhäusern erfolgte, die auf großen Parzellen angelegt werden sollten, überließ man den Osten einer weniger stark ausgeprägten öffentlichen Planungstätigkeit. Hier beschränkte man sich auf die Vorgabe eines einfachen Straßensystems und überließ ansonsten der Privatinitiative das Feld (Rodriguez-Lores 1985).

Als weiteres, wenn auch nachrangiges Ziel wurde die Wiederherstellung von Sicherheit und Ordnung angestrebt und die Niederlegung der Barrikadenviertel unumwunden gefordert. Durch den Bau von Sternplätzen und durchgängigen Verkehrsstraßen sollte der Truppentransport zu den zentral gelegenen Kasernenbauten verbessert werden. Die breiteren Straßen erschwerten den Barrikadenbau und waren gut zu übersehen. Insbesondere vom Place de la République „konnte man von einem Punkt aus ganze Stadtteile mit Kanonen bestreichen" (Schilling 1921, 272).

Nach Haussmann ging es um das gewaltsame Aufbrechen der Aufruhr- und Barrikadenviertel des alten Paris und um die Durchschneidung der Labyrinthe (Hegemann 1913, 57).

Im Rahmen dieser übergeordneten Zielsetzungen wurde ein umfassendes Verkehrs- und Grünkonzept sowie die Modernisierung der Wasserversorgung und Abwasserentsorgung umgesetzt. Weiterhin sollten neue notwendige und repräsentative öffentliche Gebäude errichtet werden.

Die Sanierungsplanung wurde konsequent und vehement mit den Mitteln der Kahlschlagsanierung durchgesetzt. Im Zuge dieser Umgestaltung wurde die soziale Struktur der Altstadt völlig verändert. Die hier lebende ärmere Bevölkerung wurde verdrängt und zog vor allem in die östlichen Stadtteile; die neuen, teuren Wohnungen im Zentrum zielten auf besser gestellte Schichten ab.

Das Verkehrskonzept beinhaltete radikale Straßendurchbrüche und die Verbreiterung der Altstadtstraßen zugunsten eines durchgängigen Hauptverkehrssystems: Das „römische" Achsenkreuz (Grande Croisée de Paris) wurde wieder freigelegt, die Boulevards und großen Achsen ausgebaut, die Verbindung mit dem Umland sichergestellt und die beiden Ringstraßen konsequent realisiert.

Der Ausbau des Eisenbahnnetzes mit sechs auf Paris gerichteten Hauptlinien erfolgte bereits in den 1840er Jahren. Niedrige Fahrpreise hatten den Zustrom u.a. von Saisonarbeitern auf die Stadt verstärkt (Kieß 1991, 132). Wie in Berlin oder London wurden die Eisenbahnlinien nicht durch die Stadt geführt, sondern endeten als Sackbahnhöfe an der alten Stadtgrenze, allerdings oftmals ohne zufriedenstellende Straßenanbindungen. Die Bahnverbindungen sollten im Rahmen der Planung Haussmanns besser in das Verkehrsnetz integriert werden. An eine Durchführung von Bahnlinien durch die Stadt wurde nicht gedacht, was im Nachhinein sicherlich als Versäumnis zu werten ist.

Nach Abschluss der Planung waren in der Altstadt neue Straßen mit einer Gesamtlänge von 95 km entstanden (gegenüber 384 km im Jahr 1852) sowie 70 km in den Stadterweiterungsgebieten (Schilling 1921, 272). Beispiele hierfür sind der Boulevard Haussmann, Malesherbes, Magenta, Turbigo, La Fayette etc. oder die Avenue de l'Opéra (Kieß 1991, 160).
Bei der Anlage der Straßen beachtete man die neuesten verkehrstechnischen Erkenntnisse. Als Rückgriff auf stadtbaukünstlerische Inszenierungen des barocken Städtebaus wurde zudem bei der Anlage der Straßenachsen auf Blickpunkte und bauliche Dominanten sowie auf perspektivische Wirkungen geachtet – Denkmäler, Obelisken, Triumphbögen oder bedeutende Gebäude wie die Oper rückten in die Blickachsen.

Mit der Umsetzung des Grünkonzeptes und der Baumpflanzungen entlang der Alleen und in den neuen Parkanagen verdoppelte sich die Zahl der Stadtbäume zwischen 1852 und 1870 auf 95 577 (Kieß 1991, 160). Während Paris 1850 nur über wenig öffentliche Grünflächen verfügte, konnte die Stadt 1870 das hervorragendste Parksystem Europas vorweisen.
1852 war der Bois de Boulogne, ein Geschenk des Königs an die Stadt, als Bürgerpark zur Versorgung der besser gestellten Bewohner im Westen nach dem Vorbild des englischen Landschaftsparks gestaltet worden. Die Anlage des Bois des Vincennes sollte entsprechend der Aufwertung der östlichen Stadtteile dienen. Auch die Friedhofsanlagen wurden als neue wichtige Infrastruktur ausgebaut.

Die neuen Markthallen von Paris befinden sich im unteren, linken Bildausschnitt (Kieß 1991,143)

Paris: Neubau der Oper (Kieß 1991, 150)

Um die Realisierung von öffentlichen Bauten sicher zu stellen, musste Haussmann die Gesetzmäßigkeiten der privaten Bodenspekulation umgehen. Im Umfeld des Standortes für die neue Oper wurden Bauflächen zu günstigen Preisen erworben noch bevor das „Opernhausprojekt" veröffentlicht wurde und die Preise anstiegen.

Boulevard Malesherbes (Kieß 1991, 155)

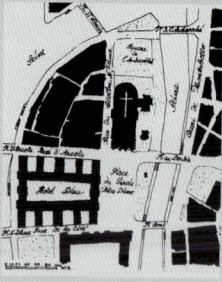

Ostteil der Citè: Von der Struktur des Wohnviertels im Umfeld der Kathedrale Notre-Dame blieb nach der Transformation nur wenig erhalten. Die Kathedrale wurde freigestellt und neue, monumental wirkende Bauten wie z.B. Justizministerium oder Hôtel-Dieu errichtet (Kieß 1991, 147).

Paris: Modernes Wasser- und Abwassersystem (Kostof 1993a, 205)

Napoleon III. und Haussmann gaben auch in ihren Umgestaltungsbemühungen nicht auf, als der Staat weitere finanzielle Zuschüsse verwehrte. Es wurden immer risikoreichere Finanzierungen in Kauf genommen und fragwürdige finanzielle Transaktionen durchgeführt, die zunehmend auch öffentlich kritisiert wurden (Hall 1995, 49). So wurden z.B. Fonds gebildet, an denen sich die Bauunternehmer beteiligen mussten, um damit quasi die Grundfinanzierung für die eigenen Bauprojekte sicher zu stellen: Die Ratenzahlungen wurden auf bis zu 60 Jahre und mehr berechnet.

Mit dem umfassenden Planungseingriff in die Altstadt sollte zudem für neue öffentliche, der Hauptstadtfunktion entsprechende Gebäude Platz geschaffen werden: für das Rathaus, die Oper, die großen Ministerien oder Verwaltungsbauten sowie die Markthallen (Hall 1995, 44).

Uneingeschränkt positive Effekte für das Stadtleben hatte die für die damalige Zeit modernste Wasserver- und Abwasserentsorgung: Im Zuge der Straßenbauarbeiten wurde das Kanalsystem grundlegend erneuert, und über große Kanäle und bis zu 200 km lange Aquädukte (anfangs noch als Gefälleleitungen) wurde Frischwasser in die Stadt gebracht. Diese Maßnahmen mussten gegen den Widerstand der Stadtverordneten durchgesetzt werden, die die Versorgung mit Wasser aus der Seine weiterhin als ausreichend ansahen und die Wasserversorgung den privaten Gesellschaften überlassen wollten. Nach Abschluss der Umbauarbeiten lag ein geschlossenes Entwässerungssystem mit großen Sammelkanälen vor (z.B. in der Rue de Rivoli).

Mit der funktionalen Umgestaltung ging die „Entleerung" der Altstadt einher: Allein zwischen 1856 und 1900 reduzierte sich dort die Einwohnerzahl als Folge der Tertiarisierung, d.h. der Zunahme des Dienstleistungssektors mit Handel und Verwaltung, von 15 000 auf 5 000. Die immanenten Folgen der Tertiarisierung der Altstadt, die Verdrängung von Wohnraum und Bewohnern, zeigten sich in Paris somit bereits sehr frühzeitig (siehe Kapitel 12).

Dieser umfassende, kraftvolle und zugleich rücksichtslose Eingriff in den Stadtkörper war nur durch weitreichende Eingriffe in das Privateigentum möglich, deren Grundlage das Enteignungsrecht von 1850/1852 bzw. 1858 und die dort verankerte Zonenenteignung war.

Rechtlich vorangegangen waren diesem Enteignungsrecht die französischen Enteignungsgesetze von 1807 und 1810, welche bereits in Kapitel 7 erläutert wurden.

Sie erlaubten, das Gelände für die Straßen nebst den seitlich angrenzenden Grundstücken zu kaufen oder gegen eine angemessene Entschädigung zu enteignen (Zonenenteignung). Nach Abschluss der öffentlichen Arbeiten mussten die neu eingeteilten Parzellen wieder verkauft werden. Mit dem Wertzuwachs sollten die notwendigen öffentlichen Arbeiten von Abriss bis Straßenneubau finanziert werden.

Diese Gesetze lagen dem neuen Sanierungsgesetz für Frankreich von 1850 (Gesetz Melun) zugrunde, welches 1852 für Paris in einem speziellen Dekret ergänzt wurde: Wegen mangelnder „hygienischer" Verhältnisse konnte hier eine Zonenenteignung durchgeführt werden und der Bodenwertzuwachs durch die Planungsmaßnahmen durfte beim späteren Verkauf bei der Stadt verbleiben. Da die staatlichen und städtischen Geldmittel für die Finanzierung des Stadtumbaus nicht ausreichten, sollten die Maßnahmen über Schulden in Form von Obligationsanleihen quasi „vorfinanziert" werden. Diese Kredite inklusive der Zinszahlungen sollten später über den Wertzuwachs durch den Grundstückverkauf getilgt werden.

In einem weiteren Dekret von 1858 veränderte sich jedoch diese Ausgangslage beträchtlich. Die Stadt durfte die neu eingeteilten Grundstücke nur noch zum Enteignungspreis weiterverkaufen. Den Anliegern wurde das Recht zugestanden, die „Restflächen nach der Straßenumlegung" – sprich die neu eingeteilten Bauparzellen – für einen Wert zu erwerben, der dem Wert des ehemals dort stehenden Gebäudes oder der den Mietern gezahlten Entschädigung entsprach. Damit fiel der Wertzuwachs durch die öffentlichen Arbeiten an die Privaten: Sie machten nunmehr das „Geschäft" mit den planungsbedingten Wertsteigerungen.
Um genau diesen Wertzuwachs und seine „Privatisierung" oder „Sozialisierung" im Sinne der Allgemeinheit war es bereits bei der Umsetzung der französischen Enteignungsgesetze im Rheinland gegangen.

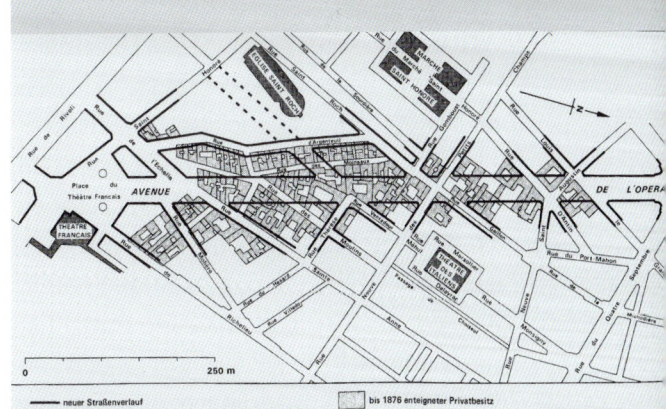

Paris: Zonenenteignung (Benevolo 1990, 836)

Für die Enteignung von 236 Häusern waren 18,7 Milliarden France veranschlagt worden, die tatsächlichen Kosten lagen bei 30,7 Milliarden France (Schilling 1921,287). Die Schuldenlast der Stadt Paris für die gesamte Sanierung um 1870 betrug 1.088,9 Milliarden Franc (Schilling 1921, 294).
Da Planung und Realisierung in dem Ausmaß, wie sie in Paris erfolgte, zu Beginn des 20. Jh.s ein vielfaches gekostet hätten, bewertete Schilling den Schuldenberg allerdings als „relativ": Diese frühe Sanierung in Paris habe trotz der immensen Kosten der Stadt in den späteren Jahrzehnten doch viel genutzt. Schilling kam 1921 auch zu dieser Bewertung, da er sah, wie schwierig und kostenintensiv sich der Umbau der Altstädte um die Jahrhundertwende in Deutschland gestaltete (siehe Kapitel 12).

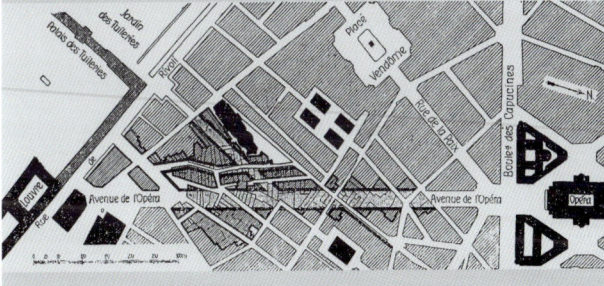

oben:
Restgrundstücke an der Avenue de l'Opera (Schilling 1921, 283)
rechts:
Bürgerliches Wohnhaus (Benevolo 1990, 848)

123

Mit der gesetzlichen Änderung von 1858 konnte die geplante Rückzahlung der Kredite nicht mehr aus dem Wertzuwachs erfolgen; die „Schulden" verblieben bei der öffentlichen Hand. Hinzu kam, dass die Kosten für die Enteignung bereits die veranschlagten Kosten für die Entschädigungszahlungen bei Weitem überschritten hatten. Statt der veranschlagten Kosten traten nun „unvorhergesehene Kostensteigerungen" auf (Kieß 1991, 157). Ursache hierfür waren zum einen die bereits genannte „Privatisierung" der Gewinne aus der Wertsteigerung und zum anderen eine veränderte Entschädigungspraxis: Auch die Mieter und Pächter mussten beim Abriss der Gebäude entschädigt werden. Die Enteignungsausschüsse setzten „generöse Entschädigungen" fest (Kieß 1991, 158).

Die Altbesitzer hatten als erste einen kräftigen Spekulationsgewinn zu verzeichnen. Da die Entschädigungssummen mit der Stadt frei verhandelbar waren und die Mieteinnahmen oder Gewinne aus einer Geschäftsnutzung berücksichtigten, wurden hier massive Fälschungen vorgenommen. So wurden falsche Bilanzen durch die Fälschung von Rechnungsbüchern der Gewerbe- und Geschäftstreibenden vorgelegt. Andere Hausbesitzer setzten in Zusammenarbeit mit den Mietern kurz vor dem Abriss der Häuser die Miete extrem hoch an und legten somit diese hohen Mieterträge den Entschädigungsverhandlungen zugrunde. Dazu wurden in Paris nachweislich extra Anwalts- und Rechnungsbüros gegründet, die Bilanzfälscher und Immobilienspekulanten unterstützten (Rodriguez-Lores 1985, 108). In vielen zeitgenössischen Romanen wird diese Praxis angeprangert (z.B. in Emile Zolas Roman „Die Beute").

Die neuen Grundbesitzer waren in der Regel Bauspekulanten, die in den Bau von teuren Wohnungen investierten, da bei diesen spekulativ hinaufgeschraubten Enteignungspreisen die zu leistenden Kaufpreise relativ hoch waren, aber die Abschöpfung einer kräftigen Rendite dennoch ein hohes Investitionspotenzial ermöglichte.

Dieses Sanierungsverfahren, das verbunden war mit der Durchführung von Neuordnungsarbeiten durch die öffentliche Hand, mit der späteren Reprivatisierung der Grundstücke und der anschließenden privat organisierten Neubebauung, wurde ein wesentliches Merkmal auch zukünftiger Planungseingriffe in den Altbaubestand. Ebenso nahm das Verbleiben von so genannten „unrentierlichen" Kosten für Abbruch, Planungskosten, Kosten für die Zwischenfinanzierung etc. bei der „öffentlichen Hand" Einzug in die Sanierungspraxis.

Die Pariser Sanierung wurde das große Vorbild des Stadtumbaus im 19. Jh. Die Höhe der öffentlichen Investitionen und der erreichte stadtbautechnische Standard waren einmalig in Europa. Die Stadt selber konnte diesen „Glanz" durch die Öffentlichkeitswirksamkeit noch verstärken, die die Planungsprojekte durch die Pariser Weltausstellung im Jahre 1867 erhielten.

So wurde Paris auch das Vorbild weiterer Sanierungsmaßnahmen in Frankreich selbst, z.B. in den Städten Toulouse und Rouen, die sich ebenso des Gesetzes Melun als Grundlage für die Freilegungsarbeiten bedienten. In anderen europäischen Ländern versuchte man es Paris gleichzutun, ohne jedoch über die rechtliche und politische Basis für dieses Vorgehen zu verfügen.

Die Sanierung in Paris war nur möglich durch den von Napoleon III. gestützten Alleingang von Haussmann, der in keinster Weise auf die sich bereits heftig äußernde zeitgenössische Kritik einging: Mit fast absolutistischem Gebaren wurde städtebauliche Planung umgesetzt. So kommt es nicht von ungefähr, dass die Umsetzung und Durchschlagskraft solch großer Gesten im Städtebau später autoritären Machtpolitikern immer wieder als Vorbild galt, wie z.B. Hitler bei der Hauptstadtplanung für Berlin. Ein planerisches Konzept für die Probleme der Großstadt im 19. Jh. und deren Stadtzentren konnte Paris dagegen nicht sein; zu sehr war die Planung nur vor dem Hintergrund der lokalpolitischen Situation und den in ihr handelnden Akteuren umsetzbar gewesen.

Das Ringstraßenprojekt in Wien (ab 1857)

Die kaiserliche Residenzstadt Wien war im 19. Jh. noch lange von spätabsolutistischer Manier geprägt und ohne tatsächliche städtische Autonomie oder Beteiligung der Bürgerschaft. Erst in der Mitte des 19. Jh.s wurde mit Blick auf die preußische Städteordnung von 1808 mehr Selbstverwaltung gefordert. 1850 erhielt Wien eine eigene Gemeindeordnung, bei der die Innenstadt und die 34 Vorstädte zusammengefasst werden sollten; diese ließ sich jedoch erst 1860 durchsetzen.

In Wien bestand neben der Altstadt und ihrem Befestigungsring noch eine weiter vorgelagerte Befestigungsanlage, die die Vorstädte einschloss (ein Linienwall, 1704 erbaut). Mitte des 18. Jh.s wurde der Bauprozess in den Vorstädten durch Baufluchtlinienfestsetzung und Steuerbefreiung landesfürstlich gefördert. Die Vorstädte wurden im 19. Jh. Zentren der industriellen Entwicklung, die sich wie ein Kranz um die Altstadt legten, die einer Insel gleich in ihrer Mitte ruhte.

Auch in Wien forcierte der Eisenbahnbau die städtische Entwicklung. „Bereits 1850 zählte man in Wien an die 20 000 Manufakturen und Fabriken für Luxus- und Modeartikel, Galanterien und Textilwaren" (Kieß 1991, 182). Die Einwohnerzahl der Stadt hatte sich in der ersten Hälfte des 19. Jh.s mit 431 000 Einwohnern nahezu verdoppelt. Die Wohnungsnot war sehr groß, extreme Überbelegung und Verdichtung waren die Folgen. Zwischen 1850 und 1856 stiegen die Mieten um 40% und die sozialpolitische Situation

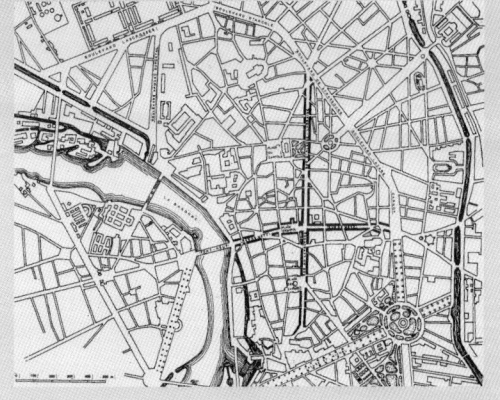

In Toulouse wurde das „Pariser Kreuz" um 1860 als Vorbild für die Durchfahrtsstraßen angewandt und damit der Altstadtgrundriss stark verändert. (Kieß 1991, 173)

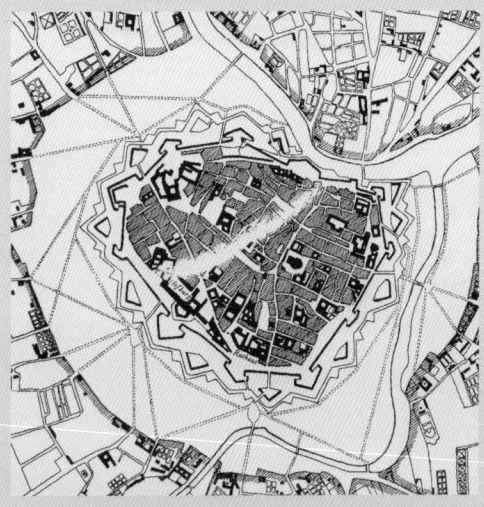

Wien mit Befestigungsring in der 1. Hälfte des 19. Jh.s (Benevolo 1990, 871)

Wien nach Realisierung des Ringstraßenprojektes (Benevolo 1990, 871)

Wien: Ringstraße (oben: Kieß 1991, 191 und unten: Kostof 1992, 225)

Wien: Demolierungsarbeiten

Der Wiener Ringboulevard mit der Inszenierung von Platzwänden und Blickpunkten auf Einzelarchitektur, d.h. die Herstellung des Zusammenhangs zwischen Architektur, Straße und Parkanlage, fand zahlreiche Nachahmer.
So entwickelte Joseph Stübben 1886 bei der Erweiterung der Neustadt in Köln ein Ringprojekt, das allerdings nicht über eine durchgängige Straßenbreite verfügte, im Straßenverlauf vielfach abknickte und weniger öffentliche Parkanlagen als in Wien erhielt.

Köln: Ringstraßenprojekt (Stübben 1890, zu Seite 252)

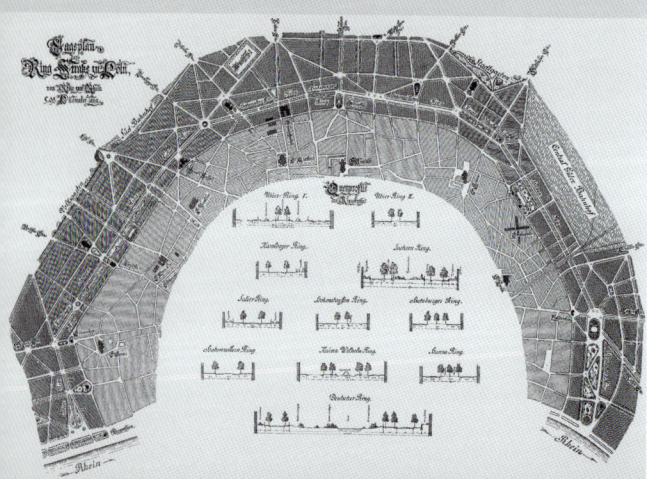

glich der eines Dampfkessels: Obdachlose kampierten auf öffentlichen Plätzen (Kieß 1991, 184).

Zwischen der isoliert liegenden Altstadt und den Vorstädten bestand ein starkes soziales Gefälle. Die Altstadt war Sitz des Hofes, von Adel und Klerus sowie von Hochfinanz und Großhandel (Banik-Schweitzer 1995, 127).

Mit der Planung verfolgte man das Ziel, die Funktion der Altstadt als gesellschaftlicher Mittelpunkt zu erhalten bzw. diese Funktion mit der Anlage des neuen Ringstraßenviertels zu stärken. Ebenso sollten die Ansprüche an neue Wohn- und Geschäftshäuser sowie Verwaltungsbauten hier realisiert werden und sich nicht in die Vorstädte verlagern. Zugleich musste für die brennende Wohnungsnot eine Lösung gefunden werden.

Bei der Suche nach Lösungsansätzen verfuhr man, wie in Paris, bei der Stadtentwicklung zweigleisig: Die Wohnungsbauten für die Arbeiterschaft sollten weiterhin in den Vorstädten verbleiben, die man in das Stadtgebiet eingemeindete und damit deren Entwicklung kontrollierte. Als planerische Voraussetzungen wurden Fluchtlinienpläne mit orthogonalem Raster für den Bau von Mietkasernen aufgestellt. Der im 20. Jh. in Wien so bedeutende soziale Wohnungsbau war noch lange nicht in Sicht. Das Hauptaugenmerk der Stadtplanung legte man stattdessen auf die Altstadt und das große, die Altstadt von den Vorstädten trennende Festungsgelände. Dabei musste die Altstadt nicht verändert werden, denn Platz für die neuen Nutzungen bot sich reichlich im Festungsbereich.

1857 wurde die „Auflassung" der Umwallung beschlossen mit dem Ziel der „Verschönerung der Residenz- und Reichshauptstadt". Die Flächen von Fortifikationen, Wällen und Glacis sollten verkauft und der Erlös für Abbrucharbeiten, die Auffüllung der Gräben und die Anlage neuer öffentlicher Bauten verwendet werden. Es ging vor allem darum, die „wohlhabende Bevölkerung an der Stadterweiterung zu beteiligen, galt es doch nicht nur ideell hauptstäd-

126

tische Ansprüche zu symbolisieren, sondern auch materiell das Spekulationsbedürfnis und den Bereicherungsdrang dieser Kreise zu stillen" (Kieß 1991, 185). Um einen zeitgenössischen Begriff zu verwenden, kann man auch von einer so genannten „inneren Stadterweiterung" sprechen (Schilling 1921).

1858 begann man mit der Planung durch die Ausschreibung eines europaweit beachteten Wettbewerbes, an dem sich die namhaftesten Architekten und Städtebauer der Zeit beteiligten. Die Anlage eines Ringboulevards sowie Bauflächen für Hofoper, Hoftheater, Rathaus oder Parlamentsgebäude wurden als Aufgabenstellung vorgegeben.
Aus den drei prämierten Arbeiten wurde vom Baudepartement des Innenministeriums im folgenden Überarbeitungsverfahren 1859 ein eigener neuer Plan zusammengestellt (Kieß 1991, 186). Der Stadtverwaltung Wiens stand man dabei keinen direkten Einfluss zu. Erst nach Abschluss der Planung wurde gemeinsam mit der Stadt Wien ein Durchführungsverfahren festgelegt, ohne ihr jedoch ein wirkliches Mitspracherecht einzuräumen und ohne der Stadt für die ihr aufoktroyierten Kosten eine Einnahmequelle in Aussicht zu stellen. Im Vergleich zu Wien hatten sich die Gemeindevertretungen in Preußen gegenüber der Zentralregierung schon stärker emanzipiert.

Die Altstadt wurde aus der Planung ausgeklammert und nur wenige notwendige Verbindungen und Straßendurchbrüche durchgeführt. Die Hausbesitzer in der Altstadt befürchteten sogar durch die Planungen am „Ring" eine Entwertung ihrer Immobilien; sie hatten jedoch keine politische Durchsetzungskraft, um sich zu wehren.
Dass man auch notgedrungen die Altstadt außen vor ließ, erklärt sich aus dem folgenden Beispiel: Für die Verbeiterung der Nord-Süd-Verbindung durch die Altstadt (wie die Kärntnerstraße) von 9 auf 19 m benötigte die Stadt 30 Jahre und Ablösesummen in Höhe von 2,74 Millionen Kronen (ca. 38 Millionen Gulden) für die Grundstücke (Kieß 1991, 197). Das

hatte eine hohe Verschuldung der Stadt zur Folge.

Im Gegensatz zu Paris bestand keine rechtliche Handhabung zur Altstadtsanierung und zur Zonenenteignung. Auch aus diesem Grund war es günstiger, die Altstadt bei der Planung nicht zu berücksichtigen. Auch gab es keine Notwendigkeit des Eingriffes in die Altstadt, denn der Staat hatte im Festungsgelände 240 ha hochwertiges Baugelände erhalten, welches für die neuen Flächenansprüche ausreichte. Hier wurden große Baublöcke nach lokaler Tradition der mehrgeschossigen Miethäuser, der Wiener Zinspaläste geplant. Die Stadt erhielt große Flächen für die Anlage von Parks, öffentlichen Platzanlagen und den Rathausneubau. Der Staat behielt 50 ha und verkaufte diese für 63 Millionen Gulden. Damit konnte er leicht die 300 000 Gulden für den Bau der Ringstraße und die 1,3 Millionen Gulden für den Bau der Kanäle bezahlen sowie die neuen „Hofbauten" finanzieren (Kieß 1991, 197ff).
Ebenfalls anders als in Paris konnte so der vorhandene staatliche und z.T. städtische Grundbesitz für eine großzügige Gestaltung und die Anlage öffentlicher Bauten genutzt und musste nicht zu einem überhöhten spekulativen Preis gekauft werden. Da der Grundbesitz sich quasi in einer Hand (Staat und Stadt) befand, ließ sich eine konsequente, durchgängige städtebauliche Planung verfolgen und umsetzen sowie die Planungsrealisierung sich durch das „eigene" Grundstücksgeschäft sichern.
Da die neuen Nutzungen am Rande der Altstadt untergebracht werden konnten, fiel auch die Vernichtung von Wohnraum in der Altstadt von Wien geringer aus als in Paris.

Die Arbeiten zogen sich länger als geplant hin, und erst 1864 wurden die Demolierungsarbeiten des Festungsbereiches abgeschlossen.

10. Städtebaureformen im 19. Jahrhundert

Der dynamische Verlauf der Industrialisierung und das rasante Wirtschaftswachstum führte ab den 1850er Jahren zur Konzentration von Menschen und Produktionsanlagen. Die Landflucht „versorgte" die Industrie- und Großstädte, in denen sich die Lebenssituation zunehmend verschlechterte, mit Arbeitskräften. In nur wenigen Jahrzehnten fand ein großer sozialer und kultureller Umformungsprozess statt, der zur Konsequenz hatte, dass die Lebenswirklichkeit der vom Land in die Städte strömenden Menschen sich völlig veränderte.

Schon in dieser Zeit erhoben sich neben den allgemeinen Forderungen nach verbesserten Wohn- und Arbeitsbedingungen auch bereits kritische Stimmen gegen die großstädtische Lebensweise als solche.

Gegen Ende des 19. Jh.s mehrten sich Reformkonzepte, die das Dilemma der ungezügelten privatwirtschaftlichen Entwicklung in den Städten eindämmen wollten. Neben der Beseitigung offenkundiger Missstände suchte man nach Konzepten für ein „neues" Stadt- und Lebensmodell in der Industriegesellschaft.

Viele Reformansätze des Wohnungs- und Städtebaus befassten sich mit der Veränderung der städtebaulichen Strukturen und Wohnungstypen auf der Basis bestehender Mechanismen der privatwirtschaftlichen Herstellung bzw. „Produktion" von Stadt (Fehl 1992a): Durch Kostenreduzierung sollte die Qualität verbessert werden, ohne den Ertrag schmälern zu müssen. Andere Konzepte beschäftigten sich mit der Erweiterung der bestehenden Planungsinstrumente. Auch suchte man nach Lösungen, indem man die Beteiligung des Staates an der Finanzierung des Wohnungsbaus für „Minderbemittelte" in Erwägung zog. Ein weiterer Reformansatz wurde in der Dezentralisierung der Stadt gesehen (siehe Kapitel 11).

Die frühen Reformer: Owen und Fourier

Bereits in der ersten Hälfte des 19. Jh.s wurden die sich abzeichnenden Probleme der modernen Städte erkannt. Erste Reformversuche befassten sich mit Vorschlägen zu neuen Stadt- und Siedlungsstrukturen und zur Entdichtung. Hinzu kamen auch schon frühe Ideen zu neuen gemeinschaftlichen und genossenschaftlichen Organisationsformen.

Viele dieser Reformansätze aus dem frühen 19. Jh. wurden zur Zeit ihrer Entstehung kaum umgesetzt und blieben, vergleichbar den Idealstadtplanungen des Barock, in ihrer Radikalität oft nur theoretische Modelle. Dennoch beeinflussten sie die späteren Debatten und flossen teilweise gegen Ende des 19. Jh.s in die Städtebaureformen ein.

Zu den bedeutendsten frühen sozialen und politischen Utopien gehören die von Robert Owen (1771–1858) und Charles Fourier (1772–1837). Sie entwickelten unter sozialen und räumlichen Gesichtspunkten Zukunftsentwürfe für die Industriestadt. Sie akzeptierten im Grundsatz die neuen gesellschaftlichen Bedingungen der industriellen und technischen Entwicklung und wollten diese im Sinne der Aufklärung für die Entwicklung einer „besseren" Gesellschaft und einer harmonischen Gemeinschaft nutzen. Die vorgeschlagenen räumlichen Modelle waren als urbane Lebensformen auf dem industrialisierten Land gedacht.

Robert Owen errichtete 1820 in New Lanark (Schottland) eine Textilfabrik sowie eine als Kooperative organisierte Siedlung. Es sollten „Dörfer der Harmonie" mit der Familie als Keimzelle entstehen (Delfante 1999, 162). Neben dem Bau guter Arbeiterwohnungen wurden Bildung, Ausbildung und Erziehung der Arbeiterschaft in den Mittelpunkt gestellt.

Owen hatte es sich zum Ziel gesetzt, die neuen technologischen Entwicklungen in der Industrieproduktion in paternalistischer, d.h. fürsorgender Weise für die industriellen Unternehmer und die Arbeiter-

Reulecke beschreibt die Stimmung um 1900 als eine zwischen „Zivilisationskritik" und „Stadtstolz". Die Zivilisationskritik beruhte auf einer umfassenden Technik- und Industriekapitalismuskritik und einer agrarromantischen Idealisierung des Landes. Natur-, Heimat- und Denkmalschutz entstammten dieser Haltung (Riehl u.a. siehe Reulecke 1997, 120). Die riesigen Menschenansammlungen in „gesichts- und seelenlosen Großstadtvierteln" (Reulecke 1997, 122), die wachsende Kriminalität sowie die unhygienischen und „unsittlichen" Zustände gaben der Großstadtkritik immer neue Nahrung. „Lobten die einen den Lebensstil des Großstädters als Zeichen für das Entstehen eines neuen, weltoffenen Menschen, der höhere Ansprüche zu bewältigen gelernt habe, (...) so sahen die anderen im Großstadtmenschen ein Wesen, das `der freien Natur und den ihm allein zugänglichen Lebensumständen entzogen und unabänderlich zur Entartung verdammt war´" (Reulecke 1997, 120).

Tuchfabrik von Owen in New Lanark / Schottland um 1820 (Kieß 1991, 105)

Beschreibung der Wohnungszustände:
„Man ist hier wirklich in einem fast unverhüllten Arbeiterviertel, denn selbst die Läden und Kneipen der Straße nehmen sich nicht die Mühe, etwas reinlich auszusehen. Aber das ist noch nichts gegen die Gassen und Höfe, die dahinter liegen und zu denen man nur durch enge, überbaute Zugänge gelangt, in denen keine zwei Menschen aneinander vorbei können. (...) überall, wo die ganze Bauart der früheren Epoche noch ein Fleckchen Raum ließ, (wurde) später nachgebaut und angeflickt, bis endlich zwischen den Häusern kein Zoll breit Platz blieb, der sich noch hätte verbauen lassen" (Friedrich Engels 1845, zitiert nach Posener 1982, 22).

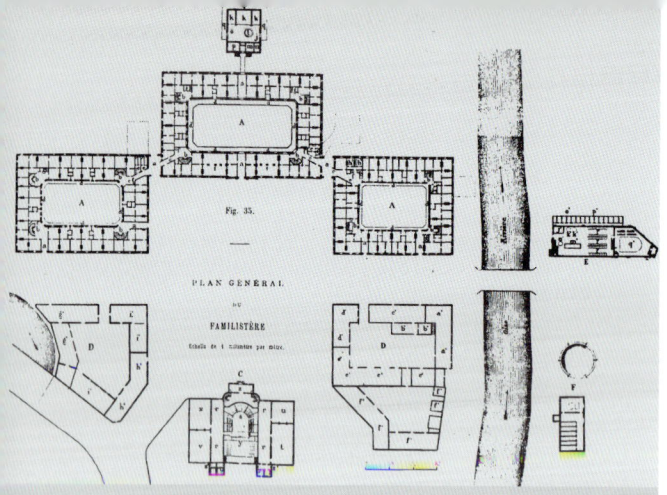

Familistère in Guise: Die Abbildung zeigt die Wohnhäuser (oben) und die Gemeinschaftsbauten (unten) (Benevolo 1990, 808)

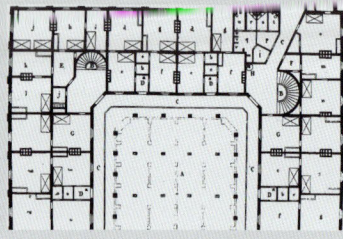

Die Familienwohnungen waren um die zentrale Halle gruppiert (Benevolo 1990, 810)

Guise: Familistère und Fabrikanlage (Posener 1982, 18)

Fourier lehnte das Privateigentum nicht ab. Auch propagierte er nicht die „Gleichheit der Vermögen" (Posener 1982, 18). Reiche und Armen sollten friedlich miteinander leben - vielleicht haben Hobrechts sozial-idealistische Ideen hier mit einen Ursprung.

Victor Considérant: Idee eines Phalansteriums um 1840 (Eaton 2001, 126)

„Fourier entwirft auch die weniger bekannte Stadt mit dem Namen Garantisme, in der er drei konzentrische Viertel anlegt. Im Zentrum befindet sich die Geschäfts- und Verwaltungszone, im zweiten die Industriezone, den äußeren stellt schließlich die Agrarzone dar. Dieses Schema wird schließlich Ebenezer Howard bei dem Entwurf seiner Gartenstadt inspirieren" (Delfante 1999, 177).

schaft zu nutzen (Kieß 1991, 110) und sah darin eine Fortführung der Tradition der Fürsorge des absoluten Landesherrn für seine Untertanen. Die Umsetzung seiner Projekte blieb im Wesentlichen auf New Lanark beschränkt.

Viele gesellschaftliche und städtebauliche Reformer des 19. Jh.s beriefen sich auf Owen und griffen neben den Organisationskonzepten der „Industriedörfer" auch auf dessen rückhaltlose Analysen der Ist-Zustände in den frühen Fabriken zurück (Posener 1982, 13).

Charles Fourier gilt als Vordenker sozialistischer Ideen. Er entwickelte breit gefächerte ökonomische und soziale Erneuerungsvorschläge, die – wie bei Owen – in städtebauliche und bauliche Konzepte mündeten. Er griff die Theorien der Aufklärung des 18. Jh.s zur natürlichen Ordnung der Gesellschaft auf und bediente sich des Begriffes der harmonischen Gemeinschaft. In seiner Kritik richtete er sich gegen die trostlose Rasterplanung der Städte und gegen die Unterordnung des Städtebaus unter die rein egoistischen ökonomischen Interessen der Grundbesitzer. Er propagierte die soziale Verantwortung des Eigentums. In seinem Modell der „Assoziationen" schlug er sowohl neue Produktions- als auch Lebensgemeinschaften vor (Posener 1982, 14ff): „Besitz und Arbeit als die beiden Faktoren des Reichtums (sind) neu zu ordnen" (Kieß 1991, 119).

Fourier entwickelte ein Modell für eine Siedlungseinheit für ca. 1 600 Personen, welches bis ins kleinste Detail – von der städtebaulichen Struktur bis zu inneren Organisation – durchgeplant wurde. Der prägnante Großgebäudekomplex, das Phalanstère, umfasste private Wohnungen unterschiedlicher Größe für arme und reichere Bewohner sowie umfangreiche Gemeinschafts- und Bildungseinrichtungen. Im Aufbau erinnerte es noch an eine barocke Schlossanlage.

Die Umsetzung eines „Phalanstères" erfolgte erst lange nach dem Tod Fouriers. Der Unternehmer André Godin errichtete eine Ofenfabrik und eine Wohnanlage als „Familistère" zwischen 1859 und 1883 in Guise (Frankreich). Die sozialen Einrichtungen und die gemeinsame Pädagogik sowie der Grundtyp des Bauens sind „fourieristisch", doch die Anlage von Godin ist als Arbeiterstadt und Werkwohnungsbau des Fabrikanten gedacht (Posener 1982, 18); allerdings als genossenschaftlicher Besitz mit Beteiligung der Arbeiter. Die Assoziation von Godin überdauerte bis 1968.

Weitere Projekte auf der Grundlage von Fourier wurden in Algerien, Frankreich und den USA umgesetzt (Delfante 1999, 177) und seine Ideen flossen u.a. in die Gartenstadtidee von Ebenezer Howard (siehe Kapitel 11) ein.

Die beiden so genannten „Frühutopisten" knüpften bei ihren Konzepten an ältere und bereits in der Landwirtschaft vorhandene Sozietäten an und versuchten diese in neue Lebens- und industrielle Arbeitsformen umzusetzen. Die von ihnen angestrebte urbane Lebensform auf dem industrialisierten Lande, die mit der Sozial- und Eigentumsreform einhergehen sollte, konnte allerdings nicht greifen – bei der so machtvoll einsetzenden Industrialisierung nach der Jahrhundertmitte mit ihren räumlichen Konzentrationsprozessen.

Die Wohn- und Lebensverhältnisse der städtischen Arbeiterschaft verschlechterten sich zunehmend; gleichzeitig wurde der Zusammenhang zwischen guten, hygienischen Wohnverhältnissen und der Aufrechterhaltung der Arbeitskraft immer deutlicher. Um die Jahrhundertmitte brachten dann Untersuchungen zu Hygiene und Sterblichkeit in den Arbeitervierteln Debatten zur Verbesserung der Wohnungen in Gang. Auch in Deutschland vermehrten sich die Studien und Untersuchungen zu den unhaltbaren Wohnungszuständen der Arbeiterschaft; die Berichte fanden zum Teil weite Verbreitung, wie z.B. die von Friedrich Engels („Die Lage der arbeitenden Klassen in England", 1845) oder von Bettina von Armin („Dies Buch gehört dem König", 1843). Wohnungsreformer wie Viktor

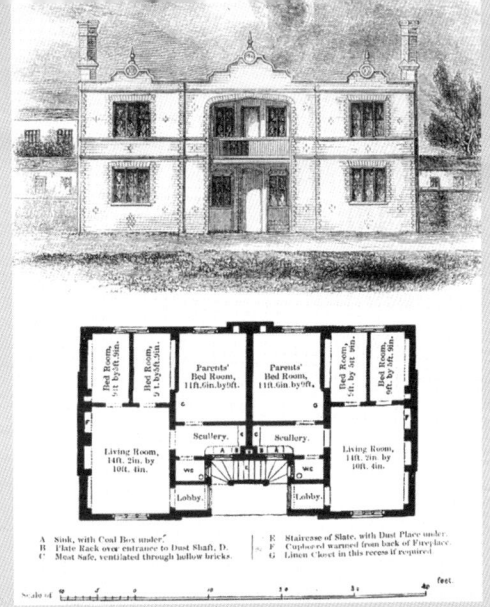

„Prince Albert's Model House" auf der Londoner Industrieausstellung 1850 (Posener 1982, 36)

1889 erschien der Roman „Looking Backward" von Eduard Bellamy, in dem er rückblickend aus dem Jahr 2000 „eine sozialistische Gesellschaft mit weitgehender Technisierung und hohem Lebensstandard bei kurzer Arbeitszeit" beschrieben hat (Reinborn 1996, 34).

Schaubild Cités ouvrière in Mülhausen um 1853 (Geist/Kürvers 1980, 461)

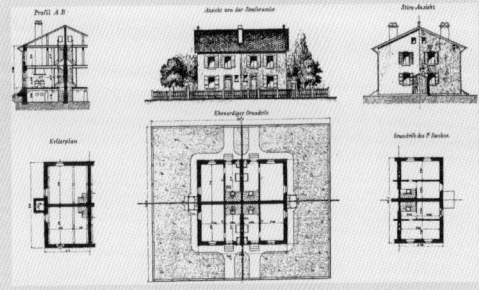

Zweigeschossiger, vierteiliger Haustyp in der Cité ouvrière, Mülhausen (Kieß 1991, 313)

Es wurde eine Gesellschaft mit dem Zweck gegründet, Arbeiterhäuser in Mühlhausen zu errichten, die zu gemäßigten Mieten vergeben oder zu den Herstellungskosten verkauft werden sollten. Unter starker finanzieller Beteiligung der ortsansässigen Industriellen wurde der Arbeiterwohnungsbau nicht mehr nur an ein einziges Unternehmen gekoppelt. In Frankreich entstanden in der Folge zahlreiche „Cité Ouvrière".

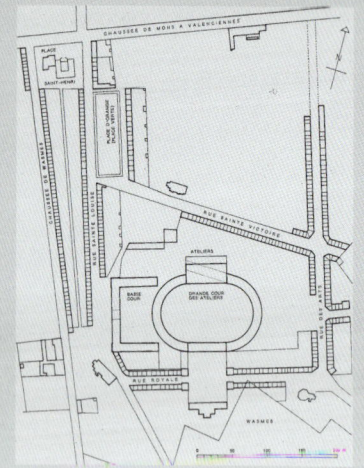

links: Grand-Hornu im Jahr 1852 (Kieß 1991, 292)
unten: Saltaire, Lageplan Fabrikanlage und Modell-siedlung um 1870 (Bene-volo 1990, 824)

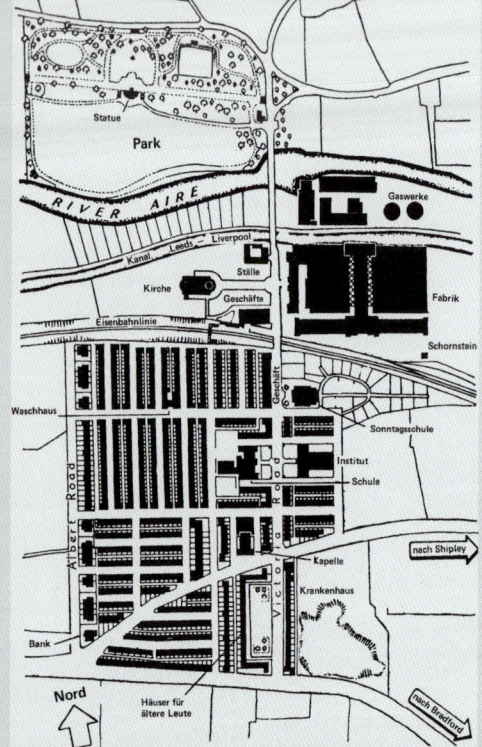

Saltaire: Luftbild (Reinborn 1996, 35)

Die Häuser wurden zu nur 10-15 % des Wochenlohns vermietet, wobei Salt nur eine 4%-zige Verzinsung seines aufgewandten Kapitals zugrunde legte – auch diesbezüglich ein sehr fortschrittliches Modell. Die niedrige Verzinsung wurde zentrales Thema bei der Durchsetzung des späteren gemeinnützigen Wohnungsbaus.

Aimé Huber entwickelten Baugenossenschaftsmodelle weiter.

Bei den Weltausstellungen 1851 in London und 1867 in Paris wurden erste Musterbeispiele des Arbeiter-wohnungsbaus vorgestellt. In London ließ Prinz Albert ein zweigeschossiges Arbeiterwohnhaus für vier Wohn-einheiten bauen, und in Paris baute Napoleon III. einige Musterhäuser für städtische Arbeiterwohnun-gen. In Mühlhausen im Elsass bildete sich eine Société aus der örtlichen Unternehmerschaft heraus und errichtete ab 1853 das viel beachtete Projekt der Cité Ouvrière (Kieß 1991, 308ff). Doch diese in der Fach-öffentlichkeit beachteten Projekte blieben noch ohne praktische Durchschlagskraft.

Der Werkswohnungsbau

Die ersten Beteiligungen am Wohnungsbau für die Arbeiterschaft erfolgten nicht seitens des Staates, sondern durch Privatunternehmer wie die „Hütten-besitzer". Sie bauten in direkter Nähe ihrer Fabriken Wohnungen für ihre Beschäftigten.
Nachfolgend werden nur wenige beispielhafte Projekte des sehr umfangreichen Werkswohnungsbaus der Unternehmer in Europa dargestellt. Für die Wohnungs-reform des 20. Jh.s übernahmen sie eine wichtige Vorbildfunktion: Sie lieferten Erkenntnisse über eine neue Qualität im Wohnungsbau, und ihre städtebau-liche Formgebung hielt Einzug in den Siedlungsbau.

Bereits die paternalistische Wohnungsfürsorge der Frühindustriellen – wie Le Grand Hornu (1817) bei Mons in Belgien (Kieß 1991, 292) oder der Glashütter-hof (1835) in Stolberg (Fehl, Kaspari-Küffen, Meyer 1991) – war beispielgebend für den Arbeiterwohnungs-bau gewesen. Die hier vorhandene, sehr enge räum-liche Verzahnung zwischen der Fabrik, den Arbeiter-wohnungen und der Wohnung des Fabrikbesitzers löste sich mit der Industrialisierung und dem Wachstum der Produktionsflächen zunehmend auf; Wohnräume für die Arbeiter wurden als eigens angelegte Werkswohnungen in der Nähe der Fabriken bereitgestellt. Die großen Industriebetriebe in der Nähe der Rohstoffvorkommen Kohle und Eisenerz sahen sich mit als erste gezwungen, das Problem des fehlenden Wohnungsbaus für ihre Arbeiterschaft selbst zu lösen.

Stellvertretend soll das bedeutende Beispiel der Siedlung Saltaire in Bradford (England) vorgestellt werden. Der Unternehmer Titus Salt errichtete hier ab 1851 eine neue, hochmoderne Textilfabrik auf preiswertem ländlichem Boden. Wenngleich auch der Fabrikbau im Baustil noch an die italienische Renaissance angelehnt war, wurden doch schon neue Baumaterialien wie Eisenstützen, Eisenträger und gemauerte Backsteinkappendecken auf großen Produktionsebenen eingesetzt.
Gleichzeitig legte man eine neue Siedlung mit ca. 800 Arbeiterhäusern in der Nähe der Fabrik an. Es wurden Wohnungstypen für ganz unterschiedliche Familien- und Haushaltsgrößen in Reihenhäusern mit Garten und mit kompletter infrastruktureller Versorgung gebaut. Schule, Kirche, Krankenhaus, Dampfwäscherei, Lese- und Konzertsaal sowie Pachtgärten, Parkanlagen und Sportflächen waren ebenfalls vorhanden (Reinborn 1996, 35).
Salt begnügte sich mit einer 4%igen Rendite, während allgemein die Hausbesitzer 8–10% erwarteten (Posener 1982, 32). Darüber hinaus gehörte zu Salts Prinzipien auch die „Hebung" der Arbeiterklassen durch Verbesserung von Bildung und Gesundheit (Verzicht auf Rauchen und auf Alkohol) (Posener 1982, 31). Die Siedlung ist heute als Weltkulturerbe der UNESCO eingetragen.

In Deutschland ahmte man die englischen und französischen Modelle des Arbeiterwohnungsbaus nach. Vor allem für die schnell wachsende Industrie des Ruhrgebiets boten die vorhandenen kleinen Städte und Gemeinden der zuziehenden Arbeiterschaft nicht genügend Wohnraum an. Die Fabrikbesitzer mussten daher zur „Selbsthilfe" greifen und in den Wohnungs-

Die Krupp Siedlungen im Ruhrgebiet entstanden zwischen 1863 und 1899 mit einem Schwerpunkt der Bautätigkeit in Essen in den frühen 70er Jahren: z.B. Alt- und Neu-Westend, Schederhof, Baumhof, Cronenberg, Nordhof, Altenhof, Alfredshof, Friedrichshof und Dahlhauser-Heide.

Siedlung Cronenberg in Altendorf bei Essen (1872): Bei den dreigeschossigen Etagenmietwohnungen ist bereits das Siedlungsmuster des Zeilenbaus der 1920er Jahre sichtbar (Kieß 1991, 382).

Straßenansicht in der Siedlung Cronenberg (Kieß 1991, 383)

Die Kruppsiedlungen unterlagen einer strengen Kontrolle durch das Unternehmen: Mit der Arbeit verlor man auch das Anrecht auf die Wohnung. Zudem verfolgte man politische Ziele: „Zu Kaisers Zeiten gab es eine starke Arbeiterbewegung und Leute wie Krupp haben darauf hingewiesen, dass die Reformen, die sie durchführten, imstande sein möchten, sie vor der Revolution zu bewahren, die kommen werde. Für die Arbeiterschaft etwas zu tun war damals Teil eines gut durchdachten Systems. Etwa so: Man gebe dem Arbeiter gute Arbeitsbedingungen, und er wird besser arbeiten (...) baut man ihm Häuser, so bindet man ihn ans Werk. Baut man den höheren Schichten unter den Arbeitern Häuser, den Werkmeister, Spezialarbeiter etc., so trennt man ihre Interessen von denen der ungelernten Arbeiter und arbeitet dadurch der SPD entgegen, der `Umsturzpartei` wie man sie vor 1914 nannte" (Posener 1982, 18).

Frühe Werksiedlung: Glashütterhof in Stolberg (Fehl/
Kaspari-Küffen/Meyer 1991, 109)

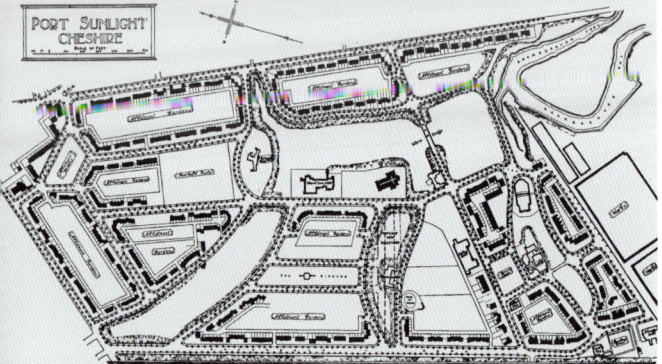

Port Sunlight: Erste Ausbaustufe 1889-1909 (Kostof
1992, 73)
Die „Vorzeigesiedlung" des Seifenherstellers Lever mit
abwechselungsreicher Gestaltung, großzügigen Freiflächen und Baumalleen galt der Gartenstadtbewegung
und dem Kruppschen Arbeitswohnungsbau in Deutschland als Vorbild. Es wurden nur zwei Haustypen vorgesehen, die sorgfältig durchgeplant und städtebaulich
variiert wurden.

„Sagen wir also, dass diese fortschrittlichen Kapitalisten,
diese Crossley, Ackroyd und besonders Salt die Opfer,
die sie brachten, für den Fortbestand des Kapitalismus
gebracht haben, so ist es dennoch nicht mehr als fair
hinzuzufügen, dass sie an das Menschliche ihres Tuns
ehrlich geglaubt haben und dass sie insofern Grund
hatten, sich selbst Lorbeerkränze zu winden, als sie die
einzigen waren, die überhaupt etwas getan haben"
(Posener 1982, 32ff); hier sind weiterhin die Unternehmer
Lever, Cadbury und Krupp anzufügen.

Bedeutende frühe Arbeitersiedlungen:
- Saltaire von Titus Salt (1851)
- West Hill Park von Francis Crossley (1863)
- Akroydon (bei Halifax) von Eduard Akroyd (1863)
- Bournville bei Birmingham (ab 1880)
- Port Sunlight von Seifenfabrikant Lever (1887)
- Arbeiterkolonien der Cité Ouvrière in Le Creusot oder
  in Mülhausen (um 1854)
- Eisenheim in Oberhausen (1845)
- Klein-Rumänien in Hannover-Linden (1869)
- Kolonie Stahlhausen in Bochum (1857)

bau investieren, um vor allem ausgebildete Arbeiter
an ihren Betrieb zu binden. Aus diesem Grund wurde
im Ruhrgebiet die höchste regionale Konzentration
von Werkswohnungen erreicht (Wischermann 1997,
342).
Von Bedeutung ist vor allem das umfassende Wohnungsbauprogramm von Alfred Krupp (seit 1861).
1871 besaß Krupp bereits 1 521 Häuser mit 6 772
Wohnungen und damit Wohnraum für etwa 10%
seiner Belegschaft (Günter 1997, 134).

Trotz der Ambivalenz zwischen der Schaffung eines
guten, vorbildhaften Arbeiterwohnungsbaus und dem
eigenunternehmerischen Kalkül entstanden an vielen
Industriestandorten Wohnungen, die es in dieser Art
in den rein spekulativen Wohnungsmärkten der großen
Städte nicht gab. Zudem entstanden qualitativ hochwertige städtebauliche Lösungen mit einheitlich
gestalteten Siedlungen sowie Platz- und Grünanlagen.

Doch auch in den Großstädten nahm die Kritik aus
verschiedenen gesellschaftlichen Lagern an den unhygienischen und beengten Wohnverhältnissen zu.
• Die Unternehmer sahen durch die schlechten Wohnungen die Leistungsfähigkeit der Arbeiterschaft
gefährdet und befürchteten deren Radikalisierung.
• Die bürgerliche Stadtbevölkerung sah eine Seuchen-
gefahr von den dichten Mietskasernenvierteln ausgehen (z.B. Cholera) oder fürchtete um die öffentliche
Sicherheit durch „sittliche Verwahrlosung" der Arbeiterschaft durch Alkoholgenuss, Landstreicherei oder
Prostitution.
• Zudem sah sich die Wohnbevölkerung den großen
Umweltbelastungen durch die nahe gelegenen Indus-
triegebiete ausgesetzt.

Der Ruf nach Reformen wuchs. Als wesentliche Re-
formziele galten die Entflechtung der dichten Mietskasernenstadt, die Schaffung verbesserter, durch-
grünter Wohnformen und die Separierung der Nutzungen, z.B. durch Separierung der Wohngebiete für

besser gestellte Schichten von den Fabrik- und Mietskasernenvierteln.

Einige Reformansätze befassten sich mit neuen städtebaulichen Lösungen zur Auflockerung der dichten Bauweisen und der Auflösung der Hinterhofbebauung. Reformmodelle wie die „gemischte" bzw. „differenzierte" Bauweise oder der aufgelockerte „reformierte" Baublock sind hier zu nennen.

Bedeutende Vertreter diese Ideen zur veränderten Bauweise sind Rudolf Eberstadt (1856-1922) und Theodor Goecke (1850-1919), die insbesondere die Berliner Verhältnisse vor Augen hatten. Sie wandten sich gegen die Monopolisierung des Haus- und Wohnungsbesitzes in Berlin, die Eberstadt als Hauptübel ansah. Eine Neuordnung des privatwirtschaftlichen Systems oder die Bildung von Genossenschaften hatte er nicht vor Augen, sondern er versuchte, durch eine wirtschaftliche Bauweise einer breiteren Schicht den Zugang zum Hauserwerb zu ermöglichen.

Die nebenstehende Abbildung zeigt das 1893 von Theodor Goecke entwickelte Schema der „differenzierten" Bauweise, welches insbesondere das System der hierarchisch gegliederten Verkehrsstraßen nach Hauptverkehrsstraßen und Wohnwegen wiedergibt. An den Hauptstraßen sollten die größeren Grundstücke liegen, die höher bebaut werden durften und zudem Versorgungseinrichtungen wie Läden oder Werkstätten aufnehmen sollten; an den schmalen, reinen Wohnstraßen sollten kleine Grundstücke angeordnet werden, die nur mit niedrigen Häusern bebaut werden durften (Fehl/Rodriguez-Lores 1981).

In dem Wettbewerb für Groß-Berlin 1910 schlug Rudolf Eberstadt mit den Architekten Bruno Möhring (1863-1929) und Richard Petersen (1865-1946) einen neuen Lösungsansatz für die Gestaltung einzelner Bauquartiere vor: das Baumodell der „gemischten" Bauweise mit der vom Rand aus zum Innern des Baublocks

135

„Man erwirbt ein Berliner Haus nicht, um es zu bewohnen; auch nicht, um Kapital darin anzulegen; nein, um von der Vermiethung der Wohnungen zu leben!" (Eberstadt 1892 zitiert in Fehl/ Rodriguez-Lores 1981, 157).

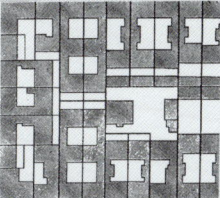

links:
Baublockstruktur in Berlin (Reinborn 1996, 60)
unten:
Häuserschluchten in Berlin Tempelhof (Reinborn 1996, 60)

Die hohe Wirtschaftlichkeit der „gemischten" Bauweise sollte u.a. erzielt werden durch die schmalen Wohnstraßen, die bis zu 30 % mehr überbaubare Flächen ermöglichten, durch die geringeren Baukosten für die schmalen Straßen sowie durch den „leichteren" Ausbau der Wohnstraßen (Fehl/Rodriguez-Lores 1981, 158).

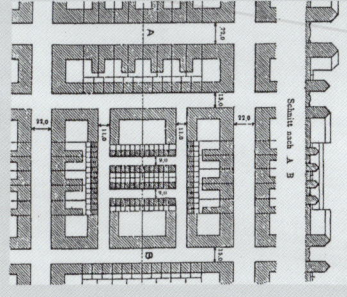

rechts:
Gemischte Bauweise nach Goecke 1893
unten:
Gemischte Bauweise, Entwurf für Groß-Berlin (1910) von Eberstadt und Möhring (Reinborn 1996, 61)

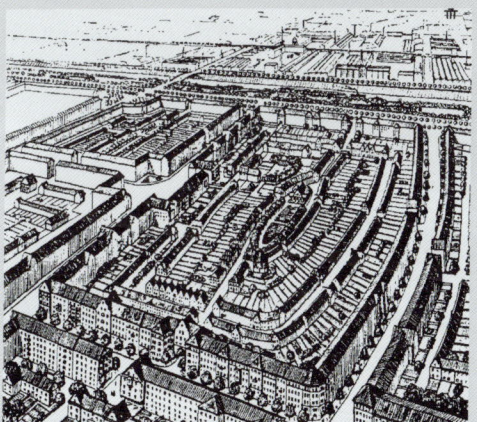

Gemischte Bauweise Ceag-Gelände in Dortmund; Fertigstellung 1998 (Brosk 1998, 2 und 1)
Die viergeschossige Wohnbebauung entlang der Eberstraße wirkt gleichzeitig als Schallschutz für die dahinter liegende zweigeschossige Reihenhausbebauung

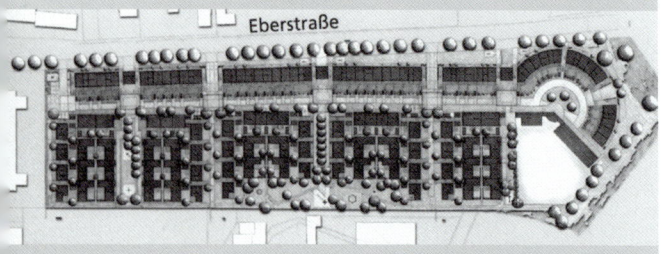

Auch in der Folgezeit stellte die „gemischte" Bauweise ein häufig angewandtes Mittel dar, um einerseits eine hohe Verdichtung zu erlangen und andererseits gut vermarktbare sowie differenzierte Wohnungsangebote zu erhalten.

Wien Wulzendorfstraße: Gemischte Bauweise mit vier- bis zweigeschossiger Bebauung (Glasforum 6/2000, 5)

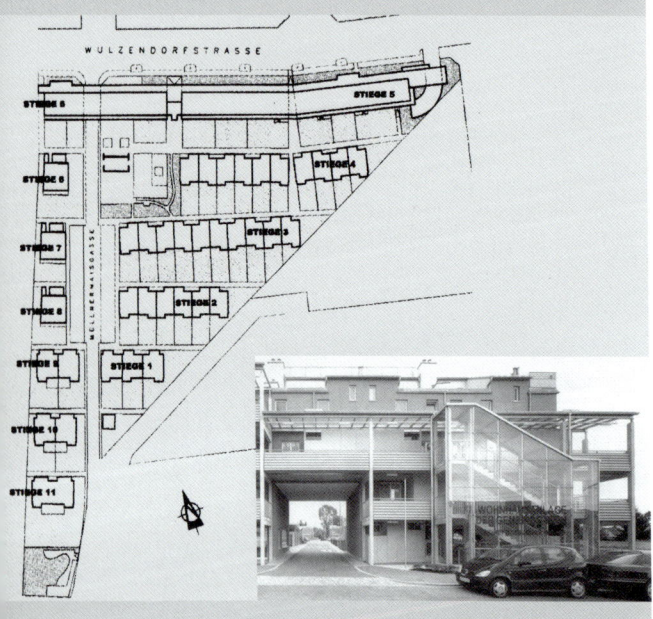

abfallenden Gebäudehöhe (Fehl/ Rodriguez-Lores, 1981).

Bei der „gemischten" bzw. „differenzierten" Bauweise sollten die großen Baublöcke unter Einfügung weiterer Straßen verkleinert werden. Statt der durchgängig dichten Bebauung der tiefen Baublöcke der Berliner Mietskaserne war eine vom Baublockrand nach innen hin abfallende Baudichte zu Verbesserung der Wohnqualität geplant. Unter Beibehaltung der Berliner Bauordnung, die die Straßenbreite in Abhängigkeit zur Gebäudehöhe festlegte, wurden an den großen, 22 m breiten und stärker belastbaren Erschließungsstraßen eine fünf- bis sechsgeschossige Bebauung erlaubt und an den schmalen Wohngassen im Innern des „gemischten Baublocks" zweigeschossige, schmale Reihenhäuser. Eine Änderung der Bauordnung als gesetzliche Grundlage war somit nicht notwendig. Neben den unterschiedlichen Gebäudehöhen und Straßenbreiten wurden unterschiedliche Bau- und Wohnungstypen angeboten; die Ausnutzung des Grundstückes und die Anzahl der Wohneinheiten sollte gegenüber dem „Mietskasernentyp" nicht vermindert werden.

Dieses Modell fand erst vermehrt Anwendung, als die großen Wohnungsbauträger in Erscheinung traten und umfangreiche Baugebiete erschlossen und parzellierten. Denn solange sich die Fläche eines Baublocks in den Händen vielen kleiner Grundbesitzer befand, war jeder bestrebt, auf seinem Grundstück die höchste Ausnutzung zu erzielen.
Die großen Bauträgergesellschaften sahen dagegen das Grundstück als Ganzes, und ihre Renditeerwartungen waren eher als „Mischkalkulationen" der verschiedenen Grundstücksauslastungen ausgelegt; auf das „ganze" Baufeld bezogen rechneten sich die Kosten- und Straßenflächenersparnisse des genannten Systems.

Die Mietshäuser am Baublockrand sollten maximal fünfgeschossig sein – hier nahm Eberstadt das positive

Beispiel des nicht so stark verdichteten rheinischen Miethaustyps auf. Im Innern des Baublocks hielt das Reihenhaus Einzug in die großstädtische Baublockweise.

Mit z.T. dörflich anmutenden Angerplanungen und besonders gestalteten privaten und öffentlichen Freiflächen erhöhte sich die städtebauliche Qualität beträchtlich.

Viele Planungen im 20. Jh. nahmen dieses Modell auf, und die „differenzierte" Bauweise sickerte langsam in die Reformdebatten und die Planungspraxis ein: Ein differenziertes Straßensystem finden wir so schon bei den Gartenstadtplanungen von Raymond Unwin in London, bei der Hufeisensiedlung von Bruno Taut in Berlin sowie bei den Erweiterungsplanungen in Amsterdam Zuid oder Frankfurt aus den 20er Jahren des 20. Jh.s. Als städtebauliche Idee „blieb" insbesondere das differenzierte Straßensystem erhalten und ist heute nicht mehr aus der städtebaulichen Planung wegzudenken.

Um 1900 wurden weitere „Reformvorschläge" zur Abänderung der typischen Blockbebauung wie der von Paul Mebes (1872-1938) oder Albert Geßner (1868-1953) gemacht.

Mit dem „reformierten Baublock" sollten die Belichtungsprobleme des extrem verdichteten Baublocks der Mietskasernenstadt durch geschickte Anordnung der Gebäude, durch schmalere Baublöcke und durch Verzicht auf zu enge Anbauten behoben werden. Insbesondere die neuen Träger des Wohnungsbaus, die weiter unten erläuterten gemeinnützigen Gesellschaften und Bauvereine, suchten hierdurch eine Verbesserung der Wohnqualität zu erreichen.

Alle Wohnungen sollten sich zur Straße hin orientieren bei gänzlicher Vermeidung von schlecht belichteten Hinterhofsituationen. Um dennoch eine rentable Grundstücksausnutzung zu gewährleisten, wurde die geschlossene Straßenfront aufgegeben und die Baukörper mäandrierend oder hufeisenförmig zur Straße hin aufgeweitet.

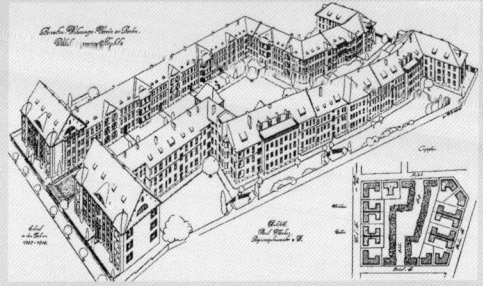

Wohnanlage Berlin Steglitz von Paul Mebes (Berlin und seine Bauten 1970, 121)

Wohnanlage Charlottenburg II um 1909 (Berlin und seine Bauten 1970, 121)

Hamburg: Wohnanlage Stellinger Weg
Die Anlage mit ihren 404 Wohnungen wurde 1899 vom Bau- und Sparverein Hamburg eGmbH errichtet. Die zur Straße hin hufeisenförmige Bauweise wurde auch „Hamburger Burg" genannt (Schubert 1989, 180 und 126). Ein weiteres bis heute gut erhaltenes Beispiel befindet sich in Hamburg Altona in der Barner Straße.

Der „Berliner Spar- und Bauverein eGmbH zu Berlin" wollte gegen die Mietskaserne „angehen". Ihre „sozialen" Bauleistungen sollten durch die Mobilisierung kleinerer Sparleistungen, Stiftungsgelder und Darlehen liberaler Wirtschaftskreise und insbesondere mit den zinsgünstigen Hypotheken von Staat und Rentenversicherungsträgern finanziert werden. In dem Wohnprojekt Haeselerstraße in Berlin Charlottenburg (1907-1913 erbaut) entstanden preisgünstige, kleine abgeschlossene Mietwohnungen. 75 % der Wohneinheiten wurden - der damaligen Nachfragesituation entsprechend - als Ein- und Zweizimmerwohnungen konzipiert. Zusätzlich wurden im Baublockinnern eine Bibliothek und ein großer Gemeinschaftsraum eingerichtet (Berning/Baum u.a. 1994, 82).

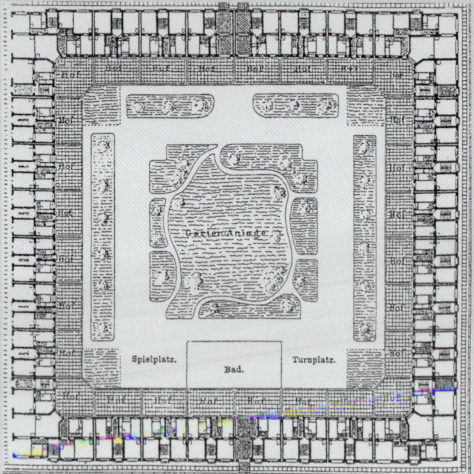

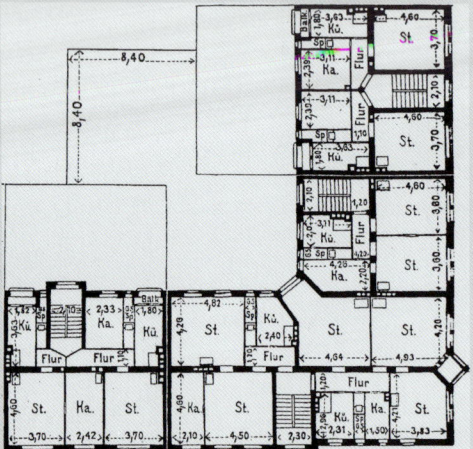

Lageplan und Wohnungsgrundriss Weisbachgruppe:
Nach dem Modell der „abgeschlossenen Kleinwohnung"
(Berning/Baum u.a. 1994, 73 und 75)

Straßen- und Gartenan-
sicht Weisbachgruppe

Alfred Messel baute zwischen 1899-1905 die Wohnanlage
Weisbachgruppe in Berlin-Friedrichshain für den „Verein
zur Verbesserung der kleinen Wohnungen in Berlin" mit
überwiegend ein bis zwei Zimmern sowie Küche und
Toilette. Das durch den Hobrechtplan eingeteilte Gebiet
war noch weitgehend unbebaut, und der Verein konnte
das Gelände günstig erstehen. Messel versuchte Rück-
schlüsse auf die Größe des Baublocks zu ziehen, indem
er von der optimalen Größe der Wohneinheiten und
guten Belichtungsverhältnissen ausging. Der Entwurf
von 1893 fand wegen seiner großzügigen Freifläche
und der abgeschlossenen Kleinwohnung als Zwei- und
Dreispännertyp mit Querlüftung Beachtung.

Im Bereich des Wohnungsbaus wurde als Reformziel
die Schaffung des neuen Typus der „abgeschlossenen
Kleinwohnung" propagiert: Hierbei handelte es sich
um eine separierte Wohneinheit mit eigenem Woh-
nungszugang sowie mit Küche und Bad bzw. WC
innerhalb der Wohnung. Mit ihren zwei bis drei Zimmern war sie als Familienwohnung konzipiert.
Die „abgeschlossene Kleinwohnung" wurde der „offenen" Wohnform in der Berliner Mietskaserne (siehe
Kapitel 8) mit ihren unhygienischen Zuständen und
der als „sittlich bedenklich" bewerteten Wohnkon-
stellationen seitens der bürgerlichen Wohnungsreformer entgegengesetzt.

Neben der qualitativen Verbesserung der Wohnverhältnisse ging es hier somit auch um einen sozialpo-
litischen Reformansatz. Die Familienwohnung wurde
als Gegenbild zum offenen Wohnen mit Schlafgängern,
Untermietern oder Verwandten propagiert; das proletarische Wohnen sollte sich der bürgerlichen Wohnform
annähern (Fehl/Rodriguez-Lores 1987).
Dieser Wohnungstyp konnte sich erst ab den 1920er
Jahren durchsetzen, als eine öffentliche Wohnungsbauförderung und relativ gesicherte Lohn- und Ar-
beitsverhältnisse ihn für eine breitere Mieterschicht
erschwinglich machten.

Erweiterung des Planungsinstrumentariums

Im 19. Jh. waren in Preußen Fluchtlinienplanung,
Enteignungsgesetzgebung und lokale Bauordnungen
die bedeutendsten Planungsinstrumente. Insbesondere
die Fluchtlinienplanung – seit 1875 auf der Grundlage
des Preußischen Fluchtliniengesetzes basierend –
wurde als ausreichendes Regelungsinstrument für die
Stadtplanung angesehen. Die geschilderten Probleme
der dichten und unhygienischen Bauweise konnten
allerdings mit diesem Planungsinstrumentarium noch
nicht gelöst werden: Die Fluchtlinienplanung, die sich
allgemein verbindlich durchgesetzt hatte, verhielt sich
nutzungsneutral und machte keine Aussagen zum

Bauen hinter der Straßenbegrenzungslinie. Lediglich über die baupolizeilichen Regelungen der lokalen Bauordnungen konnten Einschränkungen bei der Bauweise oder der Baudichte erfolgen (Albers 1980, 485); diese Möglichkeit wurde gegen Ende des 19. Jh.s notgedrungen immer mehr genutzt.

Auch scheiterten die Versuche, eine allgemein verbindliche Regelung zu Umlegung – d.h. zur Zusammenlegung und Neueinteilung der privaten Parzellen auf Grundlage des städtebaulichen Planes – zu erreichen. Der im Jahre 1893 durch den Frankfurter Oberbürgermeister Franz Adickes in den Preußischen Landtag eingebrachte Gesetzesentwurf „betreffend die Erleichterung von Stadterweiterung", der hierzu Aussagen enthielt, wurde abgelehnt und erst 1902 lediglich als Regelung für Frankfurt akzeptiert (Lex Adickes).

Insbesondere zur Umsetzung der Stadterweiterung in Gebieten mit stark zersplittertem Grundbesitz wäre ein Gesetz, das die Umlegung und Neuordnung der Grundstücke geregelt hätte, in Preußen notwendig gewesen. Andere Länder hatten hierzu bereits eine gesetzliche Basis geschaffen, wie Baden mit dem Badischen Ortsstraßengesetz (1896) oder Hamburg mit seinem Gesetz zur Umlegung von Grundstücken (1892).

Auch Ansätze der Wohnungsreform scheiterten im konservativen preußischen Landtag. Viele Reformer mussten sich somit nach der „Decke strecken" und versuchten, ihre Ideen im Rahmen der geltenden Gesetze zu verwirklichen.

Mangels einheitlicher Regelungen eines allgemein verbindlichen Städtebaurechts versuchten die einzelnen Städte, das Instrument der örtlichen Bauordnungen zu nutzen, um den Wildwuchs der privaten Bauentwicklung einzudämmen. Hierzu wurden in vielen Städten so genannte Bauzonenverordnungen mit entsprechenden Zonenbauplänen aufgestellt, die als Vorläufer des heutigen Flächennutzungsplanes nach Baugesetzbuch (BauGB) angesehen werden können.

Fehl und Rodriguez-Lores (1982) beschreiben, dass die abgestuften Bauordnungen sich in den Stadterweiterungsgebieten durch die Festlegung einer weiträumigen und weniger dichten Bauweise mindernd auf die Bodenpreise und damit auf das Bauern auswirken sollten. Die Wohnungsreformer sahen durch die Zonung die Möglichkeit, „durch die Gestaltung der Bauordnung auf die Preisbildung in entschiedenster Weise einwirken zu können" (Adickes 1893 zitiert in Fehl/ Rodriguez-Lores 1982, 445). Hierzu wurde das „Glockenmodell" der Bodenwertverteilung, welches vom Zentrum zum Rand hin fallende Bodenpreise annimmt, als Ausgangspunkt angenommen. In der Praxis hatten sich allerdings wegen der über das ganze Stadtgebiet hin gleichmäßigen Auslastung der Grundstücke, wie dies sich z.B. durch die reine Fluchtlinienfestsetzung des Berliner Hobrechtplanes ergeben hatte, einheitlich (hohe) Bodenwerte gebildet, die mehr und mehr bei der Ausweisung der „Zonen" beachtet werden mussten. Das Instrument der Zonenplanung wurde zunehmend ungeeigneter für eine tatsächliche Steuerung und Lenkung der Stadtentwicklung.

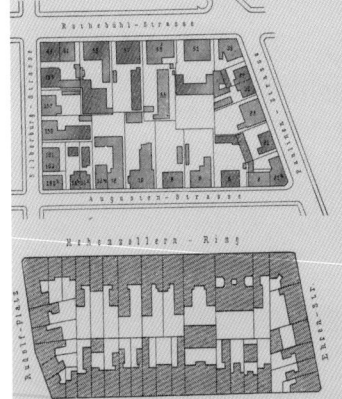
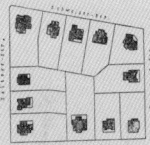

offene Bauweise (oben), halboffene Bauweise (oben links) und geschlossene Bauweise (unten links) (Stübben 1890, 5, 7 und 10)

Geschlossene, offene oder halboffene Bauweise:
- geschlossene Bauweise: vier bis sechs Geschosse ohne Zwischenraum und Vorgärten
- halboffene Bauweise: wurde von Stadt zu Stadt unterschiedlich definiert; erlaubte ein regelmäßiges Durchbrechen der Baulinie und war etwas niedriger als die geschlossene Bauweise
- offene Bauweise: Einzel- und Doppelhäuser mit Mindestabstand und in unterschiedlicher Geschossanzahl

In der Regel wurden folgende Zonen eingeteilt: „Die Innenstadt oder bereits bebaute Stadt (stellte) eine innere „Bauzone" für geschlossene und sehr dichte Bauweise dar (...), die Außenstadt oder erster Erweiterungsring, der das Gebiet des anstehenden Neuwohnungsbaus darstellte, (wurde) in mehrere „Bauzonen" mit insgesamt weniger Baudichte als die Innenstadt eingeteilt (...) d.h. Bauzonen für geschlossene, für halboffene und für offene Bauweise (...), das Land, das mindestens vorübergehend von der Verstädterung verschont bleiben sollte, (stellte) eine riesige „Bauzone" für nur offene bzw. ländliche Bauweise dar" (Rodriguez-Lores 1985, 72).

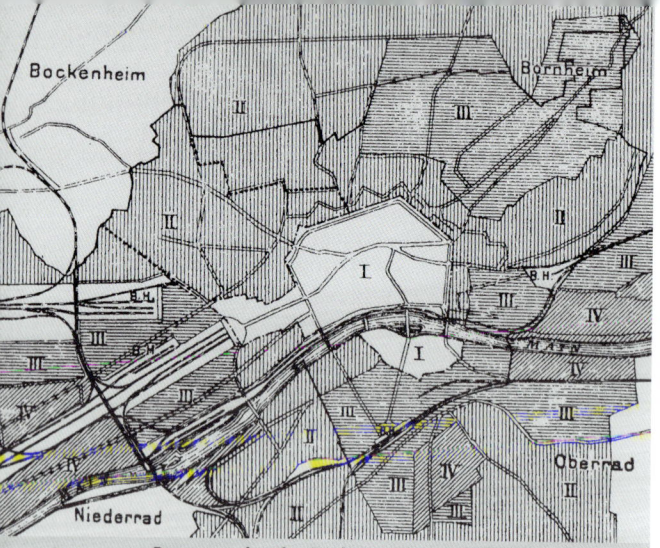

Bauzonenplan der Stadt Frankfurt (Fehl/Rodriguez-Lores 1982, 447)

Der Frankfurter Bauzonenplan von 1891 nahm eine Differenzierung nach drei Klassen mit jeweils unterschiedlichem Maß der Nutzung vor mit eigens festgelegten Industriegebieten.

Beispiele bedeutender Bauzonenpläne:
- Zonungsplan für Dresden (1878)
- Zonenplan für Altona (1882)
- Zonenplan für Darmstadt (1886)
- Zonenbauordnung für Frankfurt (1891)
- Zonenbauordnung für Wien (1893)
- Zonenbauplan für Köln (1895)
- Abgestufte Bauordnung für Magdeburg (1896)
- Bauzonenplan für Halle (1898)
- Zonenbauordnung für Mannheim (1901)
- Staffelbauordnung für Stuttgart (1902)
- Staffelbauordnung für München (1904)

Durch die Einteilung der Stadt in Nutzungszonen mit entsprechenden Aussagen zur Baudichte sollte die bauliche Entwicklung seitens der Städte gesteuert werden.

In den einzelnen „Bauklassen" und Nutzungszonen wurden unterschiedliche Bauweisen (z.B. geschlossene, offene oder halboffene Bauweise) angestrebt, die im Wesentlichen noch heute als Kategorien gelten.

In der ersten Phase ging es bei den so genannten „differenzierten Bauordnungen", die auf der Grundlage der Reichsgewerbeordnung von 1869 erstellt worden waren, vor allem um den Schutz der Villenviertel vor Gewerbebauten. In den 80er und 90er Jahren des 19. Jh.s erweiterten sich die Festlegungen in den Zonenbauordnungen auf Flächen für „gesunden" Wohnungsbau in Neubaugebieten, legten eigens ausgewiesene Gewerbeflächen fest und sahen eine weitere Differenzierung der Bauweise vor.
Die „Zonung" wurde immer mehr zum zentralen Element der öffentlichen Planung (Fehl/Rodriguez-Lores 1982, 444).

Neben der reinen Straßenplanung versuchte man somit, die gewünschte Separierung der Funktionen durch einen städtebaulichen Plan und durch entsprechende Übernahme seiner Bestimmungen in die lokalen Bauordnungen festzuschreiben und so den zukünftigen Bauherrn und Grundbesitzern eine „Sicherheit" über die Nutzungen in der Nachbarschaft zu geben, gesunde Wohnformen zu fördern und den städtischen Bodenmarkt zu stabilisieren. Die Abstufung der Zonung verlief immer in Form von dicht bebauten Zonen in der Innenstadt und den Zonen der weitläufigeren Bebauung am Stadtrand.

Um 1900 kam es durch die Staffelbauordnungen zur Aufweichung dieses Prinzips, die sehr kleinteilige Bauzonen festlegten. Dabei wurde das sich bereits über das gesamte Stadtgebiet erstreckende Netz aus hohen und tiefen Bodenwerten in den Dichtewerten der Baustaffeln einfach festgeschrieben (z.B. bei der

Staffelbauordnung von München von 1904).
Die Staffelbauordnung folgte lediglich der Realität
der Bodenpreise und führte die Zonung als Methode
der Steuerung der Stadtentwicklung ad absurdum.
Dennoch blieb die Zonenplanung ein wichtiger Vorläufer für das System der zweistufigen Planung in
Deutschland.

Als erstes Städtebaugesetz in Deutschland wurde
1900 das „Allgemeine Baugesetz für das Königreich
Sachsen" erlassen. Nunmehr konnten im Bebauungsplan nicht nur die Fluchtlinien für den Straßenraum
festgelegt, sondern auch Bestimmungen zu Bauweise,
Gebäudehöhe, Gebäudeabständen, Vorgärten, Zuläs-
sigkeit von gewerblichen Anbauten etc. getroffen
werden. Auch wurde hier die Umlegung als zentrales
Mittel zur Durchführung der Planung verankert. Somit
ließ sich die Festlegung der Nutzungszonen aus der
Bauordnung „herausholen" und in das Städtebaurecht
und den verbindlichen Bebauungsplan integrieren.
Die Zonenplanung und die Zweistufigkeit der städte-
baulichen Planung wurden hier verankert.
In das Gesetz flossen auch die Reformgedanken zu
Gesundheit und Wohnungsbau ein. Das sächsische
Allgemeine Baugesetz (nach 1945 aufgehoben) bildete
mit die Grundlage für die weitere Entwicklung des
Planungsrechts in Deutschland (Breuer 1985, 511ff).

Bezüglich des Planunsinstrumentariums soll hier als
Vorgriff auf das 20. Jh. noch kurz dessen weitere Entwicklung dargestellt werden, da im Grundsatz bis zu
dem in diesem Buch behandelten Zeitraum keine
weitreichenden Neuerungen mehr erfolgten.

Von Bedeutung war insbesondere noch das Preußische
Wohnungsgesetz von 1918, welches im Zuge des
politischen Neuanfangs auch die Reformkonzepte
und die Bemühungen der Wohnungsreform um men-
schenwürdiges Wohnen auf eine rechtliche Basis
stellte. Neu im Preußischen Wohnungsgesetz waren
• vor allem die Regelungen zur Verbesserung der
Wohnungssituation,

Ausschnitt aus dem Staffelbauplan der Stadt München
von 1904: Die Einteilung der Bauklassen nach der zuläs-
sigen Geschossanzahl von Vorder- und Hintergebäuden
(München wie geplant 2004, 84)

Ein Beispiel für die praktische Bedeutung des Konfliktes
zwischen Nutzungssteuerung nach Zonen und den vor-
gegebenen Grundstückswerten zeigte die Münchner
Staffelbauordnung (1904).
Die Bodenwerte hatten sich, von Stadt zu Stadt unterschiedlich, als „ein engmaschiges und äußerst differenziertes Netz aus hohen und tiefen Werten" (Fehl/ Rodriguez-Lores 1982, 447) über das gesamte städtische
Baugebiet gezogen. Die Diskussion von „abgestuften"
Bauzonen führte unweigerlich zu einer konflikthaften
Diskussion um eine Abminderung der Bodenwerte. Bei
der Staffelbauordnung von München für 1904 sieht man
deutlich das Ergebnis des getroffenen Kompromisses:
die insgesamt 18 Baustaffeln ziehen sich sehr differenziert über das Stadtgebiet und setzen innerhalb einzelner
Straßenzüge unterschiedliche Baudichten fest und folgen
damit den Grundstückswerten. „An Hauptstraßen mit
hohen Bodenwerten, auf den schwer bebaubaren Eck-
bauplätzen und auf ungünstig gelegenen (...)
Grundstücken wurde die höchste Baudichte erlaubt. An
den Nebenstraßen und dort, wo Lagevorteile für die
Errichtung von bürgerlichen Wohnquartieren vorhanden
waren, wurde eine niedrige Baudichte und Ausnutzung
der Grundstücke verlangt" (Rodriguez-Lores 1985, 89).

Der Kölner Architektenverein stellte ebenfalls den
Zusammenhang von Zonenbauordnung und Bodenwert
her: „Wird die Eintheilung des Geländes in Zonen unter
sachgemässiger Berücksichtigung der Orthsverhältnisse
vorgenommen, d.h. je nach dem Grundwerthe, der Lage
und den besonderen Eigenschaften der Stadtgegend,
so führt die Verschiedenheit der Bauordnung nicht
nothwendig eine Schädigung der gegenwärtigen Grundwerthe herbei" (Kölner Architektenverein zitiert nach
Fehl/Rodriguez-Lores 1982, 445).

- die Verankerung einer Wohnungsaufsicht,
- die Wohnungsbauförderung vor allem für Klein- und Mittelwohnungen sowie
- die Festlegungen zu Art und Maß der Nutzung (Bebauungsdichte).

Im Preußischen Wohnungsgesetz wurde auch die Enteignung von Grundstücken zur Schaffung gesunder Wohnverhältnisse und eine „einheitliche Gestaltung des Straßenbildes unter Berücksichtigung des Denkmal- und Heimatschutzes" (Albers 1980, 486) festgelegt. Teile des Wohnungsgesetzes flossen in eine geringfügige Novellierung des Preußischen Fluchtliniengesetzes von 1918 ein: Die durch Fluchtlinien abgegrenzten Bereiche wurden auf Gartenanlagen, Spiel- und Erholungsparks erweitert.

Mit Ausnahme einiger Ergänzungen war das Preußische Wohnungsgesetz bis zu den Aufbaugesetzen 1948/49 und in einzelnen Regelungen bis zum Bundesbaugesetz 1960 gültig. Im Gesetz nicht enthalten war lediglich eine vorbereitende Planungsstufe, die der Erstellung detaillierter Einzelbebauungspläne voranging.
Erst im Bundesbaugesetz wurde die so genannte zweistufige Planung verbindlich aufgenommen, die einen vorbereitenden Bauleitplan (Flächennutzungsplan), einen verbindlichen Bauleitplan (Bebauungsplan) sowie das planerische „Zusammenspiel" beider Planungsinstrumente umfasste. Eine gesamtstädtische Entwicklungsplanung mit einer allgemeinen Festlegung über die Entwicklung der Baugebiete und deren Nutzungen beschränkte sich bis zum Erlass des Bundesbaugesetzes 1960 auf die Zonenbaupläne.

Die Versuche, eine Stufigkeit der Planungsverfahren in einem einheitlichen deutschen Planungsrecht zu implementieren, begann bereits 1931 mit dem Entwurf des Reichsstädtebaugesetzes, welches allerdings während der Weimarer Zeit im Entwurfsstadium verblieb. 1942 wurde nach den Grundsätzen dieses Entwurfes mit dem „Deutschen Baugesetzbuch" ein weiterer Entwurf vorlegt, der eine stärkere Zentralisierung der Verfahren vorsah und 1948/49 in den Aufbaugesetzen der zehn Bundesländer einfloss.
In diesen Entwürfen zu einem einheitlichen deutschen Städtebaurecht wurden nach Gerd Albers (1980) keine grundlegend neuen Erkenntnisse der städtebaulichen Praxis eingeführt. Der Unterschied zum Bundesbaugesetz bestand allerdings in der Behandlung des uns bereits bekannten Problems des Bodenrechts. Unter sozialdemokratischer Handschrift enthielt der Entwurf 1931 noch Regelungen zu einer Zonenenteignung als auch Überlegungen zu einer Wertsteigerungsabgabe bei der Neuerschließung von Bauland; im Bundesbaugesetz 1960 fanden diese Überlegungen keinen politischen Rückhalt mehr.

Die Trennung zwischen der städtebaulichen Planung, nunmehr als umfassende gesetzliche Regelung in einem Städtebaugesetz zusammengefasst, und einem das Bauen regelnde Bauordnungsrecht besteht bis heute fort. Festlegungen zur Zonung oder – wie im frühen 19. Jh. – die textlichen Festsetzungen zu den Stadtbau- bzw. Fluchtlinienplänen werden in den Bauordnungen nicht mehr aufgenommen. Die Bauordnung ist so wieder zurückgeführt auf ihre ursprünglichen, das einzelne Bauprojekt regulierenden Festsetzungen und das Nachbarrecht. Die Zuordnung des Planungsrechts liegt in der Gesetzgebungskompetenz des Bundes und das Bauordnungsrecht weiterhin in der Länderkompetenz (Rabe/Steinfurt/Heintz 1997).

Während des 19. Jh.s wurde der Versuch, neue Eingriffsmöglichkeiten und Planungskompetenzen der öffentlichen Hand zu schaffen, kontinuierlich vorangetrieben. Der angestrebte Eingriff in die Eigentumsverhältnisse und die Durchbrechung der Gesetzmäßigkeiten des Bodenmarktes scheiterten jedoch an der politischen Realität; nur eher minimalistische

Anforderungen an den städtebaulichen Plan konnten sich durchsetzen. Erst um die Jahrhundertwende verstärkte sich der Ruf nach Regelungen, die auf die Ausweitung der Planung und auf einen das gesamte Gemeindegebiet umfassenden „Ortserweiterungsplan" abzielten sowie allgemein gültige Bestimmungen zu Art und Maß der Nutzung und damit zur Ausnutzung der Grundstücke forderten. Erst 1960 wurde nach langen Debatten ein einheitliches Städtebaugesetz verabschiedet.

Die veränderte Finanzierung des Wohnungsbaus

Gerhard Fehl hat die Situation der Wohnungsreform um die Jahrhundertwende sehr treffend als das „dreifache Dilemma" beschrieben, wonach es nicht möglich ist, „gute Wohnungen zu geringen Mietpreisen mit Aussicht auf Rentabilität" zu bauen. Dieses Dilemma besteht bis heute noch.
Alle Wohnungsbaureformer mussten versuchen, dieses Dilemma zu lösen: Doch entweder wurde die Qualität der Wohnungen schlecht oder die Mietpreise waren zu hoch, da die private Wohnungswirtschaft nicht auf Rendite verzichten wollte. Ein möglicher Ausweg aus diesem Dilemma bestand darin, Wohnungsbauträger zu finden, die sich mit einer geringeren Rendite zufriedengaben.

1889 wurde durch verschiedene Gesetze die so genannte Gemeinnützigkeit und die Bildung von Genossenschaften ermöglicht. Die Vergabe von niedrig verzinslichen Hypotheken und damit die Beleihung von „Arbeiterhäusern" aus den Rücklagen der staatlichen Sozialversicherungen wie der Invaliditäts- und Altersversicherung wurde erleichtert (Kieß 1991, 392). Diese neuen finanziellen Möglichkeiten führten zur Gründung von „Gemeinnützigen Baugesellschaften", die den Wohnungsbau für so genannte „Minderbemittelte" übernahmen, d.h. für die Menschen mit geringem, aber regelmäßigem Einkommen. Ihnen war

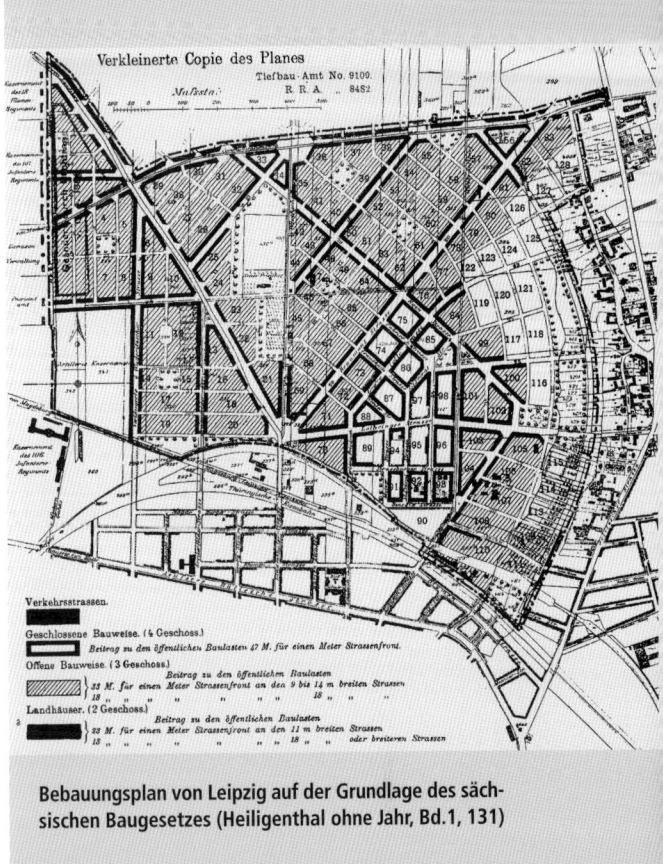

Bebauungsplan von Leipzig auf der Grundlage des sächsischen Baugesetzes (Heiligenthal ohne Jahr, Bd.1, 131)

es nur erlaubt, auf maximal 4% beschränkte Gewinne aus der Vermietung zu ziehen.

Sie wurden verpflichtet, die Überschüsse aus der Vermietung in neue Wohnungen zu reinvestieren. Im Gegenzug erhielten sie steuerliche Vorteile als Ausgleich für die kontrollierten Höchstmieten, die sich nach dem Einkommen der Begünstigten richteten – quasi ein Steuergeschenk für die Mietsubvention und Vorform des öffentlich geförderten Wohnungsbaus. Damit konnte eine Loslösung vom rein spekulativen Wohnungsmarkt erfolgen; auch der Werkswohnungsbau verlor seine Notwendigkeit, da Wohnungsbaugesellschaften diese Aufgabe den Unternehmern abnahmen. In der Folge entstanden die gemeinnützigen Wohnungsunternehmen als Aktiengesellschaften, Stiftungen oder Genossenschaften.

Bereits 1914 wurden 20% der Wohnungen durch gemeinnützige Baugesellschaften erstellt, für deren Wohnungen es eine große Nachfrage gab. Seit 1890 waren die Reallöhne ständig gestiegen, und der Nachfragekreis der „Minderbemittelten" (kleinere Beamte, Angestellte und Facharbeiter) nach guten und bezahlbaren Wohnungen erhöhte sich rasch. Das Prinzip der „Gemeinnützigkeit" wurde während des ganzen 20. Jh.s beibehalten, bis es 1989 im Zuge einer politisch gewünschten Reprivatisierung des Wohnungsbaus mit der Abschaffung des Gemeinnützigkeitsgesetzes aufgegeben wurde. In der Folge entfielen sowohl die staatlichen Bindungen und Belegungsrechte als auch die Vergünstigungen der gemeinnützigen Baugesellschaften: Viele Mietwohnungen konnten Zug um Zug zu Marktpreisen vermietet oder verkauft werden. Der Wohnungsmarkt für preisgünstige Wohnungen wurde und wird immer enger.

Die Auseinandersetzung zwischen „technischem" und „künstlerischem" Städtebau

Bei den Reformansätzen des Städtebaus gegen Ende des 19. Jh.s kristallisierten sich auch verschiedene Sichtweisen der Planenden im Hinblick auf die städtebaulichen Anforderungen heraus; diese Debatte kann oft auf die beiden Pole eines mehr „technischen" oder eines „künstlerischen" Städtebaus zurückgeführt werden (siehe ausführlich Fehl 1980, 451ff). Ohne alle Facetten dieser interessanten Linien an dieser Stelle beschreiben zu können, sollen doch im Folgenden die unterschiedlichen Haltungen einiger führender Fachvertreter herausgestellt werden.

1876 erschien das Buch „Stadterweiterungen in technischer, wirtschaftlicher und baupolizeilicher Beziehung", das vom Inhaber des ersten Städtebaulehrstuhls in Deutschland verfasst worden war, dem Karlsruher Professor Reinhardt Baumeister (1833-1917). In seiner systematischen Bearbeitung der Probleme der modernen Stadt und in seinen Lösungsvorschlägen ging es vorrangig um das Ziel einer in technischer und sozialer Hinsicht funktionierenden Stadt, nämlich um „gute Pläne, richtige Grundsätze zur Wahrung des öffentlichen Interesses, im Übrigen (die) freie Entfaltung der Kräfte" (Fehl 1980, 453). Die technischen Kenntnisse und Strategien verfeinerten sich zunehmend, und die Lösung der Planungsprobleme wurde als interdisziplinär zu lösende Aufgabe angesehen; hier arbeiteten die Ingenieure intensiv mit Ökonomen wie Rudolf Eberstadt zusammen. Die sozialen Reformen kamen hingegen nur schleppend voran. „Der außerordentliche Umfang der mit den heutigen Missständen verbundenen materiellen Interessen sorgt dafür, dass wir mit den notwendigen Reformen nur schwer vorankommen." (Eberstadt, zitiert nach Fehl 1980, 452)

Die pragmatischen „Techniker" unter den neuen Städtebauern arbeiteten an den erforderlichen stadttechnischen und hygienischen Verbesserungen und

Stübben als Vertreter der „technischen" Disziplin definierte den Städtebau wie folgt: „Der Städtebau ist nicht bloß die Gesamtheit derjenigen Bauanlagen, welche der städtischen Bevölkerung den Wohnungsbau und den Verkehr, so wie dem Gemeinwesen die Errichtung der öffentlichen Gebäude ermöglichen; der Städtebau schafft nicht bloß den Boden und den Rahmen für die Entwicklung der baulichen Einzeltätigkeit, sondern er ist zugleich eine umfassende, fürsorgende Tätigkeit für das körperliche und geistige Wohnempfinden der Bürgerschaft; er ist die Wiege, das Kleid, der Schmuck der Stadt. Einem sehr großen Teile der Bevölkerung wird erst durch das, was wir Städtebau nennen, ein großer Teil der äußeren Annehmlichkeiten des Lebens zugeführt; seine Schöpfungen sind für die Armen ebenso wie für die Reichen. Wir erblicken im Städtebau eine Betätigung der ausgleichenden Gerechtigkeit, eine Mitwirkung an der Beseitigung sozialer Mißstände und somit eine einflussreiche Mitarbeit an der sozialen Beruhigung und Wohlfahrt" (Stübben 1924 zitiert in Düwel/Gutschow 2001, 18/19).

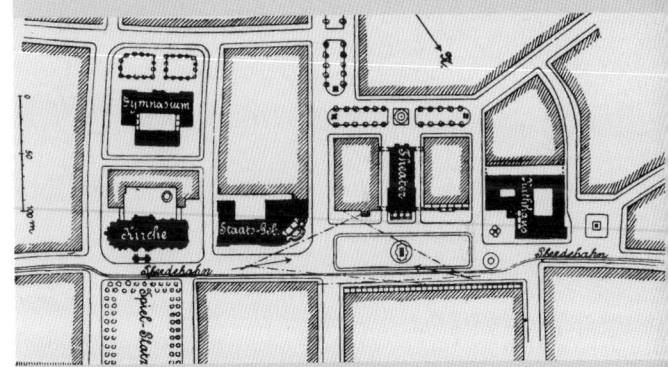

Wettbewerbsentwurf von Karl Henrici: Platzanlage für ein Bezirkszentrum in München, Lageplan und Ansichtszeichnung (Beide Abb. Düwel/Gutschow 2001, 52)

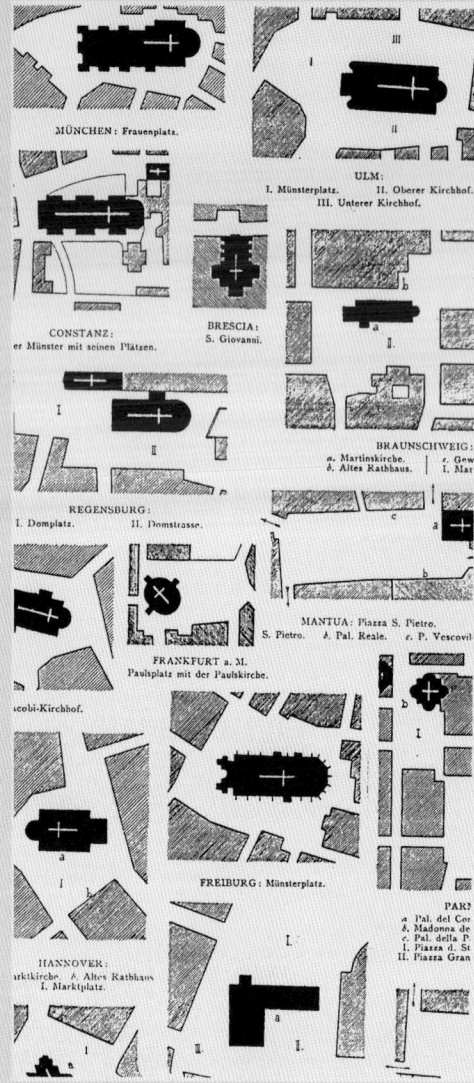

Studien zu Platzanlagen von Camillo Sitte (Reinborn 1996, 63)

Der kunstinteressierte Bildungsbürger Sitte schrieb: „Zu unseren schönsten Träumen gehören angenehme Reiseerinnerungen. Herrliche Städtebilder, Monumente, Plätze und schöne Fernsichten ziehen vor unserem geistigen Auge vorüber, und wir schwelgen noch einmal im Genusse alles des Erhabenen oder Anmuthigen, bei dem zu verweilen wir einst so glücklich waren" (Sitte 1901 zitiert in Düwel/Gutschow 2001, 51.
Düwel und Gutschow schreiben weiter: „Sitte erinnerte sich dabei sehnsuchtsvoll an italienische Stadtbilder und verknüpfte diese mit den Eindrücken aufs ‚menschliche Gemüth`, denen sich niemand entziehen könne. Solche Schönheit, glaubte er zu erkennen, ließe ‚manche schwere Stunde leichteren Herzens tragen`. Sitte maß dem Städtebau eine Art sozial-therapeutische Aufgabe zu" (Düwel/Gutschow 2001, 51).

zeigten gleichzeitig einen unermüdlichen Einsatz bei der Entwicklung von Lösungen zur Boden- und Wohnungsfrage. „Die Wohnungsfrage bildet einen Theil der sozialen Frage und eine richtige Stadterweiterung einen sehr wichtigen Bestandteil der sozialen Reformen" (Baumeister 1876 zitiert in Fehl 1980b, 452). Vertreter der mehr „technischen Disziplin" sind neben Reinhardt Baumeister und Rudolf Eberstadt auch der Kölner Stadtbaurat Joseph Stübben (1845-1936), der 1890 das Städtebaulehrbuch „Der Städtebau" herausgab.

Die Stadtbaukunst, die bei der baukünstlerischen Richtung die zentrale Rolle spielte, wurde seitens der „technischen Disziplin" mehr als ein Gesichtspunkt unter vielen angesehen. Die stadtbaukünstlerische Seite ist eng verbunden mit dem Namen von Camillo Sitte (1843–1903), der 1889 das Buch „Der Städtebau nach seinen künstlerischen Grundsätzen" verfasste (Fehl 1980a).
Der Architekt Sitte war vom Ringstraßenprojekt in Wien und dessen stadtgestalterischer Qualität beeinflusst. Seine stark vom Bildungsbürgertum der Zeit geprägte, kritische Haltung galt der schematischen Rasterplanung und dem deutlichen Verlust der Stadtbaukunst in der Industriegesellschaft.
Sitte plädierte leidenschaftlich dafür, den Städtebau als „Kunstfrage" anzusehen. In seinen Analysen und Leitgedanken beschäftigte er sich vor allem mit der Gestaltung der Straßen und Plätze. Er analysierte die Vielfalt der stadtgestalterischen Lösungen in den historischen Städten und verfasste eine Systematik zu den Gestaltungsmerkmalen, der „richtigen" Einfügung von Monumenten, der Wirkung von Platzwänden oder geschlossenen Raumfolgen (Curdes 1993, 128ff).
Er formulierte seine Thesen zur Planung auf Grundlage der Analyse von historischen Beispielen; die Betonung des „Ortsbezuges" von Planung und die Dreidimensionalität des Städtebaus wurden zentrale Bausteine seiner Lehre. Nach der eher uniformen Gleichmacherei des funktionalen Städtebaus im folgenden 20. Jh.

erlebten die Analysen und Leitgedanken von Sitte ab den 1970er Jahren eine Art „Renaissance". Seine Analysen des städtischen Raums und seine systematische Durchdringung der Gestaltungsmerkmale sind bis heute wichtige Bausteine der städtebaulichen Lehre.

Sitte wollte das „Malerische" im Städtebau dem „Mathematischen" des 19. Jh.s entgegensetzen. Er klammerte allerdings den Wohnungsbau und die schwer wiegenden privaten Verwertungsinteressen aus seinen Betrachtungen aus und widmete sich ganz dem, was im Laufe des 19. Jh.s als alleiniges Bearbeitungsfeld der öffentlichen Planung zurückgeblieben schien: dem öffentlichen Raum.

Der harten Wirklichkeit der städtischen Entwicklung begegnete Sitte mit der „Ausklammerung" von Problemen und der Reduzierung auf die Stadtgestaltung – eine bis heute oft noch von Städtebauern vertretene Position.

Weitere zeitgenössische Verfechter des künstlerischen Städtebaus waren Theodor Fischer (München) oder Karl Henrici (Aachen).

11. Dezentralisierung

Die Probleme des nahezu ungebremsten Stadtwachstums mit entsprechender Verdichtung konnten durch die bereits genannten städtebaulichen Reformen und den veränderten Wohnungstypus allein nicht behoben werden. Erst durch die Möglichkeiten der räumlichen Entflechtung der Großstädte, durch die Dezentralisierung, ließ sich ein Teil der Probleme lösen.

Um die Jahrhundertwende eröffnete die Durchsetzung der neuen Verkehrssysteme die Möglichkeit zur Entdichtung der Großstadt. Im Umland entstanden zunächst vor allem Wohnbereiche für besser gestellte Bevölkerungsgruppen sowie Gewerbezonen. Diese wurden durch die neuen Verkehrsbänder mit der Großstadt verbunden.

Das Stadtwachstum erfolgte nun nicht mehr ringförmig, einem zwiebelschalenförmigen Aufbau gleich, sondern vollzog sich „radial" und „zentrifugal" entlang den Verkehrsadern mit Entwicklungspolen und „Siedlungs-Trabanten". In den Stadtzentren waren damit die Bedingungen für ihren Ausbau als Verwaltungs- und Geschäftsbereiche geschaffen.

Nach der Phase der Zentralisierung der Städte im 19. Jh. begann eine unaufhaltsame Dezentralisierung: Aus der traditionell räumlich begrenzten Stadt wurde die großstädtische Agglomeration.

Die im Folgenden vorgestellten Konzepte zur Entflechtung der Großstadt knüpften vielfach an die frühsozialistischen Reformlinien und Konzepte an, denn erst mit den neuen Verkehrslinien fanden diese Ideen reale Umsetzungsbedingungen vor.

Zwei zentrale und nun näher beschriebene Dezentralisierungskonzepte wirkten sich entscheidend auf die städtebauliche Entwicklung der Folgezeit aus: das der Gartenstadt und das der Bandstadt.

Das Gartenstadtkonzept von Ebenezer Howard

Diese auf Dezentralisierung beruhende Reformidee wurde um 1898 in England von dem Parlamentsstenographen Ebenezer Howard (1850–1928) entwickelt. Er entwarf ein organisatorisches Stadtformmodell eines neuartigen Typus, der „Stadt-Land-Stadt", in der sich die Vorteile des Landes und die der Stadt verbinden sollten und nannte es „Gartenstadt". 1902 erschien Howards Buch „Garden Cities of Tomorrow". Das Buch wurde über die Grenzen Englands hinaus ein großer Erfolg, da Howard seine sozialreformerischen, wirtschaftlichen und städtebaulichen Vorstellungen sehr anwendungsbezogen formulierte.

Die Howard'sche Gartenstadt war eine Stadt von maximal 32 000 Einwohnern, in der alle Einrichtungen der öffentlichen und sozialen Infrastruktur vorhanden sein sollten und die zudem Arbeitsplätze für Gewerbe und Landwirtschaft bot.
• Die Gartenstadt sollte sich möglichst weitgehend selbst versorgen können.
• Ein großer Grünanteil mit öffentlichen Parkanlagen und privaten Gärten, die ein Viertel der Stadtfläche ausmachten, prägte die Gartenstadt.
• Im Zentrum lagen die öffentlichen Einrichtungen mit Rathaus, Schule, Theater und Krankenhaus, die von einem großen „Central Park" umschlossen wurden.
• An den Park grenzten die Geschäfte mit einer überdachter Einkaufspassage (Crystal Palace) an.
• Die anschließenden Wohnbereiche wurden von großen Grünachsen durchzogen.
• Die etwa 5 500 Bauparzellen sollten 6 m breit und zwischen 31 und 40 m tief sein.
• Am Rand lagen die Gewerbe- und Handwerksbetriebe sowie die Verarbeitungsbetriebe für die landwirtschaftlichen Produkte, die alle durch die Eisenbahnlinie verkehrsmäßig gut erschlossen waren.

Ein wichtiger Bestandteil des Gartenstadtkonzeptes war neben einem breiten Angebot und einer Mischung der städtischen Funktionen die gute Ausstattung mit allen öffentlichen Einrichtungen (von Bibliotheken bis

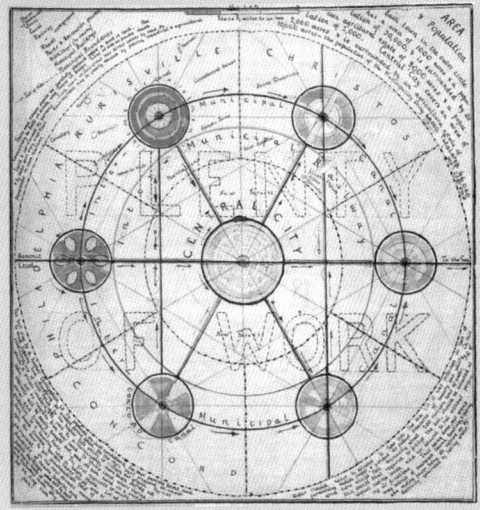

Diagramm von Howard: Verbundsystem der Garden Cities (Eaton 2001, 149)

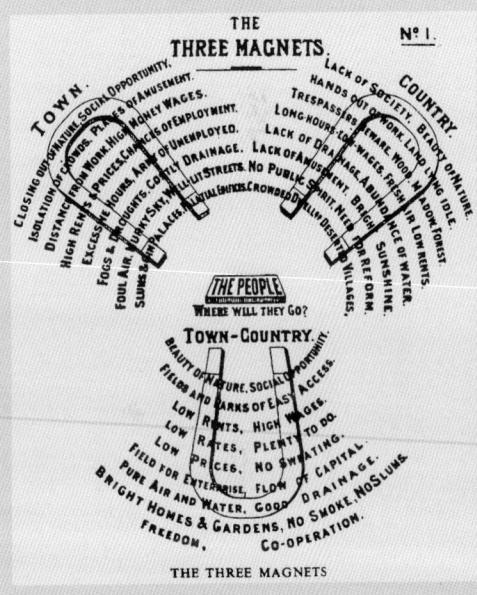

Drei Magnete: Stadt - Land - Land/Stadt (Posener 1982, 20)

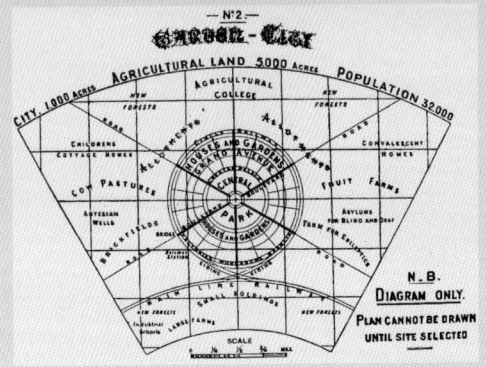

Diagramm der Garden City von Ebenezer Howard (Posener 1982, 20)

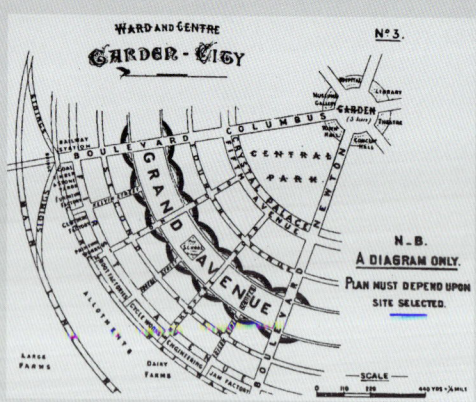

Schemazeichnung der Garden City von Howard (Kieß 1991, 429)

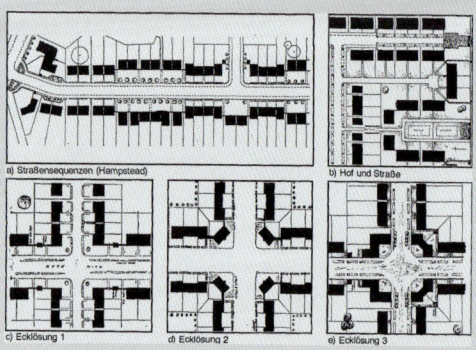

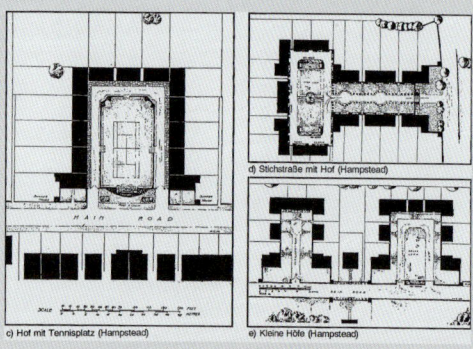

Untersuchungen zu den unterschiedlichen Gestaltungsmöglichkeiten von Straßen, Einmündungen und Höfen von Raymond Unwin (Curdes 1993, 156 und 157)

1904 wurde ca. 50 km nordwestlich von London preiswertes Land für die Anlage der Gartenstadt Letchworth aufgekauft. Die Erschließung und Parzellierung übernahm die Gartenstadtgesellschaft; die Gebäude wurden von privaten Bauherrn errichtet. Für die geplanten öffentlichen Einrichtungen fehlten allerdings die Gelder. Der anfangs stockende Bauprozess beschleunigte sich erst, als nach dem Housing Act 1921 in England staatliche Fördergelder zur Verfügung standen.

zu Theatern) und eine weitestgehend autonome Versorgung durch Gewerbe und Landwirtschaft.

Howards Konzept war in erster Linie ein organisatorisches und kein räumliches Modell. Ihm schwebte keine einzelne Gartenstadt, sondern ein Netz von Gartenstädten vor: Seine Vorstellungen sind daher auch als Beiträge zur Raumordnungsplanung anzusehen.

Mit seiner Gartenstadtidee verfolgte Howard das Prinzip der Gemeinschaftlichkeit: Der Grund und Boden sollte in gemeinschaftlich-genossenschaftlichem Besitz der Gartenstadtbewohner verbleiben und verpachtet werden. Damit sollte der Bodenpreis nicht der privaten Spekulation unterworfen sein; die Bebauung erfolgte durch die privaten Hausbesitzer.
Dieses Prinzip der Gemeinwirtschaft zielte darauf ab, dass alle Gewinne, die durch die Anlage der Stadt und in den Betrieben gemacht wurden, allen Bewohnern der Gartenstadt zugute kommen konnten.

Der englische Architekt und Städtebauer Raymond Unwin (1863–1940), der ebenfalls dem gemeinschaftlichen Bauen sehr nahestand, setzte zusammen mit seinem Partner Barry Parker (1867–1947) Howards Ideen räumlich um. Howard beauftragte Unwin und Parker 1903 mit der Planung der ersten Gartenstadt Letchworth (Kieß 1991). Unwin und die von ihm entwickelte Formensprache sorgten für den großen praktischen Erfolg der Gartenstadtidee.
Mit der Anlage von Wohnhöfen und Wohngruppen fanden die Prinzipien der Gemeinschaft und des nachbarschaftlichen Zusammenlebens Ausdruck in der Bauweise. Unwin und Parker setzten auch eine Boden sparende Parzellierung, die „gemischte" Bauweise ein und viele neue Gestaltungselemente wie Hausgruppen, Wohnhöfe oder die Einbeziehung von Blockecken; ebenso brachten sie Straßenaufweitungen und -verengungen als Mittel der Raumbildung zum Einsatz.

150

Trotz der großen Resonanz, auf die Howards Ideen auch international gestoßen waren, scheiterte sein Modell ganz banal an der Finanzierung, da kaum Bereitschaft bestand, in ein so wenig renditeträchtiges Modell (nur 4% Verzinsung) zu investieren. So entstand neben Letchworth nur noch Welwyn (1919) als weitere Howard'sche Gartenstadt; beide Städte liegen im Umkreis von London.

Der ideele Hintergrund des räumlichen Stadtmodells basierte auf der Vorstellung von einer besseren Gesellschaftsordnung als die bisherige.
Howard wollte mit diesem Modell zeigen, „wie sich in der Land-Stadt Gelegenheit zu gleichen, ja sogar innigeren gesellschaftlichen Beziehungen bietet als in irgendeiner überbevölkerten Stadt, und wie zu gleicher Zeit die Natur jeden Bewohner umgibt und umschließt; wie höhere Löhne sehr wohl mit niedrigeren Mieten und Steuern Hand in Hand gehen, wie ausreichende Arbeitsgelegenheiten und glänzende Aussichten auf Fortkommen allen gesichert sind, wie Kapital sich anbieten und Reichtum entstehen und Gärten aufblühen, wie die Grenzen der Freiheit erweitert werden und zugleich Einigkeit im Denken und Handeln einem glücklichen Volk die schönsten Früchte bescheren kann" (Howard 1902).
Die aufgezeigte genossenschaftliche Lösung sollte so etwas wie einen „dritten Weg" neben der kapitalistischen und kommunistischen Gesellschaftsordnung anbieten.

Howards Gartenstadtidee war das genaue Gegenteil des sich nunmehr allerorts entwickelnden gartenstädtischen Vorortes. Seine Ideen überlebten nur bruchstückhaft in den gartenstädtisch angelegten und durchgrünten Wohnsiedlungen am Stadtrand. Vom Gesamtkonzept blieb lediglich das Kleinhaus mit Garten und das sparsam bemessene, differenzierte Straßensystem bestehen (Bollerey/Fehl/Hartmann 1990). Das organisatorische und genossenschaftliche Modell als Ganzes blieb allerdings nur ein Konzept.

151

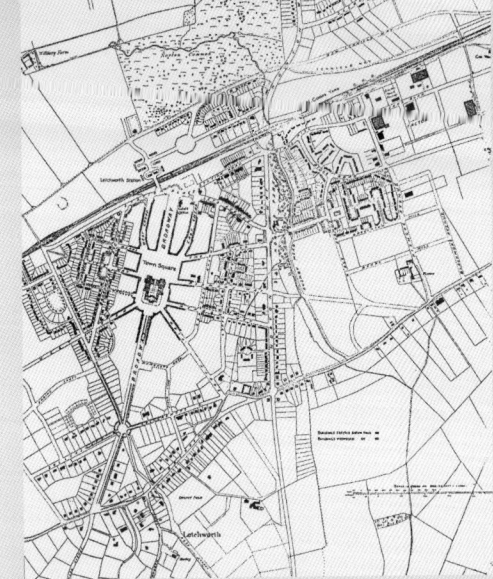

Lageplan Letchworth Garden City: Die bauliche Entwicklung ab 1903 ging vom zentralen Platzbereich aus (Curdes 1993, 150)

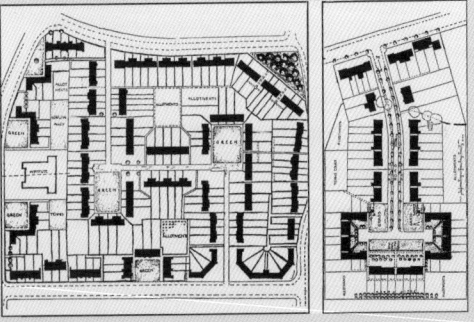

Links: Musterblock Letchworth; Rechts: Hof in Hampstead (Curdes 1993, 157)

Werbeplakat für Welwyn Garden City (Reinborn 1996, 49)

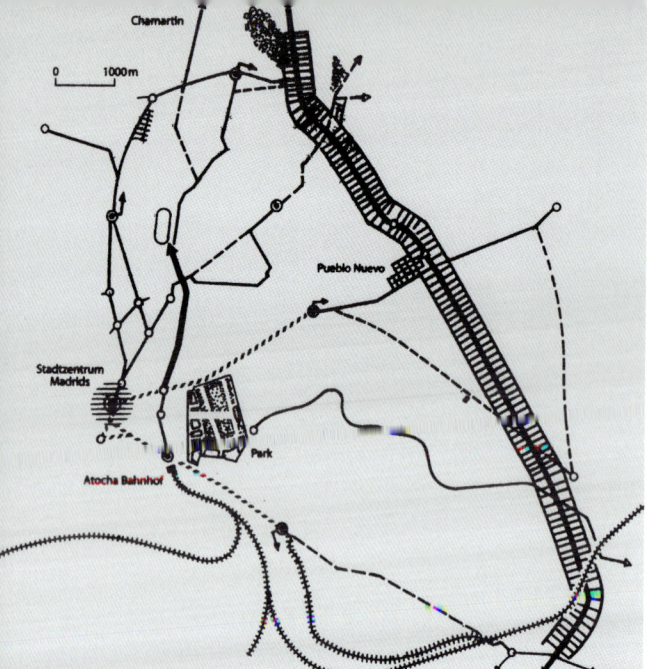

Bandstadtentwurf für Madrid von Arturo Soria y Mata
(Delfante 1999, 184)

Die Ciudad Lineal wurde in vier bis sieben km Entfernung vom damaligen Stadtzentrum Madrids errichtet (Delfante 1999) und sollte die gesamte Stadt umschließen; das Projekt wurde allerdings nur in Teilen realisiert. Die Umsetzung erfolgte durch eine eigens gegründete Finanzierungsgesellschaft.

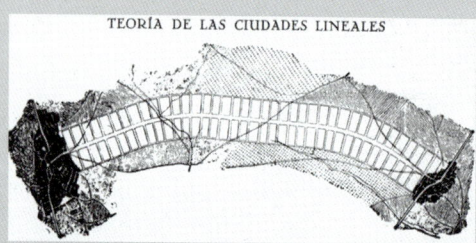

Bandstadt Schema von Arturo Soria y Mata
(Fehl/Rodriguez-Lores 1997, 73)

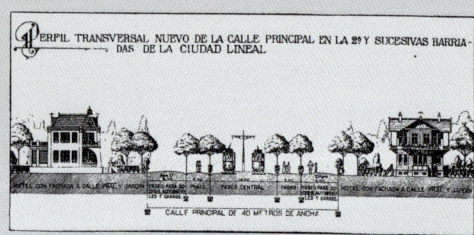

Bandstadt von Arturo Soria y Mata: Querschnitt der Haupstraße (Eaton 2001, 144)

Das Bandstadtkonzept von Arturo Soria y Mata

Ein anderes Stadtmodell für die Dezentralisierung ist das 1882 von dem spanischen Schriftsteller und Verwaltungsbeamten Arturo Soria y Mata (1844–1920) aufgestellte Bandstadtkonzept

Seine Stadt bestand aus einer einzigen Straße entlang einer „geraden Linie", die auf beiden Seiten von der Natur begrenzt sein sollte.

• Die Wohnbereiche erstreckten sich etwa 200 m links und rechts der Verkehrsachse. Diese war als 50 m breite Straße geplant, die eine (für die damalige Zeit neuartige) Trennung der Verkehrsarten für Fußgänger, Fahrräder, Fahrzeuge und Bahn vorsah.
• Unter Einbeziehung der modernen Verkehrsmittel schwebte ihm die Entwicklung einer sich endlos ausdehnenden Stadt vor.
• In direkter Nähe zur Natur wurden gesunde Wohnmöglichkeiten im Kleinhaus mit Garten geplant.
• Innerhalb regelmäßiger Abschnitte sollten sowohl Versorgungs- und Verwaltungseinrichtungen als auch Gewerbeflächen angeordnet werden.

Soria y Matas erste Beschreibung einer Bandstadt ist sicherlich gewollt übertrieben. Die Phantasie des Schriftstellers versucht hier die Vorzüge des räumlichen Konzepts plastisch vorzuführen: eine einzige Straße von 50 m Breite und von der notwendigen, bedarfsgerechten Länge, „so wird die Stadt der Zukunft ihre Endpunkte in Cadiz und Sankt Petersburg oder in Peking und Brüssel haben können. Man lege in die Mittelachse dieses immensen Bandes Eisen- und Straßenbahnen, Rohrleitungen für Wasser, Gas und Elektrizität, Teiche, Gärten und in gewissen Abständen kleine Gebäude für die verschiedenen gemeindlichen Dienststellen der Feuerwehr, Gesundheitsbehörde, Polizei und so weiter, und auf einen Schlag sind fast alle komplexen Probleme, die das städtische Leben der großen Bevölkerungsmassen hervorbringt, gelöst. Unser Projekt der Stadt verbindet die hygienischen Bedingungen des Landlebens mit allen Eigenschaften

152

der großen Hauptstädte" (Soria y Mata 1882, zitiert nach Fehl/Rodriguez-Lores 1997, 68).

1892 konnte Soria y Mata sein Prinzip bei der Erweiterungsplanung von Madrid anwenden, wo er die umliegenden Dörfer mit einer Ringbahn und Bandstadtelementen verband (Projekt Ciudad Lineal). Abweichend vom Bandstadtkonzept entstand ein durch weitere Straßen erschlossenes, „verdichtetes" Bebauungsband.

Die Anhängerschaft der Gartenstadtidee, die in einer reduzierten Ausprägung als „gartenstädtischer Vorort" an Bedeutung gewann, war in der Praxis größer als die der Bandstadt. Die Bandstadt wurde allerdings das städtebauliche Leitbild der Avantgarde der Moderne (Le Corbusier, Hilbersheimer, Neutra, Wagner, Lloyd Wright u.a.); umgesetzt wurde sie bei sowjetischen Stadtplanungen (Bandstadt für Stalingrad von Nikolay Miljutin um 1930) ebenso wie in Südamerika (Gründung von Brasilia, 1956) (Fehl/Rodriguez-Lores 1997). Die lineare Raumentwicklung ist heutzutage in den netzartigen Straßenstrukturen Realität geworden (z.B. im Ruhrgebiet).

In Analogie zum Fließband war die Bandstadt die perfekt gebaute „fordistische" Stadt (siehe Kapitel 13) nach der „Idee der vollendeten Maschine" (Fehl 2000).
Die Bandstädte blieben dennoch wenig beliebt. Fehl sieht dies darin begründet, dass ihre eintönige und nur dem rationalen Prinzip folgende Gestaltung keine emotionale Bindung auslöste – anders als die an historische Kleinstädte erinnernden Gartenstädte. Interessant ist, dass die Gartenstadtkonzeption in den aktuellen Debatten der „New-Urbanismen-Bewegung" in den USA, aber auch in Europa eine zentrale Rolle spielt. Sie gilt als Symbol einer kleinstädtisch-heilen Welt und hat anscheinend nichts von ihrem Reiz verloren.

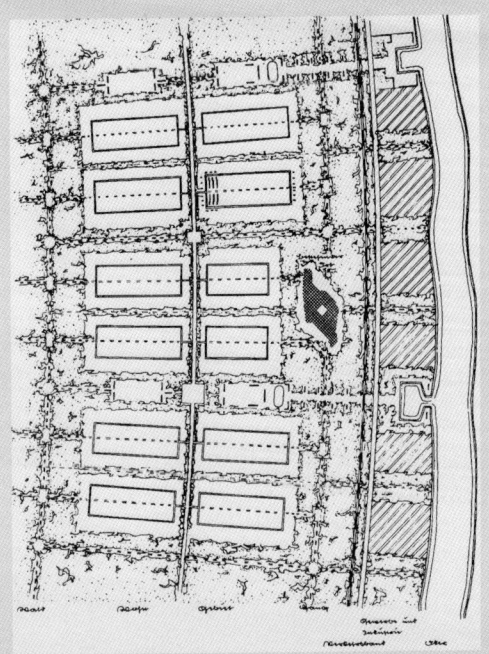

Erweiterungsplanung für Stettin von Hans Bernhard Reichow, 1940 (Durth/Gutschow 1988, Bd.1, 191)

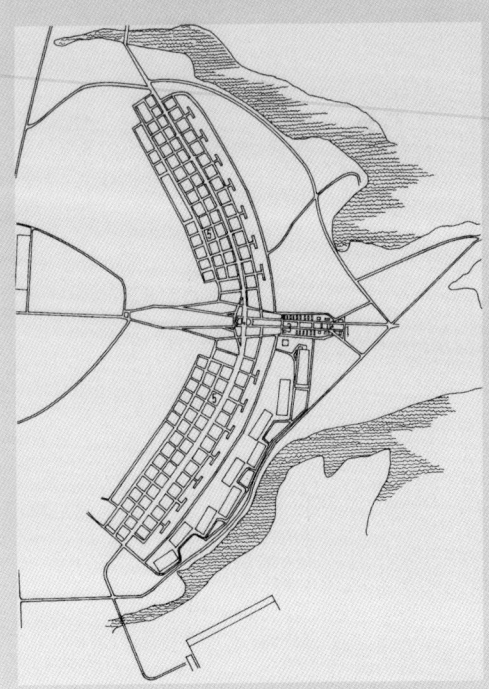

Brasilia: Plan von Costa 1956 (Hofrichter 1995, S 185)

Schema der „Stadt der Zukunft" von Theodor Fritsch, 1896 (Reinborn 1996, 69)

Theodor Fritsch (1852-1933) verfasste 1896 das Buch „Die Stadt der Zukunft". Er sah als „wichtigste Vorbedingung für das Gedeihen einer solchen Stadt (...) (dass) der gesamte Grund und Boden Gemeinde-Eigentum sein und bleiben müsse" (Fritsch zitiert nach Düwel/Gutschow 2001, 50) und nur pachtweise vergeben werde sollte. Noch vor dem Erscheinen des Buches von Howard entwarf er sein Stadtkonzept als kreisförmige Anlage mit unterschiedlichen Nutzungszonen, öffentlichen Einrichtungen in der Stadtmitte und Land- und Forstwirtschaft am Rande. Die räumliche Ausprägung des Konzeptes ähnelt sehr dem Konzept von Howard.

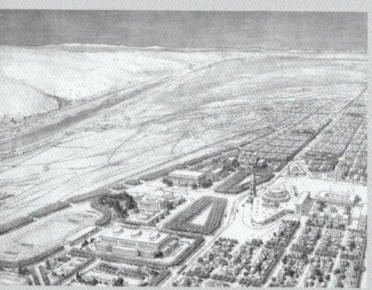

Cité Industrielle (Garnier 1989, Tafel 2 und 14)

Weitere bedeutende Konzepte zur Dezentralisierung legten Otto Wagner (1841-1918) vor („Die Großstadt", 1911) mit einem gesamtstädtischen Wachstumsmodell. 1904 verfasste Tony Garnier (1869-1948) das Konzept der „cité industrielle". „Für Garnier ist die Schaffung und die Erweiterung von bestehenden Städten eine Konsequenz der industriellen Produktionsweise, daher besitzt „seine" Stadt auch fortschrittliche industrielle Grundlagen" (Delfante 1999, 205). In seinem Modell einer fortschrittlichen Industriestadt mit einem weitreichend sozialen und kulturellen Angebot wollte er als Anhänger sozialistischer Ideale die sozialen Bedürfnisse der Menschen befriedigen. Noch lange vor der Charta von Athen wies sein Konzept funktionalistische Züge auf.

Diese beiden bedeutenden städtebaulichen Leitbilder, die Garten- und die Bandstadt, lehnten die kompakte Großstadt ab und versuchten, die überlieferte Stadt und ihre zentralistische Struktur zu überwinden. Sie verfolgten das Prinzip der Funktionstrennung unter Beibehaltung der kurzen Wege zwischen Wohnraum, Arbeitsplatz, Versorgungseinrichtungen und Erholungsraum, und sie strebten die Einbeziehung von Grün und Landschaft an (Fehl 2000): Ihre Ziele waren eben Stadt-Landschaften als Verschmelzung zwischen Stadt und Land.

Die deutsche Gartenstadtbewegung

Angeregt durch das englische Beispiel erhielt auch die deutsche Gartenstadtbewegung seit 1890 Auftrieb. 1902 gründete sich die Deutsche Gartenstadtgesellschaft. In ihrer Zielsetzung nahm auch sie sozialreformerische Elemente auf und wollte den Bodenbesitz genossenschaftlich organisieren. Bei der praktischen Umsetzung fanden diese Aspekte allerdings noch weniger Anklang als in England.

In Deutschland wurde keine Gartenstadt nach dem Konzept von Howard gegründet. Vor allem der zerstückelte Grundbesitz, die fehlenden zusammenhängenden Grundstücksflächen für ein Projekt solcher Größe und die fehlende Finanzierungsbereitschaft waren schwerwiegende Hemmnisse für die Durchsetzung; auch politisch war das gemeinwirtschaftlich orientierte Konzept nicht durchsetzbar.

Von der deutschen Gartenstadtbewegung oder von in ihrem Sinne tätigen Gesellschaften wurden allerdings zahlreiche durch die Howard'sche Idee beeinflusste Siedlungen gebaut. Von dessen Grundidee blieb vor allem bis heute das sich in Privatbesitz befindende Kleinhaus mit Garten in den durchgrünten Gartenvorstädten am Stadtrand erhalten.

Als Beispiel einer von Privatpersonen initiierten, aber sozial orientierten und teilweise genossenschaftlich organisierten Gartenstadt gilt Hellerau bei Dresden (1909–1914), die nach dem städtebaulichen Entwurf von Richard Riemerschmid (1868-1957) errichtet wurde.

Hellerau verdankt ihre Gründung dem Inhaber der Werkstätten für Kunsthandwerk, Karl Schmidt. Dieser stellte nach mühsamen Aufkauf des kleinteiligen Grundbesitzes das Gelände für die Gründung einer „wirtschaftlich und künstlerisch vorbildlichen Siedlung" (Reinborn 1996, 74) in der Nähe seiner Werkstätten bereit und übertrug es an die Gartenstadt Hellerau GmbH. Das Land blieb in genossenschaftlichem Besitz; die Dividende wurde auf 4% beschränkt.

Eine eigens gegründete Baugenossenschaft kaufte die Flächen ohne Spekulationsgewinn auf und übernahm sowohl den Bau der Kleinhäuser als auch den der größeren Landhäuser, die anschließend langfristig (30–60 Jahre) vermietet wurden. Die Mieter stellten der Baugenossenschaft 40% der Haus- und Grundstückskosten als geringverzinsliches Darlehen zur Verfügung.

So konnte eine einheitliche Stadtgestaltung unter Verwendung von Haustypen realisiert werden, die städtebaulich variiert wurden.

Ein weiteres bedeutendes Beispiel ist die Margarethenhöhe in Essen, die ab 1906 von Georg von Metzendorf (1874-1934) geplant wurde.

Das Gelände wurde von Bertha Krupp zwecks Anlage von Wohnungen für Minderbemittelte gestiftet. Dem Bild einer idyllischen Kleinstadt entsprechend wurde der städtebauliche Plan mit differenzierten öffentlichen Räumen erstellt; beim Bauen beschränkte man sich auf einige wenige Grundrisstypen.

Den größten Anteil an gebauten Beispielen machen die Gartenstädte aus, die sich ausschließlich am städtebaulich-räumlichen Bild der Howard'schen Gartenstadt orientieren.

Die Gartenstadt Staaken in Berlin (1914–1917) wurde

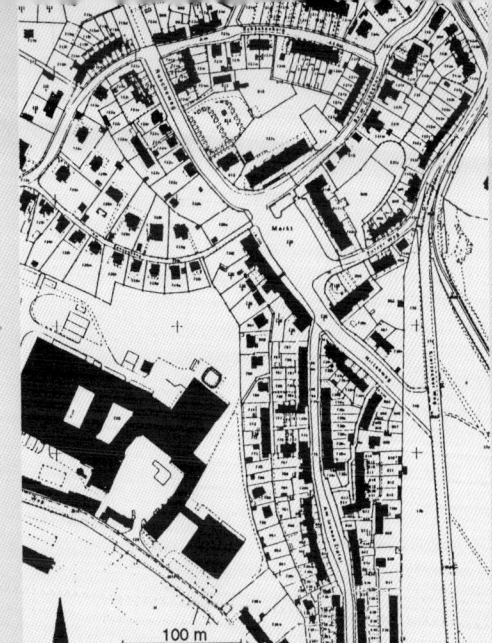

Lageplan Hellerau (Reinborn 1996, 75)
Weitere beteiligte Architekten neben Richard Riemerschmid waren Hermann Muthesius, Heinrich Tessenow und Theodor Fischer

Margarethenhöhe in Essen: Beschränkung auf wenige Grundriss- und Haustypen (Marder 1999, 73)

Staaken: Differenzierte Haustypen und Straßenräume (oben) und Lageplan (unten: Kiem 1997, 31)

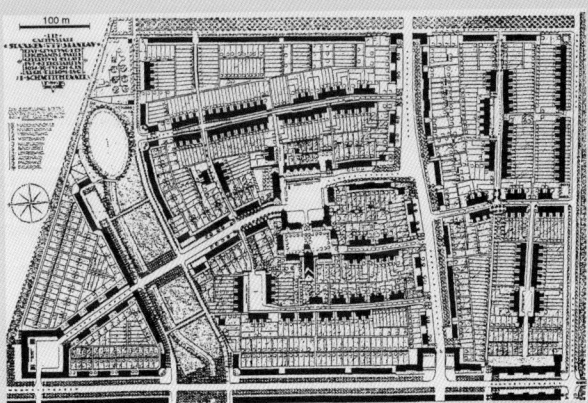

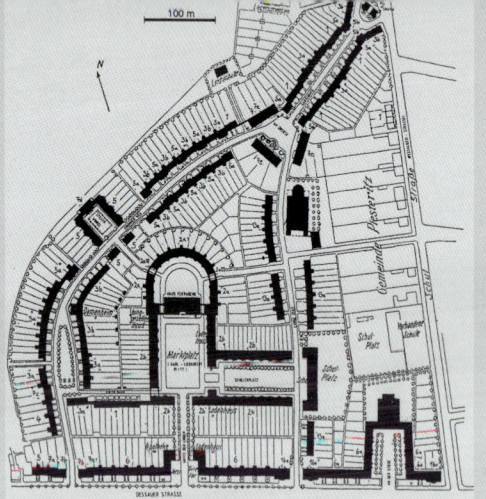

Lageplan Werkssiedlung Piesteritz (Reinborn 1996, 83)

Straßenraum und Hofbildung Piesteritz 1989

Beispiele der Deutschen Gartenstadtbewegung mit Ansätzen genossenschaftlicher Organisation:
• die Gartenstadt Karlsruhe – Rüppurr (1911–1919) nach dem Entwurf von Hans Kampffmeyer mit ausschließlich Einfamilienhäusern und großem Garten
• die Gartenstadt Nürnberg (1911–1924) (Reinborn 1996, 77).

Bei den deutschen Garten-Vorstädten lassen sich gemeinsame Prinzipien feststellen:
• ein differenziertes Straßensystem,
• ein kleines Wohnhaus mit Garten,
• eine im Gebiet vorhandene Versorgungsinfrastruktur für den täglichen Bedarf
• eine hohe Qualität des öffentlichen Raumes mit sehr differenzierten Gestaltungselementen
• eine frühe Entwicklung von Bautypen und der Einsatz genormter Bauteile zwecks Kostenreduzierung

nach den Planungen von Paul Schmitthenner (1884-1972) und Otto Rudolf Salvisberg (1882-1940) für die Industriearbeiter der Rüstungsindustrie und mit staatlicher Finanzierung erbaut. Zwei Drittel der Gebäude sind als Vierfamilienhäuser mit großzügigen Gärten für alle Bewohner konzipiert. Auffällig sind die vielfältigen stadträumlichen Kompositionen (Kiem 1997).

Die Werkssiedlung Piesteritz bei Wittenberg entstand zwischen 1916 und 1919 nach der Planung von Friedrich Gerlach und Otto Rudolf Salvisberg. Im Krieg wurde ein Stickstoffwerk zum Ersatz für ausländische Düngemittelimporte gegründet, das eine direkt angrenzende Werkssiedlung für die Arbeiterschaft aufwies.
Auch in Piesteritz findet man lehrbuchartige Anwendungen der städtebaulichen Gestaltungsprinzipien von Raymond Unwin (beruhigte Wohnhöfe, räumliche Ensembles, Variation der Straßenräume etc.). Als Wohnungstypus wurde die abgeschlossene Kleinwohnung für die Eltern-Kind-Familie vorgesehen.

All diese Gartenstädte bzw. Gartenvorstädte mussten zwei Probleme lösen, um als wohnungspolitische Alternative zur städtischen Mietskaserne fungieren zu können: das Problem des teuren Bodens und das des teuren Bauens. Als Folge dieser Prämissen erfolgte eine immer stärkere Minimierung der Grundstücksflächen, der Verzicht auf öffentliches Grün und der zunehmende Einsatz von typisierten Bau- und Grundrisselementen. Die Entwicklung von Typenhäusern, die in ihrer städtebaulichen Anordnung variiert wurden und die eine Typisierung von Bauteilen (z.B. Fenster, Türen) vornahmen, sind ein frühes Beispiel für den Funktionalismus der 20er Jahre.

Dezentralisierung durch Industriewanderung und Vorortentwicklung

Die Konzepte zur Dezentralisierung der Großstadt wie das Gartenstadt- oder Bandstadtmodell entstanden, als bereits die realen gesellschaftlichen Bedingungen für eine Dezentralisierung vorhanden waren. Bereits um 1900 war das Umland gegenüber den Kernstädten stärker gewachsen. Die „Abwanderung" aus den Städten zeigte sich zuerst in der Wanderung der Industrie und der Bevölkerung.

Die Transportbedingungen hatten sich erheblich verbessert. So erreichte die Straßenbahn den Berliner Vorort Lichtenfelde bereits 1882. Neben dem Ausbau des Verkehrsnetzes war durch verbilligte Wochen- und Monatskarten die Verbindung zwischen Vorort und Stadtzentrum für die Bezieher mittlerer und höherer Einkommen bezahlbar geworden. Auch die Versorgung mit Wasser- und Abwasserleitungen sowie Strom-, Gas-, Telefon- und Postanschlüssen hatte sich in den Vorortgemeinden verbessert.

Damit wurden auch die Voraussetzungen für die Ansiedlung von Industriebetrieben geschaffen. Die alten Produktionsstandorte in den Innenstädten waren oft zu klein geworden, und eine Erweiterung war dort aufgrund der hohen Bodenpreise nicht möglich. Zudem ließen sich die alten, zentral gelegenen Fabrikstandorte auch besser für ertragreichere Nutzungen vermarkten; dies war z.B. bei den Flächen der Tabakindustrie in Mannheim der Fall (Schröteler-von Brandt 1995, 177). Auch waren die Umweltbelastungen im Zentrum oft groß und führten zu Konflikten mit der benachbarten Bewohnerschaft. Die Industrie wanderte somit in die Vororte ab oder siedelte sich am Rand der Stadt neu an.

Die Vorortentwicklung vollzog sich oft in einem zweiten Erweiterungsring um die Stadt. Der erste Erweiterungsring im Anschluss an das Stadtzentrum wurde als Bauerwartungsland nur noch zu überhöhten Preisen angeboten; so „übersprang" die Erweiterung und Abwanderung einfach diesen „ersten Ring" und zog sich weiter nach außen in die Randlagen zurück. Dieses Modell der Stadterweiterung tauchte dann ab den 20er Jahren auch bei den Erweiterungsplanungen für die Siedlungen des „neuen Bauens" in Frankfurt oder Berlin auf.

Randwanderung der Industrie in Berlin (Heiligenthal ohne Jahr, Bd. 1, 19)

Vorortentwicklung: Villenkolonie Zehlendorf-West in Berlin (Berlin und seine Bauten 1970, 99)

Weitere Villenkolonien in Berlin: Dahlem (ab 1901), Frohnau (ab 1900) und Nikolassee (ab 1901) (Bodenschatz 2001a, 85)

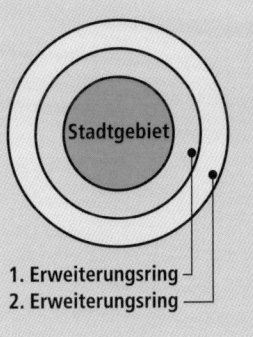
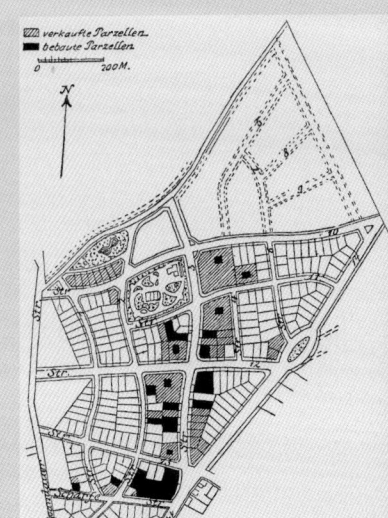

Lageplan Villenkolonie Zehlendorf - Grunewald in Berlin (Berlin und seine Bauten 1970, 97)

Villenkolonie Zehlendorf-West (Bodenschatz 2001a, 85)

Villenkolonie Wagenburg (Bodenschatz 2001a, 97)

Parzellierung Villenkolonie Westend (Bodenschatz 2001a, 79)

Mit dem Bau der Villenkolonien realisierte „das gehobene Bürgertum nicht nur eine neue, stadtferne Lebensweise, sondern auch eine soziale Distanz von unerwünschten Nutzungen und Klassen, die bis dato erst der höfische Adel erreicht hatte. Die neuen bürgerlichen Eisenbahnvororte waren ein Hort sozialer Exklusion, Ausdruck großbürgerlicher Stadtdistanz, die sich bis zur Stadtfeindschaft steigern konnte (...) Mit dem Bau von Villenkolonien vor allem weit außerhalb der großen Städte realisierte sich in großem Maßstab erstmals das Phänomen der Flucht führender sozialer Schichten vor der Verantwortung für die Gesamtstadt. Ziel der Stadtflucht war die Schaffung eines kleinen Reichs in eigenem Besitz, als eine räumliche wie soziale Verinselung des Wohnens" (Bodenschatz 2001a, 101).

Auf der Suche nach billigem Bauland entdichtete sich die Stadt und zeigte sich zugleich im neuen Kleid der großstädtischen Agglomeration. Kernstadt und Region traten immer mehr in Austausch zueinander. Folge waren die ersten großen Eingemeindungswellen.

Die wohlhabende Bevölkerung hatte bereits ab 1860 Sommerhäuser außerhalb der Stadt bezogen. Um 1890 folgten die „Villenkolonien" als Dauerwohnorte der betuchten Bürgerschicht, wie in Berlin Grunewald oder Zehlendorf. Die Bebauungspläne für die Villenkolonien integrierten öffentliche Parkflächen und sahen Raum für eine „Villenbauweise" vor (Bodenschatz 2001b, 110). Es waren in erster Linie die gutsituierten Gruppen, die den hygienischen, politischen und sittlichen „Gefahren" der Großstadt entflohen.

Um 1900 öffnete sich in einer großen „Aufbruchstimmung" das Feld für neue Nachfragegruppen: Der Villa folgten kleine Landhäuser der kleineren Beamten- und Angestelltenhaushalte (Bodenschatz 2001a, 76ff).

Die Standorte wurden in der Regel von privaten Terraingesellschaften erschlossen, die auch die baureifen Parzellen vermarkteten. Diese Gebiete wurden in den neuen Staffelbauordnungen der Kommunen z.B. als „landhausmäßige Bebauung" festgelegt.

Mit der Verschlechterung der Wohnbedingungen in den Großstädten und in Erwartung eines „Häuschens mit Garten" am Stadtrand nahmen immer mehr Bewohner die langen Wege und die erhöhten Kosten für die Fahrten zum Arbeitsort in Kauf. In dieser ersten Phase der Dezentralisierung bzw. Suburbanisierung bestand noch ein starker Austausch zwischen Zentrum und Peripherie. Der Bau von Villenkolonien erlebte zwischen 1890 und 1918 eine Blütezeit, verlor jedoch nach dem Ersten Weltkrieg an Bedeutung (Bodenschatz 2001a, 103).

Typisch für die Periode ab 1900 „war aber nicht nur die rasante Ausbreitung der Villenkolonien, sondern auch das Streben, das Eigenhaus auch breiteren sozialen Schichten und insbesondere dem Mittelstand zugänglich zu machen" (Bodenschatz 2001a, 88). Dezentrale Eigenheime waren auch Zielrichtung der Wohnungsreformen etwa von Julius Faucher, der das suburbane Familienheim als Alternative zur städtischen Mietskaserne sah (Zimmermann 2001, 67).

Ein neues Modell der Stadtentwicklung unter Berücksichtigung der Agglomeration lieferte der Wettbewerb für Groß-Berlin im Jahre 1910. Der Vorschlag von Eberstadt, Möhring und Petersen sah vor, Grünkeile an radial verlaufenden Straßen und Bahnstrecken vom Zentrum zur Peripherie hin anzulegen. Andere Lösungen zur Entflechtung der Großstadt sahen Trabantensysteme von vorgelagerten Siedlungen vor (wie der Systemvorschlag für Groß-Berlin von Gustav Langen). Das Trabantenstadtsystem fand Nachahmer und wurde z.B. von Ernst May bei der Erweiterungsplanung von Frankfurt (ab 1923) angewandt.

Für all diese Vorortentwicklungen mussten keine neuen Planungsinstrumente bereitgestellt werden. Die Bebauung wurde weitestgehend von privaten Gesellschaften initiiert, und für die Umsetzung wurden Bebauungspläne erstellt. Eine Enteignung musste nicht erfolgen, da der Aufkauf der notwendigen Grundstücke im freihändigen Erwerb durch die Gesellschaften erfolgte.
Auch der Auszug der Industrie aus den Kernstädten vollzog sich rasch, und die neuen Produktionsstandorte bildeten bald einen Ring um die Städte. Insbesondere die Unternehmer wurden mit geringen Steuersätzen „geködert". Eine weitere Strategie der Dezentralisierung bestand in der „inneren Kolonisation", d.h. dem Fernhalten von Zuwanderern in die Stadt.

Die Terraingesellschaft Lichterfelde West, die planmäßig Vorortsiedlungen erschloss, pries in ihrer Werbung die neue Siedlung Groß-Lichterfelde nicht nur als „schönsten Villenort" an, sondern präsentierte eine optimale Infrastruktur mit zahlreichen guten Schulangeboten und Ausbildungsplätzen. Erst diese Angebote machten aus den reinen Wohnbereichen attraktive Standorte.
Zudem warb man mit einem niedrigen Steuersatz, d.h. mit einem Argument, das in den Anwerbungskonzepten um Bewohnerschaft und Industrie in den Suburbanisierungszonen bis heute zum Zuge kommt.

Berlin-Lichterfelde: Villa Merckel (Bodenschatz 2001b, 115)

oben: Bebauungsplan Groß-Lichterfelde
rechts: Ansichtszeichnung in Berlin Groß-Lichterfelde
(Bodenschatz 2001b, 114)

Auf der Grundlage einer Privatinitiative entstand ab 1865 die älteste Villenkolonie Berlins in Lichterfelde. Die Erschließung erfolgte in Erwartung einer zukünftigen Entwicklung an der Entwicklungsachse zwischen Berlin und Potsdam. Eine Erweiterung erfolgte ab den 1880er Jahren (Bodenschatz 2001b, 107).

159

Schema von Rudolf Eberstadt zur Entflechtung der Großstadt (Bollerey/Fehl/Hartmann 1990, 48)

12. Citybildung und Stadtumbau in zentralen Lagen

Mit der Ausdehnung der modernen Großstadt ab der zweiten Hälfte des 19. Jh.s lässt sich ein weiteres neues Phänomen der Stadtentwicklung feststellen: die Citybildung.

Das Stadtwachstum sprengte die Grenzen der alten Stadt. Die ehemaligen Funktionsbeziehungen lösten sich auf, und damit veränderte sich auch das Zentrum der Stadt. Die Altstädte bzw. die Stadtzentren blieben die geschäftlichen, administrativen und „geistigen" Zentren und zugleich Wohnorte einer sich sozial stark ausdifferenzierenden Bevölkerung.

Dieser große Umbildungsprozess im Stadtzentrum wird als Citybildung bezeichnet – nach dem typischen Beispiel der „City" von London, wo sich dieses Phänomen schon früh abzeichnete. Von Citybildung spricht man vor allem dann, wenn die Bedeutung des Zentrums weit über die Stadtgrenzen hinausreicht. Der Citybildungsprozess in Deutschland setzte im Zuge des allgemeinen wirtschaftlichen Aufschwungs verstärkt um 1900 ein.

Die Ursachen und Folgen der Citybildung

Als Ursachen der Citybildung sind zu nennen: das Wachstum von Bevölkerung und Kaufkraft sowie die zunehmende Bedeutung des Zentrums für das Umland und/oder seine nationale bzw. internationale Funktion.

Vorrangige Ursache des Citybildungsprozesses war das Wachstum der Bevölkerung. Durch die wachsende Einwohnerzahl verstärkte sich die Nachfrage nach Geschäftslokalen, Banken und Bürogebäuden sowie nach Verwaltungsdienstleistungen, Bildungseinrichtungen und kulturellen Angeboten.

Die größere Kaufkraft einer Bevölkerung und deren Nachfrage nach einem umfangreichen und hochwertigen Angebot ist mit entscheidend für den Prozess der Citybildung. Großstädte mit relativ einseitiger und ärmerer Bevölkerung sowie geringerer Kaufkraft deckten zwar die Versorgung ab, verfügten aber noch nicht über einen „Citycharakter" – wie viele frühe Industriestädte im Ruhrgebiet. Anhand der Einkommensteuerveranlagung wurden diese „qualitativen" Momente bereits schon zu Beginn des 20. Jh.s untersucht (Schott 1912). Heute sind Begriffe wie „Kaufkraftbindung" Merkmal der Zentralität.

Eine weitere Ursache für die Citybildung war die wachsende Bedeutung des Stadtzentrums für das Umland. Durch die Möglichkeit, schnellere und billigere Bahnverbindungen zu nutzen, wurde das Zentrum der Großstädte für die im Umland wohnende Bevölkerung attraktiver. Wenn sich der Weg in die City „lohnte", d.h. hier auch der Bedarf nach nicht alltäglichen Waren und Luxusartikeln gestillt werden konnte, verstärkte sich der Citybildungsprozess.
Erste wissenschaftliche Untersuchungen zur Erklärung dieses Phänomens lieferte Schott 1912 mit seinen Untersuchungen zu den Agglomerationsräumen und deren Austauschbeziehungen.

Als vordringlichste Maßnahme zur Unterstützung der Citybildung wurde die Schaffung von Straßendurchbrüchen und -verbreiterungen angesehen, die in den Vordergrund der öffentlichen Planungsintervention rückte. Ebenso spielte der Ausbau des öffentlichen Personennahverkehrs mit Eisenbahn- und Straßenbahnanschluss eine zentrale Rolle. Erst der Verkehrsausbau schuf die räumlichen Voraussetzungen für die Wahrnehmung der „neuen" Aufgaben im Stadtzentrum und beschleunigte so die Citybildung. Auch innerhalb der City nahm der öffentliche Personennahverkehr zu, da die zu überbrückenden Entfernungen für die Fußgänger immer größer wurden.

Die Citybildung zeigte vielfältige Folgeerscheinungen:
• Im Zentrum kam es zur Ausdifferenzierung von unterschiedlichen Zonen und „Lagemerkmalen".
• Mit der Zunahme der neuen Funktionen nahm die Wohnfunktion ab und führte zur Entleerungstendenzen.
• Die Citybildung und die Spezialisierungen der Nut-

zungen begünstigten die stärkere Differenzierung von „Lagen" im Zentrum, welche uns bis heute bei der Kategoriebildung (z.B. von 1a- oder 1b-Lagen) im Immobiliensektor begegnet.
• Einige verkehrsgünstige Straßenbereiche nahmen die neuen Funktionen besser auf als andere, und in eher „stillen" Randstraßen wurde ein Umsatzrückgang verzeichnet.
• Bodenökonomisch bildeten und bilden sich im Stadtzentrum die höchsten Bodenpreise ab. Die Citybildung und die Spezialisierungen der Nutzungen verstärk(t)en bzw. unterstütz(t)en diese Bodenpreisbildung.

Mit der Nachfrage nach höherwertigen Nutzungen als auch mit der zunehmenden Belastung durch den Verkehr setzte eine „Entvölkerung" der Innenstädte ein, wie wir bereits bei Paris (Mitte des 19. Jh.s) gesehen haben.
Auch verknappte sich der Wohnraum durch den Einbau von Läden mit Schaufensterauslagen und von großen Verkaufsflächen, den Ausbau von Lagerflächen, Büro- und Verwaltungsbauten etc. Bei der Niederlegung „schlechter" Wohnviertel, die die Cityfunktion störten, gingen weiterhin Wohnflächen verloren.
Zudem verschlechterten sich durch Lärm und Luftverschmutzung die Wohnbedingungen in den Stadtzentren; der Auszug der besser gestellten Schichten aus dem Zentrum folgte.

Die Hemmnisse der Citybildung in deutschen Städten

Neben den bereits genannten Bedingungen spielten die baulich-räumlichen Voraussetzungen zur Gewährleistung der neuen Funktionen sowie die erforderlichen Stadtumbaumaßnahmen eine bedeutende Rolle für den Citybildungsprozess.

Das Stadtzentrum mit seinen historischen Gebäuden, Straßen und Platzanlagen hat für die Identitätsbildung einer Stadt nach wie vor die größte Bedeutung und wurde mit seinen „Traditionsinseln" identitätsstiftender Ort. Wenngleich sich in den großen Metropolen in den Stadtquartieren neue Mittelpunkte herausbildeten, stellte das Stadtzentrum in der Regel weiterhin das „Herzstück" der Gesamtstadt dar. Mit wachsender Entfernung zum Zentrum und zunehmender Stadtgröße allerdings gingen auch diese funktionalen und „emotionalen" Beziehungen zurück.

„Wie wollte es die City fertig bringen, die modernsten Lebensströmungen des Großstädters aufzuhalten, wenn sie selbst in ihrer ganzen Form so undynamisch ist, dass sie nicht einmal rein baulich und verkehrstechnisch den gesteigerten Ansprüchen eines Weltstädters gewachsen ist? Die City ist in einem Spinnwebennetz kleinster Grundstücksgrenzen eingefangen, die jede Erweiterung eines Geschäftshauses von einem Zufall oder von der Laune und dem guten oder schlechten Willen des Nachbars abhängig macht" (Martin Wagner 1934 zitiert in: Bodenschatz 1995, 237).

Das Beharrungsvermögen des Grundbesitzes und seine Resistenz gegenüber einer planenden Ordnung sind also historische Erfahrungswerte der Stadtplanungspraxis. Die „Not" der Einzelhandels muss erst sehr groß sein, bevor dieser einen Handlungsbedarf sieht; wie dies aktuell bei der Bildung von Standortgemeinschaften zur Verbesserung von Image und Lagewert einer Geschäftsstraße deutlich wird.
In den Innenstädten hat sich heute zudem die Konkurrenz der einzelnen Lagen untereinander verschärft. In Siegen wurde z.B. durch die Verlagerung des Hauptgeschäftsbereiches von der Altstadt hin zum Bahnhofsbereich eine große Nutzungs- und Immobilienkrise im Geschäftsviertel der Altstadt ausgelöst.

Die planmäßigen Eingriffe in die Innenstädte erfolgten in Deutschland – im Gegensatz zum großen Pariser Vorbild – bis 1918 eher verhalten und führten im Wesentlichen zu keinen umfassenden Veränderungen der Stadtstruktur.
In Deutschland standen einer planmäßigen Erneuerung der Stadtzentren zwecks Begünstigung der Citybildung einige Hemmnisse entgegen (Fehl 1995a, 24ff): Ein Hemmnis war die Grundeigentümerstruktur in den Altstädten. Der Boden in der Altstadt befand sich zu großen Teilen in den Händen von kapitalschwachen kleinen Hausbesitzern, die zudem in den Gemeindeparlamenten als starke Lobby vertreten waren und hier ihre Interessen wahren konnten. Für die politisch führenden Honoratioren, die Bürger und Handwerker, war die Altstadt zudem Wohn- und teilweise noch Arbeitsort. In dieser Phase waren sie daher noch nicht an einer Nutzungsänderung interessiert.
Planmäßiger Umbau der Innenstadt war ein risikobehaftetes Unterfangen; das große Baukapital wurde eher in die Stadterweiterung investiert. Diese Hemmnisse haben wir bereits bei den frühen Stadterweiterungsplänen im Rheinland kennen gelernt, z.B. beim Stadtbauplan für Duisburg. Das Außenvorlassen der Altstadt bei der öffentlichen Planung hatte also unter den neuen Planungsbedingungen des 19. Jh.s bereits „Tradition". Die Altstädte zeigten sich erstaunlich resistent gegenüber Veränderungen, und oft bewirkte nur ein starker ökonomischer Druck hier eine Reaktion.

Mit diesem Phänomen ist die Innenstadt bzw. Altstadt auch heute noch behaftet: Der meist kleinteilige Laden- und Flächenbesitz ist zwar für einen kleinteiligen Einzelhandel geeignet; er kann aber nicht die Nachfrage nach größeren, zusammenhängenden Einzelhandelsflächen in der Innenstadt befriedigen. In der Folge wurden und werden diese Einrichtungen an den Stadtrand auf die „grüne Wiese" verlagert. Die Innenstädte müssen Kaufkraftverluste hinnehmen und werden von Leerständen bedroht.

Der Stadtumbau und die Anpassung der Baustruktur an neue Nutzungen findet in der Regel auf den bestehenden Grundstücken durch die Eigeninitiative der Besitzer statt. Lassen sich aber Strukturen nicht mehr alleine durch die „Modernisierung" eines Grundstückes anpassen, so entsteht Bedarf nach gemeinsamen Handeln bzw. der Ruf nach einem öffentlichen Planungseingriff.

Ohne solche Planungseingriffe hatten die Altstädte im „neuen Zeitalter" schon frühzeitig mit Schwierigkeiten zu kämpfen: enge Straßen, unzusammenhängende Bauflächen, extrem zerstückelter Grundbesitz und eine schwierige und kostenintensive neue Versorgung mit Strom, Telefon, Gas, Wasser etc. Die Notwendigkeit von öffentlicher Planung in diesem frühen Prozess der Citybildung war also vorhanden, doch es fehlten die politischen Durchsetzungsmöglichkeiten durch entsprechende Planungsinstrumente.

Weitere Gründe, warum sich in Deutschland die Citybildung zum Beginn des 20. Jh.s nicht kraftvoller vollzog, sieht Fehl (1995a, 24) in folgenden Prämissen: Zum einen verminderte die polyzentrale Struktur der deutschen Großstädte – anders als bei den nationalen Hauptzentren London oder Paris – den Umbaudruck und zum anderen hatte sich Deutschland bezüglich der Nachfrage im Banken- und Versicherungswesen oder im Welthandel eher als „Spätentwickler" erwiesen. Alles in allem verzögerte sich so die Entwicklung in Deutschland und setzte erst nach dem Zweiten Weltkrieg verstärkt ein.

Die Planungsgesetzgebung und der Stadtumbau

Das wesentliche Hemmnis, warum in Deutschland (im Gegensatz zur regen Planungstätigkeit bei der Stadterweiterung) bis 1918 der umfassende Umbau der inneren Stadt vernachlässigt wurde, wird in der fehlenden Möglichkeit einer Zonenenteignung gesehen (Breuer 1995, 289).
Dieses Recht der Zonenenteignung, welches bereits

bei der Pariser Sanierung dargestellt wurde (siehe Kapitel 9), stand den Gemeinden und Städten in Deutschland nicht zur Verfügung – mit Ausnahme von Baden, Hamburg, dem preußischen Rheinland und Sachsen.
Insbesondere fehlten als wichtige Voraussetzungen für die öffentliche Planung – neben der Möglichkeit zur Zonenenteignung – die Möglichkeiten zur Erstattung der aufgewendeten öffentlichen Kosten durch die privaten Nutzer bzw. zur Abschöpfung des Wertzuwachses nach Abschluss der Arbeiten.

Öffentliche Planung konnte so nur bedingt in den bestehenden Stadtkörper eingreifen und war auf die Akzeptanz der Maßnahmen durch die privaten Haus- und Grundbesitzer angewiesen. Zusammenlegungen von Flächen für Planungsmaßnahmen erfolgten in der Regel durch freihändigen Aufkauf seitens der Stadt. Die Möglichkeiten einer Enteignung zur Durchsetzung besserer Verkehrsverhältnisse, die das Preußische Fluchtliniengesetz von 1875 in Verbindung mit dem Preußischen Enteignungsgesetz von 1874 vorsah, wurden wegen der zu zahlenden Entschädigung nur punktuell bei der Herstellung von Straßendurchbrüchen oder -verbreiterungen genutzt.

Die fehlende Möglichkeit zur Zonenenteignung war allerorts schmerzlich spürbar. So mussten für den Straßendurchbruch der Hansastraße in Dortmund um die Jahrhundertwende hohe Entschädigungsleistungen erbracht werden. Vom Wertzuwachs durch den besseren Verkehrsanschluss profitierte die Stadt nicht. „Der Vermögenszuwachs, den die Grundbesitzer in diesem Falle erfahren, ist nicht durch die eigene Arbeit, sondern durch die Leistung der Stadt, und zwar auf Kosten der städtischen Steuerzahler hervorgerufen", äußert sich Schilling (1921, 50) in seiner zeitgenössischen Kritik.

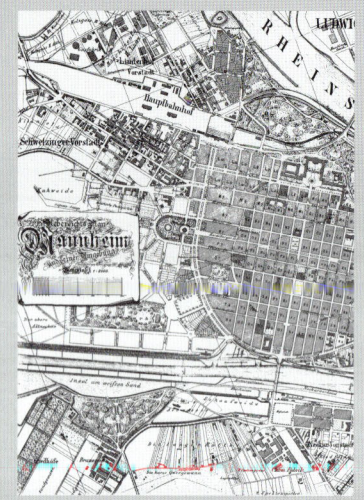

Wohn- und Geschäftshaus Mannheim (Mannheim und seine Bauten 1906, 247)

Plan Mannheim: Der Bahnhof befindet sich im oberen Bildrand (Allgemeine Kartensammlung Nr. 132 des Stadtarchivs Mannheim, Beilage zum Adressbuch von 1891)

So konnte in der Stadt Mannheim die Citybildung und der innere Stadtumbau ohne weitreichende Eingriffe in die Stadtstruktur erfolgen (Schröteler-von Brandt 1995, 174). Mannheim hatte als gegründete landesfürstliche Residenzstadt eine Rasternetzstruktur erhalten. Die Erweiterung der Altstadt im 19. Jh. erfolgte auf dem ehemaligen Festungsgelände, welches sich in städtischem und staatlichem Besitz befand: Das orthogonale Straßennetz der Altstadt ließ sich so problemlos fortsetzen. Am Rand der Altstadt wurde zudem eine Ringstraße zur Aufnahme der neuen Verkehrsansprüche gebaut. Diese städtischen Flächen wurden im Laufe des 19. Jh.s weitgehend privatisiert und der Stadt fehlten bald Flächen für neue Infrastruktureinrichtungen. Diese Fehlentwicklung konnte im Anschluss an die Altstadt korrigiert werden. Dieses Gelände – die Oststadt – war in städtischem Besitz gelangt: Hier wurden Flächen für besser gestellte Bevölkerungsschichten und für öffentliche Infrastruktur (z.B. Theater) reserviert.

Der Bahnhof lag östlich am Innenstadtrand in der Nähe des Schlosses. Zwischen dem Bahnhof und der ehemaligen Oberstadt entstand ein neues „besseres" Wohngebiet; die ehemalige Oberstadt wurde Geschäftsbereich. In der eher bürgerlichen Unterstadt war der Veränderungsdruck geringer. Die Umstrukturierung und die „Neuzuteilung" der innerstädtischen Funktionen fand in Mannheim auf den bestehenden Parzellen und Baublöcken statt. Ausgehend von den Hauptachsen in der Oberstadt ging die Nutzungsumwandlung bis in die Randbereiche der Oberstadt einher mit einem Bevölkerungsrückgang. Bereits zwischen 1895 und 1910 nahm die Bevölkerung in der Oberstadt um 12,7 % ab (Schröteler-von Brandt 1995, 181).

Die Citybildung in Deutschland: Ausweichstrategien und kleinteilige Anpassung

Als die Nachfrage nach Geschäfts- und Bürohäusern in den einzelnen Großstädten wuchs, suchte man vielerorts nach Alternativen zur schwierigen planmäßigen Umstrukturierung der Altstadt. Man ließ sie so einfach „links" liegen, plante neue Stadtteile bzw. baute diejenigen Stadtviertel um, die sich für die neuen Nutzungen besser eigneten. Diese „Ausweichstrategie" gelang in vielen Fällen: Wegen des moderaten Umbaudruckes auf die deutschen Altstädte verlief sie auch in den meisten Fällen relativ problemlos.

Diese „Entlastungssituation" für die Altstädte im Zuge der Citybildung wurde begünstigt durch die bereits im 18. und 19. Jh. neben den Altstädten angelegten Neustadtplanungen. Die so genannten Neustädte waren meist in Rasterstruktur errichtet worden und wurden damit den Verkehrsanforderungen eher gerecht als die engen und verwinkelten Altstadtstraßen. So etablierte sich das neue Geschäftszentrum in Darmstadt neben der eng parzellierten Altstadt in der Neustadt, die Anfang des 19. Jh.s in Richtung des Bahnhofs angelegt wurde.

Vielerorts fand man Ausweichmöglichkeiten durch den Ausbau der Stadtbereiche zwischen den Altstädten und den neuen Bahnhöfen. Die Bahntrassen waren oft nur bis an den Rand der Altstadt herangeführt worden. Zwischen den Bahnhöfen und den Altstädten entwickelte sich eine rege Bautätigkeit mit neuen Geschäfts- und Bürohauslagen und neuen öffentlichen Infrastruktureinrichtungen. Als Beispiele können hier die Entwicklung in Aachen, Mannheim, Mönchengladbach oder Siegen angeführt werden (Schröteler-von Brandt 1995, 174).

Die weit reichenden Entscheidungen über den Bau der Bahnstrecken im 19. Jh. hatten somit die Hauptrichtungen der Zentrumsentwicklung bereits vorgegeben.

In Berlin zeigte sich eine zweigeteilte Innenstadtentwicklung. Zum einen blieb die historische Altstadt bedeutendes Zentrum für Großhandel, Börse und Behörden – bei veralteter Bausubstanz und gleichzeitig schwieriger Verkehrserschließung, bedingt durch die engen Gassen. Die Friedrichstadt im Westen dagegen wurde mit ihrem orthogonalen Rastersystem nun Mittelpunkt der Universitäten, Kultureinrichtungen und Museen sowie der Banken, Hotels, Warenhäuser, Läden und Cafes. Vor allem die Nähe der Bahnhöfe wie Bahnhof Friedrichstraße, Anhalter- und Potsdamer Bahnhof waren wichtige Voraussetzungen für die Ausdehnung der Geschäftsviertel (Bodenschatz u.a. 1995, 229).

In den Altstädten erfolgte die Anpassung der Stadtstruktur in der Regel kleinteilig und ohne gesamtstädtische Planung durch stückweise durchgeführte Straßendurchbrüche und -verbreiterungen, auf die sich die planerischen Interventionen beschränkten. Die nachfolgenden Beispiele aus Berlin, Köln, Elberfeld und Dortmund zeigen, dass der Aufkauf der notwendigen Flächen meist durch die Stadt erfolgte, der finanzielle Aufwand durch die Allgemeinheit getragen und mit großen Risiken bezüglich des späteren Verkaufs behaftet war.

Ein bedeutendes Umbauprojekt in Berlin war der Durchbruch der Kaiser-Wilhelm-Straße, der auch als Unterstützung der Cityerweiterung in Richtung Osten gedacht war. Die öffentlichen Investitionen in die Verkehrsinfrastruktur sollten die privaten Umbaumaßnahmen fördern und stützen.
Der Durchbruch der Kaiser-Wilhelm-Straße wurde weitgehend von der Stadt Berlin durchgeführt (1877/78). Insbesondere das in Misskredit geratene Bordellviertel an der Königsmauer sollte „bereinigt" werden. Hier tätigte die Stadt den Aufkauf der Gebäude seit den 1860er Jahren zum Verkehrswert, und Ende der 1880er Jahre war dem Prostitutionsviertel an dieser Stelle endgültig der Garaus gemacht (das Bordellviertel verlagerte sich allerdings rasch in das

oben:
Berlin: Friedrichstraße um 1897 (Bodenschatz u.a. 1995, 136)
rechts:
Berlin: Friedrichstraße 1865 (Berlin 1856-1896, 1997, 68)

Entwicklung um den Bahnhof Friedrichstraße: Gestalterische Aufwertung der Geschäftslagen z.B. durch neue „Geschäftshauspaläste" sowie Schmuckplatzgestaltungen am Gendarmenmarkt und Pariserplatz.

Berlin: Entwurf Pariserplatz (Bodenschatz u.a. 1995, 137)

Berlin: Altstadt mit Blick auf die Nikolaikirche (Berlin 1856-1896, 1997, 22)

Berlin: An der Königsmauer um 1885 (Berlin 1856-1896, 1997, 31)

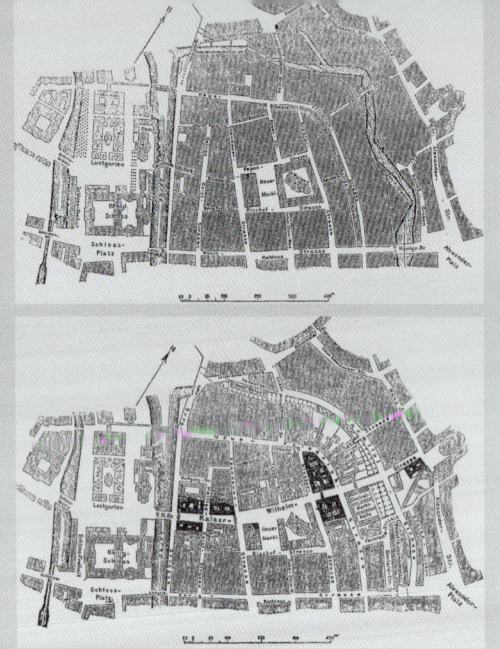

Alt-Berlin um 1870 und nach Ausführung der Kaiser-Wilhelm-Straße (Schilling 1921, 221 und 231)

Grundlage der Maßnahmen war der Plan von August Orth (1871), der ursprünglich von einer privaten Terraingesellschaft in Auftrag gegeben worden war, aber wegen des „Gründerkrachs" nicht direkt realisiert wurde. Die Nachfrage nach Grundstücken an der Durchbruchstraße setzte nicht in erwartetem Umfang ein und die Deutsche Bauzeitung schrieb noch 1884 von sich „auftuenden Ruinenfeldern" in diesem Bereich (Radicke 1995, 241). Die Realisierung der Neubebauung an der „Durchbruchstraße" in Berlin durch das Bankenkonsortium wurde auf der Grundlage eines Wettbewerbs durchgeführt. Die Bauunternehmer sollten nicht nur die Bauentwürfe vorlegen, sondern auch Aussagen zu den Kosten und zur Rentabilität treffen (Radicke 1995, 242) - vergleichbar mit heutigen Investorenwettbewerben. Die Grundstücke wurden anschließend an fünf Bauunternehmer mit einer Bauverpflichtung vergeben.

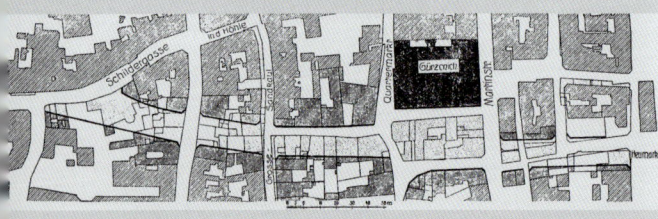

oben:
Planung Gürzenichstraße (Schilling 1921, 22)
links:
Foto Gürzenichstraße (Fehl/Rodrigues-Lores 1995, 161)

benachbarte Scheunenviertel).

Die Stadt stellte einen Fluchtlinienplan auf und auf der Grundlage des Preußischen Enteignungsgesetzes von 1874 kaufte sie die Grundstücke am Kleinen Judenhof sowie an der Gasse „An der Königsmauer" auf und riss die sich darauf befindlichen Gebäude ab (Radicke 1995, 241).

Die öffentliche Vorleistung zum Aufkauf und zum Abriss belasteten die Stadtkasse erheblich. 1884 übertrug der Berliner Magistrat einer privaten Bank die weitere Durchführung des Straßendurchbruchprojektes und die Bebauung. Sie sollte von allen Wertsteigerungen profitieren, und die Stadt unterstützte das Projekt mit einem zusätzlichen Zuschuss von 4 Millionen Mark (Radicke 1995, 242).

Auch in Köln herrschten in der Innenstadt die engsten Straßenverhältnisse vor. Daher wurde 1907–1913 die Gürzenichstraße verbreitert und zu diesem Zweck 26 Grundstücke freihändig erworben. Hierbei konnten die Kaufpreise durch „Umsicht" der Verwaltung bei Planung und Ausführung niedrig gehalten werden (Schilling 1921, 24): Nach Abschluss der Arbeiten wurden die Grundstücke wieder an einzelne Unternehmer zur privaten Bebauung verkauft, u.a. für Warenhäuser wie das Kaufhaus Tietz.

Für acht Grundstücke, die als Bauplatz für das neue Stadthaus dienen sollten, wurde das Enteignungsrecht zwecks Bedarf für öffentliche Zwecke angewandt. Ein ähnliches Verfahren von freihändigem Aufkauf und teilweiser Enteignung wurde auch in Köln an der Zeppelinstraße durchgeführt.

Die so genannte „spezialgesetzliche Enteignungsbefugnis" für solch städtebaulich begründete Sonderfälle wurden auch in der Stadt Elberfeld (Regulierung der Stadtgegend am Bökel und Kaiserstraße), in Essen (Regulierung westlich der Burgstraße und der Kettwiger Straße) und in Dortmund (Straßendurchbruch vom Südwall zum Königswall) oder in Frankfurt a.M. im Bereich des Römerbergs angewandt, wenngleich der Erwerb der Grundstücke möglichst freihändig erfolgte.

Das Enteignungsrecht hätte aber notfalls durchgesetzt werden können (Breuer 1995, 299).

Die vorgenannten Beispiele zeigen, wie sehr durch die hohen finanziellen Aufwendungen den Städten die Hände gebunden waren und wie nur ein geschicktes Agieren und die Beschränkung auf notwendige Arbeiten zum Erfolg führten.

Das Phänomen der „schlechten" Gebiete um die Altstadt

Während die Citybildung als privat initiierter Stadtumbau oder/und durch öffentliche Maßnahmen vor allem bei der Herstellung guter Verkehrsverhältnisse auf den Weg gebracht wurde, zeigte sich, dass sich in den anschließenden Cityrandlagen Gebiete des Verfalls und der Armut hielten. Dieser sozialräumliche Ausdifferenzierungsprozess lässt sich für viele Städte empirisch belegen (z.B. Rodriguez-Lores 1995).

Solange für die Bewohner (z.B. Berlins) keine ausreichenden und bezahlbaren Alternativen der Wohnversorgung an der Peripherie zur Verfügung standen, blieben sie in der Stadt wohnen. Die Entwicklung der City und die Entvölkerung der alten Innenstädte führte oft nur zur Verdrängung in die Cityrandlagen.

Es waren vor allem die ärmeren Bewohner wie auch Heimarbeiter und Gelegenheitsarbeiter, die in den Randzonen und den Zonen der Halb- und Unterwelt verblieben (siehe z.B. für Berlin: Bodenschatz u.a. 1995, 231).

Auch Schilling, der 1921 die wohl wichtigste empirische Untersuchung zum Stadtumbau bzw. zur „inneren Stadterweiterung", wie er ihn nannte, vorlegte, verweist für Köln auf die außerordentlich hohen Renten bei den alten und schlechten Häusern in den zentral gelegenen Vierteln der Prostitution (Schilling 1921, 23); Luxus und Armut lagen dicht beieinander (Eberstadt 1917, 150).

Auch in den folgenden Entwicklungsphasen blieb in der City diese duale Struktur in der Innenstadt bis

heute oft erhalten wie aktuelle sozialräumliche Untersuchungen z.B. in Düsseldorf (1997) und Köln (1990) zeigen.

Für die hier behandelte Phase der Citybildung erklärt Rodriguez-Lores die „Elendsviertelbildung" (1995, 326) mit einer besonderen ökonomischen Beziehung der Bewohner der „Elendsviertel" (Arbeitslose, Einwanderer, Tagelöhner) zur angrenzenden Geschäftsstadt. Es waren die Bewohner mit den niedrigen und unsicheren Einkommen, die auf den untersten Arbeitsmarkt angewiesen waren; im Zentrum fanden sie mehr Arbeitsangebote dieser Art als in den Außenbezirken. Hinzu kam, dass die am Stadtrand gelegenen Arbeiterwohnungen in den neuen Vierteln auch nicht besser waren als im Zentrum und hier dann wenigstens der Anschluss an die notwendigen informellen Kreise und an die Arbeitsbeschaffung bestand. Die Innenstadt war eine Art Arbeitsvermittlungsagentur für Stunden- und Tagesbeschäftigte (Rodriguez-Lores 1995, 329), in denen sich eine eigene städtische Ökonomie entwickelte (Boten, Transportleistungen, Bauhandwerk, Vergnügungslokale etc.). Aufgrund der Nachfrage bildete sich in diesen Vierteln ein relativ hoher Bodenpreis heraus („Slumrente", Rodriguez-Lores 1995, 331).

Die Rentabilität des Grundbesitzes und der Gebäude war zu dem Zeitpunkt noch sehr hoch: die oftmals kapitalschwachen „Altbesitzer" im Zentrum investierten kaum in die Bausubstanz, die zunehmend verfiel. Durch die hohe Nachfrage konnten sie bei hoher Verdichtung gute Gewinne einfahren, da sie auch gegenüber von Investitionen in Neubauten keine Kredite aufnehmen mussten. Allein aufgrund der Lage in der Innenstadt ließen sich so ohne eigenes Zutun hohe Grundrenten realisieren.

Entwickelte sich dann Tertiarisierungsdruck auf den Hausbesitz und ließen sich mit Geschäfts-

oder Büronutzung höhere Gewinne erzielen, so wandelte man die Nutzung um. Da aber der Markt für Geschäfte und Büros vorerst begrenzt war, blieb ein Großteil dieser Wohnnutzung für die unteren Wohnungsteilmärkte in der Innenstadt bestehen. Zeitweise kam es hier sogar noch zum Anstieg der Bevölkerung.

Die Pioniere des planmäßigen Stadtumbaus und damit der Stadterneuerung in Deutschland

Der Stadtumbau – insbesondere im Stadtzentrum – gestaltete sich äußerst schwierig und erforderte lange Planungszeiträume mit aufwändigen Planungsverfahren, Grundstücksverhandlungen und hohen Kosten für die Gemeinden.

Einige wenige Städte konnten Planungsinstrumente einsetzen und Verfahren entwickeln, die Pioniercharakter für die späteren Verfahren des Stadtumbaus und der planmäßigen Stadterneuerung hatten. Beispiele sind hier u.a. der Altstadtdurchbruch in Straßburg sowie die Sanierungen in Hamburg und im Scheunenviertel in Berlin. Die näher beschriebenen Beispiele unterscheiden sich hinsichtlich der Herangehensweise an die Planungsvorbereitung und -umsetzung, ihren Zielsetzungen und den zur Verfügung stehenden Planungsinstrumenten.

Die zum damaligen Reichsland Elsass-Lothringen gehörende Stadt Straßburg führte zwischen 1907 und 1914 einen großen Straßendurchbruch durch ihre Altstadt durch. Das Verfahren zur Umsetzung dieses Projektes mit dem planmäßigen Eingriff der Stadt war in ihrer Zeit ein Novum.

Die Innenstadt von Straßburg war dicht bebaut, und zudem wurden die unzureichenden Wohn- und Verkehrsverhältnisse einer sich anbahnenden Cityentwicklung nicht gerecht.

Im Straßburger Stadtrat saß damals Prof. Dr.

Otto Mayer, einer der führendsten deutschen Verwaltungsrechtler, der sich für die Planungsmaßnahmen einsetzte und über entsprechend gute Kenntnisse des rechtlichen Instrumentariums verfügte.

Das französische Enteignungsrecht vom 13.4.1850, welches bereits beim Stadtumbau von Paris angewandt worden war, galt im nunmehr zum Deutschen Reich gehörenden Straßburg weiter fort, ebenso wie die französisch-napoleonische Gesetzgebung 1816 auch unter preußischer Herrschaft im Rheinland fortbestand (siehe Kapitel 7).

Auf der Grundlage dieses Gesetzes konnte eine Enteignung wegen unhygienischer Wohnverhältnisse durchgesetzt werden. Bereits 1898 setzte Mayer sich dafür ein, dass eine Untersuchung zu den Wohnverhältnissen erfolgte, in der die Missstände in der Wohnsituation, die Verkehrsproblematik und der Mangel an zusätzlichen Geschäftsflächen offen zutage traten. 1900 wurde auf Anregung der Wohnungskommission ein Sanierungsfond gebildet, aus dem die notwendigen Arbeiten bezahlt werden sollten.

Die Erneuerungsplanung wurde 1907 beschlossen. Schon vor dieser Beschlussfassung hatte der Oberbürgermeister, gestützt durch vorab informierte Ratsmitglieder, über Mittelsmänner bereits große Teile der Grundstücke aufkaufen lassen, um so die zu erwartende Spekulation zu vermeiden. Daher verliefen die Vorarbeiten in aller Stille und unter großer Geheimhaltung (Schilling 1921, 70). Finanziert wurde der Grundstückserwerb durch eine Anleihe. Aufgrund dieses Vorgehens mussten nur zwei Hausgrundstücke im Rahmen einer Enteignung erworben werden (Breuer 1995, 308).

Der große Straßendurchbruch wurde dann 1907 bis 1914 durch die Altstadt mit einer Breite von 18 m und einer Länge von 1 300 m „geschlagen".

Die Verbreiterung der Straße erfolgte möglichst unter Beibehaltung des alten Straßenverlaufs sowie der Grundstücksgrenzen unter Beachtung der Bebaubarkeit der Parzellen. Der Straßendurchbruch war so nicht mit einer Straßenbegradigung verbunden, sondern erhielt einen eher geschwungenen Verlauf.

Die Neubauten sollten nach einheitlichen Gesichtspunkten entstehen; einige bedeutende Gebäude blieben erhalten und wurden in die Neubebauung einbezogen. Hierzu riss man auch Fassadenteile ab, bewahrte sie auf und baute sie wieder ein – ein Verfahren, welches in der Denkmalpflege der 1970er Jahre Anwendung fand (z.B. bei der Sanierung des Judengassenviertels in Aachen).

Das gesamte Sanierungsgebiet wurde zwecks Dokumentation und Archivierung zeichnerisch und photographisch aufgenommen, was ebenfalls eine neuartige, beachtenswerte Verfahrensweise war.

Die Stadt akzeptierte den freien Bodenmarkt sowie die zu erwartende Preissteigerung und versuchte lediglich, durch geschickte Aufkaufpolitik und Ausnutzung der gesetzlichen Möglichkeiten die Ausgangsposition der Stadt in der Sanierungsplanung „gut zu platzieren".

Im Sinne der städtischen Erneuerungsziele, z.B.
• der Unterstützung der Citybildung,
• dem Bau von guten Ersatzwohnungen,
• der zügigen Umsetzung und
• der günstigen Kostengestaltung für die Stadt
wurde äußerst geschickt operiert.

Durch die Ausweitung von Geschäftsflächen und die Reduzierung der dichten Wohnflächen gingen Wohnungsangebote verloren. Die zwangsläufige Verdrängung der Bewohnerschaft berücksichtigte die Stadt von vornherein und errichtete kleine Wohnungen für Sanierungsverdrängte. Sie brachte damit den Stadtumbau mit komplementären Maßnahmen außerhalb der Innenstadt in Verbindung – ein Verfahren, welches erstaunliche Parallelen zum Städtebaufördergesetz 1971 aufweist, in dem der Ersatzwohnungsbau für Sanierungsverdrängte verankert ist.

Straßburg (Fisch 1995, 61)

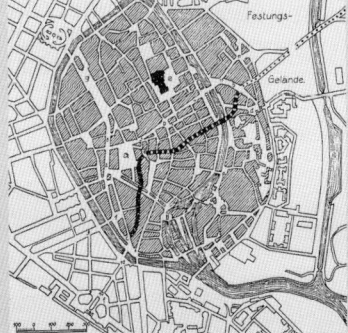

Straßburg: Straßendurchbruch in der Altstadt (Schilling 1921, 59)

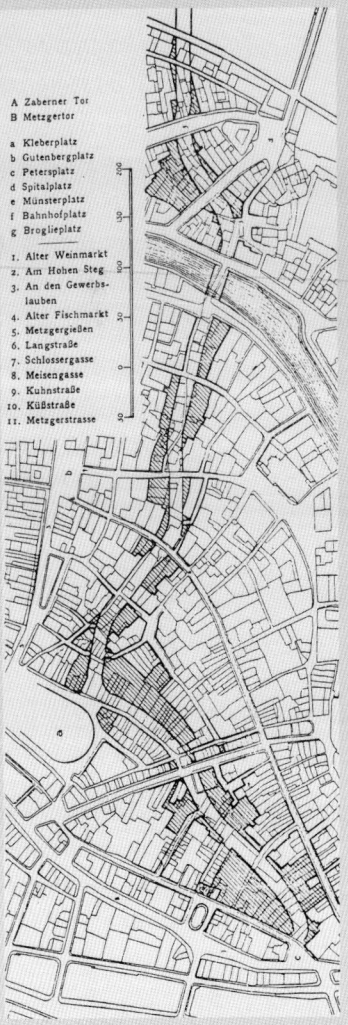

Straßendurchbruch mit Darstellung der Grundstückserwerbungen (Schilling 1921, 62)

Um 1910 schloss die Stadt Straßburg einen Vertrag mit einer privaten Bank ab, die bis 1913 private Bauherrn finden oder im Anschluss die Gebäude auf eigenes Risiko herstellen sollte – dazu wurden Fertigstellungstermine inklusive Vertragsstrafen schriftlich vereinbart. Die Stadt übernahm die Herstellung der Straßen und der Beleuchtung. Die Gesellschaft durfte den durch die Veräußerung und durch die Bebauung erzielten Gewinn bis zu einer Höhe von 19,3% über der „Normaltaxe" (Breuer 1995, 309) einnehmen. Bei einem darüber hinausgehenden Gewinn sollte die Stadt prozentual an diesem beteiligt werden.

Das Projekt verlief lückenlos. Die Grundstücke wurden verkauft oder in Erbpacht für 65 Jahre vergeben. Der Erbpachtzins war zuerst niedrig angesetzt, damit das Bauinteresse gesteigert wurde und das Risiko der Bauwilligen gemindert werden konnte. Die Stadt sicherte sich das Recht zu, nach 50 Jahren den ordnungsgemäßen Unterhalt der Gebäude zu kontrollieren und ggf. die nötigen Reparaturen durchführen zu lassen, damit sich die Häuser bei der Übergabe nach Ablauf der Erbpacht in einem guten Zustand befanden (Schilling 1921, 77).

In Straßburg finden wir so schon früh ein flexibles Verwaltungshandeln und ein Zusammenwirken mit privaten Akteuren des Stadtumbaus vor, die heutzutage im Planungsalltag die Public-Private-Partnership-Verfahren prägen oder bei den zwischen der Stadt und den privaten Investoren abgeschlossenen städtebaulichen Verträge eine Rolle spielen.

Als weiteres Beispiel soll die frühe Sanierungsplanung in Hamburg dargestellt werden, die von Dirk Schubert (1995) herausgearbeitet wurde und auch bereits in die zeitgenössische Betrachtung von Schilling (1921, 137ff) einging.

Hamburg war aufgrund des Überseehandels im 19. Jh. sehr stark gewachsen, und die Stadterweiterung wurde von den eng gesteckten Landesgrenzen beeinträchtigt; in den Altbauquartieren herrschte eine hohe Verdichtung und eine große Wohnungsnot.
Die Wohnverhältnisse waren katastrophal; nicht von ungefähr brach dann 1892 eine große Choleraepidemie aus (Schubert 1995, 193), die vor allem in den engen Altstadtquartieren tobte, in denen die Hafenarbeiter lebten: 8 600 Menschen starben.

Eine Kommission setzte sich im Anschluss mit den Ursachen und Gegenmaßnahmen auseinander und forderte drei Sanierungsgebiete von insgesamt 35,2 ha und 12 000 Wohnungen (Schilling 1921, 166). In diesen Gebieten wurden umfangreiche statistische Erhebungen durchgeführt, z.B. zum Anteil der Sterblichkeit im Bezirk während der Choleraepidemie oder zur Baustruktur. Diese Voruntersuchungen kommen unseren heutigen vorbereitenden Untersuchungen nach dem Besonderen Städtebaurecht des BauGB sehr nahe, auf deren Grundlagen erst die eigentlichen Sanierungsgebiete abgegrenzt werden.

Die Stadt Hamburg führte als erste in Deutschland eine so genannte „Hygienesanierung" durch und verfügte als eine von wenigen Städten bereits seit 1842 über ein Enteignungsgesetz – für den Wiederaufbau nach dem großen Stadtbrand. Anders als in Straßburg musste in Hamburg auf der Grundlage des dort geltenden Enteignungsgesetzes („Expropriationsgesetz") vom 15.5.1886 für einzelne Sanierungsverfahren ein besonderes Gesetz erlassen werden, dass auf einem übereinstimmenden Beschluss des Senats und der Bürgerschaft beruhte. Durch diese Regelung beschritt man einen besonderen Weg; Ähnliches wurde nur in England praktiziert, wo das Parlament jeden einzelnen Beschluss zur Enteignung fassen musste.

Vor allem das alte Gängeviertel , das vom Stadtbrand 1842 verschont geblieben war und eine unglaublich hohe Dichte aufwies, traf die Sanierung.

Nach dem Abriss der Wohnungen im Jahr 1908 wurde eine neue Baublockeinteilung und Straßenplanung mit großzügigen Grundstückszuschnitten vorgenommen. Die Neubebauung um die Mönckebergstraße sollte als Durchbruchstraße die neue Geschäftsstraße werden, die vom Rathausmarkt zum Hauptbahnhof hinführte. 1914 wurden die Gebäude fertiggestellt und das Konzept der pulsierenden modernen Geschäftsstraße ging auf (Schubert 1995).

Das Sanierungsziel der Verbesserung der Wohnverhältnisse im Hinblick auf die Verhinderung von Epidemien wurde aber nicht umgesetzt: Die alten Quartiere wurden zwar abgebrochen, die Argumente der „Hygienesanierung" wurden jedoch vielmehr dazu benutzt, um die neuen Anforderungen an das Stadtzentrum und den Ausbau moderner Kontorbauten und Geschäftshäuser durchzusetzen. Die Neueinteilung der Parzellen zeigt, dass große, zusammenhängende Bauflächen vergeben wurden, die den Bau des neuen Geschäftshaustyps ermöglichten (Schilling 1921).

Kann man die Mönckebergstraße als ein Beispiel für einen planmäßigen Umbau des Stadtzentrum auch in funktionaler Sicht sehen, so sind auch die angewendeten Instrumentarien der Sanierungsplanung beispielhaft:

• Die Grundstücke wurden zum Verkehrswert vom Staat erworben, wobei Enteignungsverfahren nur selten erforderlich waren.

• Die Bauplätze an den neu angelegten und regulierten Straßen wurden dann öffentlich versteigert; d.h. der Staat trat hier als Planer und Realisierer der Sanierungsarbeiten auf, um anschließend die Flächen zu reprivatisieren.

Die Kosten für die Sanierung wurden genau bilanziert. Während die Sanierung des Gebietes in der südlichen Neustadt, in dem die Wohnverhältnisse verbessert wurden, mit einem Defizit abschloss und lediglich 60% der in den Grundstücksankauf gesteckten Kosten wieder zurückflossen, konnte das Projekt Mönckebergstraße mit einer fast ausgeglichenen Bilanz zum

Hamburg: Stadtplan mit schwarz markierten Sanierungsgebieten (Schubert 1995, 192)

Die Sanierung der Wohngebiete in Hamburg erforderte hohe Kosten und war nur durch einen anleihenfinanzierten staatlichen Zuschuss möglich. Ohne die Sanierung der Mönckebergstraße soll die Anleihe 29 Millionen Mark betragen haben (Schilling 1921, 180). Diese Kosten konnten nur durch die Einnahmen der Stadt aus den hohen Steuererträgen und dem Hafenbetrieb getragen werden.

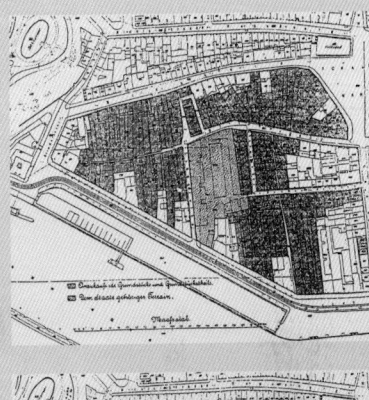

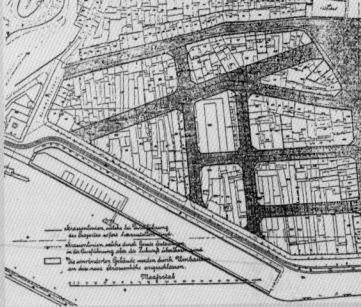

Abbildungen rechts: Sanierungsgebiet in der südwestlichen Neustadt vor und nach der Sanierung (Schilling 1921, 170 und 172)

Die alte, eigentümliche Baustruktur des Gängeviertels in Hamburg ging verloren. Der Abriss führte zu heftigen öffentlichen Debatten um den Heimatschutz um 1910.

Hamburg: Gängeviertel (Schilling 1921, Fig. 45 und 46)

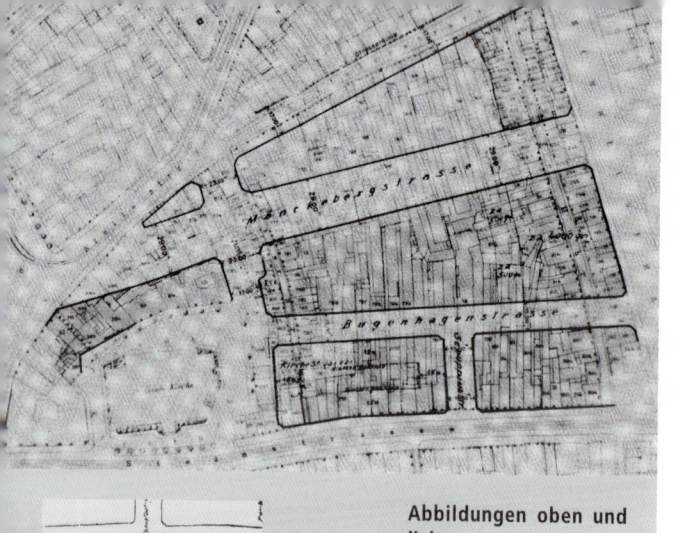

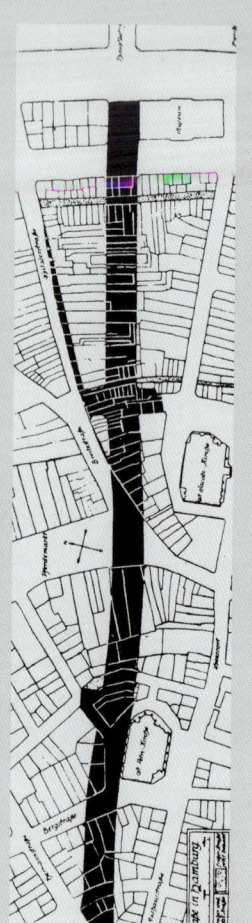

Abbildungen oben und links:
Durchbruch Mönckebergstraße (Schubert 1995, 194)

Bei der anschließenden privaten Bebauung mussten die durch die fachmännischen Organe der Bachdeputation festgelegten Baubestimmungen eingehalten werden (Schubert 1995, 200). Hierzu wurde eigens eine Kommission zur Beratung und Überwachung der Einzelarchitektur eingesetzt und damit der Stadtgestaltung an dieser wichtigen "Weltstadtstraße" eine große Aufmerksamkeit geschenkt.

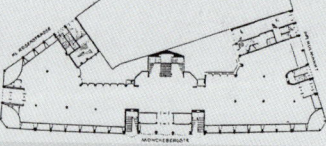

oben: Grundriss eines Kaufhauses in der Mönckebergstraße (Schilling 1921, 199)
unten: Straßenansicht Mönckebergstraße um 1914 (Schubert 1995, 205)

Ende gebracht werden (Schubert 1995, 207); hier trug die Wertsteigerung der Grundstücke durch ihre neue Nutzung für Geschäftsbauten die Sanierungskosten. Der Einkaufsbereich an der innerstädtischen Geschäftsstraße Mönckebergstraße/Spitaler Straße in Hamburg konkurriert heute mit der durch Passagen aufgewerteten "alten" Stadt am Gänsemarkt.

Da die hohen Bodenpreise nach der Sanierung die Mieten verteuerten, wurde die in den Sanierungsgebieten lebende Arbeiterschaft zumeist verdängt. Anfangs suchte diese in anderen Altstadtgebieten Unterkunft, wo sich die Wohnungsprobleme entsprechend verstärkten. Erst mit der Einführung der Schnellbahnen und den verbilligten Arbeiterwochenkarten wuchsen die Arbeiterwohnorte an der Peripherie. Schon während der Sanierung waren in der Stadt heftige Debatten um die Lage der Arbeiterwohnungen entstanden, da im Wesentlichen die Hafenarbeiter durch die weiter außerhalb liegenden Arbeiterwohnungen erhöhte Lebenshaltungskosten für die Fahrten hinnehmen und vor allem weite Wege in Kauf nehmen mussten. Die Unternehmerschaft äußerte sich entsprechend kritisch zu den Planungen der Stadt (Schubert 1995).

Beim Beispiel der Sanierung des Scheunenviertels in Berlin zeigte sich bereits früh das Problem der hohen Kostenbeteiligung der Stadt bei der Sanierung.
Bereits in den 80er Jahren des 19. Jh.s hatte die Citybildung mit den neuen Geschäfts- und Verwaltungsbauten und der Verdrängung von preiswertem Wohnraum auch das Gebiet in der Nähe des Alexanderplatzes in Berlin erfasst. Der Wunsch nach besseren Verkehrsverhältnissen und nach Aufwertung der Stadtquartiere bestand vor allem für die alte Königstadt mit dem Scheunenviertel. Das Scheunenviertel bestand ursprünglich – wie sein Name schon sagt – aus Scheunen und Ställen an der Stadtmauer und befand sich im Besitz der Ackerbürger. Seit der Jahrhundertmitte waren die Gebäude durch Mietshäuser ersetzt worden, die von der Arbeiterschaft, einer ärmeren

jüdischen Bevölkerung und den untersten Schichten des Berliner Proletariats bewohnt wurden (Schilling 1921).

Im Magistrat der Stadt Berlin galt das Scheunenviertel als Slum und soziales Ärgernis. Die Grundeigentümer – vor allem die aus der Umgebung des Scheunenviertels – befürchteten eine Entwertung ihrer Grundstücke durch den schlechten Ruf des Viertels.

Die Sanierungsplanung des Magistrats sah eine moderate Neugestaltung vor, die allerdings auf Ablehnung der Grundbesitzer stieß; diese wollten einen größeren Teil des Gebiets abreißen und umgestalten. Eine Kompromissplanung sah dann 1902 die Kahlschlagsanierung für 117 Grundstücke vor (Radicke 1995, 246). Die Stadt führte das Projekt in eigener Regie durch, nachdem sie keine privaten Unternehmer finden konnte.

Im Scheunenviertel erfolgte der Grunderwerb im Zuge der Sanierung teils freihändig, teils durch verschiedene Verfahren der Enteignung (Breuer 1995, 299). Da eine Entschädigung zum Verkehrswert erfolgte, musste die Stadt zuerst einen hohen Anteil an öffentlichen Mitteln für die Finanzierung der Maßnahmen aufwenden. 1908 war das neue Straßensystem einschließlich neuer Kanalisation sowie Gas-, Wasser- und Telegraphenleitungen fertiggestellt. 1911 wurde dann das ganze Gelände an eine Terraingesellschaft verkauft, sprich reprivatisiert. Auch nach dem Übergang an die private Gesellschaft kam das Grundstücksgeschäft am Vorabend des Ersten Weltkrieges nicht so recht in Gang. Die großen Verluste durch die Sanierungskosten und den Abriss des Viertels verblieben bei der Stadt; gegenüber den Ausgaben von 16 Millionen Mark flossen nur 8 Millionen Mark wieder durch den Verkauf in die Stadtkasse zurück, der Rest musste von der Stadt finanziert werden. Versuche der Stadt, die Grundeigentümer der Umgebung mit einer besonderen Steuererhebung an den Kosten zu beteiligen, scheiterten.

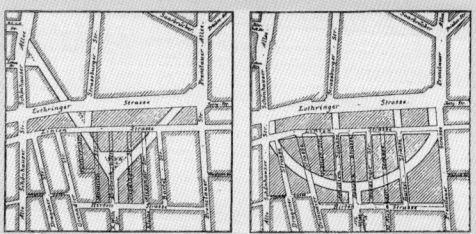

Straßendurchbruchsplanung Scheunenviertel (1899): Links der Entwurf der Stadt und rechts der Gegenentwurf der Architekten Seeling und Knüpfer im Sinne der Grundbesitzer (Radicke 1995, 247)

Sanierungsplan für das Scheunenviertel 1902 (Radicke 1995, 241)

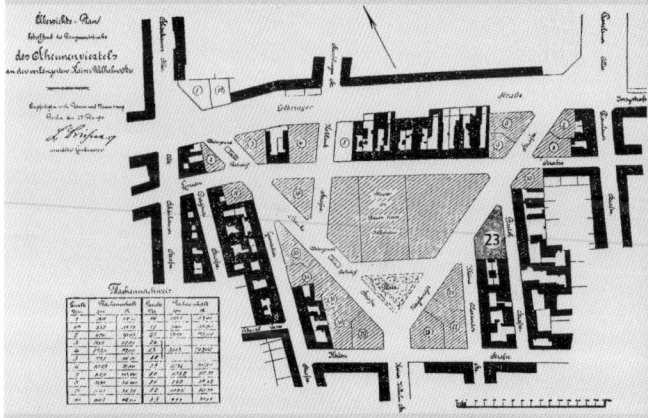

Im Scheunenviertel ist ca. 10 Jahre nach der Sanierung nur die Parzelle 23 bebaut (Schilling 1921, 259)

Das Problem der Kostentragung, das bei einer Sanierung durch Abriss des Gebäudebestandes, Aufbereitung der Grundstücke für eine Neubebauung, Herstellung der technischem Infrastruktur sowie Planungsarbeiten entsteht, stellt sich bis heute als unbefriedigend dar: Zumeist verbleiben große Anteile bei der öffentlichen Hand und müssen somit vom Steuerzahler aufgebracht werden.

13. Kontinuität und Brüche: Grundlagen der Stadtentwicklung zwischen 1918 und 1970

Mit der Darstellung von Dezentralisierung und City-bildung als bedeutende neue städtebauliche Phänomene um die Jahrhundertwende haben wir den Schritt ins 20. Jh. vollzogen.

Beschränken wir uns nun bei der Betrachtung der sich anschließenden räumlichen Entwicklungen auf die Geschehnisse in Deutschland; die hier sichtbar werdenden Grundprämissen und städtebaulichen Leitbilder finden sich jedoch, trotz mancher deutscher Besonderheit, auch in den meisten europäischen Ländern wieder.

Die letzten Phasen der deutschen städtebaulichen Entwicklung, die hier vorgestellt werden, liegen zwischen dem Ende des Ersten Weltkrieges und den 1970er Jahren. Ihrer Darstellung wird ein Kapitel vorangestellt, das eine zentrale, sich über alle drei nachfolgenden Phasen ziehende Entwicklungslinie wiedergibt.

Während in den Kapiteln 14 bis 16 jeweils die historischen Brüche und die Besonderheiten der städtebaulichen Entwicklungen unter den veränderten gesellschaftlichen Bedingungen erläutert werden, steht in diesem Kapitel die Entwicklungskontinuität im Mittelpunkt.

Die hier angesprochene Zeitphase währte nicht viel länger als 50 Jahre und war von großen gesellschaftlichen und politischen Neuorientierungen geprägt. Gravierende gesellschaftliche Neuerungen und zwei schreckliche Kriegsphasen mit ihren unendlich leidvollen Erfahrungen bestimmten das Leben von (nicht nur) zwei Generationen.

Aber nur auf den ersten Blick scheint es sich um eine Zeit zu handeln, die von extrem unterschiedlichen Randbedingungen und harten politischen Einschnitten gekennzeichnet ist. Sie umfasst

• das Ende des Deutschen Kaiserreichs und den Beginn der parlamentarischen Demokratie im Jahr 1919,
• die Machtübernahme Hitlers und die nationalsozialistische Ära ab 1933,
• das Ende des Zweiten Weltkrieges 1945 und

• die anschließenden Aufbauphasen in der Bundesrepublik Deutschland einerseits und der Deutschen Demokratischen Republik andererseits.

Doch trotz der starken gesellschaftspolitischen Brüche lassen sich verschiedene Kontinuitäten in der städtebaulichen Entwicklung feststellen: Eine davon ist der Fordismus, auf den im Folgenden näher eingegangen wird. Er „durchläuft" diese Zeitspanne zwar in unterschiedlichen Nuancen, aber stabil und an Bedeutung gewinnend.

Als zweite zentrale Linie ist die Entwicklung des gemeinnützigen und des staatlich geförderten Wohnungsbaus zu nennen. Nach dem Ersten Weltkrieg gelangten diese neuen Fördermöglichkeiten zum Durchbruch und Städte- und Wohnungsbau veränderten sich nachhaltig.

Als dritte Entwicklungslinie durchzog eine neue Ära von „Grün und Landschaft" den Städtebau; sie trat in ganz unterschiedlichen Ausprägungen auf und veränderte die Beziehung zwischen Stadt und Land.

Fordismus

Der wichtigste Auslöser und Motor der Industrieentwicklung des 20. Jh.s war der Fordismus. Die ab den 1920er Jahren zum Durchbruch kommende Phase des Fordismus wurde nach dem amerikanischen Automobilhersteller Henry Ford benannt.
Basis des Fordismus bildete eine technologische Innovation, die bereits zur Jahrhundertwende zur Reife gelangt war und die Zug um Zug den Produktionsprozess revolutionierte: Die industriell betriebene Dampfmaschine, die zum Motor der Industrieentwicklung im 19. Jh. geworden war, wurde abgelöst von Benzin- und Elektromotoren als den leistungsfähigeren neuen Kraftantriebssystemen.

Diese Technologie brachte nicht nur neue Produkte wie das Automobil hervor, sondern veränderte auch die gesamte Industrieproduktion. So brachte 1908 Robert Taylor die von ihm entwickelte Fließbandproduktion in der Automobilfabrik von Henry Ford zum Einsatz. Arbeiter und v.a. auch ungelernte Arbeitskräfte konnten nunmehr am Fließband in extrem arbeitsteilig organisierten Prozessen eingesetzt werden: Der Produktionsausstoß vergrößerte sich enorm bei gleichzeitig niedrigeren Herstellungskosten.

Die standardisierte Massenproduktion mit intensivem Maschineneinsatz am Fließband wurde somit zentrales Modell der industriellen Produktion. Bei der neuen Massenproduktion wurde der Kostenfaktor immer entscheidender. Stellte noch 1908 die Ford Motor Company 10 660 Personenwagen des Tourenwagens „Modell T" zu einem Preis von 950 Dollar je Auto her, so waren es 1914 bereits 264 972 Autos zum Stückpreis von 490 Dollar und 1923 dann 2,09 Millionen zum Stückpreis von 295 Dollar.
Der Aufstieg der Ford Motor Company war bemerkenswert: Erst 1903 gegründet, hatte sie sich 1910 bereits zum zweitgrößten Automobilhersteller der Welt entwickelt. Bedingt war dieser Aufstieg durch eine gigantische Produktionssteigerung bei gleichzeitiger Preisreduzierung für das einzelne Produkt.

Nicht nur mit den Automobilen, sondern mit allen auf diese neue Art und Weise hergestellten Produkten konnte nun ein großer Gewinn erzielt werden; durch den geringeren Preis der Produkte erhöhte sich ja der Kreis der Interessenten und potenziellen Käufer. Das Modell von Henry Ford, welches er in seinem Buch „Mein Leben und Werk" niederlegte (1923 in Deutschland erschienen), bestand nun darin, diese neue Art der industriell gefertigten Massenprodukte – Autos,

1921 beherrschte Ford 61% des amerikanischen Automobilmarktes; 1927 sank dieser Anteil auf 15%. Das fordistische Produktionsmodell, dessen betriebliche Erfolge große Beachtung fanden, wurde mittlerweile auch von anderen Firmen aufgegriffen. Das systembedingte Konkurrenzprinzip hatte den „Erfinder" eingeholt und die Produktionsrate bei Ford sank: „Die Konkurrenz baute mittlerweile bessere Autos. Die u.a. von Ford in Gang gesetzte scheinbar unbegrenzt sich drehende ʻWachstums-Spiraleʻ geriet ins Stocken" (Fehl 1995b, 28). Mit dem Verlust des Monopols der Ford Company wurde auch ein Teil ihrer Prinzipien aufgegeben: Niedriglöhne und eine Erhöhung der Bandgeschwindigkeit waren die Folge.

Fließbandarbeit im Fordwerk Detroit (Zukunft aus Amerika 1995, 185)

Massenprodukt Auto (Zukunft aus Amerika 1995, 182)

„Seinen über das ʻFließbandʻ hinausreichenden Grundgedanken fasste er (Ford) 1928 zusammen: ʻStellt eine Ware so gut und so billig her, wie es möglich ist, und zahlt so hohe Löhne, dass der Arbeiter das, was er erzeugt, auch selbst zu kaufen vermag: schaltet jede Verschwendung aus und spart vor allem das kostbarste Gut, die Zeit: lasst alle Arbeiten, die eine Maschine verrichten kann, von Maschinen und nicht von Menschen verrichten, da Menschenkraft zu wertvoll ist: erschließt immer neue künstliche Kraftquellen – und ihr müsst prosperieren.ʻ(...) Ford verhieß auf dieser Grundlage Prosperität für alle, Konsum für alle" (Ford 1928 zitiert in Fehl 1995b, 19).

Haushaltsgeräte und andere dauerhafte Konsumartikel – an eine neue Nachfragerschicht zu koppeln.

Die Industrieproduktion des 19. Jh.s orientierte sich noch stark an den neuen Anlagenindustrien (z.B. Eisenbahnbau, Errichtung von Zechen und Hüttenwerken und Maschinenbau) und stellte neue Konsumartikel (z.B. Kleidung oder Haushaltsgegenstände) für die wachsende Arbeiterschaft her. Die Konsumgüterindustrie konnte aufgrund geringer und unsicheren Löhne nur mäßig wachsen. Die neue Industrieproduktion, die sich an der Herstellung von Massenwaren und großen Produktionssteigerungen ausrichtete, konnte so nur dann Erfolg haben, wenn sich der Nachfragekreis nach neuen Produkten erheblich vergrößerte.

Die Lösung sah man – wie noch heutzutage üblich – in einer Ausweitung der Märkte und v.a. in der Erhöhung der Binnennachfrage. Hierzu war es erforderlich, die eigene Arbeiterschaft, die nunmehr die neuen Produkte am Fließband herstellte, in den „Prozess des Konsums" zu integrieren. Das fordistische Konsummodell sah so den Massenkonsum als notwendiges Gegengewicht zum Massenprodukt vor: Nur wenn sich viele Menschen die neuen Produkte leisten konnten, gelang der erforderliche Absatz der gesteigerten Produktionsmengen, und ein gigantisches Industriewachstum konnte sich in Gang setzen (Fehl 1995b).

Die Verbilligung der Produkte war daher eine Notwendigkeit; die andere war eine Lohnpolitik, die die Arbeiterschaft in die Lage versetzte, durch stabile und steigende Reallöhne die neuen Konsumprodukte kaufen zu können. Die Aushandlung der Löhne und die Tarifpolitik etc. wurden somit eine Voraussetzung der langfristig planenden Unternehmenspolitik, für die eine stabile und absehbare wirtschaftliche Entwicklung von zentraler Bedeutung war.
Unterstützer dieser Absicherung des fordistischen Industriemodells war der Staat, der als Sozialpartner ins Boot geholt wurde und der die neuen „Konsumenten" über gesetzliche Bestimmungen und flankierende

politische Absicherungen sowie über Kranken-, Renten- und Sozialversicherungen auch in Krisensituationen nicht von der Konsumtion ausschloss und so das Gleichgewicht zwischen Produktion und Absatz stützte. Es mussten also Regulierungsmodelle geschaffen werden, die zu stabilen Löhnen und Lohnsteigerungen führten (Krätke 1995).

Dieser Zusammenhang zwischen Produktion und Konsumtion und deren Einfluss auf betriebliche Planung wurde noch bestärkt durch die hohen Investitionen in die neuen Produktionstechniken, die eine längerfristige „Renditeplanung" notwendig machten. Der Bau der neuen Fabriken erforderte eine große Kapitalsumme. Die neuen Produktionsanlagen – wie die Fordwerke – benötigten zudem ein großes Flächenareal für die arbeitsteilig am Fließband organisierte Arbeitsweise sowie große Lagerflächen sowohl für die „Rohstoffe" und Teilprodukte als auch für die fertigen Produkte, die von hier aus in den Vertrieb gingen.

Die Folge dieser „Produktionsnotwendigkeiten" war eine zunehmende Konzentration des Kapitals und die Bildung von neuen Organisationsformen in Großkonzernen. Der „Zwang" zur ständigen Ausweitung der Produktion und zur Erhöhung der Konkurrenzfähigkeit war eine immanente Folge der fordistischen Produktionsweise. Die Auslagerung von Betrieben bzw. die Neuanlage auf großen Flächen wurde notwendiger Bestandteil der Unternehmenspolitik.

Die Durchsetzung des fordistischen Systems der Warenherstellung und -verteilung erforderte eine erhebliche Ausweitung der Lohnarbeit – und schaffte damit neue Arbeitsplätze. Ebenso bahnte dieses Konsummodell auch den Weg für eine veränderte Lebensweise, die nun für breite Schichten der Bevölkerung relevant werden sollte; in diesem Zusammenhang spricht man gerne von „Modernisierung" als eine durch neue Produktionsbedingungen und neues Konsumverhalten bedingte veränderte Lebensweise.

„Der Fordismus wurde nicht nur von aufgeschlossenen Unternehmern, sondern wegen seiner drei Verheißungen - `Sozialpartnerschaft`, `Produktionssteigerung`, `Lebensgenuss` - auch von Gesellschaftsreformern aus dem aufgeklärt-liberalen Bürgertum als Fortschrittslehre aufgegriffen" (Fehl 1990, 62). Der Fordismus war auch für die Sozialdemokratie wegen seines Modells der Sozialpartnerschaft im Hinblick auf eine zukünftige Arbeitnehmergesellschaft interessant. Auch für den Aufbau der Industrie in Rußland empfahl Lenin 1918 das „Taylor-System" (Fehl 1990).

Gelände der Fordwerke (Zukunft aus Amerika 1995, 182)

Fordwerke um 1924 (Zukunft aus Amerika 1995, 176)

Massenprodukte Made in USA (Westwind 1995, 79)

Amerika als Vorbild: Fordistische Arbeitsmethoden in Deutschland

Standfoto aus dem Film „Moderne Zeiten", 1936 (Eaton 2001, 160)

Die dem Maschinenzeitalter zugrunde liegende Euphorie wurde allerdings schon bald gedämpft und kritisch hinterfragt, als sich die negativen psychischen und physischen Auswirkungen der Fließbandarbeit zeigten und die Unterordnung des Menschen unter den immer schneller werdenden Takt der Maschine deutlich wurde. Zeitgenössische Kritiken - wie in dem Film „Moderne Zeiten" von Charlie Chaplin zum Ausdruck gebracht - finden sich viele.

Tankstelle in Berlin (Die Metropole 1986, 286)

Die neue Technologie und ihre Erfolge, die mit einer gigantischen Produktionsausweitung verbunden waren, waren für viele Menschen die Verheißung der Zukunft; für einen Großteil der Bevölkerung versprach dieses Industriemodell die Bereitstellung von industriell gefertigten Gütern.

Damit wurde der Fordismus zum Leitbild für die Entwicklungsziele sowohl in den westlichen Ländern, wo er von den privat organisierten Wirtschaftskräften für ihre Zwecke eingesetzt wurde, als auch zum Modell für die Produktionsweise in den neuen kommunistischen Ländern, die sich hierdurch einen schnellen industriellen Aufbau im Sinne der Werktätigen versprachen. Auch für die völkische Idee des Nationalsozialismus wurde der Fordismus einsetzbar (Fehl 1995b, 250ff).

Die Fordwerke und die Massenproduktion des „Industriemodells Amerika" fanden viel Beachtung und galten als modernes, zukunftsträchtiges Modell, in dem wirtschaftliches Wachstum und Konsum zusammengehörten; die Abhängigkeit zwischen dem Zuwachs der Produktivität und dem Lebensstandard der Bevölkerung bei gleichzeitiger sozialstaatlicher Regulationsweise wurde folgerichtig ein Leitmotiv von Wirtschaft und Politik.

„Die Umformung der bürgerlich-frühindustriellen Gesellschaft in die von der industriellen Massenproduktion geprägte nivellierte Industrie-Gesellschaft als einer 'Leistungs- und Konsum-Gesellschaft` sollte auf Fords Weg ohne radikalen Umbruch von Innen heraus, gleichsam sanft, aus der Neuorganisation von Industrie und von industrieller Arbeit erfolgen" (Fehl 1990, 62).

Ford beschrieb „seine" neue Welt als eine, in der die Arbeiterschaft in guten und modernen Fabriken Beschäftigung fanden, die sich durch saubere Arbeitsplätze auszeichneten. Mit dem allen gesellschaftlichen Schichten zur Verfügung stehenden Automobil sollten

178

die Arbeiter in ihren gesunden Wohnort fahren, der so angelegt sein sollte, dass er frei von jeglicher industrieller Umweltbelastung war und zugleich in einer erträglichen Entfernung zur Fabrik (max. 20 km) lag. Neue Versorgungs- und Einkaufsbereiche und große Freizeitzentren sollten den Menschen zur Verfügung stehen: Suburbia wurde Wirklichkeit.

Die Arbeiterschaft sollte an den Errungenschaften des Maschineneinsatzes Anteil haben: Durch die Maschinen konnte die menschliche Arbeitskraft reduziert und somit die tägliche Arbeitszeit kontinuierlich gesenkt werden. Die neu gewonnene Freizeit sollte dann auch Freiraum lassen für neue Beschäftigungen; große Freizeitparks wie Disneyland entstanden.

Durch die Propagierung und breite Diskussion dieser Produktionsweise von Henry Ford war der Begriff „Fordismus" in den 20er Jahren bald in aller Munde. Seine Durchschlagskraft erhielt er allerdings erst durch die Ausweitung auf den gesamten Produktionsprozess für Massenprodukte jedweder Art; die Standardisierung von Produkten nahm ihren Lauf.

Die Massenprodukte benötigten mehr und mehr ein unverwechselbares Label und Markenzeichen, um im Konkurrenzkampf mit anderen, sich immer weiter diversifizierenden Produkten bestehen zu können. Bekannte Produkte, die das „System Fordismus" gut kennzeichnen, sind z.B. die Markenprodukte „Coca Cola" und der „Hamburger" von Mac Donalds.

Neben der Durchdringung der Produktionsbereiche setzte sich das fordistische Modell auch in allen Lebensbereichen durch; so wurde der Dienstleistungsbereich und hier insbesondere die unternehmensbezogene Dienstleistung in den Rationalisierungs- und Zentralisierungsprozess einbezogen.

Der Zentralisierung der Produktion folgte auch die Zentralisierung der Märkte; diese wiederum brachte durch Rationalisierung in An- und Verkauf und/oder durch die neue Organisationsstruktur der Warenhäuser ebenfalls Preisvorteile mit sich. Das sich anbahnende „Maschinenzeitalter" wurde so allerseits begrüßt

Titelbild der Zeitschrift "Die Form" von 1932: Rationalisierung der Arbeit und des Bauens

Reklame für elektrischen Kühlschrank (Hartmann 2000, 293)

Werbeplakat Coca-Cola (Die Metropole 1986, 288)

Großraumbüro (Die Metropole 1986, 34)

Berlin: Warenhaus Tietz (Die Metropole 1986, 39)

links:
Verkehr und Wolkenkratzer der Zukunft in New York, Illustration um 1913 (Eaton 2001, 207)

unten:
Republikplatz Lyon: Die Fahrflächen trennen die Bebauung vom "Schmuckplatz" ab (Stübben 1890, 155)

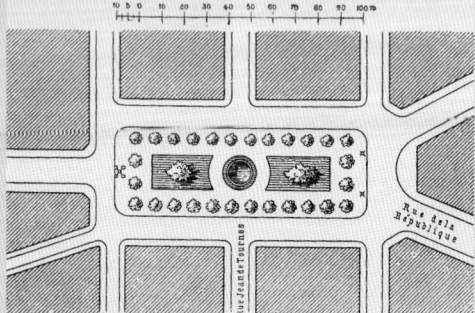

Die Adels- und Bildungsschichten in den Hauptstädten Europas hatten dem öffentlichen Raum im Barock eine neue Funktion gegeben: Für die Stadtbevölkerung aus reichem Bürgertum und Adel wurde der öffentliche Raum zunehmend Raum zur Befriedigung ihres Repräsentationsbedürfnisses und Ort des Zuschauens und Flanierens. Auf den neuen Boulevards und Plätzen und in den Parks dominierte somit eine „ästhetische Öffentlichkeit" (Krau 1987) mit einer eher passiven Teilhabe am öffentlichen Raum. Der städtische Raum der Strassen und Plätze, der im Mittelalter zugleich Wohn-, Arbeits- und Marktort gewesen war, wurde seiner „Alltagsfunktionen" beraubt.

Die Industrialisierungsphase und das große Stadtwachstum im 19. Jh. brachten sehr unterschiedliche Erscheinungen des öffentlichen Raumes hervor. In der Mietskasernenstadt blieb die Gestaltung der öffentlichen Räume aus; in den besseren Wohngebieten waren Parks und Plätze als imagebildende Faktoren angelegt worden. Auch in der City wurde die Gestaltung der öffentliche Räume als Mittel zur Anhebung der Standortqualität angesehen, so z.B. in Paris.

Mit Einsetzen des Automobilverkehrs und Zunahme der öffentlichen Verkehrsmittel erfolgte die Trennung zwischen Gehwegen, Fahrflächen und Platzraum. Die ehemalige Fußgängerstadt wurde mehr und mehr zur Verkehrsstadt: Die Strassen und Plätze entwickelten sich zu regelrechten „Bewegungs- und Beschleunigungsräumen" (Krau 1987). Die öffentlichen Räume der Straßen wurden durch die vorherrschenden Baublöcke klar begrenzt. Die öffentliche Plätze wurde vermehrt als „Schmuckplätze" ausgebaut (Stübben 1890).

Mit der Durchsetzung des Leitbildes der offenen Stadtlandschaft und den mehr in Landschafts- und Freiräumen übergehende öffentliche Straßenräume löste sich die Begrenzung des Raumes durch klare Bebauungsstrukturen zunehmend auf.

und versprach allen Menschen einen gerechten Anteil an seinen Errungenschaften.

Der Fordismus wurde zum Schlüsselbegriff für das Verständnis des Modernisierungsprozesses von den 1920er bis zu den 1970er Jahren, ebenso wie die Propagierung und Durchsetzung des funktionalen Städtebaus der Moderne prägend wurde für die in diesem Zeitraum entstandene Stadt- und Siedlungsstruktur.

Räumliche Auswirkungen des Fordismus

Nachdem der Fordismus sich mehr und mehr durchsetzen konnte, begann er auch seine räumlichen Spuren zu hinterlassen; schon bald kennzeichneten große zentrale Produktions-, Büro- und Verkaufsanlagen den Lebens- und Wirtschaftsraum der Ära des Fordismus.

Neues städtebauliches Prinzip dieser Zeit wurde die Funktionstrennung: Neben den erforderlichen großen Flächen für die Produktion wurden die Wohnorte in separaten Gebieten angeordnet; ebenso entstanden neue, monostrukturierte Einkaufs- und Freizeitbereiche. Diese neuen „Teilbereiche" der Stadt wurden durch die Verkehrsbänder miteinander verbunden, die naturgemäß auf das Automobil als neues Individualverkehrsmittel ausgerichtet waren; so fand das Auto zunehmend Verbreitung. Die bereits stattfindende Dezentralisierung konnte nunmehr kraftvoll durchgesetzt werden: Die Auflösung der „alten" Großstadtstruktur und die Entwicklung einer großstädtischen Agglomerationen war nicht mehr zu bremsen.

Das Profil dieser neuen fordistischen Stadtregion war markant geprägt durch die Gegensätze von Zentrum und Peripherie: Im Zentrum blieb der bereits begonnene Citybildungsprozess mit den Ansammlungen von Geschäfts- und Dienstleistungsnutzungen weiter in Gang, und an der Peripherie entstanden die suburbanen Wohnsiedlungen und die Industrieflächen.

Als neues und wichtigstes Prinzip setzte sich in der Folge die Trennung der städtischen Funktionen durch; sie wurde mit der zentralen Festlegung der Funktionstrennung 1933 in der „Charta von Athen" auf dem Internationalen Kongress für Neues Bauen (CIAM-Kongress) das bestimmende städtebauliche Leitbild. Auch der Wohnungsbau wurde in das fordistische Prinzip einbezogen und von der industrialisierten Bauweise und Vorfertigung bis hin zu standardisierten Grundrissen und Wohnungstypen weiterentwickelt.

Mit der Zeit kristallisierten sich aber auch die Nachteile des Fordismus heraus: Standardisierung und Normierung führten zum Verlust handwerklicher oder regionaler Besonderheiten. Uniformität, Vermassung, internationale Gleichmacherei und vieles mehr wurden der sich abzeichnenden Entwicklung als Kritikpunkte entgegengebracht – und dennoch nahm man dies billigend in Kauf, da sich auf diese Art und Weise der Weg zur umfassenden Warenversorgung der Gesamtbevölkerung eröffnete.

Beteiligung des Staates an der Finanzierung des Wohnungsbau

Die private Bau- und Bodenspekulation und die private Bauwirtschaft hatten die Probleme bei der Wohnungsversorgung für die große Zahl der Stadtbewohner nicht lösen können. Nach dem Ersten Weltkrieg verstärkten sich in Deutschland noch die Wohnungsengpässe (siehe Kapitel 14).
In dieser Situation griff nun der Staat in den Wohnungsbau ein, indem er sich an der Finanzierung in Form von direkten Subventionen oder indirekt über Steuervergünstigungen beteiligte und damit versuchte, das beschriebene Dilemma des Wohnungsbaus zu lösen. Durch die staatliche Förderung sollte sich die Herstellung von bezahlbaren und qualitativ guten Wohnungen für die neuen Träger des Wohnungsbaus, d.h. die gemeinnützigen, kommunalen und genossenschaftlichen Wohnungsbauunternehmungen lohnen.

„Die städtebaulichen Hauptfunktionen: wohnen, arbeiten, sich erholen (in der Freizeit), sich bewegen (...) Das natürliche Maß des Menschen muß als Basis dienen, die eine Beziehung zum Leben und zu den verschiedenen Funktionen des Daseins haben sollen (...) Der Städtebau hat vier Hauptfunktionen, und das sind:
= erstens, den Menschen gesunde Unterkünfte zu sichern, d.h. Orte, wo Raum, frische Luft und Sonne, diese drei wesentlichen Gegebenheiten der Natur, weitestgehend sichergestellt sind,
= zweitens, solche Arbeitsstätten zu schaffen, dass die Arbeit, anstatt ein drückender Zwang zu sein, wieder den Charakter einer natürlichen menschlichen Tätigkeit annimmt,
= drittens, die notwendigen Einrichtungen zu einer guten Nutzung der Freizeit vorzusehen, so dass diese wohltuend und fruchtbar wird,
= viertens, die Verbindungen zwischen diesen verschiedenen Einrichtungen herzustellen durch ein Verkehrsnetz, das den Austausch sichert und die Vorrechte einer jeden Einrichtung respektiert. (Auszug Charta von Athen 1933 zitiert in Reinborn 1996, 322)

Berlin: Stadtring West 1956 (Die Metropole 1986, 310)

Einfamilienhausgebiet (Medizin und Städtebau 1957, 605)

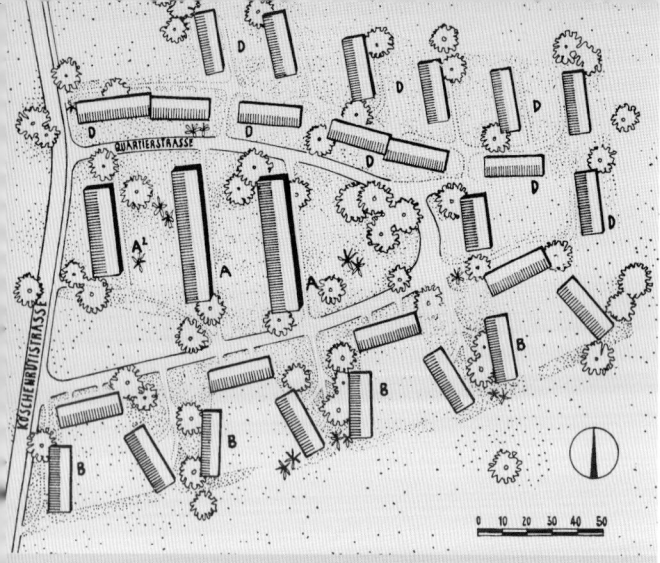

Entwurf Zürich-Köschenrüti 1947: Aufgelockerte Siedlung im Grünen (Medizin und Städtebau 1957, 277)

Titelblatt der 1. Ausgabe „Hilfe durch Grün" von 1952 (Kühn 1984, 144)

Titelblatt der 7. Ausgabe „Hilfe durch Grün" von 1958 (Kühn 1984, 154)

Diese Beteiligung des Staates an der Finanzierung wird auch als der „Zweite Weg" der Wohnungsproduktion bezeichnet. In dessen Folge erhöhte sich nicht nur das quantitative Angebot, sondern mit der Durchsetzung von Mindeststandards schritt auch die Qualitätssteigerung im Wohnungsbau voran.

Die finanzielle Unterstützung des gemeinnützigen Wohnungsbaus durch den Staat hatte ja bereits zu Ende des 19. Jh.s begonnen (siehe Kapitel 10); 1914 wurden noch 20 % der Wohnungsproduktion durch die gemeinnützigen Unternehmungen erbracht, 1930 betrug ihr Anteil an der Wohnungsproduktion dann schon etwa 44 %.

Die auf der Grundlage dieses „Zweiten Weges" erstellten Wohnungen wirkten sich in ihrer beträchtlichen Anzahl immens auf Stadtbild und -architektur aus, denn die nach diesen Prinzipien erstellten neuen Siedlungen legten sich wie ein Gürtel um die ältere Mietskasernenstadt.

Ein großer Teil des heutigen Wohnungsbestandes entstammen als öffentlich geförderte, gemeinnützige oder genossenschaftliche Wohnungsbauten dieser Zeitphase und prägen entsprechend auch heute noch unsere gebaute Umwelt.

Grün im Städtebau

Die neuen wirtschaftlichen Erfolge und politischen Ziele der Weimarer Republik ließen auch Raum für eine weitere Neubestimmung des Städtebaus: Landschaft, Natur und Hygiene sollten eine ausreichende Berücksichtigung bei der städtebaulichen Planung erfahren.

Diese Einbeziehung von Landschafts- und Grünräumen in die Siedlungsstrukturen veränderte die vormals geschlossenen städtischen Raumstrukturen hin zu mehr Offenheit – die „offene Stadtlandschaft" entstand.

Der neue hohe Stellenwert von Landschaft und Grünflächen und das neue Leitbild der offenen Stadt-

182

landschaft führten zu einer Verbesserung der Angebote für Freizeitaktivitäten im Freiraum, berücksichtigten die Anforderungen des Stadtklimas z.B. durch Frischluftschneisen und wirkten sich gravierend auf die Gestaltung der öffentlichen Räume aus.

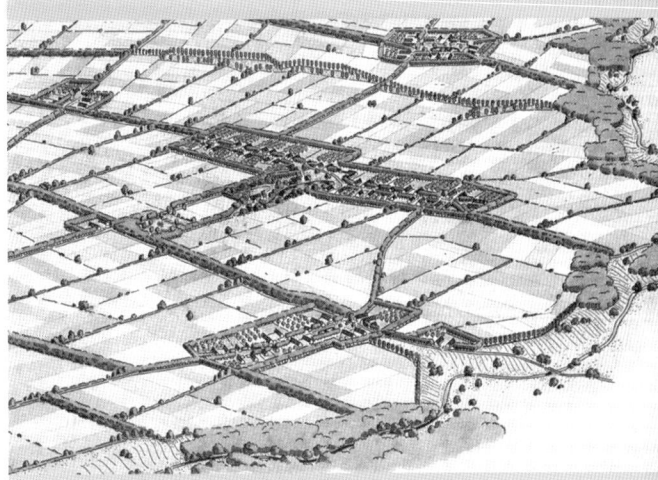

Die „Landschaft als Gesamtkunstwerk" in der NS-Zeit von Heinrich Wiepking um 1943 (Marder 1999, 113)

Gartengestaltung Bruchfeldstraße („Zickzackhausen") in Frankfurt in den 1920er Jahren (Marder 1999, 93)

„ (...) eine Art überamerikanische Stadt, wo alles mit der Stoppuhr in der Hand eilt oder still steht. Luft und Erde bilden einen Ameisenbau, von den Stockwerken der Verkehrsstraßen durchzogen. Luftzüge, Erdzüge, Untererdzüge, Rohrpostmenschensendungen, Kraftwagenketten rasen horizontal, Schnellaufzüge pumpen vertikal Menschenmassen von einer Verkehrsebene in die andere; man springt an den Knotenpunkten von einem Bewegungsapparat in den anderen, wird von deren Rhythmus, der zwischen zwei losdonnernden Geschwindigkeiten eine Synkope, eine Pause, eine kleine Kluft von zwanzig Sekunden macht, ohne Überlegung angesaugt und hineingerissen, spricht hastig in den Intervallen dieses allgemeinen Rhythmus miteinander ein paar Worte. Fragen und Antworten klinken ineinander wie Maschinenglieder, jeder Mensch hat nur ganz bestimmte Aufgaben, die Berufe sind an bestimmten Orten in Gruppen zusammengezogen, man isst während der Bewegung, die Vergnügungen sind in andren Stadtteilen zusammengezogen, und wieder anderswo stehen die Türme, wo man Frau, Familie, Grammophon und Seele findet. Spannung und Abspannung, Tätigkeit und Liebe werden zeitlich genau getrennt und nach gründlicher Laboratoriumserfahrung ausgewogen" (Musil 1990, 31).

„Die moderne Stadt tritt in Beziehung zur umgebenden Natur. Baugebiete und Landschaft durchdringen sich gegenseitig. Grünflächen schieben sich in die Häusermassen hinein, die Anlagen sind mit der Siedlung verwoben. Hausgärten und frei behandelte Grünzüge fließen unmittelbar ineinander über, die Gebäudegruppen liegen zerstreut um weite Wiesenflächen, schließen sich dann fester zusammen um architektonisch behandelte Schmuckflächen; im Gebiete des Hochbaus endlich drängen sich die Baumassen um schmale Grünstreifen, welche tief in den steinernen Stadtkern vordringen" (Heiligenthal 1921 zitiert in Düwel/ Gutschow 2001, 72).

14. Städtebau und Wohnungsbau in der Weimarer Republik

Nach dem Ersten Weltkrieg und dem Niedergang des Deutschen Kaiserreichs begann mit der Abschaffung des Dreiklassenwahlrechtes im Jahr 1918 eine große Umbruchphase: Damit war der Abbau der Standesunterschiede und der politischen Ungleichbehandlung in Gang gesetzt. In den Städten war nun auch die Ära der „Hausbesitzerparlamente" zu Ende.

Mit der Entmachtung des Kaisers und der Fürstenhäuser wurde Deutschland zur Republik, die die demokratisch-parlamentarische Regierungsform 1919 in der Weimarer Verfassung verankerte. Die erste Regierung der jungen Republik bildeten die Sozialdemokraten, die Zentrumspartei und die Deutsche Demokratische Partei.

Die neue politische Struktur des Staates hatte auch unmittelbare Auswirkungen auf das Bauwesen. Im Preußischen Wohnungsgesetz waren 1918 bereits die wichtigsten Weichen für eine Qualitätsverbesserung im Wohnungsbau gelegt worden.

Darüber hinaus wurden in den Anfangsjahren der Weimarer Republik weitere umfangreiche sozialstaatliche Festlegungen getroffen: Die Sozialbindung des Eigentums und das Recht auf eine Wohnung fanden hier erstmals Eingang in die Verfassung, die Sozialversorgungssysteme, der Arbeitsschutz und die Subventionierung des Wohnungsbaus wurden ebenfalls verankert (Kornemann 2000, 608). Der Anteil der Staatsausgaben am Bruttosozialprodukt wuchs beträchtlich und betrug 1932 bereits 36,6 %, so dass Adelheid von Saldern auch vom „Weimarer Wohlfahrtsstaat" spricht (von Saldern 2000, 199).

Die ersten Nachkriegsjahre waren in Deutschland von schweren innenpolitischen Unruhen und Konflikten mit den Siegermächten gekennzeichnet und der ökonomische Druck durch die Inflation war immens. Fast alle kleinen Sparer in Deutschland verloren ihr Geld: Tiefe Einbrüche im sozialen Gefüge waren die Folge, da auch mittleres und kleines Bürgertum betroffen waren.

1923 besetzten die Franzosen das Ruhrgebiet, was

die politische Destabilisierung weiter verstärkte. Die Vereinigten Staaten ermöglichten dann 1924 mit dem Dawes-Plan durch die Aufnahme von US-Krediten eine Entschärfung der Situation, und durch weitere Veränderungen bei den Bedingungen für die Reparationszahlungen verbesserte sich die innen- und außenpolitische Situation wieder.

Mit der Währungsreform 1923 erfolgte ein enormer, fünf Jahre lang währender wirtschaftlicher Aufschwung, der allerdings 1929 durch den Börsenkrach in den USA jäh beendet wurde. Eine Folge war, dass die amerikanischen Kredite auch für Deutschland gekündigt wurden; gleichzeitig stockten weltweit Produktion und Absatz. Die Regierung reagierte, indem sie die Ausgaben durch Sparmaßnahmen drosselte, und auch dies blieb nicht ohne Folgen: Die Arbeitslosigkeit stieg noch weiter an, bis 1932 sechs Millionen Menschen arbeitslos waren.

Auch politisch endete die Konsolidierungsphase der Republik: Mit dem Erlass der Notverordnungen unter Reichskanzler Brüning war das Parlament quasi entmachtet. „Die Auflösung der Republik erfolgte in Stufen: Die Präsidialkabinette von 1930 bis 1933 unterliefen im 'Zeichen der Not' den Geist der Weimarer Verfassung, und sie konnten sich dabei auf entsprechende Vorstellungen der zahlreichen Republikgegner innerhalb der Führungseliten aus Wirtschaft, Politik und Verwaltung berufen" (von Saldern 2000, 16). Unter diesen Randbedingungen gewannen die Nationalsozialisten nun immer mehr an Einfluss. Nach der Ernennung Hitlers zum Reichskanzler durch den Reichspräsidenten Hindenburg (1933) wurden die Bürgerrechte und die rechtsstaatlichen Garantien außer Kraft gesetzt.

In der unmittelbaren Wiederaufbauphase nach 1918 spielte der Wohnungsbau zwar eine vorrangige Aufgabe, musste allerdings unter dem Aspekt der wirtschaftlichen Erholung des Landes zurückgestellt werden.

So musste einerseits der Wiederaufbau der zerstörten Städte in Ostpreußen bewältigt und andererseits der vermehrte Bedarf an Wohnungen in den Städten gedeckt werden, deren Bewohnerzahl im Zuge der weiteren Verstädterung anstieg. Zudem war ein großer Nachholbedarf im Wohnungsbau entstanden, da vor Kriegsausbruch und während des Krieges die Wohnungsbauproduktion erlahmt war. 1921 fehlten immer noch mehr als eine Million Wohnungen (Reinborn 1996, 90).

Der Staat reagierte auf die Wohnungsnot mit restriktiven Maßnahmen wie der Wohnungszwangswirtschaft (d.h. mit Zwangseinquartierung in Privathäusern und Mietwohnungen) und mit einer Wohnraumbewirtschaftung, die noch 1928, wenn auch mit ständiger Lockerung, galt. Darüber hinaus wurde im Reichsmietengesetz 1922 die gesetzliche Mietpreisbindung (in Prozentsätzen der „Friedensmiete") festgelegt und 1923 der Mieterschutz gesetzlich verankert: Die Wohnungsproblematik sollte nicht auch noch durch steigende Mieten verschärft werden. Der private Wohnungsbau war zudem bei inflationsbedingten steigenden Baukosten und sinkenden Einkommen unrentabel und durch erhöhten Mieterschutz unattraktiv für private Investoren geworden. Die Folge: Zwischen 1919 und 1924 wurden nur 540 000 Wohneinheiten gebaut; eine jährliche Produktion von 300 000 wäre hingegen notwendig gewesen (Kähler 2000, 315).

Eine Bewältigung der Wohnungsprobleme schien nur durch die vermehrte Beteiligung des Staates möglich, der die Verantwortung für den Wohnungsbau übernahm: Der öffentlich geförderte Wohnungsbau spielte in der Weimarer Ära nunmehr die zentrale Rolle. In fast jeder Stadt kam es zur Gründung von gemeinnützigen Wohnungsbaugesellschaften.

Gesellschaftlicher Umbruch - Veränderung der Lebensstile (von Saldern 2000, 143)

Der Anteil der gemeinnützigen Wohnungsunternehmer an den Wohnungsneubauten erhöhte sich beträchtlich; er lag 1928 bei 30 % und 1931 bei 40,3 % (Kornemann 2000, 714).

Reinzugang in Wohn- und Nicht-Wohngebäuden

1919	56 174
1924	106 502
1929	317 682
1934	283 995

(Kornemann 2000, 714)

Private Mittel und öffentliche Mittel für den Wohnungsbau (in Millionen Reichsmark)

Jahr	Private Mittel	Öffentliche Mittel
1924	466	634
1925	521	1032
1926	824	1576
1927	1128	1624
1928	2070	1330
1929	1510	1290
1930	1541	1194
1931	850	600

(Wohnungsbaupolitik in der Weimarer Republik 1977)

Das politische Programm der Weimarer Regierung sah dabei in besonderem Maße die Bereitstellung von Wohnungen für die Arbeiterschaft vor. Hierbei galt es, vor allem zwei Probleme zu lösen:
• Es mussten Wege zur Finanzierung der staatlichen Wohnungsbauprogramme gefunden werden und
• die Kosten mussten gesenkt werden, um möglichst viele Wohnungen erstellen zu können.

Während die Kostensenkung mit umfassenden Rationalisierungsmassnahmen des Wohnungs- und Städtebaus – wie die Typisierung der Haus- und Grundrissformen, die Standardisierung der Bauteile oder die Optimierung der Funktionsabläufe in der Wohnung, mit dem Ziel der Reduzierung des Wohnflächenverbrauchs etc. – durchgesetzt wurden, erfolgte die Finanzierung u.a. über die so genannte „Hauszinssteuer".

Diese „Hauszinssteuer" wurde als eine Art Geldentwertungs- und Ausgleichssteuer erlassen, die für den gesamten Altbaubesitz galt, da mit Inflation, Geldentwertung und Währungsreform 1923 auch die Hypothekenverschuldung der Altbauten entwertet worden war. Die betroffenen Hausbesitzer und Mieter mussten eine „Hauszinssteuer" entrichten, die vom Staat für den Wohnungsbau eingesetzt wurde – wenngleich auch große Teile dem allgemeinen Staatshaushalt zuflossen. Viele der neu gebauten Siedlungen hätten ohne diese Finanzierungsquelle nicht errichtet werden können. Die Gewinne der Hausbesitzer durch die währungsreformbedingte Entschuldung wurden somit „abgeschöpft" und die Mittel in den Wohnungsneubau investiert: Zwischen 1925 und 1931 konnte so eine Summe von insgesamt 1,52 Milliarden Reichsmark pro Jahr in den Wohnungsbau fließen.

Mit der Währungsreform und der Einführung der „Hauszinssteuer" stieg die Wohnungsproduktion; so wurden um 1928/29 jährlich etwa 300 000 Wohnungen fertiggestellt.
Gegen Ende der Weimarer Zeit verloren aber im Zuge

der erneuten Inflation auch die Mittel aus der „Hauszinssteuer" an Wert; entsprechend weniger Wohnungen konnten errichtet werden bzw. die Rationalisierungsbestrebungen wurden noch weiter erhöht, damit auch mit den nun geringeren Finanzmitteln eine immer noch hohe Anzahl an Wohnungen erstellt werden konnte.

In der Weimarer Republik erfolgte die Neubauförderung durch Subventionen in Form von Kapitalhilfen – wie aus den Mitteln der „Hauszinssteuer" und als Bürgschaften für Bauobjekte (Kornemann 2000, 622); Reichsbürgschaften wurden z.B. für den Hausbau von Angehörigen der Reichsverwaltungen, Kriegswitwen und nach 1931 für die Errichtung von Kleinsiedlungen vergeben. Eine weitere wichtige Rolle spielte in den einzelnen Kommunen der Kredit der Sparkassen.

Phasen des Wohnungsbaus

Der öffentlich geförderte Wohnungsbau der Weimarer Republik war in den ersten Nachkriegsjahren geprägt vom Bau der Not- und Kleingartensiedlungen: Zwischen 1918 und 1924 erfolgte die Errichtung von Kleinsiedlungen, die minimalen Wohnungsansprüchen genügten und weitgehend für den Selbstbau und den Selbstversorger mit Nutzgarten angelegt waren. Insbesondere Kriegsteilnehmer und Kriegerwitwen wurden hierbei berücksichtigt.

Zwischen 1924 und 1931 konzentrierte sich die Förderung des Wohnungsbaus auf den Kleinsiedlungsbau und hier verstärkt auf die der „Heimstätten" sowie die des Geschossmietwohnungsbaus.
Die Reichsrichtlinien für das „Wohnungswesen" von 1929 propagierten den Einfamilienhausbau mit Flachdach und den Geschosswohnungsbau in höchstens drei bis vier Wohngeschossen; nur ausnahmsweise sollten höhere Häuser entstehen. Zu den Außenbereichen der Stadt hin sollte eine klare Herabzonung der Bauweise erfolgen. Hierdurch sah man die hygie-

„Der Begriff Heimstätte oder Reichsheimstätte (...) war nach dem Reichsheimstättengesetz von 1920 ein geschützter Begriff und bezeichnete `als Eigentum ausgegebene Grundstücke, die aus einem Einfamilienhaus mit Nutzgarten bestehen, oder landwirtschaftliche oder gärtnerische Anwesen; zu deren Bewirtschaftung eine Familie unter regelmäßigen Verhältnissen keiner ständigen fremden Arbeitskräfte bedarf" (Hafner 2000, 562).

Die Wohnkultur der „Heimstätte" wollte eine Einbindung der Siedlerfamilie in die Siedlergemeinschaft erreichen und strebte eine Familienstruktur nach bürgerlichen Vorstellungen an. In den Siedlungen galt zumeist eine strenge Siedlerordnung; viele Bereiche wurden kooperativ geregelt wie die gemeinschaftliche Anschaffung von Saatgut oder Düngemittel. Die Wohnküche war der zentrale Mittelpunkt der Wohnung; ebenso die Wirtschafts- und Stallgebäude. Die Siedlungen waren zudem nach dem Prinzip des „wachsenden Hauses" mit der Ausbaufähigkeit des Gebäudes geplant (Hafner 2000, 582).

Wohnküche in der "Heimstätte" (Hafner 2000, 589)

Heimstätte um 1934 (Hafner 2000, 588)

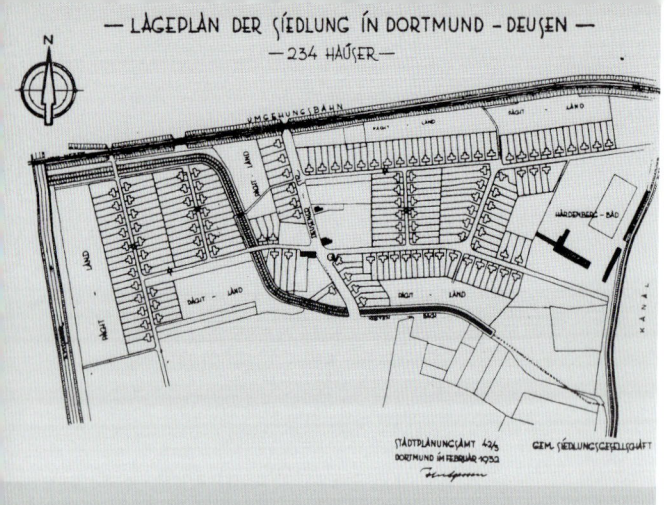

Lageplan einer Erwerbslosensiedlung in Dortmund
(Harlander/Hater/Meiers 1988, 84)

Hausbau gegen Wirt-
schaftskrise: Reichsklein-
siedlung Freimann in Mün-
chen 1932 (München wie
geplant 2004, 92)

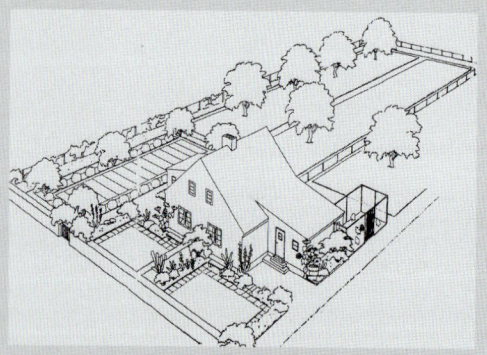

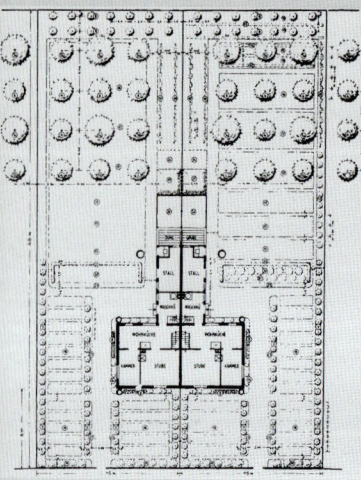

oben: Typisches Siedler-
haus 1931 (Harlander
1995, 32)
links: Selbstversorgergar-
ten (Harlander/Hater/Mei-
ers 1988, 84)

nischen Erfordernisse und eine ausreichende Belichtung und Belüftung am besten berücksichtigt. Weiterhin wurden Vorgaben für die Kostensenkung durch
Rationalisierung und Normierung des Wohnungsbaus
gemacht.

Nach ihrer Ausrichtung auf eine finanzschwache und
meist ländliche Bevölkerung erfasste die Heimstätten-
bewegung ab 1924 dann auch den Mittelstand:
Vermehrt wurden gartenstadtähnliche Siedlungen
und Vorortsiedlungen angelegt. Auch das „Moderne
Bauen" – wie in Frankfurt Praunheim – bediente sich
der Organisationsform der „Heimstätte" (Hafner
2000, 564). Parallel dazu entstanden als zweites
Modell zur Eigenheimförderung die Bausparkassen.

Im Zuge der Weltwirtschaftskrise wurde in der „Dritten
Notverordnung" des Kabinetts Brüning ab 1930 die
Zielgruppe der „Heimstätte" auf die Erwerbslosen
mit der so genannten „produktiven Erwerbslosen-
fürsorge" konzentriert (Hafner 2000, 565): Für diese
Gruppe wurden zu sehr geringen Preisen Siedlerstellen
von 600 bis 800 qm am Stadtrand bereitgestellt; die
hier zu errichtenden Kleinwohnungen umfassten auch
Stallungen zur Existenzabsicherung. Die eher industrie-
und großstadtkritische Regierung Brüning wollte über
diese Eigentumsbildung langfristig einen „Entprole-
tarisierungsprozess" in Gang setzen und die Arbeiterschaft so in die bürgerlichen Schichten eingliedern
(Harlander/ Hater/ Meiers 1988, 285).

Neue städtebauliche Leitbilder

Der Fordismus und die Idealisierung des „American
way of life" wurden im von Inflation und Wirtschafts-
krise geschüttelten Nachkriegsdeutschland begierig
aufgegriffen. Die Technikbegeisterung erfasste breite
Teile der Bevölkerung und reichte vom linken bis zum
konservativen Flügel der Gesellschaft. So trat auch in
Deutschland nach 1918 das Automobil seinen Sieges-
zug an.

Architekten und Städtebauer wurden ebenfalls von den neuen technischen Möglichkeiten und den wirtschaftlichen Verheißungen des Fordismus in den Bann gezogen: Die Dezentralisierung und die Auflösung der Großstadt sowie die Funktionstrennung als räumliche Auswirkungen des Fordismus setzten sich durch. Wo bereits um die Jahrhundertwende eine Separierung der städtischen Funktionen (gestaffelte Bauordnungen, Zonierung) versucht wurde, wurde diese nun geradezu zur Voraussetzung einer den fordistischen Prinzipien folgenden Stadtentwicklung.

Die gesamte gesellschaftliche Realität war bald fordistisch durchdrungen. Die Funktionstrennung und die Zentralisierung von Funktionen sowie der Einsatz fordistischer Produktionsstrukturen im Wohnungs- und Städtebau führten zu einem gänzlich neuen Bild der Stadt. Lehrsätze wie „Funktion schafft Schönheit" oder „Form folgt Funktion" oder der Begriff der „Wohnmaschine" unterstreichen dies. Ebenso rational wie die Produktion von Autos und anderen Waren sollte auch der Bauprozess organisiert werden, und die Typologie von Städtebau und Architektur folgten dem fordistischen Muster. Walter Gropius (1886–1962) als Verfechter des Fordismus schwebte vor, ein „Haus wie ein Auto zu bauen" (Herbert 1995).

Der Verlust der Individualität des Raumes, von Städtebau und Architektur war gewollt. Industrielle Fließbandproduktion und standardisierte Einfamilienhäuser gehörten zusammen, wenngleich an die Gestaltung der Produkte ein hoher Anspruch gestellt wurde. Ab 1919 wurde das Bauhaus in Weimar und Dessau Vorreiter dieser Entwicklung; die dortigen Vertreter des „Neuen Bauens" traten mit dem Ziel an, eine funktionale und gestalterische Einheit der Architektursprache zu schaffen.

Von den in dieser Zeit zahlreich entwickelten städtebaulichen Leitbildern und Zukunftsmodellen sollen im Folgenden einige beispielhaft aufgeführt werden. Ein bedeutender Vertreter des neuen Städtebaus war Le Corbusier (1887–1965). Als eine Leitfigur des

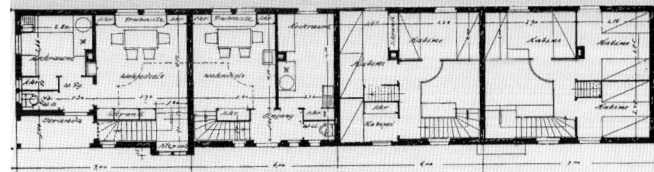

Wohnungsgrundrisse im "Kabinensystem" (Kähler 2000, 345)

„Das Wohnbedürfnis der kleinbürgerlichen und bürgerlichen Familien ist vollkommen das gleiche: Schlafen, Kochen, Essen, gesellig Beieinandersein". Um diese immer gleichen Bedürfnisse zu befriedigen, bedürfe es des Typus „ähnlich dem des Schiffes, des Automobils, des Luftschiffes" (Ernst Hiller zitiert in Kähler 2000, 345).

Ozeandampfer: Beispiel rationeller Raumaufteilung

Weißenhofsiedlung Stuttgart: Der Zusammenhang zwischen industrieller Bauproduktion und Automobilherstellung wird deutlich sichtbar (Kirsch 2003, 11)

Es „ist die Erinnerung an eine Vision, eine Utopie, die die Architekten der Avantgarde der zwanziger Jahre beseelte; das Leben großstädtischer Individuen zwischen Individualkabine und Gemeinschaftsräumen, eine mit Hilfe der Maschine bevorstehende Freizeitgesellschaft, eine Gesellschaft, bei der alle in einem Boot sitzen – diese Utopie ist gescheitert; aber die Architektur des ‚neuen bauens' zeugt noch von ihr" (Kähler 2000, 450).

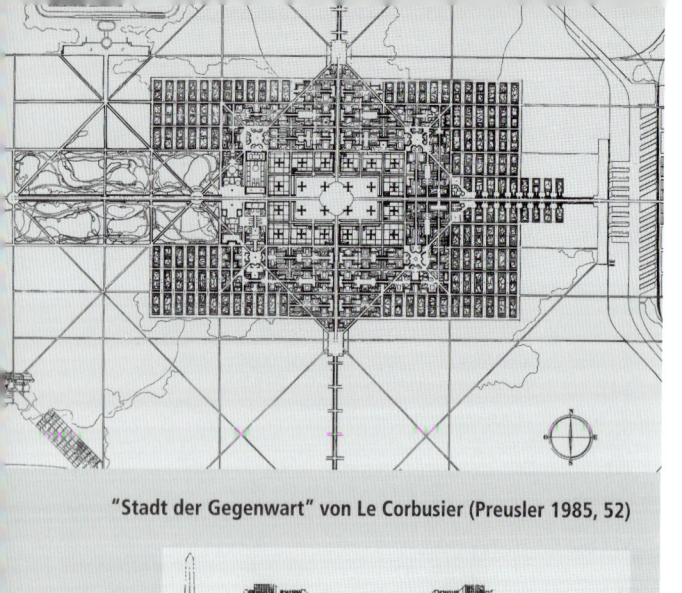

"Stadt der Gegenwart" von Le Corbusier (Preusler 1985, 52)

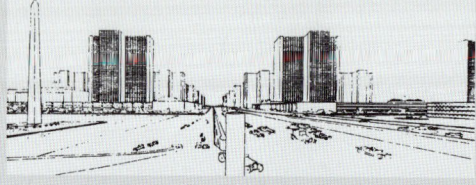

"Stadt der Gegenwart": Perspektive (Durth/Gutschow 1988, Bd. 1, 203)

„Hochstadt, dargeboten der Luft und dem Licht, schimmernd in Klarheit und strahlend (...) Der bisher von dicht gedrängten Häusern zu 70 bis 80 % der Oberfläche bebaute Boden ist nur noch zu 5 % bebaut. Die übrigen 95 % bleiben den Hauptadern, den Garagen und Parkplätzen vorbehalten" (Le Corbusier)

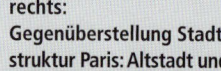

rechts:
Gegenüberstellung Stadtstruktur Paris: Altstadt und Plan Voison (Durth/Gutschow 1988, Bd.1, 205)

unten:
Plan Voison (Eaton 2001, 205)

modernen Bauens drückte er seine inhaltliche Nähe zum Fordismus immer sehr prägnant aus, indem er z.B. seine neuen Gebäude meist mit den neuen Automodellen ablichten ließ. Er war begeistert von den neuen technischen Möglichkeiten und sah z.B. im Bau der großen Ozeandampfer Ansatzpunkte für eine Rationalisierung des Wohnens auf kleinstem Raum. 1922 entwarf er die „Stadt der Gegenwart" für drei Millionen Menschen. Dieser Entwurf war die faktische Übertragung des fordistischen Gedankens auf den Städtebau. Die neue Stadt sollte in große Funktionsbereiche gegliedert sein: Die aus „Wolkenkratzern" für Büros, Hotels etc. gebildete neue Stadtmitte wurde von den Wohnblöcken umgeben. Vor allem die Betonung der Verkehrserschließung und die Schaffung von Parkplätzen sowie das Planungsprinzip der Schaffung von „Licht, Luft und Sonne" wurden räumlich umgesetzt.

Doch nicht nur die Stadterweiterung hatte nach dem Prinzip der „Hochhausstadt" zu erfolgen, sondern auch die Altstädte sollten nach Ansicht Le Corbusiers mit den neuen Strukturen überformt werden. Seiner Meinung nach hatte der Architekt die Aufgabe, das „kranke Gewebe der Stadt" herauszuschneiden; in der alten Stadt sah er eine „historisch überkommene Wucherung". Dahinter verbarg sich die radikale Ablehnung der gründerzeitlichen Stadt und der Altstädte: Die neue Stadt des Maschinen- und Technikzeitalters wurde als alleiniges Modell favorisiert. Nach seinem Sanierungsvorschlag für Paris (Plan Voison, 1922) sollten 18 jeweils 200 m hohe Superwolkenkratzer die Altstadt ersetzen. Das Konzept blieb – zum Glück – Vision.

Ein weiteres Leitbild der fordistischen Stadt war das Modell der Hochhausstadt (1924) von Ludwig Hilbersheimer (1885–1967): Die Hochhaus- oder Scheibenhausstadt zeichnete sich durch die systematische Trennung der Verkehrsarten auf verschiedenen Ebenen aus. Wie Le Corbusier nahm auch Hilbersheimer an, dass sein Modell auf die Erneuerung und Sanierung der Altstädte übertragen werden sollte, was an seiner

190

nicht realisierten Umbauplanung der Friedrichsstadt in Berlin deutlich wird. Die in Berlin geltende Traufhöhe von 22 m behielt er in seinem Konzept bei.

Bruno Taut (1880–1938) entwickelte im Jahr 1920 ein Konzept für eine Stadt mit 300 000 Einwohnern, das Gartenstadtelemente des Howardschen Konzeptes enthielt und eine Verschmelzung von Stadt und Landschaft vorsah. Im Zentrum entstand seine „Stadtkrone" als architektonisch herausgehobener Ort mit großen öffentlichen Bauten wie Opernhaus, Volkshaus, Saalbau und einem Kristallpalast als Sinnbild der Gemeinschaftlichkeit. Das Modell der aus öffentlichen Bauten gebildeten „Stadtkrone" wurde später von den Nationalsozialisten adaptiert.

Die Siedlungen des „Neuen Bauens"

Der „Siedlungsbau" war das prägende Merkmal des Wohnungsbaus der Weimarer Zeit. Während und nach dem Krieg war er stark propagiert worden, und das eigene Haus mit Garten wurde als „Bollwerk" gegen sozialistische Ideen angesehen. Umgesetzt wurde der Siedlungsbau in der Folge sowohl von den Vertretern des modernen Bauens als auch durch die Verfechter eher traditioneller Ansätze. Die Umsetzung der Leitbilder und die Beispiele des „Neuen Bauens" vermitteln bis heute hervorragend die zugrunde liegende Zielsetzung.

Auch wenn einzelne Projekte sehr spektakulär sind, so war der Anteil von Siedlungen des „Neuen Bauens" aber insgesamt gering und betrug nur etwa 5–10 % des Wohnungsbaubauvolumens (Kähler 2000, 354); dennoch wurden die Bauten der „Moderne" zum Synonym für die Weimarer Republik. Vor allem die sozialdemokratischen Bauverwaltungen in Berlin, Frankfurt oder Hamburg setzen hier ehrgeizige Projekte um.
Der Wohnungsbau der gemeinnützigen Gesellschaften verfolgte im Kern allgemein die Reformidee des

Hochhausstadt von Hilbersheimer (Eaton 2001, 176)

„Diese vertikal zonierte Stadt setzt die Abschaffung der Bodenspekulation voraus; sie ist nur als Gemeinschaftswerk aller denkbar – und sie ist nur mit einem neuen Menschen denkbar, der seine Individualität weitgehend aufgegeben hat: Die einzelnen Wohnungen, deren Komfort mit allen Mitteln zu steigern ist, sind vollkommen eingerichtet (...) Im Falle eines Wohnungswechsels ist nicht mehr der Möbelwagen, sondern nur noch die Koffer zu packen" (Kähler 2000, 333).

Hilbersheimer: Neubebauung Berlin Friedrichstraße (Eaton 2001, 176)

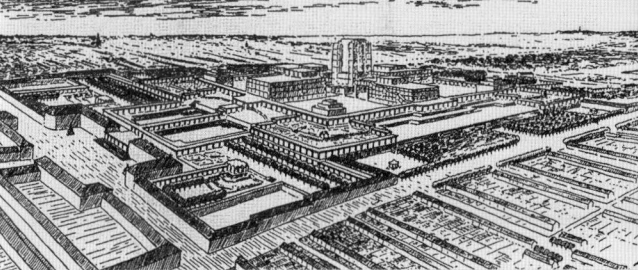

„Stadtkrone" von Bruno Taut (oben: Rodenstein/Böhm-Ott 2000, 320 und unten: Reinborn 1996, 96)

Viele Projekte der Avantgarde der Architekten und Städtebauer waren auf die Schaffung eines neuen Menschen ausgerichtet. Nach Gerd Kähler (2000, 379) haben sie beim Massenwohnungsbau der 1920er Jahre die Bewohner vielfach überfordert. Doch bei aller Kritik: „Wohnung und Wohnungsbau wurden in einer nie wieder erreichten Intensität und Bandbreite diskutiert und experimentell erprobt" (Kähler 2000, 401).

Titelblatt "Das Neue Frankfurt" (Kornemann 2000, 632)

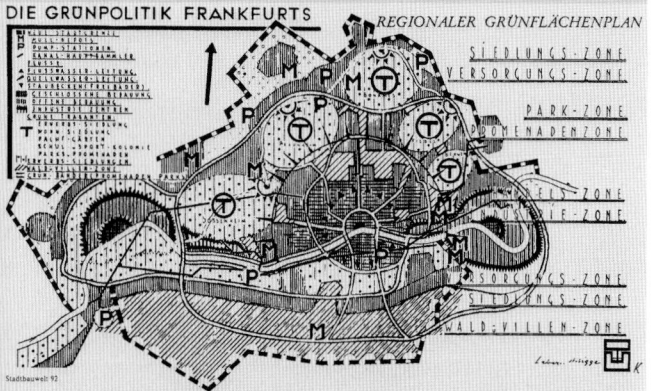

Regionaler Grünflächenplan mit Trabanten (Rodenstein/Böhm-Ott 2000, 540)

Ernst May hatte sein Trabantensystem bereits 1920 im Wettbewerb für die Erweiterung von Breslau angewandt.

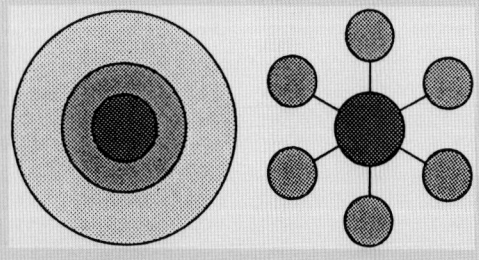

Bisherige konzentrische Stadtentwicklung und Trabantensystem (Reinborn 1996, 102)

Studien "vom Baublock zur Zeile" von Ernst May (Reinborn 1996, 103)

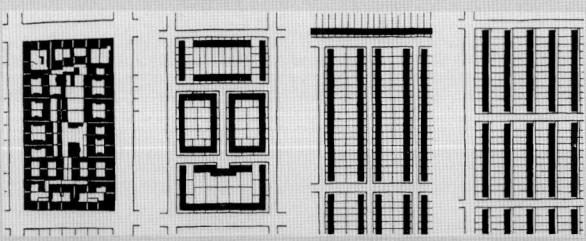

"reformierten Baublockes" und sah Baublockstrukturen von drei bis vier Geschossen, Satteldach, traditionelle Bauproduktion und mit von Bebauung freigehaltenen Baublockinnenbereichen vor.

In Frankfurt a.M. wurde 1925 Ernst May (1886–1970) Baudezernent. Er gehörte mit zu den führenden Mitgliedern der CIAM. Weitgehende „gesellschaftliche Emanzipationsversuche mit Theater, Musik, Kunst, Herausgabe der Monatszeitschrift „Neues Bauen", Herstellung von Möbeln in Arbeitslosenwerkstätten, genossenschaftliche Gemüseproduktion" und vieles mehr (Reinborn 1996, 101) wurde neben dem Wohnungsbau in Frankfurt unternommen.

Ernst May legte ein umfangreiches Wohnungsbauprogramm auf: Zwischen 1925 und 1930 sollten 12 000 Wohneinheiten entstehen, die als Mietwohnungen, aber auch zu großen Teilen als Einfamilienhäuser in Privatbesitz konzipiert waren. Etwa 20 Siedlungen entstanden in dieser Zeitspanne. Zu den bekanntesten gehören die im Niddatal gelegenen Siedlungen Höhenblick, Praunheim, Römerstadt und Westhausen als Teil der nicht zu Ende geführten Trabantenstadt Niddatal (Dreysse 1987, 14).
In einem Generalplan bzw. Regionalen Grünflächenplan sah er ein Netz von Trabantensiedlungen um die Stadt vor, die durch Grünzüge voneinander getrennt waren. 1930 lebten tatsächlich 10% der Frankfurter Bevölkerung in diesen neuartigen Siedlungen.

Diese verteilt um die Stadt liegenden, so genannten Trabantensiedlungen sollten der Entlastung der Stadt dienen und ein neuartiges, preiswertes Wohnungsangebot schaffen. Das von May entwickelte Trabantenmodell folgte dabei den sich abbildenden Bodenwerten, indem die neuen Siedlungen nicht im Anschluss an die Altstadtgebiete angebaut wurden, sondern weiter außerhalb der bis dato bebauten Stadt; damit konnten sie von dem hier noch preiswerteren Bauland profitieren. Das städtebauliche Modell der Trabantenstadt nahm die Reformansätze aus der Vorkriegszeit auf: gestaffelte Bauweise mit abnehmender Geschosszahl vom Zentrum zum Stadtrand hin und von Bebauung freigehaltene Baublockinnenbereiche.

Die Siedlungen sollten als reine Wohnsiedlungen mit wohnungsnaher Versorgung errichtet werden. Ernst Mays Studien „vom Baublock zur Zeile" wurden richtungsweisend für den Siedlungsbau. Zu Beginn des Bauprogramms entstanden Reihenhausgebiete – wie die Römerstadt – von großer städtebaulicher Qualität, da z.B. noch auf unterschiedliche Straßenraumsequenzen und auf die Gestaltung öffentlicher Räume geachtet wurde.
Zum Ende der Ära May konnten die angestrebten Herstellungszahlen der Neubauten durch die hohe Inflation und Entwertung der Mittel aus der „Hauszinssteuer" nur noch durch eine starke Minimierung der städtebaulichen und baulichen Formen gehalten werden: Wohnungen für ein Existenzminimum mit minimaler Wohnungsgröße oder eine strenge, gleichförmige Erschließung – wie in der Siedlung Westhausen – sprechen von dem finanziellen Dilemma des neuen Wohnungsbaus dieser Zeit.

Neben der städtebaulichen Struktur der Trabantensiedlungen und des Zeilenbaus hielten Garten- und Freiraumplanung verstärkt Einzug in den Siedlungsbau, und eine neue „Verbindung des Menschen zur Natur" wurde propagiert. Gartenarchitekten wie Leberecht Migge (1881–1935) entwarfen nicht nur die öffentlichen Freiräume oder sahen Spielplätze und Pachtgärten vor, sondern fertigten auch Musterentwürfe für die schmalen Hausgärten der Reihenhausbebauung an. Seitens der Bautypologie wurde nunmehr ausschließlich die abgeschlossene Kleinwohnung als Familienwohnung – entweder als Reihenhaus oder im Geschosswohnungsbau – gebaut. Die Gewährleistung einer guten Belichtung und Belüftung sollte durch die Ausrichtung der Wohnungen zur Sonne hin erfolgen.

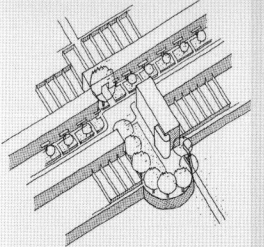

oben:
Ausschnitt "Bastion"
Frankfurt Römerstadt
(Dreysse 1987, 13)

rechts:
Lageplan Frankfurt Römerstadt (Reinborn 1996, 106)

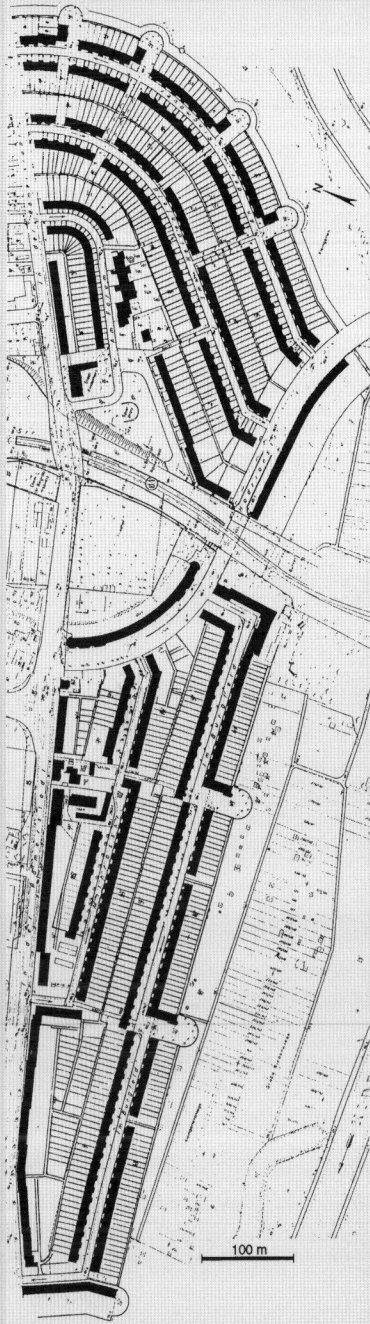

Neben der Siedlung Westhausen in Frankfurt wurden weitere radikale Zeilenbauten mit Nord-Süd-Ausrichtung gebaut wie z.B. die Siedlung Karlsruhe-Dammerstock (1929) von Walter Gropius.

Westhausen 1932 (Dreysse 1987, 21)

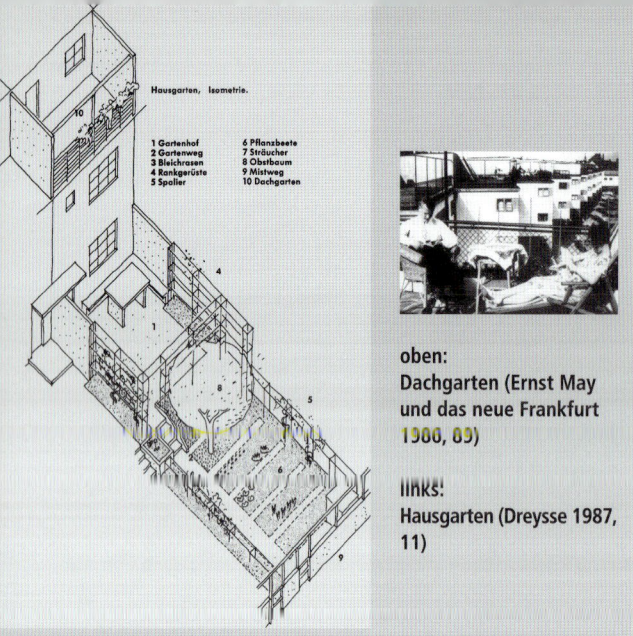

Hausgarten, Isometrie.

1 Gartenhof
2 Gartenweg
3 Bleichrasen
4 Rankgerüste
5 Spalier
6 Pflanzbeete
7 Sträucher
8 Obstbaum
9 Mistweg
10 Dachgarten

oben:
Dachgarten (Ernst May
und das neue Frankfurt
1986, 85)

links:
Hausgarten (Dreysse 1987,
11)

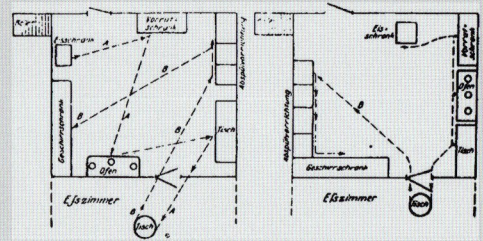

Arbeitsablaufanalyse (Ernst May und das neue Frankfurt
1986, 78)

Frankfurter Küche (Hartmann 2000, 278)

Die Grundrisse wurden einer radikalen Analyse der funktionalen Abläufe unterzogen. Das „Produkt" Wohnung musste ja, um die wichtigen Wohnfunktionen erfüllen zu können, optimal bemessen und organisiert werden. Die Vereinheitlichung der Grundrissformen und der Wohnungsgrößen durch die Verwendung gleicher Typen sollte gleichzeitig das Bauen verbilligen.

Das bekannteste Ergebnis einer solchen Analyse der Wohnabläufe, hier z.B. der Tätigkeit in der Küche, lieferte die von der Architektin Margarete Schütte-Lihotzky (1897-2000) entwickelte „Frankfurter Küche". Bei dem bis heute bekannten Modell der schmalen, reinen Funktionsküche wurden überflüssige Wege radikal beseitigt und der Arbeitsablauf mit der Anordnung der Geräte optimiert.

Eine weitere Veränderung der Bautypologie war die Installierung des Flachdaches, das das geneigte Dach ablösen sollte. Das Flachdach wurde geradezu das Merkmal des „Neuen Bauens" und gleichzeitig Hauptdiskussionspunkt zwischen den Gegnern und Befürwortern der neuen Siedlungen (siehe ausführlich Fehl 1995c). Das Flachdach stand für den Einsatz moderner Bautechniken und für radikalen Verzicht auf den „unnötig" umbauten Raum der geneigten Dächer. In Berlin nahm diese Auseinandersetzung beim Bau der Siedlung „Onkel Toms Hütte" im Berliner „Dachstreit" geradezu groteske Formen an (Vier Berliner Siedlungen 1987).

Neben diesen städtebaulichen und bautypologischen Änderungen stellte die neue Art und Weise der Produktion der Wohnungen die entscheidende Verbindung zum Fordismus her. Wenn es möglich war, am Fließband Autos zu produzieren, warum sollte dies nicht auch bei Wohnungen möglich sein? Der Gebäudeentwurf musste sich nur für eine industrielle Bauproduktion eignen. Um das Gebäude oder auch Teile des Gebäudes vorzufertigen, benötigte man standardisierte Bautypen und eine Normierung der Bauteile. Fußend auf diesem Ansatz wurde in der Stadt Frankfurt eine eigene Abteilung für die Typisierung im Hochbau

194

eingerichtet. Das Baubüro von May führte sogar eigens eine Frankfurter Norm ein, in die z.B. für die Fenster und Türen des Siedlungsbauprogramms normierte Bauteilelemente aufgenommen wurden. Die Standardisierung – von den Türbeschlägen bis zu den Bauteilen sowie von der Nasszelle bis hin zum Installationsblock – umfasste den gesamten Bauprozess. Neue Baumaterialien wurden nun bevorzugt verwendet, da sie für die standardisierte Bauweise und für die Vorfertigung besonders geeignet waren: Insbesondere Stahlbeton ließ sich für einfache Bauformen oder für freistehende Wandscheiben einsetzen; auch Glas und Stahl kamen hinzu.

Die Plattenbauweise kam vermehrt zum Einsatz, so dass z.B. in der Siedlung Praunheim in Frankfurt 18 Arbeiter in eineinhalb Tagen ein Haus errichten konnten (Reinborn 1996, 104). Durch die in eigens errichteten Werken oder Baustellenfabriken erfolgte Vorfertigung konnte die Bauproduktion weiterhin rationalisiert werden. Zur Montage vor Ort benötigte man dann allerdings neue Baumaschinen zum Transport und zur Errichtung der Gebäude; Baukräne, Bagger etc. fanden nun verstärkt Anwendung.

Schließlich hielt der Fordismus auch Einzug in die Organisationsstrukturen der Baubetriebe; diese konzentrierten sich in größeren Firmenkonsortien, um so besser die Kosten der Baumaschinen und der Vorfertigungsanlagen finanzieren und den Bauablauf besser organisieren zu können (z.B. die Bauunternehmung Philipp Holzmann AG, Frankfurt).

Als weiterer wichtiger Aspekt bei der Durchsetzung des Siedlungsprogramms kam die veränderte Finanzierung des kommunalen Wohnungsbauprogramms hinzu. Die Stadt Frankfurt konnte das ehrgeizige Programm nur realisieren, weil sie mit städtischen Gesellschaften bzw. dem städtischen Hochbauamt baute. Finanziert wurde das Programm von May zur Hälfte aus den Mitteln der „Hauszinssteuer" (mit nur 3 % Zinsen), zu 30 % aus günstigen Krediten der Sparkasse und zu 20 % mit Eigenkapital der Stadt (Dreysse 1987, 5).

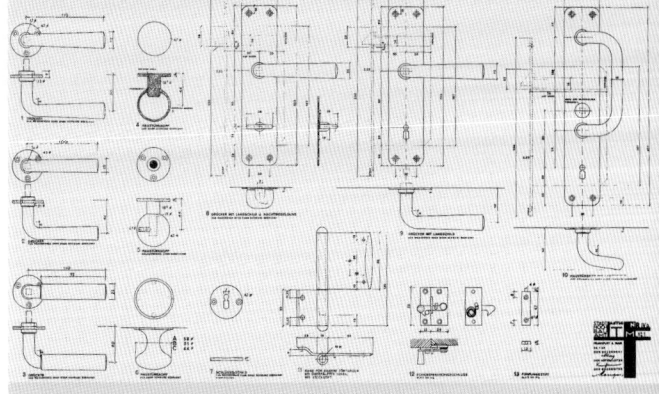

Frankfurter Normbeschläge (Preusler 1985, 76)

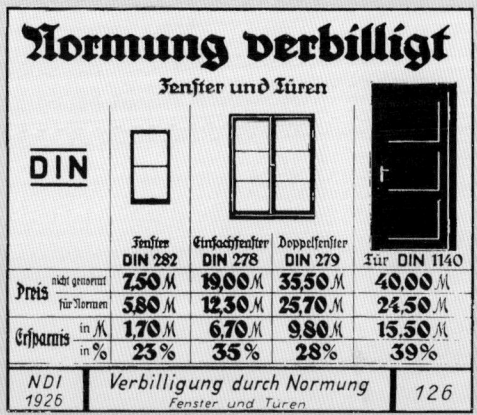

Normung verbilligt (Vier Berliner Siedlungen 1987, 120)

Plattenbauweise (Ernst May und das neue Frankfurt 1986, 109)

Frankfurter Fensternorm (Dreysse 1987, 6)

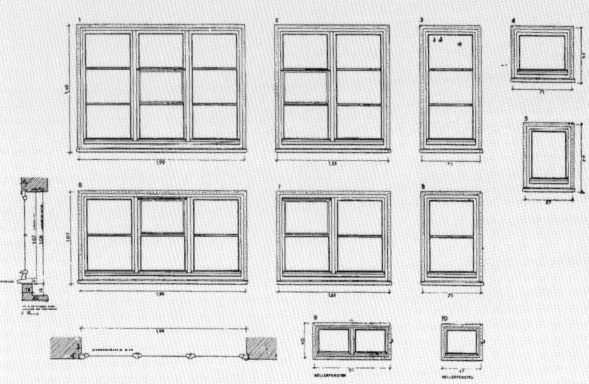

Wahlplakat der SPD 1929 (Vier Berliner Siedlungen 1987, 124)

Berlin Hufeisensiedlung: Lageplan (unten) und Ansicht (oben) (Vier Berliner Siedlungen 1987, 111 und 125)

Ein weiteres bedeutendes Beispiel des neuen Siedlungsbaus ist das ehrgeizige Wohnungsbauprogramm in Berlin. Hier entstand im Rahmen der Gebietsreform 1920 das so genannte „Groß-Berlin" mit einem beträchtlichem Flächenzuwachs, welcher für die zu erwartende Stadterweiterung zur Verfügung stand. 1927 wurde Martin Wagner (1885–1957) Stadtbaurat von Berlin. Er führte, wie May in Frankfurt, ein umfassendes Siedlungsprogramm durch, bei dessen Realisation allerdings nicht in dem Maße wie in Frankfurt neue Baumaschinen und neue Baumaterialien eingesetzt wurden. Die Kostenminimierung erfolgte hier v.a. durch die Typisierung des Bauens und die Beschränkung auf wenige Haus- und Grundrisstypen sowie durch eine Rationalisierung der Bauprozesse unter Tätigkeit von neuen, großen Bauträgern wie der GEHAG (Gemeinnützige Heimstätten-, Spar- und Bau-Aktiengesellschaft).

Auch die 17 Berliner Siedlungen wurden am Rand der bebauten Stadt angelegt; jede wurde für etwa 4 000 Wohneinheiten und 30 000 Einwohner geplant (Reinborn 1996, 115). In ihren städtebaulichen Strukturen orientierten sie sich ebenfalls an der Gartenstadt, wenngleich der Mietwohnungsbau und die höhere Verdichtung mit einer drei- bis viergeschossigen Bauweise vorherrschte.

Unter der Leitung von Martin Wagner und mit den Architekten Bruno Taut, Hugo Häring (1882–1958), Otto Rudolf Salvisberg (1882–1940) und Hans Scharoun (1893–1972) erreichten die Berliner Siedlungen eine starke Differenzierung der städtebaulichen Form, deren hohe Qualität und Ausstrahlung für sich spricht. Hierbei legte v.a. Bruno Taut verstärkt Wert auf den Einsatz von Farben bei der Gestaltung von Putzfassaden oder Fenstern.

Die so genannte „Hufeisensiedlung" in Berlin-Britz von Bruno Taut entstand zwischen 1925 und 1933 mit ca. 600 Einfamilienhäusern und 14 000 Mietwohnungen. Taut legte großen Wert auf die Straßenraumgestaltung, und der Zeilenbau wurde zu raumbetonten

Freiraumplanung in Berlin Britz von Leberecht Migge: Differenzierung der Straßenräume mit unterschiedlichen Straßenbaumtypen (Abb. unten: Vier Berliner Siedlungen 1987, 134)

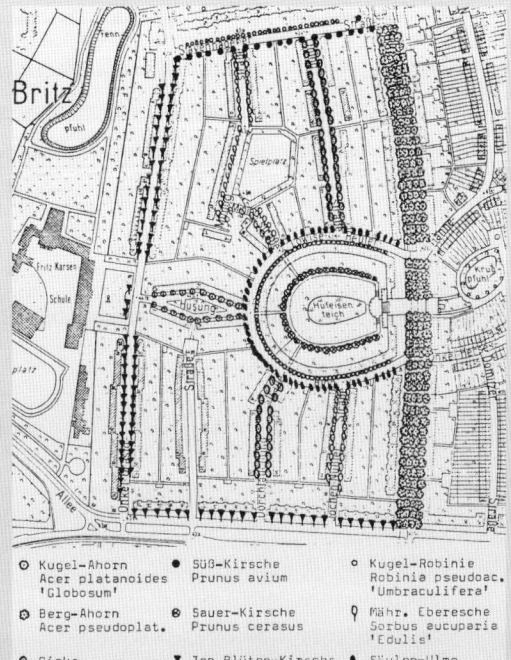

Berlin Zehlendorf: Ausstattung der Siedlung mit den notwendigen Versorgungseinrichtungen wie Wäscherei, Friseur, Café (Vier Berliner Siedlungen 1987, oben links: 214 und oben rechts: 172)

„Dächerstreit" in Berlin Zehlendorf: Steildach kontra Flachdach

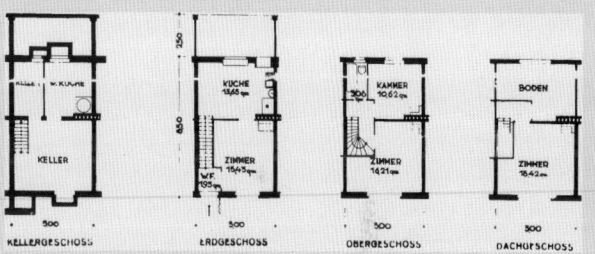

Hamburg Jarrestadt (1926) von Fritz Schumacher (1869-1947): Während in Frankfurt die industrialisierte Bauweise dominierte, wurden in Hamburg weiterhin regionale Baustoffe wie der Backstein eingesetzt und Baublockformen beibehalten.

Reihenhausgrundriss Berlin Zehlendorf: Optimierung der Grundrissorganisation (Vier Berliner Siedlungen 1987, 148)

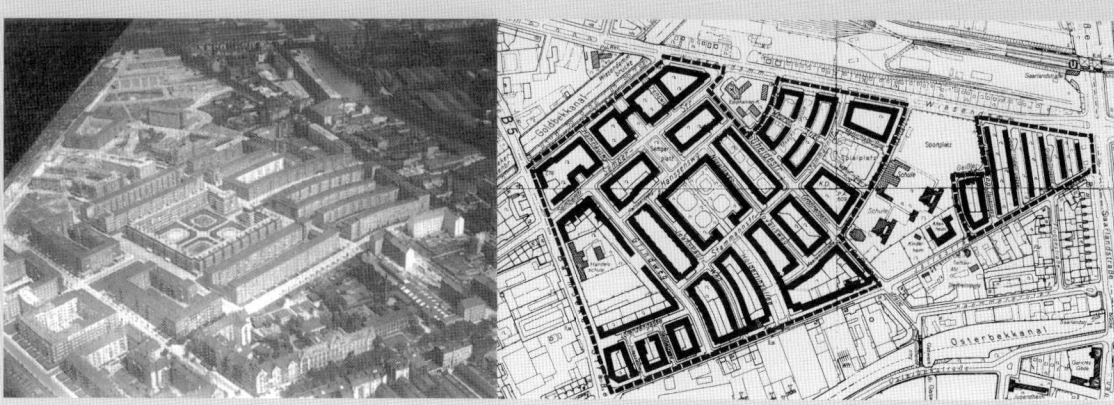

(Harms/Schubert 1989, 222)

(Harms/Schubert 1989, 221)

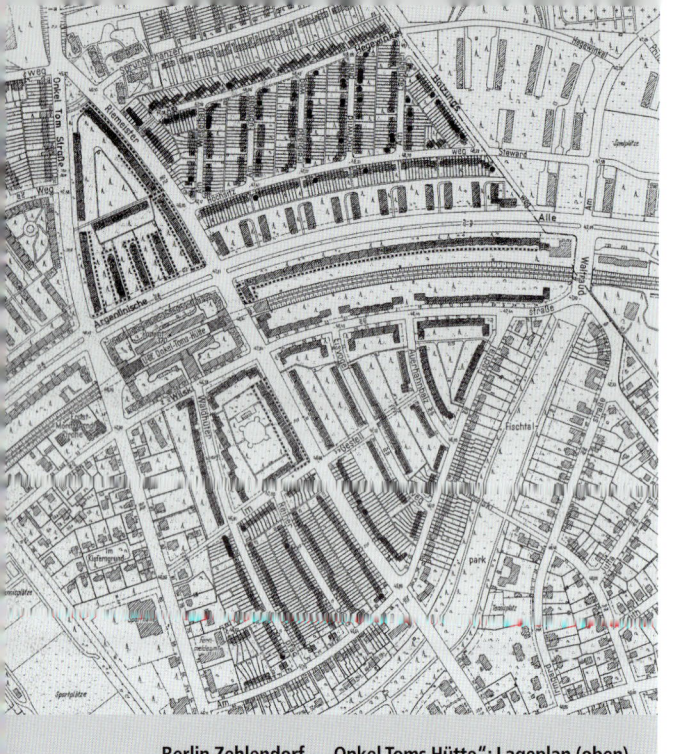

Berlin Zehlendorf – „Onkel Toms Hütte": Lageplan (oben)
und Lageplanausschnitt (unten) (Vier Berliner Siedlungen
1987, 102 und 148)

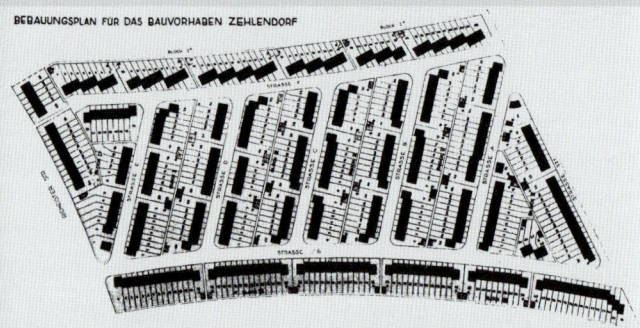

Berlin Zehlendorf: Ecklö-
sung im Zeilenbau

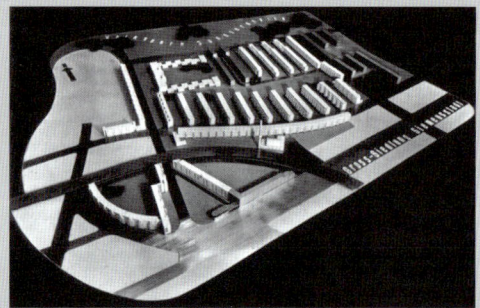

Berlin Siemensstadt: Modell (Vier Berliner Siedlungen
1987, 161)

Konfigurationen zusammengefügt (Vier Berliner Siedlungen 1987).

Mit der Garten- und Freiraumgestaltung wurde Leberecht Migge beauftragt, der die Hecken und Freiraum-
strukturen innerhalb des „Hufeisens" schuf und auch
die Straßenräume mit wechselnden Straßenbaumtypen
individuell ausgestaltete.

Die ebenso von der GEHAG erbaute Waldsiedlung in
Berlin-Zehlendorf – Onkel Toms Hütte, 1926-32 –
wurde von Taut, Häring und Salvisberg unter Einbeziehung des vorhandenen Baumbestandes in die
städtebauliche Planung erstellt; nahezu die Hälfte
waren hier bereits Einfamilienhäuser.

Alle Siedlungen wurden mit Schulen, Kindergärten
und kleineren Versorgungseinrichtungen und zum Teil
auch mit modernen Wäschereien oder mit Restaurants
ausgestattet. Sie blieben jedoch Vorortsiedlungen mit
mehr oder weniger guter Anbindung an das öffentliche
Verkehrsnetz.

In der 1926 bis 1932 errichteten Siemensstadt – als
Wohnstadt der Siemenswerke – nach der Planung
von Hans Scharoun fanden die rationale Bauweise
und, im Gegensatz zu den von Taut geplanten Siedlungen, ausschließlich der viergeschossige Zeilenbau
Anwendung. Die für die Arbeiterschaft gedachten
Siedlungen blieben allerdings wegen ihrer Kosten
noch weitgehend den neuen Mittelschichten, den
Angestellten, Beamten und Facharbeitern, vorbehalten.

Der Stadtumbau und die „Erneuerung" der Altstädte

Die „Innere Stadterweiterung" (Schilling 1921 siehe
Kapitel 12) wurde fortgesetzt: So wurde in Hamburg
die 1893 begonnene Sanierung im Zuge der Citybildung der Hamburger Altstadt bis in die 1930er Jahre
weitergeführt.

Auch andere Städte entwickelten Generalpläne zur
Umgestaltung ihrer Innenstädte, so z.B. Breslau,

Heidelberg, Kassel, Köln oder Leipzig (Kopetzki 1991 125ff). Besonderes die Entzerrung der Verkehrsverhältnisse mit dem Bau von Ringstraßen, Straßendurchbrüchen und Bahnhöfen sowie der Bau von zentralen Verwaltungs- und Bürobauten und Kaufhäusern wurde vorangetrieben. Doch auch das stadthygienische Argument der „Beseitigung von Elendsvierteln" wie bei der Sanierung und der „Auslichtung" der Baublöcke in Kassel wurde angeführt (Reinborn 1996, 136).

Der Zusammenhang des Siedlungsbaus in den Erweiterungsgebieten und der Altstadtsanierung wurde auch z.B. von Ernst May gesehen, der die Trabantensiedlungen in Frankfurt als Ersatzwohnraum für zu sanierende Altbauwohnungen zur Verfügung stellen wollte (Rodenstein/Böhm-Ott 2000, 509). Im Wesentlichen verliefen Stadtumbau und Citybildung aber weiterhin auf der Grundlage eher kleinteiliger Maßnahmen. Während für die Stadterweiterungsplanungen umfassende Planungen erstellt wurden, scheiterte der Umbau der Altstädte aus den bereits genannten Gründen (siehe Kapitel 12). Zudem fehlten weiterhin gesetzliche Grundlagen, und so wurden die Ideen und Bemühungen in der Weimarer Republik um ein einheitliches Städtebaurecht auf Reichsebene erst 1960 mit der Verabschiedung des Bundesbaugesetzes realisiert.

Sanierung Kassel (Kähler 2000, 414)

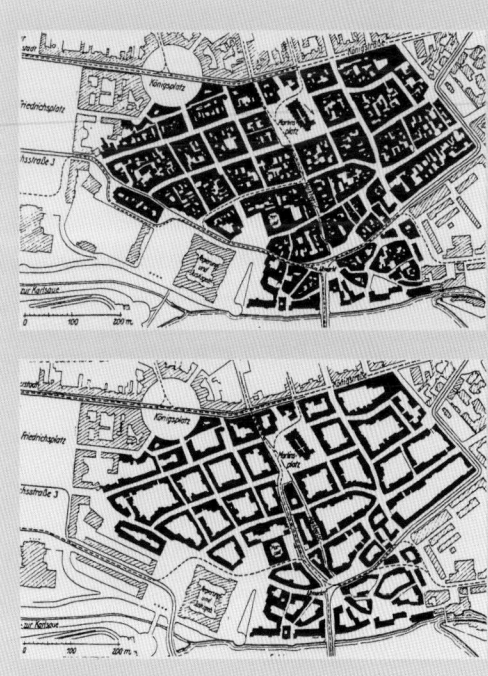

Sanierung der Altstadt von Kassel: Lageplan vor und nach der Sanierung von 1926-33 (Reinborn 1996, 136)

15. Städtebau und Wohnungsbau im Nationalsozialismus

Die Ernennung Adolf Hitlers zum Reichskanzler im Jahr 1933 stellte eine tiefgreifende Zäsur dar: An die Stelle der Weimarer Verfassung und der parlamentarischen Demokratie trat faktisch das Parteiprogramm der Nationalsozialistischen Deutschen Arbeiterpartei (NSDAP) und damit eine totalitäre Diktatur.

Mit der Einsetzung der Zentralverwaltungswirtschaft des NS-Staates erfolgte unter dem Dach der Deutschen Arbeitsfront (DAF), die aus der Zerschlagung der Gewerkschaften hervorgegangen war, auch die Gleichschaltung im Wohnungs- und Städtebau: Der Städtebau bzw. alle Ebenen der räumlichen Planung, von der Raumplanung bis zur Siedlungsgestaltung, wurden der „totalen Planung" unterworfen.
Die neuen Organisationsbereiche der Partei übernahmen die traditionellen, staatlichen und kommunalen Aufgaben und unterstanden direkt der autoritären Parteiführung. Eine Folge dieser Neuorganisation war die Zerschlagung der Gemeinnützigen Wohnungsbaugesellschaften, Genossenschaften und der Bauhütten.

Auch die Idealvorstellungen zur Gestaltung von Stadt und Land wurden nun radikal der NS-Ideologie untergeordnet. Die räumliche Organisation sollte den hierarchischen Aufbau der Partei – von den einzelnen Betriebsgemeinschaften über die Reichs- und Gauleitungen bis hin zum Führer – widerspiegeln („Führerprinzip"). Der nun propagierte zellenartige Aufbau der Stadt lehnte sich an diese politisch angestrebte Gliederung des Volkes bzw. an die Parteihierarchie an: Das Prinzip „von der Ortsgruppe zur Siedlungszelle" wurde Grundlage der räumlichen Planung. „Die deutsche Arbeitsfront sollte `als ein Glied der Partei dafür Sorge (...) tragen, dass auch in der Siedlung die Einheit von Partei und Staat` gesichert sei" (Düwel/ Gutschow 2001, 100). Das „Führerprinzip" durchdrang alle Lebensbereiche: Für den Freizeit- und Konsumgüterbereich wurde entsprechend zu DAF die Organisation „Kraft durch Freude" (KdF) gegründet.

Durch die Zentralverwaltungswirtschaft und die Macht-
konzentration in Händen der Partei wurde die Industrialisierung nach fordistischem Muster nicht nur
gefördert, sondern die Durchsetzung der fordistischen
Ideen auf breiter Ebene unterstützt (zum Modernisierungsprozess im NS-Staat siehe ausführlich: Harlander
1995, 15ff).

So war Hitler z.B. ein großer Anhänger des Automobil-
sports, der bereits bei der 23. Automobilausstellung
1933 in Berlin die „Volksmotorisierung" als politisches
Ziel propagierte. Die Realisierung wurde dann systematisch und auf breiter Ebene weiter verfolgt: Der
Ausbau der Automobilproduktion erfolgte mit Hilfe
von Henry Ford. Ferdinand Porsche entwickelte das
Modell des „Volkswagens" bzw. „KdF-Wagens", der
allen Volksgenossen zugänglich sein sollte. Der Auto-
bahn- und Fernstraßenbau, für den bereits Konzepte
in der Weimarer Zeit entwickelt worden waren, erfuhr
nunmehr eine massive öffentliche Förderung und eine
forcierte Realisation.

Zum Volkswagen kamen weitere Massenprodukte
hinzu, die schon durch ihre Begrifflichkeit – wie
Volksempfänger, Volkskühlschrank, Volksspeise oder
Volkswohnung – auf die Zielgruppe der Produkte
hindeuteten. Die „Umerziehung" des Menschen war
auf das Zurücktreten der Individualität zugunsten der
Volksgemeinschaft angelegt; im Gegenzug wurde
eine breite Versorgungsverbesserung in Aussicht
gestellt.

Rüstungsaufbau und andere Vorbereitungen der
Kriegswirtschaft waren ebenfalls nur mit fordistischen
Arbeitsstrukturen zu bewältigen. Nach Fehl (1995b)
machte sich das NS-Regime für die Durchsetzung der
fordistischen Arbeitsorganisation in besonderem Maß
billige, ungelernte Arbeitskräfte zunutze, indem es
Zwangsarbeiter rekrutierte.
Auch und insbesondere die Idee der „Massenproduktion" für den „Massenkonsumenten" passte hervorragend zur Ideologie der „Masse des Deutschen

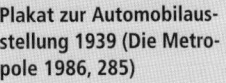

Plakat zur Automobilaus-
stellung 1939 (Die Metro-
pole 1986, 285)

Fertiggestelltes Autobahnnetz 1937
(Schneider 1979, 31)

„Der Begriff „Fordismus" verschwand um 1930 aus dem
deutschen Sprachgebrauch. „Ob Hitler beim Aufbau des
NS-Staates selbst fordistischen Ideen anhing, ist nicht
einfach zu erkunden, da ja Name und Begriff kaum mehr
verwendet wurden. Ganz von der Hand zu weisen ist es
indes nicht, dass der Antisemit Hitler durch die Lektüre
des fordschen antisemitischen Hetzbuches zu Ford und
möglicherweise auch zur Wertschätzung des Fordismus
hingeführt worden war. So konnten sich Hitler und Ford
in Übereinstimmung bei ihrem Kampf gegen Juden,
Gewerkschaften und Linke die Hand reichen: Fordismus
und Nationalsozialismus boten sich beide an als neue
Synthese zur Überwindung von Klassenkampf und Armut.
Auch in ihrem Stil totalitärer Führung und in der Ausrichtung ihrer gleichgeschalteten Systeme (Fehl 1995b,
33) schien man sich einig zu sein.

Grundsteinlegung Volks-
wagenwerk 1938 (Aufbau
West - Aufbau Ost 1997,
64)

Der 1000ste VW: Statt des
"zivilen" Volkswagens lief
die "militärische" Version
vom Band (Aufbau West -
Aufbau Ost 1997, 133)

„Der Führer weiß, was Deutsche wünschen. Neben dem Volksempfänger als das Radio für jedermann, neben dem Volkswagen als das Auto für jeden und neben dem sonntäglichen Eintopf als Volksspeise sollte die Wohnung hierbei keine Ausnahme stellen" (Kornemann 2000, 031).

Plakat "Schönheit der Arbeit" (Durth 1999, 94)

Die Kreuzfahrten für Parteiverdiente mit den KdF-Organisationen erfolgten z.B. auf dem Kreuzfahrtschiff „Wilhelm Gustloff", das 1945 mit 5 000 Flüchtlingen an Bord sank. Zum Freizeitprogramm gehörte auch der Bau von Ferienhausanlagen. So wurde in Prora auf Rügen der Bau einer gigantischen Freizeitanlage vor allem für kinderreiche Familien in Angriff genommen. Prora gehörte mit zu den größten Bauaufgaben der NS-Zeit (Harlander 1995, 123).

Modell der Freizeitanlage Prora auf Rügen (Harlander 1995, 124)

Freizeitanlage Prora auf Rügen

Volkes"; für dessen Versorgung sollten ja die neuen industriellen Möglichkeiten eingesetzt werden. Diese markante Ausrichtung der NS-Wirtschaft an der Industrieproduktion sowie die Verherrlichung der „Schönheit der Arbeit" folgten den Verheißungen des neuen „fordistischen Zeitalters" und wurden in Industrieausstellungen zur Schau gestellt.

Dennoch ließ sich der Fordismus im Bauwesen nicht uneingeschränkt umsetzen und innerparteilich kam es zu ideologischen Kämpfen zwischen einerseits den „Traditionalisten" mit ihrem rückwärtsgewandten, romantisch konservativen Verständnis vom Wohnungs- und Städtebau und andererseits den „Rationalisieren" der Bauwirtschaft (Fehl 1995b, 267). So entstanden neben den durch fordistisch-technische Elemente geprägten Bauten der Industrie und Rüstungsproduktion vor allem in der Vorkriegszeit im Wohnungs- und Siedlungsbau eher konservative, bodenständige Siedlungen.

Die bedeutenden Vertreter des „Neuen Bauens" und die städtebauliche Avantgarde wurden aus ideologischen Gründen ausgeschaltet und mussten emigrieren. Andere versuchten, in der NSDAP ihre Erkenntnisse der fordistischen Bauproduktion umzusetzen: So wurde im Zeichen der Kriegswirtschaft ab 1940 z.B. die Rationalisierung des Wohnungsbaus vollständig übernommen und sogar weitergeführt.

Aus den krisenhaften Erfahrungen u.a. der Massenarbeitslosigkeit in der Weimarer Zeit hatte die NS-Führung gelernt. So beruhten Hitlers wirtschaftliche Erfolge im Wesentlichen auf staatlichen Arbeitsbeschaffungsmaßnahmen (z.B. Arbeitsdienst), die durch Kredite finanziert wurden. Durch die generelle Senkung des Zinssatzes von 9 auf 5 % wurde mehr investiert, die Konsumgüterindustrie angeheizt und Arbeitsplätze in der Rüstungsindustrie geschaffen; die Staatverschuldung allerdings stieg gewaltig an.

Neue Prinzipien der Raumordnung und der städtebaulichen Planung

Die Großstadtkritik bekam unter den Nationalsozialisten neue Nahrung (Harlander 1995, 69). Ein Verfechter dieser Kritik, Gottfried Feder (1883–1941), nahm während des Jahres 1934 das Amt des Reichssiedlungskommissars wahr. Als Hochschullehrer stellte er später in seinem Lehrbuch „Die neue Stadt" von 1939, das zum neuen NS-Standardwerk werden sollte, die These auf, dass die Großstadt der biologische Volkstod sei und begründete dies mit der im Vergleich zu Klein- und Mittelstädten wesentlich höheren Kindersterblichkeit. Ob beim Thema Volksgesundheit oder Umzugshäufigkeit in den Städten: Überall kam in diesem Werk die Großstadtfeindlichkeit zum Ausdruck.

Konsequenz der Kritik war als städtebauliche Zielsetzung die Dezentralisierung und die Auflösung der Großstadt. Entsprechend stärker förderte man auch in besonderem Maße die Bautätigkeit in den Land- und Kleinstädten. Als weiteres Teilziel der Auflockerung der Städte führte man bereits 1934 das Motiv des verbesserten Luftschutzes ins Feld (Kähler 2000, 406). 1935 wurde mit der Einrichtung der Reichsstelle für Raumordnung ein weiterer Schritt in Richtung Zentralisierung getan, und es wurden neue Ideen entwickelt. In dieser Zeit entstand für die Raumordnung und Regionalplanung ein neues Leitbild: Ein Netz von Kleinstädten als Land-Stadt-Zellen mit 12 000 bis 24 000 Einwohnern sollte nach Feder zu einer vollständigen Dezentralisierung führen, die auch die Industriestandorte mit einschloss (Kähler 2000, 406).

Das große Vorbild der nationalsozialistischen Stadt war die mittelalterliche Stadt bzw. die deutsche Tradition der Kleinstadt; galt sie doch als organisch, harmonisch und „heimatbildend". Fritz Rechenberg, ein Assistent von Feder, fertigte Musterentwürfe für eine solche ideale Stadt mit 20 000 Einwohnern an. Die realen Entwicklungen aber unterwanderten diese Vorstellungen: In der Praxis war eine weitere Zentra-

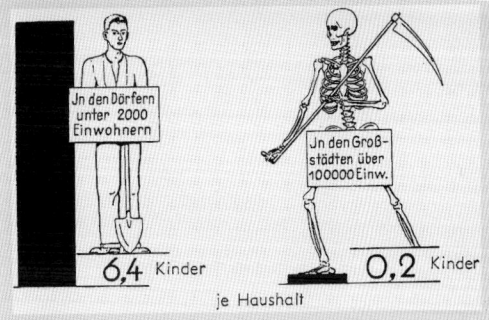

„Die Großstadt, der biologische Volkstod" (Harlander 1995, 59)

Plakat „Willst Du Siedeln?" (Harlander 2001, 259)

Entwurf zu einer Stadt für 20.000 Einwohner von Heinz Killius (Durth/Gutschow 1988, Bd.1, 177)

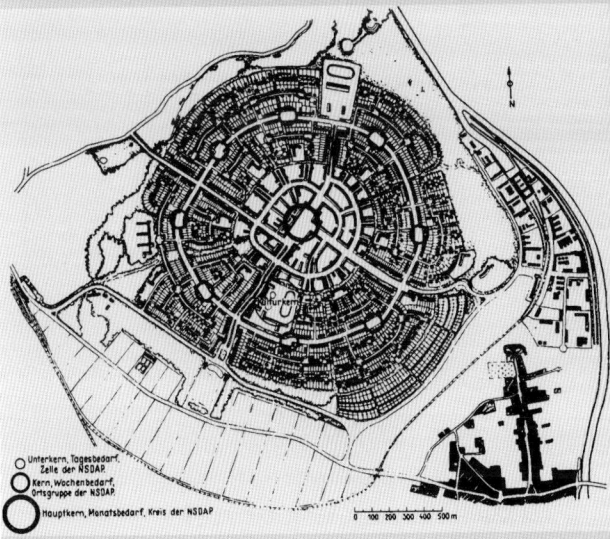

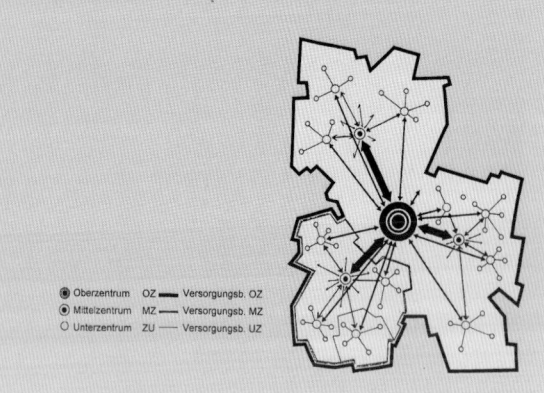

System der zentralen Orte (Müller/Korda 1999, 51)

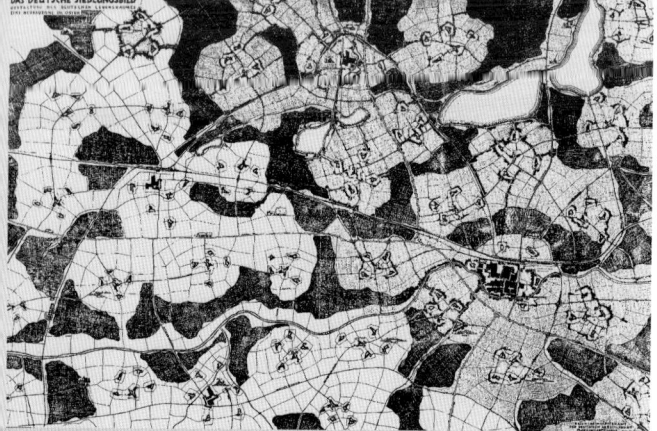

Gestaltung des Lebensraums: DAF Planung – Neubauzone im Osten (Kähler 2000, 407)

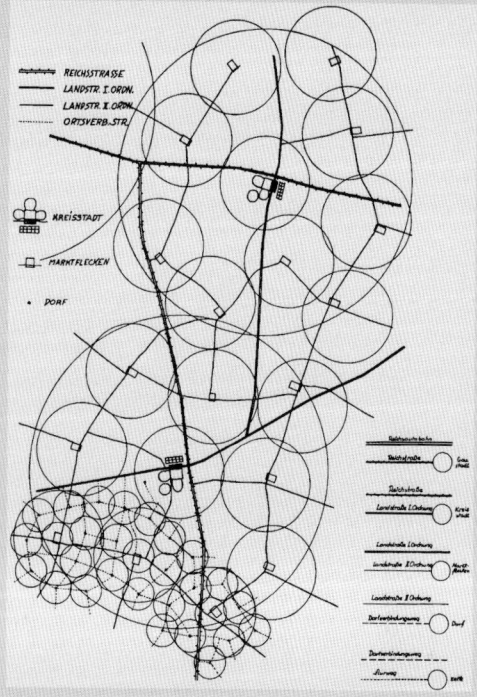

Das deutsche Siedlungsbild (Durth/Gutschow 1988, Bd.1, 22)

lisierung der Industrie feststellbar, und trotz aller Versuche zur Dezentralisierung wuchs die städtische Bevölkerung weiterhin an. Den eher agrarkonservativen Ideen und der Verherrlichung eines romantischen „Siedlerglücks" auf dem Lande stand auch die hochtechnisierte Rüstungsindustrie entgegen, die Vorrang in allen politischen Überlegungen erhielt. „In keinem anderen existenziellen Bereich (gab es) eine so große Diskrepanz zwischen Zielsetzung und Realisierung wie im Wohnungsbau, Siedlungswesen und Städtebau" (Kornemann 2000, 655).

Als weiteres neues Muster der Regionalplanung entwickelte 1933 Walter Christaller (1893–1969) das System der „zentralen Orte", welches eine Hierarchie von Orten unterschiedlicher „Zentralität" vorsah. Da das Angebot an Versorgungs- und Bildungseinrichtungen, an Verwaltung und Dienstleistern in einer eher dezentralen Siedlungsstruktur nicht allen Bewohnern gleichmäßig zur Verfügung gestellt werden kann, sollte ein Netz aus Unter-, Mittel-, Ober- und Großzentren entstehen. Diese sollten so zueinander orientiert sein, dass sie für alle Bewohner einen optimalen Einzugsbereich darstellten und so die Bevölkerung flächendeckend infrastrukturell versorgen konnten.

Die zentralen Orte und das gestufte Siedlungssystem waren die neuen Leitbilder für das deutsche Siedlungsideal der NS-Zeit. Nach dem Zweiten Weltkrieg fand Christallers Raumordnungsprinzip weltweit Eingang in die räumliche Planung und beeinflusst sie auch heute noch.

Zu diesem Ordnungsmuster kamen Orientierungswerte für die erforderliche Ausstattung mit öffentlichen und privaten Versorgungseinrichtungen hinzu, die an den angestrebten Einwohnerzahlen ausgerichtet waren. Gottfried Feder und seine Mitarbeiter stellten diese Richtwerte auf der Grundlage von empirischen Untersuchungen und umfangreichen Forschungsarbeiten auf. Hierbei gingen sie der Frage nach, welche Einrichtungen quantitativ und qualitativ eine Region,

Stadt bzw. ein Stadtquartier benötigte. Aus diesen in tabellarischer Form zusammengestellten Orientierungswerten konnte somit bei Planungen die entsprechend notwendige Ausstattung ermittelt werden. Diese Orientierungswerte galten zum Teil noch lange nach dem Zweiten Weltkrieg, allerdings in etwas abgewandelter Form. Bereinigt wurden die Tabellen um die „Ausstattungselemente" der NS-Zeit wie das Heim der Hitlerjugend oder das Gebäude für die Parteileitung: Erst 1968 erschienen von Klaus Borchard und Friedrich Spengelin neue Veröffentlichungen zu diesem Thema.

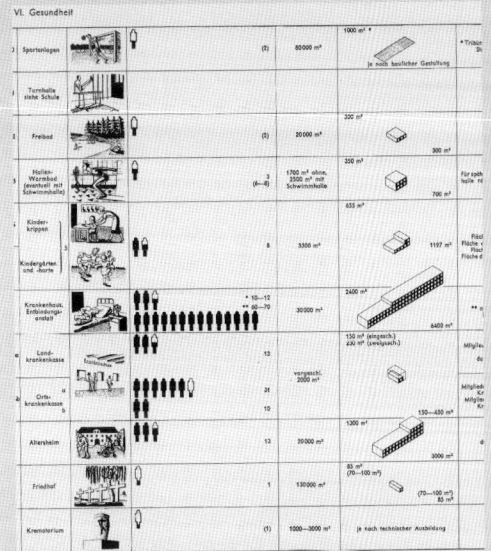

Ausschnitt: Richtwerte für die öffentlichen Einrichtungen einer Stadt von 20 000 Einwohnern (Feder 1939, Tafel I)

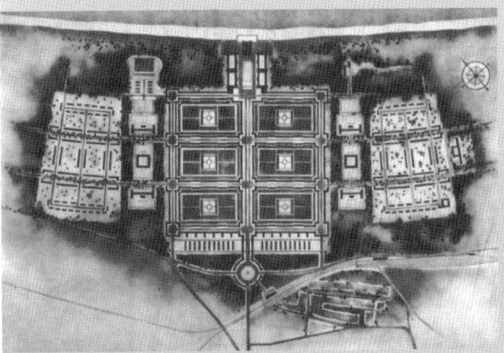

oben: Entwurf der "Stadt X" für 20 000 Einwohner (Harlander/Fehl 1986, 236)
unten: Lageplan: Salzgitter – Stadt der Hermann-Göring-Werke (Kähler 2000, 410)

Neue Industriestädte und Siedlungen im Osten

Für die Anlage von neuen Städten wurden Musterentwürfe vorgelegt wie z.B. 1936 der Entwurf „Stadt X", die auf Usedom realisiert werden sollte. Heinrich Eggerstedt hatte sie für 20 000 Einwohner geplant; sein Entwurf entstand unter dem Einfluss von Albert Speer (1905–1981).
Die „Stadt X" sah die Orientierung der Stadtanlage auf die Volkshalle, das zentrale Parteigebäude und den Hauptplatz vor, die entlang einer Hauptachse ausgerichtet waren. Das Stadtzentrum sollte sich nach einem Baublocksystem von 400 x 700 m großen Baublöcken aufbauen. Nach dem Plan lagen zum Rand der Stadt hin und zur offenen Landschaft Einfamilienhausgebiete, in den Übergangsbereichen zwischen Landschaft, Siedlung und Stadt waren große Sportstätten angedacht. Neben diesen Ansätzen wurden auch bandstadtartige Stadtstrukturen mit starker Einbeziehung der Landschaft entworfen, wie z.B. im Plan zur Entwicklung des Stettiner Stadtraumes von Hans Bernhard Reichow (1899–1974). Von den tatsächlich neu gegründeten Industriestädten sind vor allem die „Stadt der Hermann-Göring-Werke" (Salzgitter) und Wolfsburg und zu nennen.

1936 verkündete Hitler seinen „Vierjahresplan", der die Vorbereitungsarbeiten für den Krieg festlegte und

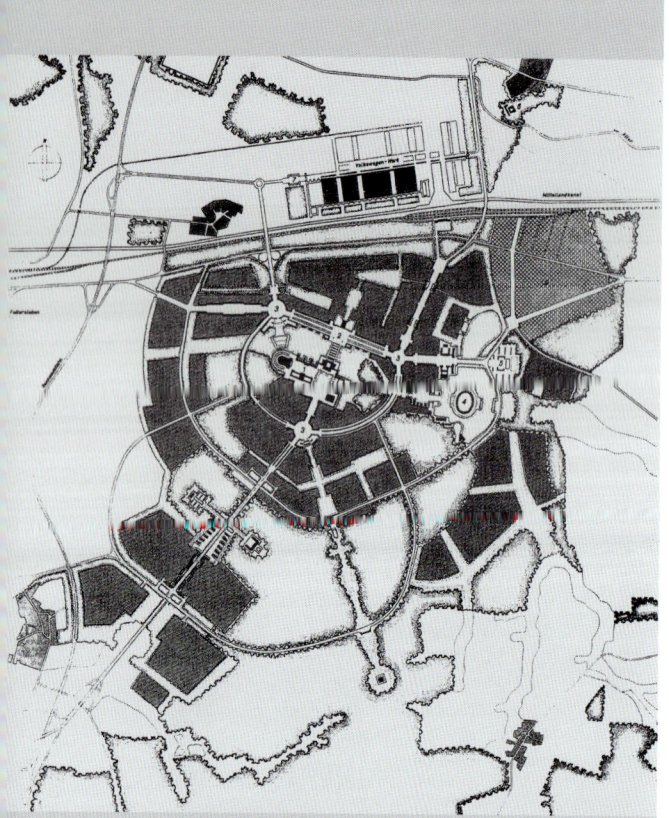

Wolfsburg: Stadt des KdF-Wagens (Aufbau West - Aufbau Ost 1997, 43)

Das Werk wurde im Krieg vollständig zerstört. Die Stadt war bis 1945 auf 25 000 Einwohner angewachsen. 1957 wurde das Grundkonzept von Koller, der nunmehr Stadtbaurat von Wolfsburg war, für eine Einwohnerzahl von 130 000 Einwohnern weiterentwickelt.

Festhalle in Wolfsburg (Aufbau West - Aufbau Ost 1997, 62)

vor allem die verstärkte Erzgewinnung und Stahlproduktion einforderte. Der Bau des Eisenhüttenwerkes in Salzgitter, das in der Nähe der Erzvorkommen lag, gehörte mit zu den zentralen Projekten für die Rüstungsindustrie.

In engem räumlichen Zusammenhang zum Werk plante Herbert Rimpl dann als nationalsozialistische Musterstadt die „Stadt der Hermann-Göring-Werke" An einer zentralen Achse, die nach Kähler einem „nationalsozialistischen Versailles" (2000, 408) glich, lagen die große Volkshalle und der zentrale Platz. Die Stadt sollte im Endausbau 300 000 Einwohner fassen; bis zum Baustopp 1943 wurden „unter rücksichtslosem Einsatz von Kriegsgefangenen und Zwangsarbeitern" (Durth/ Nerdinger 1994, 62) allerdings nur ganze 10 000 Wohnungen errichtet.

Auf dem Boden des alten Dorfes Heßlingen und des Gutsbesitzes Wolfsburg entstanden ab 1938 die neue Werksanlage zum Bau des „KdF-Wagens" und die an das Werksgelände angrenzende neue Stadt Wolfsburg. Der Entwurf von Peter Koller (1907–1996) sah eine funktionalistische Stadtgliederung vor mit Industrieanlage, einem Zentrum mit zentralen Versorgungseinrichtungen und der Volkshalle sowie Wohnbauten und Grünzügen.

Während im Stadtzentrum eine dreigeschossige Baublockweise vorherrschte, entstand am Rand eine zweigeschossige Reihenhausbebauung.

Neben den Stadtneugründungen in Deutschland sahen die Parteispitze und die Stadtplaner des Regimes ein weiteres Aufgabenfeld im Neubau von Städten in den dünn besiedelten, okkupierten Ostgebieten, d.h. in Polen. Die Planungen hierzu wurden in einem eigenen Planungsstab durchgeführt, der Heinrich Himmler dem SS-Reichskommissar für die „Festigung des Deutschen Volkstums" unterstand. Er war bei der Erschließung des „deutschen Lebensraumes" nach Osten die treibende Kraft (Wasser 1993).

1942 wurden die „Richtlinien für die Planung und Gestaltung der Städte in den eingegliederten deut-

schen Ostgebieten" (Kähler 2000, 410) herausgegeben. Als städtebauliche Zielsetzung verfolgte man
hier die zentralörtliche Gliederung nach Christaller
getreu dem Aufbau von Zellen, Ortsgruppen und
Kreisen.

In Verbindung mit der Umstrukturierung des Raumes
war die „Eindeutschung" der überwiegend polnischen
Bevölkerung in den Ostgebieten geplant. Dies sollte
durch systematische Umsiedlung erfolgen bzw. es
sollte die polnische Bevölkerung ebenso wie die
jüdische vernichtet werden.
Die im Distrikt Lublin tatsächlich eingerichteten Ver-
nichtungslager und die operativen Vorbereitungen
und Aktivitäten für die Realisierung des „Generalplans
Ost", die Bruno Wasser 1993 eindruckvoll erforscht
hat, zeigen die bereits weitgehenden Vorbereitungen
für die geplante „Germanisierung", die mit Stadt-
und Siedlungsgründungen verbunden werden sollte:
An den Planungen für den „Aufbau" der deutschen
Stadt wurde in vielen Stadtplanungsämtern im Osten
gearbeitet.

Stadtumbau während der NS-Zeit

Der Stadtumbau in der NS-Zeit knüpfte in den 30er
Jahren an Vorarbeiten aus den 20er Jahren an (Düwel/
Gutschow 2001, 106) und wurde vom nationalsozialistischen Idealbild geprägt. Die Maßnahmen sollten
der „Gesundung" der Stadt und der „Rettung der
deutschen Altstadt" dienen.
In den historisch bedeutsamen Städten erfolgte eine
denkmalpflegerische Sanierung sowie eine Kahlschlagsanierung in den „ungesunden Wohnvierteln" – wie
in Berlin-Wedding, Braunschweig, Frankfurt, Hamburg,
Kassel oder Köln. Oft wurden die in der Weimarer
Zeit begonnenen Maßnahmen weitergeführt, allerdings nun auch unter politischen Vorzeichen. Die Sanierung der schlechten und unhygienischen Wohnverhältnisse diente auch der politischen „Säuberung"
und Zerschlagung der dort ansässigen Bewohnerschaft

In den „eingegliederten" Ostgebieten wurden ab 1942
ganze Dörfer systematisch „ausgesiedelt" und die
komplette Bevölkerung in Durchgangslager überstellt
(z.B. in der Zamojsczyzna in Polen). Die ersten
„Aussiedlungen" lösten großen Fluchtwellen aus.
Entgegen den Erwartungen Himmlers traf man so bei
Verbreitung der „Umsiedlungsmaßnahmen" oft nur
noch Bruchteile der Bewohnerschaft an. Um 1943 verlor
die Ansiedlung von „deutschen" Kolonisten in
„bereinigten" Gebieten an Bedeutung und bei den
Vertreibungsmaßnahmen überwog das Ziel der Zwangs-
rekrutierung von Arbeitskräften für die Rüstungsindustrie
oder Bauwirtschaft im Reich. Von etwa 27 000 Volks-
deutschen, die zu Beginn der Aktivitäten in Lagern
lebten und auf ihre Ansiedlung warteten, wurden letztlich
nur 9 000 in Kolonistendörfern untergebracht (Wasser
1993).

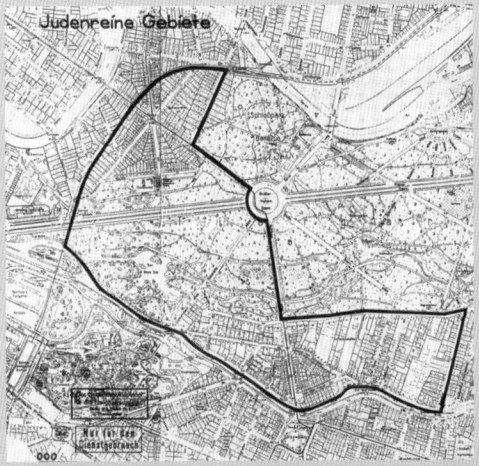

„Entjudung" / „Judenreine" Gebiete in Berlin (Kornemann 2000, 698)

Die „Arisierung" des Immobilienbesitzes und die
„Entjudung" von Mietwohnungen sowie die entschä-
digungslose Enteignung des Haus- und Grundbesitzes
einschließlich der mobilen Güter erfolgte „nahezu
lautlos" (Kornemann 2000, 702). So wurden die rund
1 800 Wohnungen, die die Juden in München räumen
mussten, an verdiente Volksgenossen, Abrissmieter und
Fürsorgefälle vergeben (München wie geplant 2004).

Die Planungshoheit der Gemeinden wurde in der NS-
Zeit faktisch eingeschränkt: Durch den Einsatz diverser
Sonderbehörden und Generalbevollmächtigter sowie
durch die Vielzahl von „Führererlassen" für besondere
Aufgaben entstand in der Praxis ein großes „Kompetenz-
wirrwarr" (Düwel/ Gutschow 2001,95).

U.a. wurden die Wahlergebnisse und Anteile der KPD-
und SPD-Wähler zur Einordnung als „gemeinschädliche
Region" (Kähler 2000, 414) bei der Feststellung von
Sanierungstatbeständen hinzugezogen.

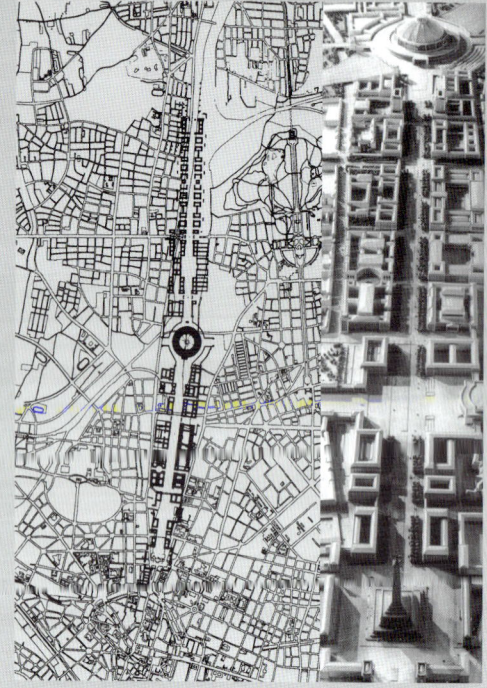

München: Lageplan (München und seine Bauten 1984, 43) und Modell der Prachtstraße von 1941 (München wie geplant 2004, 96)

„Schon 1940 waren fast alle deutschen Städte über 100 000 Einwohner zu „Neugestaltungsstädten" erklärt worden, so dass Speer als „Generalbevollmächtigter" zu bremsen versuchte, da die anrollende Stadtumbaubewegung („Gauforenbewegung") in keinem Verhältnis zu den realen Möglichkeiten der Kriegswirtschaft stand" (Kopetzki 1991, 131).

Nürnberg: Reichsparteitag 1936 (Durth/Nerdinger 1997, 56)

Weimar: Neugestaltung der Innenstadt mit Gauforum (Durth/Gutschow 1988, Bd.1, 17)

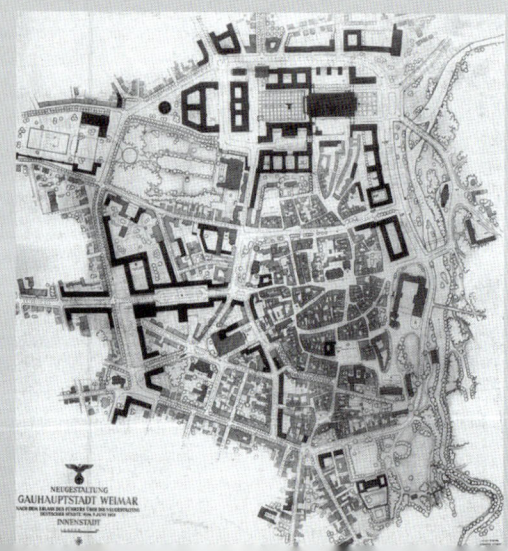

sowie der Ausmerzung der Reste der Arbeiterbewegung, z.B. in Berlin-Wedding (Rodenstein 2000, 511). Bei der Neubebauung legte man in der Regel Baublockstrukturen ohne hintere Anbauten und mit vermehrter Grünausstattung an; diese „Baublockentkernung" bildete den Schwerpunkt der NS-Sanierungspolitik (z.B. beim Sanierungsvorschlag für Frankfurt 1935).

Die Rechtsgrundlage für den Stadtumbau bildete das „Gesetz über die Neugestaltung deutscher Städte" vom 4.10.1937, wonach In den vom Führer und Reichskanzler bestimmten Gebieten städtebauliche Maßnahmen durchgeführt werden konnten (Führererlass). Es handelte sich hierbei nicht um das lange geforderte allgemeine Städtebaurecht, sondern es galt nur in den Gebieten, für die ein Erlass erging; auf dieser Grundlage konnten Enteignungen ausgesprochen werden. Auch in dieser Beziehung reichte die autoritäre Staatsgewalt weit in das Privatrecht hinein und schränkte die Verfügungsgewalt über das Grundeigentum ein.
So durfte z.B. in den auf der Grundlage des Führererlasses abgegrenzten Gebieten eine nach Abschluss der Maßnahme realisierte Wertsteigerung nicht bei der Entschädigung berücksichtigt werden. Es wurde ein einfaches Enteignungsverfahren durchgeführt, und bei einer Beseitigung von Wohnraum konnte der betroffene Eigentümer durch Grundstücke für Ersatzmaßnahmen entschädigt werden. Zudem war eine Wertzuwachssteuer zu Gunsten des Reiches verankert In dem Gesetz waren auch Bestimmungen zur Veränderungssperre, zum Vorkaufsrecht der Gemeinde oder zu Genehmigungsvorbehalten bei der Tilgung bzw. Zusammenlegung von Grundstücken verankert: Diese Verfahren sind bis heute feste Bestandteile im „Besonderen Städtebaurecht" (§ 136ff des BauGB).

Vom Stadtumbau besonders betroffen waren die großen Gaustädte (z.B. Dresden, Nürnberg, München und Weimar), die zur Repräsentation der Macht hergerichtet werden sollten und in denen die Parteipräsenz besonders sichtbar werden sollte. Ihnen galt Hitlers Hauptaugenmerk, denn es ging um „Visualisierung des Führerprinzips" und darum, über die Dimensionen des Stadtumbaus und ihre entsprechenden Proportionen auch die beabsichtigte „Größe" des Regimes zu visualisieren.

Hitlers große Vorbilder waren die Umgestaltungen von Wien und Paris. Haussmann war seiner Meinung nach der größte Städtebauer der Geschichte; dessen Umbauplanungen für Paris galt es bezüglich der Größe noch zu übertreffen (Reinborn 1996, 167), und dementsprechend waren diese sein Maßstab für die baulichen Veränderungen von Berlin.

Die Planungen für die Reichshauptstadt Berlin und die Gauhauptstädte unterstanden Albert Speer als Generalbauinspektor. Die „Große Straße" in Berlin sollte als Nord-Süd-Achse 7 km lang, 120 m breit und damit breiter als das Vorbild der Champs-Elysées in Paris sein. Am Ende der Achse sollte neben dem Reichstag die „Große Halle des Volkes" für 180 000 Menschen errichtet werden; die Planung eines in der Achse stehenden Triumphbogens ist durch eigenhändige Skizzen Hitlers belegt. Insgesamt sollte die Achse 38 km lang sein und über das Stadtzentrum hinausreichen; mit ihrer Fertigstellung wurde 1950 gerechnet. Die Umsetzung dieser gigantischen Vorhaben, die jeglichen Stadtmaßstab sprengten, blieben allerdings kriegsbedingt in den Anfängen stecken. Dennoch hatte das „alte Berlin" bereits im Vorfeld der Maßnahmen unwiderrufliche Verluste zu verzeichnen. Im Gebiet des Spreebogens in Berlin – im Bereich des heutigen Regierungsviertels – wurde schon 1938 die historische, intakte Bausubstanz im Rahmen einer großen Flächensanierung beseitigt, um Platz für die große Halle des Volkes in der neuen Hauptstadt „Germania" (Köhler 1995, 36) zu schaffen. Der vollständigen Realisierung von „Germania" wären 52 000 Wohnungen zum Opfer gefallen (Kähler 2000, 415).

Berlin: Modell der Nord-Süd Achse, Entwurf von 1939 (Bodenschatz u.a. 1995, 199)

„Grundsätzlich wünscht der Führer in allen Gauhauptstädten die Errichtung eines Gauforums, an dem in der Hauptachse die Parteibauten, eine Gauhalle, ein Kundgebungsplatz, ein Glockenturm, aber auch die Behörde des Reichsstatthalters einen Sitz hat. Dieses Gauforum ist im allgemeinen der Mittelpunkt aller städtebaulichen Überlegungen. Neben diesem Gauforum wird fast überall ein neues Theater, ein Hotel, die verschiedensten Verwaltungsbauten des Staates (Polizeipräsidium usw.) und oft eine neue Geschäftsstraße mit Verwaltungsgebäuden der Wirtschaft und Läden für die Zukunft vorgesehen" (Dülffer/Thies/Henke zitiert in Kopetzki 1991, 133): eine Art Citybildungsprogramm „nationalsozialistischer Prägung".

Berlin: Große Halle des Volkes mit Brandenburger Tor im Vordergrund

Geplante Bauten an der Nord-Süd Achse: Überdimensionierung des stadträumlichen und menschlichen Maßstabs (Larson 1978, 151)

An der „großen Achse" in Berlin wurde durch Speer die zwangsweise Ausmietung der Juden angeordnet; nach einer Einquartierung in Übergangsheimen folgte die Deportierung. Auch Zwangarbeiter wurden für die Berliner Bauarbeiten „angefordert". „Zwangsarbeit und Vernichtung gehörten nicht nur für die Berliner Planungen untrennbar zusammen, sondern auch für die anderen Neugestaltungen" (Düwel/Gutschow 2001,114).

Ebenso wie die Planung der „Großen Achse" in Berlin wurde die der „Prachtstraße" in München als Ost-West-Achse vorangetrieben, mit der Hitler Hermann Giesler, den Generalbaurat von München, beauftragte. Zwischen dem alten Hauptbahnhof war eine zentrale Achse vorgesehen, die sich über einen neuen Hauptbahnhof bis nach Laim zog. An der Stelle des alten Bahnhofes war ein „Denkmal der Bewegung" geplant, das doppelt so hoch wie die Frauenkirche sein sollte, und auch die vorgesehene Randbebauung sprengte jeglichen städtischen Maßstab. Doch auch diese Planungen blieben in den Kinderschuhen stecken. Reale Bedeutung erhielten hingegen in München die neuen Parteibauten am Königsplatz.

Dem Bau des einzigen tatsächlich errichteten Gauforums in Weimar im Jahr 1937 mussten 462 Wohnungen weichen (Durth, Nerdinger 1994, 58). Der Aufmarschplatz sollte hier 20 000 Menschen fassen. Weitere tatsächlich errichtete Gebäude zur Repräsentation der Macht sind das Reichsparteitagsgelände in Nürnberg oder auch die Ausbildungszentren für die neuen Parteiführer, die Ordensburgen: Ein Beispiel ist die „Ordensburg Vogelsang" in der Eifel, die ab 1936 erstellt wurde.

Wohnungsbau in der NS-Zeit

Zwischen 1932 und 1938 wurde der überwiegende Teil, d.h. 70 % des Wohnungsneubaus durch private Bauherrn realisiert (Kornemann 2000, 714): Durch die Senkung der Zinssätze von 9 auf 5 % war die Anlage von privatem Kapital im Wohnungsbau wieder attraktiv worden. In dem direkt staatlich geförderten Wohnungsbau wurden die Programme der Weimarer Zeit fortgeführt. Das NS-Regime „maß sich programmatisch an der vorhergehenden Epoche: Es

mussten mehr Wohnungen gebaut werden, sie mussten familienfreundlicher sein (und) aufgelockerter gebaut" (Kähler 2000, 402) sein als die Wohnungen der Weimarer Republik.

Das wohnungspolitische Hauptziel bestand in der Schaffung von persönlichem Eigentum in Eigenheimen und der Sesshaftmachung der Bevölkerung mit der Bindung an Grund und Boden

Der öffentlich geförderte Wohnungsbau der NS-Zeit lässt sich in folgende Phasen einteilen:
• 1933–1935: Fortsetzung des Kleinwohnungsbaus der Weimarer Zeit bzw. der Präsidialkabinette mit Verlagerung der Bautätigkeit auf kleinere und mittlere Gemeinden sowie auf dünn besiedelte Räume
• 1936–1939: Bau von Heimstätten für „Stammarbeiter" der Vierjahresplanbetriebe als gartenstadtähnliche Siedlungen
• 1940–1943: Vorbereitung des „Sozialen Wohnungsbaus" nach dem Krieg sowie Planungen für die Gestaltung des neuen Lebensraumes im Osten
• 1943–1945: Behelfsbauten für Bombenopfer (Kähler 2000, 403; Harlander/Fehl 1986).

Soweit zur programmatischen Zielsetzung. Doch trotz aller Beteuerungen nahm die staatliche Finanzierung des Wohnungsbaus in der Summe gegenüber der der Weimarer Zeit ab. Die öffentlichen Bauleistungen waren in Bezug auf den tatsächlichen Bedarf gering, denn das Hauptaugenmerk lag auf der Aufrüstung und dem Westwallbau (Kähler 2000, 404).

So flossen die meisten Gelder gemäß dem vorrangigen wohnungspolitischen Ziel in den „Heimstätten-" und den „Kleinsiedlungsbau"; 90 % aller geförderten Neubauten zwischen 1933 und 1935 waren z.B. zweigeschossige Kleinbauten (Harlander 1995, 85). Die Großstadtfeindlichkeit und die Orientierung an kleineren und somit auch besser zu kontrollierenden Siedlungseinheiten lag auch der Idee zur Fortsetzung der Siedlerbewegung aus der Weimarer Zeit zugrunde. Allerdings sollte nun die Ortsgruppe der Partei als

Siedlungszelle fungieren. Auch die Bautypologie der Heimstätte wurde im Wesentlichen aus der Weimarer Zeit übernommen – mit nur zwei konzeptionellen Änderungen: Zum einen setzte sich die Kochküche gegenüber der Wohnküche durch und zum anderen wurden die Parzellen auf 400 bis 500 qm verkleinert, da die Selbstversorgung bei den „vollbeschäftigten" Arbeitern nachrangig war (Hafner 2000, 591).

Die Siedler des DAF-Siedlerprogramms sollten nach Berufen gemischt werden und die Siedlergemeinschaften dem Aufbau der Volksgemeinschaft entsprechen. Die Siedlerstellen erfüllten nicht nur den Zweck der Wohnraumbeschaffung; man wollte gleichzeitig die Siedler an den NS-Staat binden und durch die Eigenheimpolitik „Nachwuchszahlen" sicherstellen. Die Förderbestimmungen für den Siedlungsbau von 1936 forderten daher eine strenge Auswahl der Siedler: In Frage kamen nur „erbgesunde, rassisch hoch stehende, politisch einwandfreie, tüchtige und möglichst junge Bewerber aus allen Bevölkerungskreisen" (Hafner 2000, 589). Erst nach dreijähriger Probezeit sollten die Siedlerstellen in das Eigentum oder in Erbpacht an die Siedler übergehen (Kornemann 2000, 664). Bevorzugt wurden zudem die Vollbeschäftigten und die Industriearbeiter; ebenso öffnete sich das Kleinsiedlungswesen stärker für den Mittelstand sowie auch für Angestellte und Beamte (Hafner 2000, 586).

In den ersten Jahren nach der Machtergreifung Hitlers wurden so genannte „Mustersiedlungen" erstellt, die vor allem der Parteipropaganda dienten. Die Siedlung Ramersdorf in München (1933) ist ein solches Beispiel: Sie wurde von dem NSDAP-Mitglied Guido Harber vom Münchener Wohnungsbaureferat initiiert und als NS-Mustersiedlung mit Kleinhäusern realisiert. Die errichteten Vorzeigeeigenheime entsprachen allerdings nicht der tatsächlichen NS-Ideologie: Sie waren in der Regel doppelt so teuer wie vergleichbare Kleinsiedlungen, und als einziges Gemeinschaftshaus war lediglich die Kirche errichtet worden (Harlander 1995, 78ff). Die offiziellen Vorgaben für eine Reichs-

Die Neubauproduktion von Wohnungen in der Weimarer Republik betrug etwa 300 000 im Jahr; bis 1935 sank sie auf Zweidrittel dieser Neubauleistung ab. Der Anteil „der mit öffentlicher Unterstützung neu gebauten Wohnungen, der am Ende der Weimarer Zeit bei fast 80 % gelegen hatte, ging im Durchschnitt der Jahre 1933 bis 1935 auf unter 39 % zurück" (Harlander 1995, 83).

Seßhaftmachung (Harlander 1995, 72)

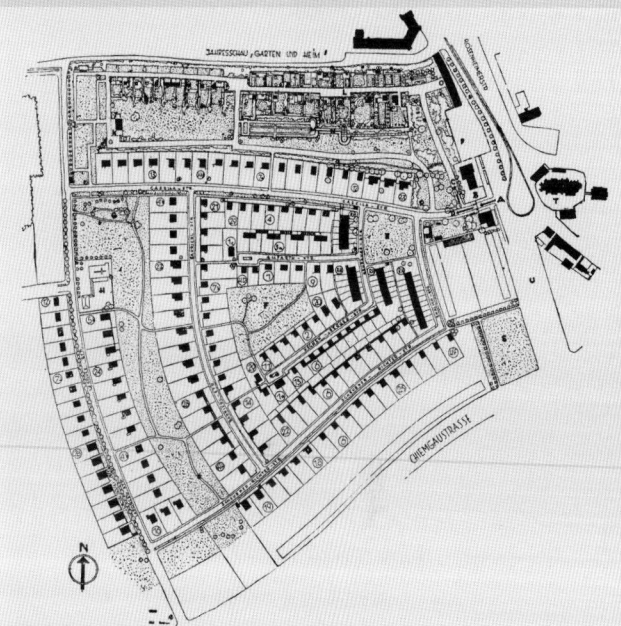

Lageplan Siedlung Ramersdorf in München (Kähler 2000, 423)

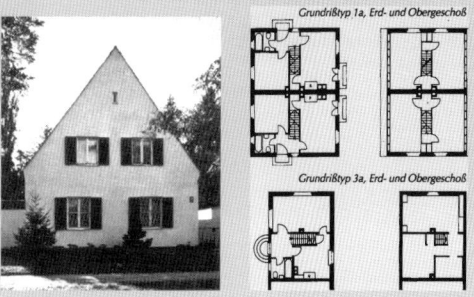

Ramersdorf: Ansicht und Grundrisstypen (München und seine Bauten 1984, 280)

Ordensburg Vogelsang (Zustand 2007): „NS-Kaderschmiede", Turm und Gemeinschaftsräume (oben) und Kameradschaftshäuser (unten)

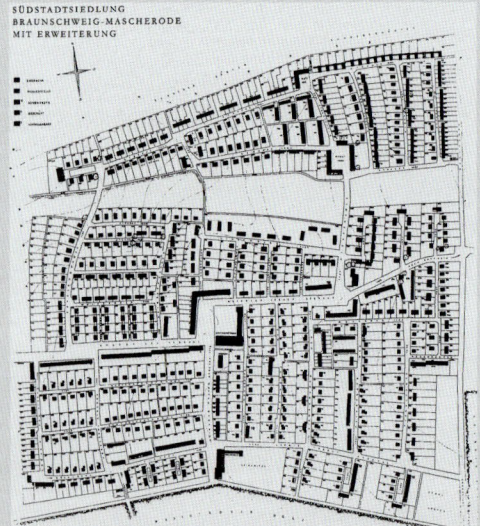

Siedlung Mascherode in Braunschweig:
oben: Lageplan (Durth/Nerdinger 1997, 15)
rechts: Gemeinschaftshaus (Harlander 2001, 273)

Mascherode Fachwerkhaus (Kähler 2000, 426)

kleinsiedlung (z.B. minimale Grundrisse, Gartenland zur Selbstversorgung) waren in Ramersdorf also nicht gegeben. Gebaut wurden tatsächlich 192 Häuser, die auf der Grundlage von 17 Entwürfen eines Wettbewerbs geplant worden waren, drei Viertel davon als frei stehende Einfamilienhäuser mit Grundrissgrößen zwischen 56 und 129 qm. Die Siedlung entstand nach gartenstadtähnlichem Vorbild mit den dem Heimatstil verpflichteten Giebeldächern, einem großen, grünen Anger und weiteren Grünflächen sowie leicht gekrümmten Straßen mit einheitlichem Gestaltungsbild. Die klaren Bauformen, die sich gut von der uniformen Gestaltung der Reichskleinsiedlungen abhoben, bestimmen bis heute die hohe städtebauliche Qualität der Siedlung.

Eine weitere Mustersiedlung, die weitaus mehr der Parteiideologie nahekam, entstand in Braunschweig-Mascherode ab 1936. Hier wurden bei insgesamt 540 Wohnhäusern verschiedene Haustypen verwirklicht und eine Mischung unterschiedlicher Einkommensklassen vorgesehen. Anders als in Ramersdorf besaß die Siedlung ein Zentrum, das aus Feierhaus, Verwaltung, Parteidienststelle, Jugendheim, Aufmarschplatz, Läden und Gasthof bestand. Während der Wohnungsbau weitgehend typisiert wurde, erhielt vor allem der „Markt" eine der „Fachwerkästhetik" entsprechende Gestaltung.

Mit Beginn des Krieges wurde der Wohnungsbau und der gerade angelaufene Heimstättenbau für die Mitglieder der Wehrmacht und die Stammarbeiter zurückgefahren; bereits zu Kriegsbeginn 1939 erfolgte ein Bauverbot für alle nicht kriegsbedingten Bauten. Die Bauproduktion insgesamt – insbesondere nach Kriegseintritt – war nur durch den massiven Einsatz von Zwangsarbeitern und Kriegsgefangenen, die mehr und mehr die an der Front kämpfenden Bauarbeiter ersetzten, überhaupt noch möglich und sind ein weiterer Beweis der menschenverachtenden Vorgehensweise des NS-Regimes.
Von Kriegsbeginn an bis Mitte 1943 wurden so nur

noch ca. 400 000 „kriegswichtige Wohnungen" errichtet (Fehl/ Harlander 1984) – unter der Prämisse, dass man nach dem Ende des Krieges den Wohnungsbau wieder aufnehmen würde. So sollte mit dem „Führererlass für den sozialen Wohnungsbau nach dem Krieg" von 1940 der Wohnungsbau nach dem erwarteten Endsieg vorbereitet werden. Für die ersten zehn Jahre nach dem Krieg rechnete man ab 1941 mit einem Bedarf von jährlich 600 000 Wohnungen, also mit mehr als doppelt so viel Neubauten im Vergleich zur Vorkriegsjahresproduktion. Diese Zahl war mit traditioneller Bauweise nicht mehr zu bewerkstelligen, dazu reichten Arbeitskräfte und Finanzmittel nicht aus. Nur in der industriellen Fertigung, der weit reichenden Rationalisierung und Normierung der Bauproduktion sah man hierzu eine Chance (Fehl/ Harlander 1984). 80 % der Neubauten sollten als Vierraumwohnungen errichtet werden, etwa die Hälfte davon als Geschosswohnungen. Geschosswohnungsbau, Einfamilienhäuser und Kleinsiedlerstellen wurden nunmehr als gleichwertige Wohnformen angesehen (Hafner 2000, 592).

Ab 1941 arbeitete man vermehrt an Entwürfen von Wohnungstypen, die die Basis für die Aufgabenbewältigung der Nachkriegszeit bilden sollten, und entwickelte z.B. das „Siedlerhaus S 1" bzw. sechs Reichstypen für den Wohnungsbau (dreigeschossige Wohnungshäuser, 69–79 qm, Zielgruppe „Normalfamilie"). Für die Erprobung dieser Reichstypen wurden Versuchsbauten erstellt.

Die Normierung bei den Reichstypen reichte vom Installationskern bis hin zur Möblierung. Hierzu mussten moderne, der Rüstungsindustrie entlehnte Produktionsmethoden eingesetzt werden und mechanisierte Abläufe an den Baustellen erfolgen. Ein Beispiel für diese Rationalisierung des Bauablaufes war die von Ernst Neufert (1900–1986) entwickelte Hausbaumaschine aus dem Jahr 1943.

Hausbaumaschine (Jonas 1990, 136)

Ernst Neufert wurde ab 1938 Normenbeauftragter und veröffentlichte seine „Bauentwurfslehre". 1943 stellte Neufert dort „eine `Hausbaumaschine` zur industriellen Massenproduktion von Wohnungen vor: hier entstanden Miethäuser „vom Strang" entlang einer Produktionsstraße. In einer beheizten Produktionsanlage konnte komplett ein Haus gebaut werden" (Fehl/Harlander 1984).

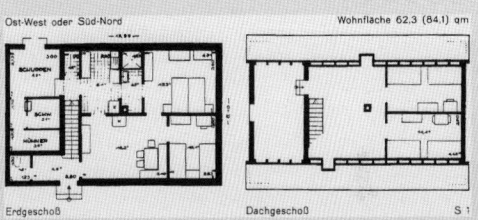

Siedlerhaus S1: Einzelhaus mit Dreiraumwohnung und ausbaufähigem Dachgeschoss um 1941 (Hafner 2000, 594)

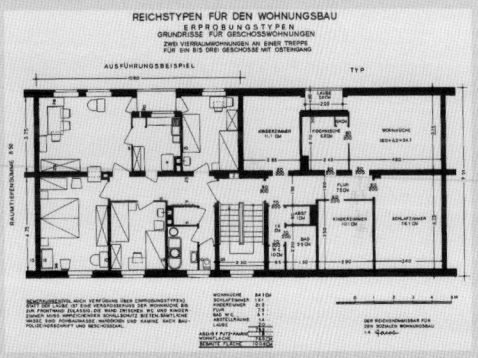

Reichstypen für den Wohnungsbau: Zwei der sechs Erprobungstypen - Vierraumwohnungen (Harlander/Fehl 1986, oben 205 und links 206)

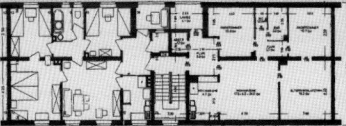

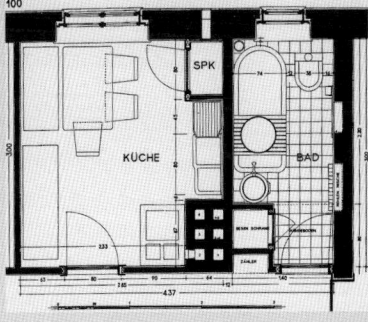

Reichsbauformen: Installationszelle (Harlander/Fehl 1986, 119)

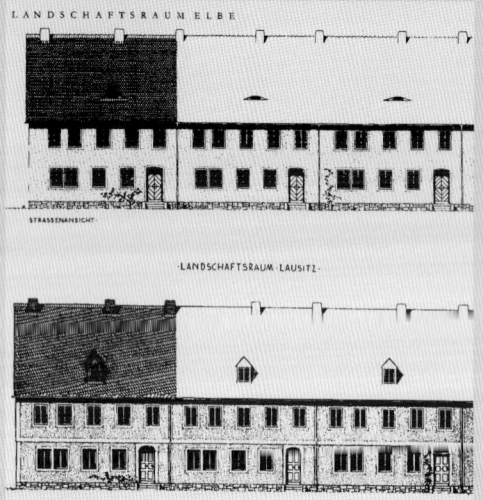

Landschaftsnorm: Gestaltungsrichtlinien für den Raum „Elbe" und „Lausitz" (Differenzierung z.B. nach Gauben-form, Ortgangausbildung, Material der Dacheindeckung oder Art der Sockelausbildung) (Harlander/Fehl 1986, 38)

Genormte Siedlung und applizierte Landschaftsform (Durth 1994, 16)

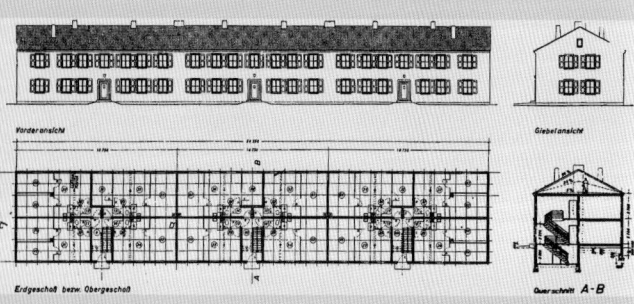

Kriegseinheitstyp von Ernst Neufert (Harlander/Fehl 1986, 313)

Angesichts der zu erwartenden Aufgaben eines großen Wohnungsbauprogramms der Nachkriegszeit musste ein bautechnischer Aspekt der nationalsozialistischen Ideologie aufgegeben werden, nämlich derjenige, der das handwerkliche Bauen und die Verwurzelung der traditionellen heimischen und regionalen Baustoffe und Bauweisen in den Vordergrund stellte. Die Orientierung an der regionalen Bauweise wurde lediglich noch bei der Einführung der „Landschaftsnorm" berücksichtigt, d.h. regionale Stile und Baustoffe wurden in so genannte Baufibeln aufgenommen und bei den einzelnen Elementen des typisierten Bauens mit eingesetzt. Robert Ley, seit 1942 auch Reichswohnungskommissar, verhalf der Rationalisierung bei den internen Auseinandersetzungen zum Durchbruch (Harlander 1995, 206ff). Nach den Untersuchungen von Harlander und Fehl (1986) vollzog sich in dieser Zeit auch wohnungspolitisch eine Wende: Der öffentlich geförderte Wohnungsbau orientierte sich nicht mehr nur an der Arbeiterschaft, sondern an den Bedürfnissen der „breiten Masse" der Bevölkerung. Die Weichen für den sozialen Wohnungsbau der Nachkriegszeit waren gestellt.

Nach der Niederlage vor Stalingrad 1942/43 und der zunehmenden Zerstörung der deutschen Städte durch die Luftangriffe der Alliierten änderte sich die Politik: Alle Gelder für die Erprobungsbauten wurden von Albert Speer, der seit 1942 auch Rüstungsminister war, gestoppt und die knappen Finanzmittel für den Bau von Behelfsbauten und Bauten für Bombenopfer eingesetzt.
Auch bei diesen neuen Bauaufgaben setzte sich die Normierungsidee durch: Ernst Neufert entwickelte den „Kriegseinheitstyp" als 16-Familien-Haus für Bombengeschädigte. Die ca. 25 000 errichteten Einheiten wurden als Holz- oder Putzbauten mit Einzelteilen aus gefertigten Montagebauteilen hergestellt. Die als Vierspännertypen konzipierten Wohnungen waren auf einem Raster von 1,25 m aufgebaut, die Wohnungsgrößen radikal verkleinert.

Für den Behelfswohnungsbau wurden weitere Reichseinheitstypen entwickelt wie z.B. der „Reichseinheitstyp Nr. 125" (als Sondertyp für die industrielle Vorfertigung) und der „Reicheinheitstyp (RET) 001" von Hans Spiegel.

Von der 22 qm großen Wohnlaube und Behelfsheim für Selbstbauer des Typs 001 sollten bis Ende 1944 ca. 300 000 gebaut werden (Fehl/ Harlander 1984). Die Bauteile waren normiert und sollten mit unterschiedlichen, allen nur erdenklichen verwendbaren Materialien errichtet werden. Insbesondere diese Behelfsbauten und die Kriegseinheitstypen verhalfen den so genannten „Rationalisierern" im Wohnungsbau unter der Zwangslage der Kriegswirtschaft, der Materialknappheit und den knappen Arbeitskräften zum endgültigen Durchbruch. Die zentralistische Machtorganisation des NS-Staates ermöglichte es dann, die Normierung des Bauens durch effektive Mittel – wie die 1942 eingeführten DIN-Normen – rasch durchzusetzen; diese erwiesen sich als wichtige Voraussetzung für die nach Kriegsende anschließende Wiederaufbauphase.

1943 ließ sich Speer von Hitler durch Erlass mit der „Vorbereitung des Wiederaufbaus zerstörter Städte" (Durth/ Nerdinger 1997, 34) beauftragen und bildete mit bekannten Architekten und Stadtplanern einen „Wiederaufbaustab".

Die hier reifenden Konzepte für den Wiederaufbau durch die „mechanische Auflockerung" (Durth/ Nerdinger 1997, 34) der Städte nach dem Bombenkrieg setzten die Konzepte der Stadtlandschaft mit überschaubaren Siedlungszellen fort, die ja der Gliederung der NSDAP nach Ortsgruppen entsprach. Die meisten Architekten des Wiederaufbaustabs blieben nach Kriegsende in maßgeblichen Positionen und konnten somit ihre Vorstellungen weiterentwickeln.

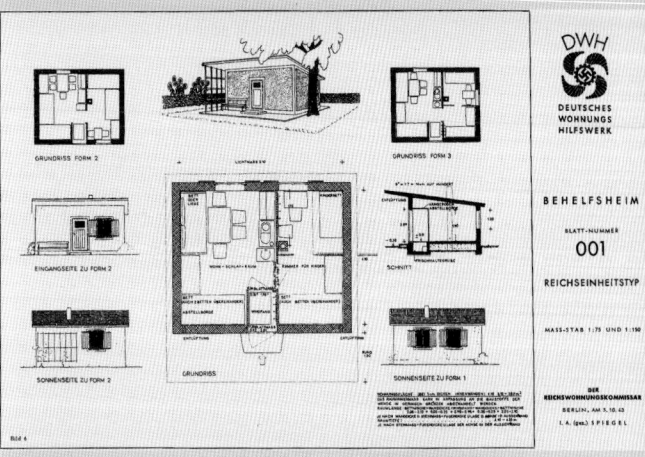

Behelfsheim Reichseinheitstyp 001 von Hans Spiegel (Harlander/Fehl 1986, 330)

Industrielle Herstellung Reichseinheitstyp 125 mit Zwangsarbeitern (Harlander/Fehl 1986, 75)

1 Reinhold Niemeyer
2 Willi Schelkes
3 Konstanty Gutschow
4 Friedrich Tamms
9 Julius Schulte-Frohlinde
10 Rudolf Wolters
11 Karl M. Hettlage
12 Hanns Dustmann
13 Karl Berlitz

Arbeitsstab Wiederaufbauplanung (1944) (Durth/Gutschow 1988, Bd. 1, 7)

215

16. Städtebau und Wohnungsbau der Nachkriegszeit (1945–1960)

Der Nationalsozialismus hinterließ 1945 ein zerstörtes Land und eine zerrüttete Gesellschaft. Die unmittelbare Nachkriegszeit stand ganz unter dem Zeichen der Überlebenssicherung und der Reorganisation der gesellschaftlichen Strukturen. Der Mangel an Lebensmitteln, Kleidung und insbesondere an Wohnraum beherrschte den Alltag. Die Grundversorgung der Bevölkerung wurde in den vier Zonen der Alliierten nur mühsam durch ein streng regulierendes Lebensmittelkarten- und Bezugsscheinsystem aufrecht erhalten.

Die Währungsreform 1948, die Gründung der Bundesrepublik Deutschland 1949 und die Ankurbelung der westdeutschen Wirtschaft mit Hilfe des Marshallplans standen am Ausgangspunkt der in den 1950er Jahren nun rasant einsetzenden wirtschaftlichen Entwicklung, des so genannten „Wirtschaftswunders". Die starke Expansion der industriellen Produktion und die bald florierende Exportwirtschaft (z.B. auch der Autoindustrie) sowie der große, durch die Kriegszerstörungen bedingte Nachholbedarf an Konsumgütern führten rasch zu hohen Unternehmergewinnen, zu Zugeständnissen bei Lohnforderungen und zu Arbeitszeitverkürzungen. Ein großer Bedarf an Arbeitskräften entstand: Ab Mitte der 1950er Jahre wurden die ersten „Gastarbeiter" angeworben.

Im Zuge des Wiederaufbaus konnte sich die fordistische Produktion mit Zentralisierung, Arbeitsteilung und Rationalisierung vollends durchsetzen: Die fordistisch organisierte Industrieproduktion wurde Motor und Ausgangspunkt des Wiederaufbaus. Politische Ziele waren Vollbeschäftigung und Vermeidung von Arbeitslosigkeit, „soziale Marktwirtschaft", kontinuierlich steigende Wachstumsraten und eine „nivellierte" Mittelstandsgesellschaft. Ökonomisch ging es im Westen Deutschlands schnell aufwärts, und nicht umsonst gewann 1957 die CDU im Westen die Wahlen mit der Parole „Keine Experimente".

Das Hauptaugenmerk galt in dieser Zeit der Instandsetzung von Wohnraum und dem Wohnungsneubau.

Von den circa 16 Millionen vorhandenen Wohnungen in den vier Besatzungszonen waren im Sommer 1945 etwa 2,5 Millionen Wohnungen total zerstört und 4 Millionen unterschiedlich stark beschädigt. In den Großstädten waren durchschnittlich ein Drittel aller Wohnungen vollkommen zerstört (Durth 1999, 20); in einigen Städten war die Zerstörung noch größer und lag zwischen 50 % und 90 % (z.B. Berlin 50 %, Köln 70 %, Hannover 65 %). Die Menschen, die ausgebombt worden waren und die Flüchtlinge lebten in halbzerstörten Gebäuden und in Notunterkünften, den so genannten Nissenhütten. Die Wohnungsnot war dementsprechend groß: 1950 wurde für das Gebiet der Bundesrepublik (ohne Berlin und Saarland) ein Fehlbestand von 4,8 Millionen Wohnungen geschätzt. 1956 lebten noch 2,5-3 Millionen Menschen in Notunterunterkünften, Bunkern oder Lagern (Harlander 1999, 238).

Zur Sicherung des Wohnungsbedarfs waren – wie nach dem Ersten Weltkrieg – reglementierende staatliche Eingriffe erforderlich. Als Erstes führten die Alliierten 1946 über das Kontrollratsgesetz eine Wohnungszwangswirtschaft ein, die es ermöglichte, Kriegsheimkehrende, Ausgebombte und Flüchtlinge in bestehende Wohnungen einzuweisen. Diese staatliche Reglementierung hielt sich lange: Noch im Wohnraumbewirtschaftungsgesetz von 1953 wurde die Verteilung von Wohnraum geregelt und den Behörden ein Zuweisungsrecht eingeräumt (Beyme 1999, 92). Ergänzt wurde diese Maßnahme durch ein Wohnraumbeschaffungsprogramm, das die Herstellung von Notbehelfen wie Lauben oder Dachausbauten förderte.

Um die Wohnungsnot zu lindern bzw. die Spekulation mit hohen Mietpreisen zu verhindern, wurde von den Alliierten der Mietpreisstopp von 1936 verlängert; dieser galt bis zum Wohnungsmietengesetz von 1955. Für den Altbaubestand wurde die Mietpreisbindung erst 1960 aufgegeben. In Städten mit hohem Wohnungsbedarf bestand die Preisbindung sogar weiter fort und wurde z.B. in Hamburg oder München erst

Karte der Kriegszerstörung an Wohnraum (Durth/Gutschow 1988, Bd.1, 143)

„Von Düren bis Dresden, von Lübeck bis Freudenstadt waren die gebauten Zeugnisse stolzer Stadtkulturen in düsteren Trümmerlandschaften versunken. Den meisten der Überlebenden, die in Kellern und Baracken, in Kasernen und Kasematten notdürftig Obdach fanden, war ein Wiederaufbau zunächst undenkbar: Angesichts einer noch lang anhaltenden Armut rigoroser Demontage industrieller Produktionsanlagen sollten Trümmerbepflanzungen und Siedlergärten helfen, die notwendigsten Lebensgrundlagen zu sichern" (Durth 1995).

links:
(Durth/Gutschow 1998, 25)
unten:
Mainz: Kriegszerstörung in der Altstadt (Durth/Gutschow 1988, Bd.2, 882)

Nissenhütten in Berlin Spandau (Berlin und seine Bauten 1970, 202)

Nissenhütten in Hamburg (Durth/Gutschow 1988, Bd.1, 23)

Familienfeier in Nissen-hütte

Familie vor Nissenhütte in Wanne-Eickel

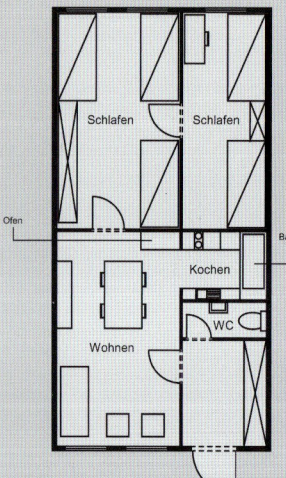

Schemagrundriss Nissen-hütte in Wanne-Eickel: In dieser Unterkunft in Nach-barschaft zur Zechenanla-ge lebten die Familien von 1947 – 1954. Auf dem Ge-lände waren weitere 13 Hütten angeordnet.

1975 aufgehoben. Auch ein staatlicher Bodenpreis-stopp wirkte lange Zeit dämpfend auf die Preisent-wicklung.

Städtebauliche Konzepte des Wiederaufbaus

Die „Stunde Null" bei Kriegsende war – wie in vielerlei Hinsicht – auch im Städte- und Wohnungsbau kein radikaler Neubeginn, sondern man knüpfte nahtlos an die in der NS-Zeit begonnenen Vorbereitungsar-beiten zum Wiederaufbau an. In den Städten wurden so schon bald Wiederaufbaukonzepte diskutiert, um nach einer zügigen Trümmerbeseitigung planerische Grundlagen für den Wiederaufbau an der Hand zu haben. Über die Art und Weise des Wiederaufbaus bzw. eines Neubeginns entflammten in dieser Zeit allerdings heftige Debatten.

Von Anfang an bestimmte eine Kontroverse die Auf-bauplanung: Sollte der Neubeginn auf der alten Stadtstruktur erfolgen oder sollte ihre radikale Verän-derung entsprechend den Leitideen des funktionalen Städtebaus durchgesetzt werden?
Die Vertreter der „Moderne", die Rationalisierer und Erneuerer, sahen – begünstigt durch den großen Zerstörungsgrad – endlich die Chance, auch die über-kommenen Stadtstrukturen zu beseitigen und z.B. den aufgelockerten Zeilenbau, entdichtete Baublöcke und breite Verkehrsstraßen durchzusetzen.
Die Vertreter eines restaurativen Wiederausbaus, die Traditionalisten und Bewahrer, wollten den bestehen-den Stadtgrundriss erhalten. Sie betonten die baukul-turellen Werte und die Identitätsstiftung, die von den Gebäude- und Stadtstrukturen ausging. Die emotionale Beziehung zu historischen Stadtbildern war stark, und in der Bürgerschaft wurde heftig über deren Wiederherstellung diskutiert: Die Menschen, die nach dem Krieg ein gesellschaftliches und privates Trümmerfeld zu beseitigen hatten, klammerten sich an die alten Stadtbilder und an die vertrauten histo-rischen Gebäude und Plätze.

Diese Orientierung an der Vergangenheit wurde auch beim Wiederaufbau von Einzelgebäuden deutlich: So baute man in Frankfurt das vollkommen zerstörte Goethehaus originalgetreu wieder auf. Es waren identitätsstiftende Bauten wie dieses, die einer Gesellschaft, die alles verloren hatte, wieder Halt und Sicherheit geben sollte.

Die Ideen für einen radikalen Neuanfang hingegen fußten auf Überlegungen, die bereits bei den Wiederaufbauplanungen der NS-Zeit entwickelt worden waren: die Idee der Stadtlandschaft und die der aufgelockerten Bauweise. Die Forderung nach Auflockerung der Stadt wurde auch als eine Notwendigkeit des Luftschutzes vor dem Hindergrund der durch Bombenangriffe und Feuersbrünste zerstörten dichten Altstädte aufgestellt (Harlander 1999, 243).

Das seit den 1920er Jahren favorisierte Konzept einer radikalen Modernisierung der Stadtstruktur war bereits unter den Bedingungen der Kriegswirtschaft im NS-Staat weiterentwickelt und umgewandelt worden. Daraus wurde nun ein Konzept, das die Zerstörung als Chance begreift und die dichte Großstadt in eine offene Stadtlandschaft umformt. Bereits ab 1940 bereitete man diese Umformung programmatisch vor, so dass sie sich nun nach dem Krieg rasch hätte durchsetzen lassen (Durth 1999, 26).

Die Aufgabenstellungen für den Wiederaufbau hatte 1943 der Wiederaufbaustab unter der Leitung von Speer klar formuliert, und so lagen konkret ausgearbeitete Konzepte für die Steigerung der Wohnungsbauproduktion durch Rationalisierung, Wiederaufbauplanungen (z.B. für Hannover) sowie Richtwerte und Leitlinien vor (Durth/Gutschow 1988, Bd. 2).

Das tragende städtebauliche Leitbild im Westen Deutschlands wurde die Stadtlandschaft mit ihrer Einteilung in überschaubare Nachbarschaften. Die Übertragung der nationalsozialistischen „Siedlerzellen" in diese neue Form der Nachbarschaften war

Wiederaufgebautes Goethehaus in Frankfurt a.M.

Radikaler Neuanfang: Wiederaufbauplanungen für Saarbrücken und Saarlouis (Durth/Gutschow 1988, Bd.1, 131)

Organische Stadtlandschaft Posen, Entwurf von Hans Bernhard Reichow (Reichow 1948, 61)

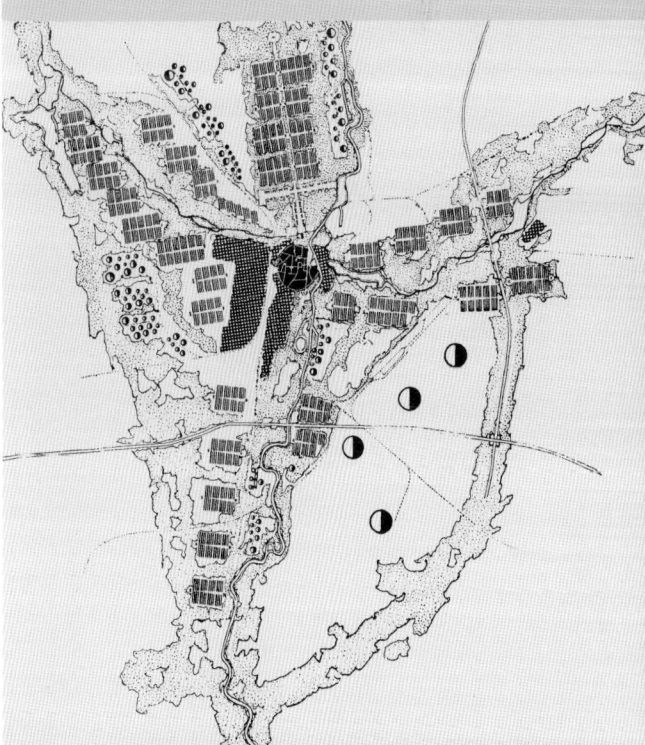

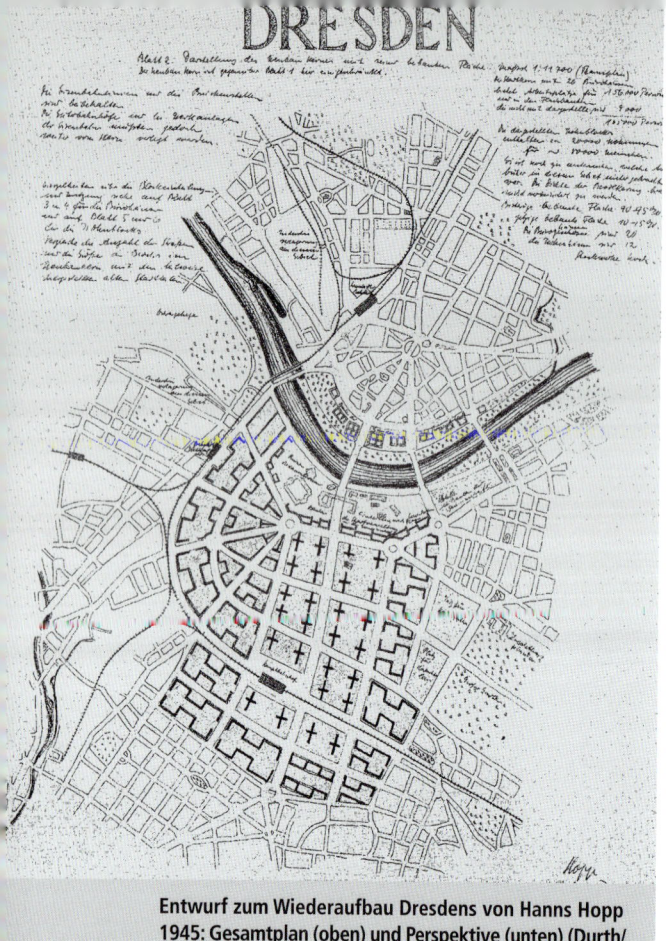

DRESDEN

**Entwurf zum Wiederaufbau Dresdens von Hanns Hopp
1945: Gesamtplan (oben) und Perspektive (unten) (Durth/
Düwel/Gutschow 1999, 212 und 213)**

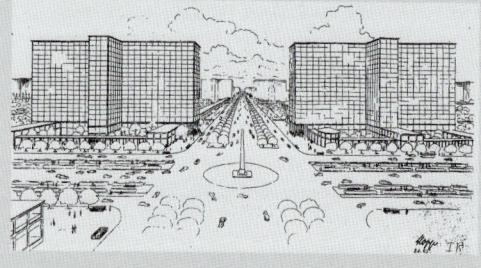

Es wurde zum Teil überlegt, die Trümmerstädte der Natur
zu übergeben und die Städte an neuer Stelle wiederauf-
zubauen (z.B. in Dresden, Hannover oder München).

Berlin: Kollektivplan 1946 (Neue Städte aus Ruinen 1992, 63)

nicht zu übersehen und nicht verwunderlich auf dem
Hintergrund personeller und inhaltlicher Kontinuität
planerischen Gedankenguts aus der NS-Zeit.
„Kein Zweifel, die fünfziger Jahre, auch gerne als Zeit
der 'starken Stadtbauräte' bezeichnet, waren in nicht
zu unterschätzendem Umfang durch eine Generation
eng vernetzter Fachleute geprägt, die einen wesentlichen Teil ihrer beruflichen Erfahrung zwischen 1933
und 1945 gesammelt hatten" (Harlander 1999, 242).

Die radikale Ablehnung der gründerzeitlichen Stadt
mit ihren dichten Baublockstrukturen, ihren überfüllten
Mietskasernen und unhygienischen Wohnverhältnissen
stellte die Basis der Planungsüberlegungen dar.
„Die Zerstörung als Chance zu begreifen und die
'mechanische Auflockerung' durch Luftangriffe nun
mit zivilen Mitteln fortzusetzen, in der Absicht, die
industrielle Großstadt mit ihren Mietskasernen, Hin-
terhöfen und Korridorstraßen in eine weiträumige
offene Stadtlandschaft umzuformen – in diesem Ziel
waren sich nach dem Ende des Krieges indessen nicht
nur die meisten Architekten und Planer in Deutschland
einig, sondern auch viele ihrer Kollegen in den zerstörten Städten des europäischen Auslands" (Durth,
zitiert in Fehl/Harlander 1995, 103).

Als bedeutendes Beispiel für die radikalen Visionen
eines städtebaulichen Neuanfangs gilt der Entwurf
für den Neuaufbau Berlins. Er wurde bereits 1946 von
einem Planungskollektiv unter Leitung von Hans
Scharoun erstellt, einem wichtigen Vertreter des neuen
Bauens der 1920er Jahre. „Was blieb, nachdem Bom-
benangriff und Endkampf eine mechanische Auflockerung vollzogen, gibt uns die Möglichkeit, eine
Stadtlandschaft zu gestalten", in der „aus Niedrigem
und Hohem, Engem und Weitem eine neue lebendige
Ordnung wird" (Durth zitiert in Fehl/ Harlander 1995,
103).
Mit diesen Worten erläuterte 1946 Hans Scharoun
die Planung. Der so genannte Kollektivplan sah eine
weiträumige, aufgelockerte Siedlungsstruktur vor, die
entlang einer neu geschaffenen Flusslandschaft im

Urstromtal der Spree nachbarschaftlich überschaubare „Wohnzellen" mit Arbeitsplätzen in Industrie- und Gewerbebereichen verband. Nach diesem Plan sollte die Stadt eine Neuordnung erhalten, die sich über alle Eigentumsgrenzen und baulichen Rahmenbedingungen hinwegsetzte. Darüber hinaus war für Berlin Mitte eine Parklandschaft geplant, die die Reste der historischen Bebauung als Ruinen integrieren sollte (Durth 1999, 44).

Zur Umsetzung dieser Ideen kam es allerdings nicht: Der „Kollektivplan" und weitere Aufbauplanungen gerieten nach der endgültigen Teilung Berlins zwischen die Fronten des Kalten Krieges und wurden nicht weiterverfolgt.

In der französischen Besatzungszone richtete das Militär eigene Planungsbehörden ein, die im Sinne der Planungsvorstellungen von Le Corbusier die Städte radikal neu ordnen wollten und entsprechende Planungen (z.B. für Mainz, Saarbrücken und Saarlouis) vorlegten.

Der Wiederaufbau von Mainz sollte auf der Grundlage des Idealplanes des französischen Architekten Marcel Lods erfolgen. Dieser sah vor, die alte Stadt Mainz mit einem großen Park zu überdecken und die neue Stadt als „Vertikale Gartenstadt" mit Scheibenhochhäusern (Durth 1999, 48) auf dem Standort der gründerzeitlichen Neustadt entstehen zu lassen. Das Projekt wurde detailliert ausgearbeitet, bis hin zu Wohnungsskizzen. In Anlehnung an die Charta von Athen wurden die Vorteile der neuen Stadt den Nachteilen der alten Strukturen in Schemaskizzen gegenübergestellt.

Doch der Widerstand der Bevölkerung war groß und der Mainzer Oberbürgermeister forderte Paul Schmitthenner, einen Vertreter des eher restaurativen Wiederaufbaus, zu einem Gegenentwurf auf. Noch 1956 lag die Altstadt von Mainz darnieder (Durth/Gutschow 1988, Bd.2, 919), da keine endgültigen Entscheidungen getroffen wurden.

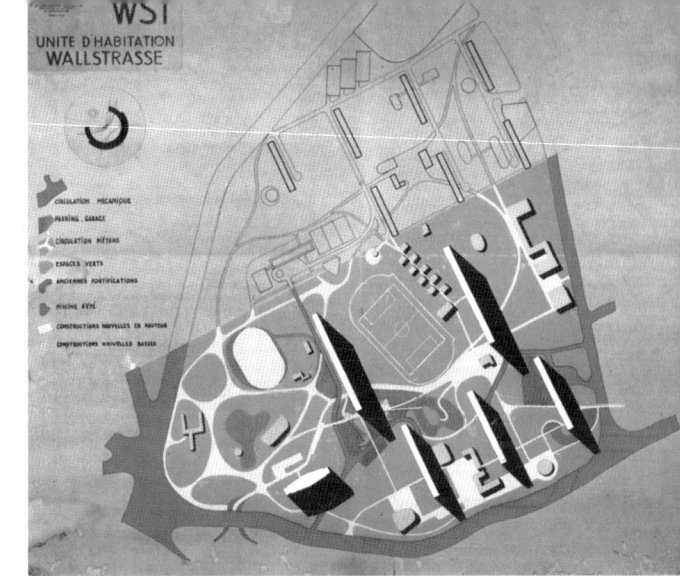

Wiederaufbauplanung für Mainz 1947 (Durth/Gutschow 1988, Bd.1, Tafel XXX)

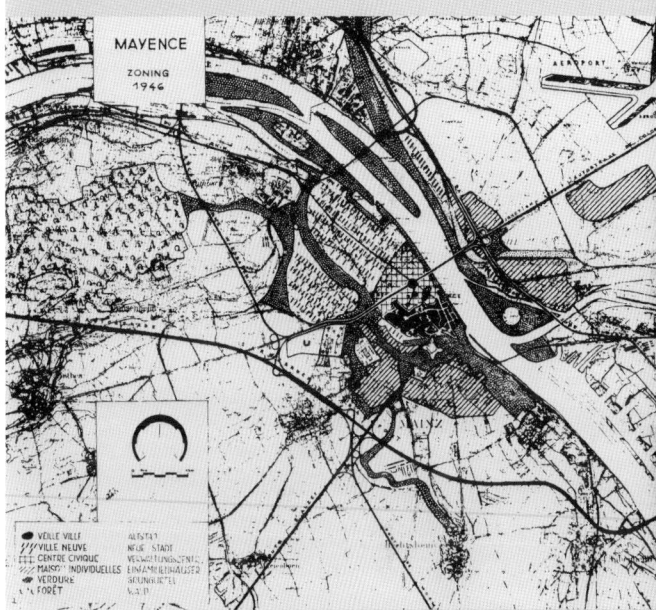

Wiederaufbauplanung für Mainz: Die Altstadt ist im Plan schwarz markiert; die neue Stadt befindet sich oberhalb der Altstadt mit dazwischen liegendem Verwaltungsbezirk (Durth/Gutschow 1988, Bd.2, 886)

Skizzen von Lods zur Veranschaulichung der Planungsvorteile der Neuplanung von Mainz (Reinborn 1996, 138)

Die Luftaufnahmen von Heilbronn von 1930 und 1957 zeigen die grundlegend neue Stadt- und Baustruktur. Lediglich einige wichtige Verkehrsstraßen und der Altstadtring sowie historische Gebäude blieben beim Neuaufbau erhalten (Neue Städte aus Ruinen 1992, 16 und 17).

Umgebung der Kreuzkirche in Hannover vor der Zerstörung (links) und nach der Neuordnung (rechts) (Durth/Gutschow 1988, Bd. 2, 757)

Hannover nach der Zerstörung (oben) und die Wiederaufbauplanung (unten) (Durth/Gutschow 1988, Bd. 2, 757 und 751)

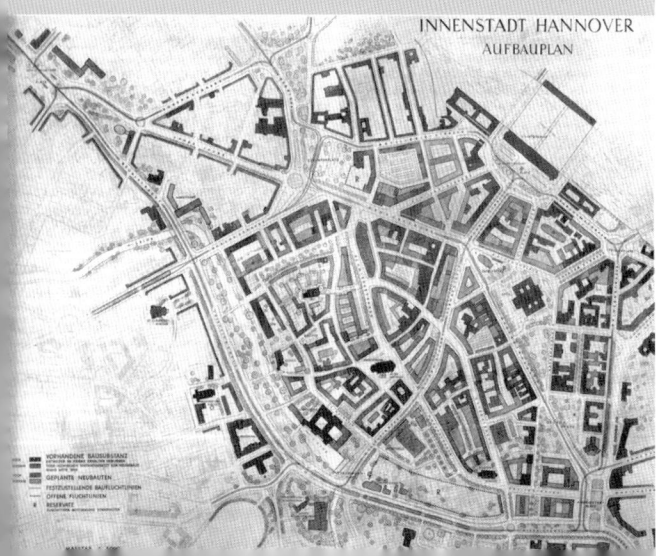

In Dresden stellte Hanns Hopp schon 1945 einen Stadtentwurf ganz im Stil des Entwurfes der „Stadt der Gegenwart" (siehe Kapitel 14) von Le Corbusier vor: eine Stadtlandschaft mit einer durchgrünten Stadtmitte.

Im Gegensatz zu Mainz standen die Bürger hier nach den Erfahrungen der schrecklichen Bombenangriffe neuen, aufgelockerten Stadtstrukturen offen gegenüber (Düwel/Gutschow 2001, 157). So wurden bis 1950 die Trümmer beseitigt und dabei auch die Ruinen historischer Gebäude abgerissen. Im Sommer 1950 schrieb man dann einen letzten „gesamtdeutschen" Wettbewerb aus, dessen Entwürfe fließende Räume und eine offene Stadtlandschaft vorsahen – bevor sich in der DDR mit den neuen Grundsätzen des Städtebaus eine Wende vollzog (siehe später).

Doch die Ideen des radikaleren Neuanfangs blieben nicht nur Konzept, sondern fanden reale Anwendung z.B. beim Wiederaufbau von Hannover, Heilbronn oder Hildesheim.

Für Hannover wurden bereits 1938 umfassende Neugestaltungspläne für den Umbau der Gauhauptstadt aufgestellt. 1943 wurde die Stadt mehrfach von schweren Luftangriffen getroffen und die Innenstadt zerstört. 1944 wurde bereits ein erster Wiederaufbauplan mit aufgelockerter Bebauung präsentiert (Durth/Gutschow 1988, Bd. 2, 725).

In der Nachkriegszeit wurden verschiedene Aufbaupläne erstellt und 1949 auch ein Wettbewerb für die Neugestaltung ausgeschrieben. Der endgültige Aufbauplan von 1949 sah einen kommerziell hochwertigen City-Kernbereich vor. Insbesondere der Verkehrsplanung und dem Parkplatzangebot wurde dabei ein hoher Stellenwert beigemessen, und es erfolgten durchgreifende verkehrstechnische Verbesserungen. Auch bestimmten nun großzügige Freiflächen und Gebäudezeilen die Wohnsiedlungsplanungen.

Den Stadtgrundriss im Kernbereich behielt man bis auf Straßenverbreiterungen weitgehend bei; nach Möglichkeit wurden allerdings die Grundstücke neu geordnet: So konnten 1949 im Bereich der Kreuzkirche

90 Grundstückseigentümer in Rahmen eines freiwilligen Zusammenschlusses eine Neuordnung ihrer Grundstücke erreichen (Durth/Gutschow 1988, Bd. 2, 753).

Die von den Deutschen besetzte Stadt Rotterdam war bereits 1940 durch Brände im Stadtinnern zerstört worden. Vor der Sanierung wurde das gesamte Schadensgebiet (12 000 Parzellen) enteignet; dann begann man mit den Räumungsarbeiten, bei denen man auch die Fundamente und die technische Infrastruktur beseitigte. Ziel war es, eine neue Stadt zu schaffen, die vor allem der Cityfunktion entsprach; entsprechend reduzierte man die Wohnungseinheiten im Zentrum auf nahezu die Hälfte.

Darüber hinaus enthielt der realisierte Entwurf von 1946 einen vollkommen neuen Stadtgrundriss sowie Planungen für eine großzügige Verkehrserschließung und eine Einkaufspassage (Lijnbaan); auf diese Weise setzte man die Idee der aufgelockerten Stadt konsequent um: Die strikten planerischen Eingriffe und die konsequente Enteignung waren Voraussetzung für die Realisierung der Neugestaltung, und Rotterdam wurde in den 1950er Jahren zum Vorbild des Städtebaus.

In der überwiegenden Mehrzahl der westdeutschen Städte – und hier insbesondere in den Mittelstädten – setzte sich der mehr restaurative Wiederaufbau durch (z.B. in Freiburg, Freudenstadt, Münster, Nürnberg oder Siegen).

So wurde in Freiburg beim Wiederaufbau der historische Stadtgrundriss berücksichtigt (Reinborn 1996, 178); bei den Neubaumaßnahmen erfolgte allerdings eine Entdichtung der Baublöcke. Ebenso wurde die alte Gründungsstadt Freudenstadt (siehe Kapitel 5), die 1945 im Innern vollständig zerstört worden war, zwischen 1949 und 1956 auf den ehemaligen Fluchtlinien und dem alten Stadtgrundriss wiederaufgebaut – vom historischen Vorbild wich man nur insofern ab, dass man am historischen Platz statt der ehemaligen Giebelhäuser eine traufständige Bebauung realisierte (Durth/Gutschow 1988, Bd. 2, 541).

Rotterdam: Zerstörtes Stadtzentrum um 1945

Freiburg: Wiederaufbauplan mit Berücksichtigung des historischen Stadtgrundrisses (Durth/Gutschow 1988, Bd. 1, 253)

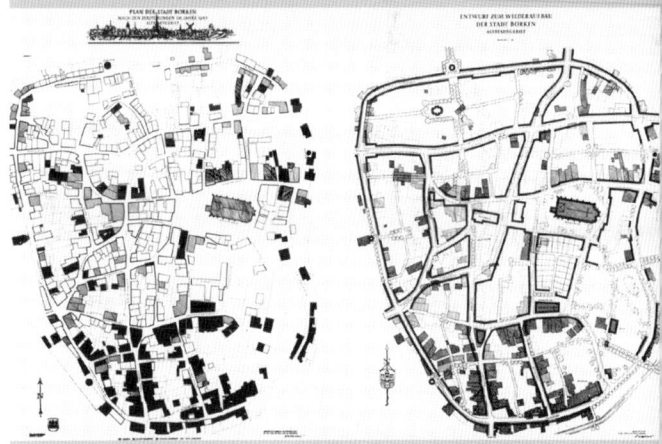

Borken: Schadens- und Wiederaufbauplan 1946 (oben) (Durth/Gutschow 1988, Bd. 1, 263)

Freudenstadt: Luftbild (rechts) (Durth/Gutschow 1998, 48)

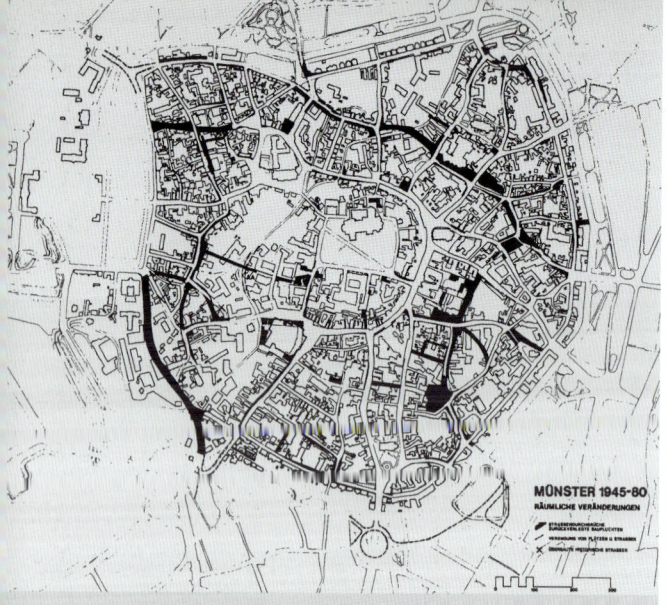

Münster: Neuordnungsplan mit Straßendurchbrüchen und zurückversetzten Baulinien (Durth/Gutschow 1988, Bd. 2, 955)

In der zeitgenössischen Kritik bezüglich der Gestaltung am Prinzipalmarkt wurde von „Maskerade" und „Heimattümmelei" gesprochen; den rückwärtigen Fassaden, die nicht dem barocken Gestaltungsduktus unterlagen, wurde hingegen eine höhere architektonische Qualität testiert (Durth/Gutschow 1988, Bd. 2, 963).

Münster Prinzipalmarkt: Historische Fassaden vor der Zerstörung (Durth/ Gutschow 1998, 47)

Münster Prinzipalmarkt: Wiederaufbauplanung (Durth/Gutschow 1998, 47)

Nürnberg: Wiederaufbauplanung von Hasenpflug (Neue Städte aus Ruinen 1992, 23)

Die Neuordnungsplanung für Münster basierte weitgehend auf dem alten Stadtgrundriss und sah lediglich einige Straßendurchbrüche und -verbreiterungen vor. Insbesondere der Wiederaufbau rund um den Prinzipalmarkt gewann große öffentliche Beachtung, da hier nicht nur der alte Platzraum und die ehemaligen Grundstücksgrenzen ohne Eingriff in die Besitzstruktur beibehalten wurden, sondern man sich auch in der dritten Dimension und der Gestaltung der Gebäude an das vor der Zerstörung vorhandene Stadtbild annäherte.

Zur Harmonisierung des Stadtbildes wurden den Baugenehmigungen für Neuerrichtungen detaillierte Gestaltungsvorgaben – wie Firsthöhen oder Sandsteinfassaden – zugrunde gelegt. In diesem Sinne errichtete man am Prinzipalmarkt komplette Neubauten unter Aufnahme der Arkaden und Giebelhäuser sowie „barocker" Gestaltungselemente.

In Nürnberg war der Stadtkern zu 80 % zerstört, und die Wiederaufbauplanung wurde 1947 auf der Grundlage eines viel beachteten Architektenwettbewerbs betrieben, der mit 188 Beiträgen reges Interesse gefunden hatte. In den Wettbewerbsentwürfen fand sich das gesamte Spektrum an zeitgenössischen Ideen wieder: von der radikalen Neustrukturierung (wie z.B. im Beitrag von Gustav Hasenpflug) bis hin zu restaurativen Wiederaufbaukonzepten; viele Mischformen waren ebenfalls vorhanden. 1950 erfolgte dann der Wiederaufbau auf dem weitgehend rekonstruierten Grundriss unter Beachtung der notwendigen Verkehrsverbesserungen (Durth/Gutschow 1988, Bd. 2, 994).

Die Stadt Siegen war zu 90 % zerstört. Auch hier wollte man die Altstadt in ihrer Grundstruktur erhalten, allerdings unter Verwendung „zeitgemäßer Gestaltungsmittel". Das Leitmotiv von Stadtbaurat Simony lautete: „Ältestes, bewahrt mit Treue, freundlich aufgefasstes Neue" (zitiert in Latsch 2005, 39). Das Stadtgefüge, die Straßenbreite und die Gebäudehöhen sollten erhalten und damit die „alte" Maßstäblichkeit beachtet werden; die ehemaligen Fluchtlinien wurden entsprechend in der Aufbauplanung aufgenommen. Um die Verkehrsverhältnisse in den Hauptstraßen der Altstadt zu verbessern, wurden durchgehende Arkaden im Erdgeschoss vorgeschlagen, die als neue Fußwege dienen sollten, da die alten bei der Verbreiterung des Straßenquerschnitts für den Fahrverkehr wegfallen mussten.

Wegen eines lokales Streites über diese Laubengänge wurden die Professoren Schmitthenner und Offenberg zu Rate gezogen, die die Arkadenlösung ausdrücklich befürworteten und die Vorstellungen der Stadtverwaltung zur homogenen Stadtgestaltung mit Festlegungen und Bindungen zur Höhe oder Dachform gutachterlich stützten. 1951 wurde schließlich in Siegen eine Ortssatzung über die Gestaltung der Altstadt erlassen, die detaillierte Aussagen zu Dachformen, Bauhöhen oder Fassadenmaterial enthielt.

Mit der Orientierung an den bestehenden Eigentums- und Parzellenstrukturen blieb meist der Maßstab der Stadt und die Kleinteiligkeit der Bauweise erhalten und es konnte ein in sich geschlossenes Stadtbild wiederhergestellt werden: diese städtebaulichen Qualitäten begründen heute die Attraktivität der Städte mit restaurativen Wiederaufbau.

Viele andere Städte entwickelten Konzepte, die eine Mischung zwischen Rekonstruktion und Neustrukturierung vornahmen. Dort, wo es gelang, große Flächen im Stadtkern in städtischen bzw. zusammenhängenden Besitz zu bringen, wurden auch im Stadtzentrum aufgelockerte Baustrukturen in Form von Zeilenbauten vorgesehen (z.B. in Frankfurt). Auch zentrale Verkehrsprojekte und Straßenverbreiterungen wurden vorgenommen. Oft blieb somit das städtebauliche Konzept bruchstückhaft und ebenso zerrissen wie die fachlichen Debatten.

Doch unabhängig von diesen Diskussionen um einen restaurativen oder der „Moderne" verpflichteten Wiederaufbau entschied sich der Ideenstreit in der

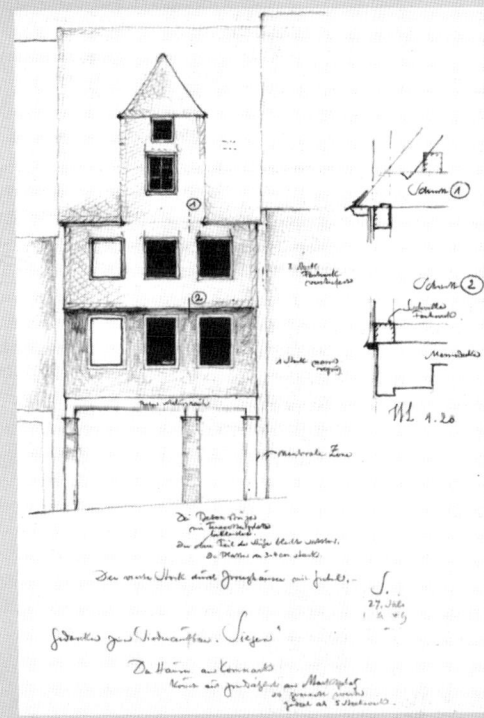

Siegen: Entwurf für Haus am Kornmarkt von Schmitthenner (Durth/Gutschow 1988, Bd. 1, 249)

Siegen: Arkadenlösung an der Kölner Straße (Latsch 2005, 46)

Forderungen des BDA: Fort mit der dichten, steinernen Stadt – hin zur Gesundung durch Auflockerung (Neue Städte aus Ruinen 1992, 97)

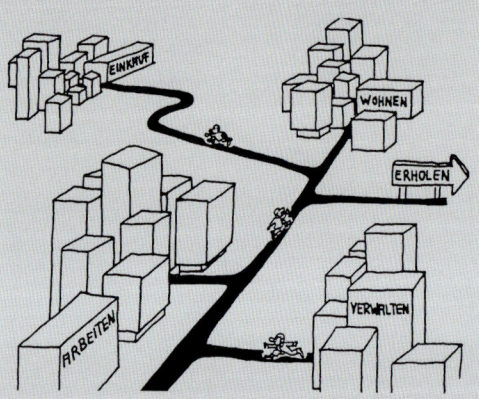

Funktionstrennung (Reinborn 1996, 213)

Realität meist ganz pragmatisch, und der Wiederaufbau folgte dann der Macht des Faktischen: So mussten die alten Eigentumsgrenzen berücksichtigt werden, die meist der Neueinteilung des Stadtgrundrisses als Hindernis entgegen standen. Ein weiterer Grund war das recht unterschiedliche Ausmaß an Zerstörung in den Städten. Oft waren nur Teilgebiete der Stadt, einzelne Straßenzüge oder gar einzelne Häuser zerstört worden; andere Gebäude wiederum waren nicht so stark beschädigt.

Die Menschen lebten in den nur teilweise oder gering beschädigten Häusern. Bei der Abräumung ganzer Stadtviertel stand man so vor dem Problem, dadurch noch mehr Wohnraum zerstören zu müssen. Zudem waren einige Gebäude in den ersten Nachkriegsjahren oft noch nicht den Eigentümern zuzuordnen. Die Verschärfung der Wohnungsnot und die ungeklärte Zeitachse des Wiederaufbaus behinderten somit ebenfalls die Realisierung eines radikalen Neuanfangs.

Zur Umsetzung der neuen Leitbilder hätte es zudem eines geänderten Bau-, Boden- und Planungsrechts bedurft. „Überall, wo die peinlichen Erzeugnisse der letztvergangenen Jahrhunderte durch das Kriegsgeschehen weggewischt sind, erhebt sich hinter dem entsetzlichen Unglück, zwischen Weinen und Lachen begeistert begrüßt, die unverhoffte Gelegenheit: die Möglichkeit, die Stadt neu auszurichten, frisch, fehlerlos, herrlich. Aber schon der erste Spatenstich wird aufgehalten von dem unsichtbaren Hindernis der Eigentumsgrenzen. Die Eigentumsgrenzen, ob auch die Häuser eingestürzt und die Fundamente geborsten, diese Eigentumsgrenzen sind immer noch da. Sie wollen und müssen berücksichtigt werden. Bevor noch der erste Ziegelstein vermauert, ja bevor die erste Straßenflucht abgesteckt wird, muss sich die Stadt mit diesem unsichtbaren Hindernis auseinandersetzten" (Bernoulli, zitiert in Harlander 1999, 267). Ein weiterer Faktor war die vorhandene technische Infrastruktur wie die Wasser- und Abwasserkanäle, Strom- und Gasleitungen sowie die Straßen. Unterhalb der Straßen war die Infrastruktur oft unbeschädigt

226

geblieben; eine Neueinteilung von Straßen und Parzellen hätte aber zwangsläufig auch den Neubau der unterirdischen Systeme notwendig gemacht.

Nach dem Zweiten Weltkrieg kam es lange Jahre zu keinem einheitlichen bundesdeutschen Baugesetz. Die Bundesländer erließen 1949 ihre Aufbaugesetze, aber für einheitliche Regelungen lagen die Landesinteressen oft zu weit auseinander. So forderte das sozialdemokratisch regierte Hessen weitgehende staatliche Reglementierungen für die städtebauliche Planung, während Bayern diese strikt ablehnte. Bis 1960 blieb die Baugesetzgebung zersplittert.

Wohnungspolitische Weichenstellungen in der Bundesrepublik

Bereits während des Krieges wurden die wichtigen Leitlinien für den sozialen Wohnungsbau der Nachkriegszeit formuliert bzw. realisiert. Diese waren
• die Orientierung auf die Versorgung der „breiten Masse" der Bevölkerung,
• die Festlegung von Mietrichtsätzen und
• Mindeststandards bei Wohnungsgrößen und -ausstattung.
Insbesondere die Standardisierung wurde zentraler Baustein der staatlichen Förderprogramme.

Die entscheidende Weichenstellung für den Wohnungsbau im Westen Deutschlands erfolgte dann 1950 mit der Verabschiedung des Ersten Wohnungsbaugesetzes. Hier wurden die Grundlagen für den Aufbau und die Finanzierung des sozialen Wohnungsbaus gelegt. Der Anteil des Miethausbaus an der Wohnungsproduktion erlebte einen letzten Höhepunkt zwischen 1949 und 1968: bezogen auf das Jahr 1987 entstanden nahezu 70 % der Sozialmietwohnungen (1. Förderweg), die zwischen 1949 und 1987 errichtet wurden, in diesem Zeitraum (Häußermann/ Siebel 1996, 157).

Drei Arten von Wohnungsbau setzten sich durch:
1. der öffentlich geförderte Wohnungsbau
2. der steuerbegünstigte Wohnungsbau (z.B. mit Verzicht auf anfallende Grund- oder Grunderwerbssteuer)
3. der freifinanzierte Wohnungsbau (wobei auch hier öffentliche Subventionen wie Bausparförderung oder steuerliche Abschreibungen bestehen) (Beyme 1999, 109).
Der öffentlich geförderte Wohnungsbau stellte den im engeren Sinne „Sozialen Wohnungsbau" dar mit folgendem Finanzierungsschema: „erste Hypothek 25 bis dreißig Prozent der Kosten, öffentliche Darlehen 45 bis fünfzig Prozent, Eigenkapital und sonstiges zwanzig bis dreißig Prozent. Die öffentliche Förderung wurde von der Anerkennung einiger Bedienungen bei der Belegung, beim Mietpreis, beim Kündigungsschutz und in bautechnischer Hinsicht begleitet" (Beyme 1999, 109 ff). Die öffentliche Förderung beim Mietwohnungsbau war in der unmittelbaren Nachkriegszeit sehr hoch: So beteiligte sich der Bund z.B. 1954 noch mit Bundesmitteln an der Wohnungsbauförderung, die die Kosten zu 75 % deckten (Neue Städte aus Ruinen 1992, 11). Die Subjektförderung einzelner bedürftiger Personen (z.B. durch Wohngeld) löste mehr und mehr die direkte Förderung der Bauobjekte ab.

Neben den Behelfsbauten und Notunterkünften wurde in den ersten Nachkriegsjahren auch der Heimstättenbau aus den 1920er und 1930er Jahren wieder aufgegriffen, der „als scheinbar zeitlos gültige Bauformen weiterhin akzeptiert" wurde (Durth 1999, 53). Der Kleinsiedlungsbau mit Wirtschaftsräumen und Selbstversorgergärten erlebte in den direkten Nachkriegsjahren eine letzte Renaissance. Programmatisch war er weiterhin verbunden mit der Idee der „Krisenfestmachung entwurzelter Menschen" (Harlander 1999, 264). Mit der Vollbeschäftigung verlor der Nutzgarten an Bedeutung, und die Heimstätte wich dem Einfamilienhaus mit kleinem Garten. In den ländlichen Gebieten konnte sich die Heimstätte bis Ende der 1950er Jahre halten; ihre agrarkonservative Ausrichtung, die Orientierung an bürgerlichen Familienidealen und die Idee der Verwurzelung mit Grund und Boden fanden hier noch länger Anklang als in städtischeren Regionen (Hafner 2000, 596).

In den wohnungspolitischen Debatten der 1950er Jahre hingegen wurde der Bau des Einfamilienhauses mit Garten zunehmend propagiert; die sozialen Visionen der 1920er Jahre blieben jetzt nach Harlander (1999, 250) selbst bei den Protagonisten der Moderne, wie z.B. Ernst May, auf der Strecke. Mit der Zunahme des an der Kleinfamilie ausgerichteten Einfamilienhauses erfolgte gesellschaftlich mehr und mehr der Rückzug ins Private: das Bild einer „autonomen, durch das Eigenheim abgesicherten und geformten Familiensphäre herrschte vor" (Häußermann/Siebel 1996, 146).

Bereits Mitte der 1950er Jahre gab man dann das Ziel einer Wohnungsbauförderung für „breite Schichten" der Bevölkerung auf, und der „Soziale Wohnungsbau" richtete sich nunmehr an sozial schwache Bevölkerungskreise. Neben der Förderung des sozialen Mietwohnungsbaus wurde zunehmend eine direkte Unterstützung durch Wohngeld angestrebt (so genannte Subjektförderung). Vorrang erhielt die individuelle Eigentums- und Vermögensbildung für die Mittelschichten.

Das Zweite Wohnungsbaugesetz 1956 gab der Eigentumsförderung endgültig den Vorrang. Im Zeichen des Kalten Krieges wurde die Eigentumsförderung dem Kollektivismus im Osten entgegengesetzt (Harlander 1999, 274) und damit der Zersiedlung in die Fläche weiter Vorschub geleistet.

In den folgenden Jahrzehnten setzte sich diese Tendenz geradlinig fort. Ab den 1960er Jahren erfolgte eine immer stärkere Liberalisierung der Wohnungsbaupolitik mit dem Ziel der vollständigen Integration des Wohnungsbaus in die freie Marktwirtschaft. Die öffentliche Finanzierung wurde eher als Notlösung angesehen. Bis in die 1970er Jahre hinein wurden jährlich 600 000 Wohnungen produziert; diese Zahl hatte bereits der Wiederaufbaustab in der NS-Zeit als Bedarf prognostiziert – und die Zahl übertraf die Wohnungsproduktion der Vorkriegszeit um etwa 100 %.

„Käfer" Produktion am laufenden Band 1955 (Aufbau West-Aufbau Ost 1997, ohne Seite)

Wiederaufbau im Zeichen des Fordismus

Das „Auto war zum Wohlstandsfetisch und zum Symbol des 'Wirtschaftswunders' und der wiedergewonnenen Freiheit schlechthin geworden. Die Bilder des zu erwartenden – automobilen – Fortschritts hatte Amerika schon seit den zwanziger Jahren geliefert. Endlich, so schien es, hatte er nun im Abstand von Jahrzehnten auch Europa erreicht" (Harlander 1999, 260). Die PKW-Entwicklung in Westdeutschland verlief rasant: 1950 wurden 0,52 Millionen und 1960 bereits 4,1 Millionen PKW gezählt (Harlander 1999, 253). Die entsprechende Anpassung des Verkehrsnetzes war eine notwendige Folge dieser Entwicklung.

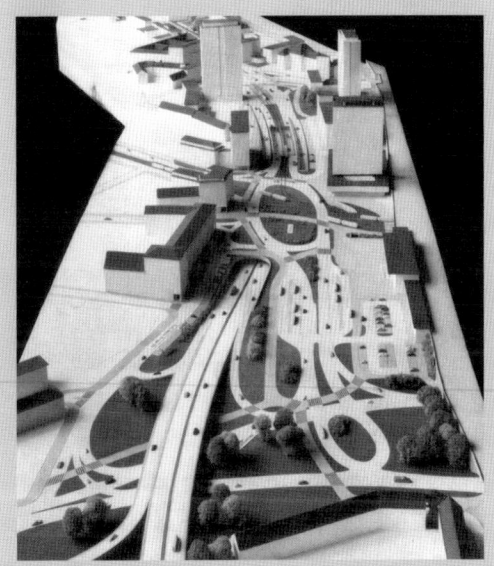

oben: Verkehrsplanung Zentrum Essen (Deutscher Städtebau nach 1945: 1961, 145)
unten: Ausstellungspavillon BMW in München (Durth/Gutschow 1998, 79)

Der Autoeinsatz verstärkte den fordistischen Suburbanisierungsprozess. So verdoppelte sich zwischen 1950 und 1960 z.B. die Anzahl der zwischengemeindlichen Berufspendler (Harlander 1999, 261).
Die Stadtzentren sollten den zentralen Einrichtungen vorbehalten bleiben und die Wohnungen in durchgrünten, gesünderen Randlagen errichtet werden. Die

Der Fünf-Millionste "Käfer" läuft vom Band (Harlander 1999, 255)

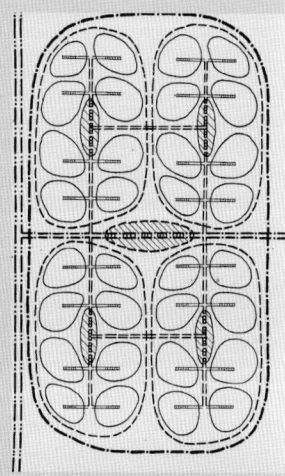

Siedlungszellen (Durth/
Gutschow 1988, Bd.1, 213)

Wachstumsraten der Bevölkerung richteten sich ungebrochen auf die Großstädte. Seit 1960 gewann insbesondere das großstädtische Umland Einwohner hinzu; zu Lasten der Kernstädte.

Ende der 1950er Jahre war der Wiederaufbau der alten Stadtkerne weitgehend abgeschlossen, und die wirtschaftliche Dynamik schien ungebremst. „Weder zuvor noch danach hat das Massenkonsummodell der 'keynesianischen' oder, wenn man so will, der 'fordistischen' Ära so effektiv und – trotz erster Rezessionserfahrungen 1966/67 – so reibungslos funktioniert" (Harlander 1999, 287): Expandierende Nachfrage, steigender Wohlstand, Urlaubsreisen und eine immer größer werdende Konsumgüterindustrie waren nur einige äußere Zeichen des nahezu ungebremsten Wachstums. Die Löhne stiegen schneller als die Lebenshaltungskosten und die Menschen konnten entsprechend in Konsumartikel sowie in Wohnraum investieren: Betrug die Wohnfläche in der Bundesrepublik 1950 15 qm pro Person, so lag sie 1960 bereits bei 20 qm und 1970 bei 24 qm.

Städtebauliche Leitbilder, Stadterweiterungs- und Siedlungsplanungen

Beim Wiederaufbau der Altstädte und Stadtzentren wurde noch um die Frage eines eher „restaurativen" oder „modernen" Städtebaus gestritten; wenn es hingegen um die Gestaltung der Neubaugebiete am Stadtrand ging, war diese Richtungsentscheidung längst gefallen. Bei der Anlage der Stadterweiterungsgebiete setzte sich das Leitbild der offenen Stadtlandschaft vollends durch.

Es herrschte ein derart breiter Konsens über die Frage der Planungskriterien, wie dies in den folgenden Jahrzehnten nie wieder so der Fall sein sollte: Man war sich flächendeckend einig über
• die radikale Ablehnung der historischen, gründerzeitlichen Stadt und

• die Realisation der ersehnten Entballung der Großstadt sowie über

• die Idee der offenen Stadtlandschaft mit weiträumigen Grünzügen und aufgelockerter Siedlungsdichte,

• die Aufgliederung der Städte in überschaubare Einheiten und eine Gliederung in Nachbarschaften mit sozialer Mischung,

• die Durchsetzung der „autogerechten" Stadt mit der Führung von störungsfreien Wegen für die einzelnen Verkehrsarten.

Alle Planungen oder Wettbewerbe der 1960er Jahre folgten im Wesentlichen diesen Kriterien. Die dahinterstehenden Leitbilder lagen auch den Planungen in anderen westeuropäischen Ländern, insbesondere in Skandinavien und England, zugrunde.

Einen wichtigen Beitrag für die Verbreitung dieser Planungsgrundsätze lieferten die ECA-Siedlungen. Die Economic Kooperation Administration (ECA) hatte 1951 zusammen mit dem Bundesministerium für Wohnungsbau einen viel beachteten Wettbewerb ausgeschrieben, auf dessen Grundlage in 15 Städten jeweils 200 bis 300 Wohneinheiten aus Mitteln des Marshallplans errichtet werden sollten. Bei dem Wettbewerb musste – ähnlich wie bei den heutigen Investorenwettbewerben – ein gemeinsames Angebot von Architekten, Wohnungswirtschaft und Unternehmern unterbreitet werden. Ziel war es, preiswerte Bauten mit einer auf 50 qm begrenzten Wohnfläche zu planen und zu realisieren.

Die hieraus resultierenden Beispiele waren als Innovationsschub für die Wohnungsbauproduktion gedacht und sollten in allen Gebieten Westdeutschlands quasi als Musterbauten für das „zeitgemäße Bauen" präsent sein. Als Resultat entstanden vornehmlich Zeilenbauten; die Siedlungen lagen wegen der unüberwindbaren Eigentumsgrenzen im Innern der Städte weitgehend an den städtischen Peripherie.

Einige zentrale städtebauliche Leitbilder, die die Grundstrukturen der Neubausiedlungen des Wieder-

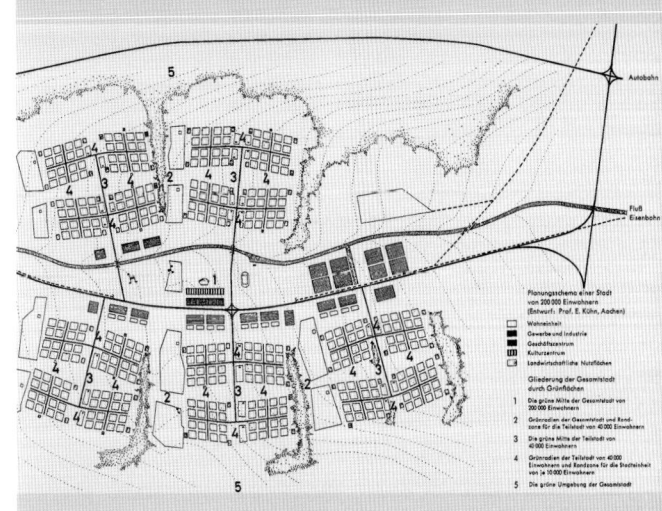

Planungsschema "Die Stadt von Morgen" von Erich Kühn aus dem Jahre 1957 (Durth/Gutschow 1988, Bd.1, 219)

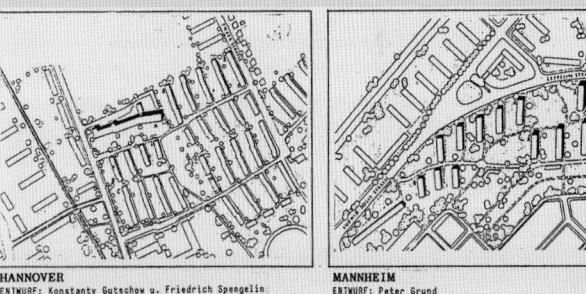

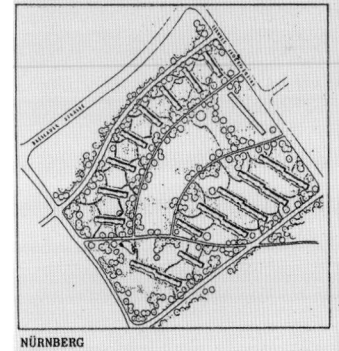

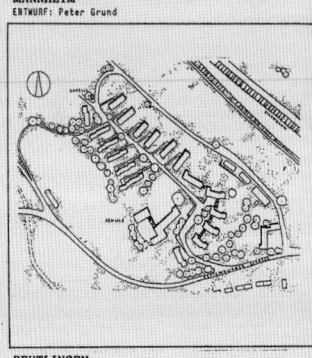

ECA-Siedlungen: Entwürfe Hannover, Mannheim, Nürnberg und Reutlingen (Düwel/Gutschow 2001, 168)

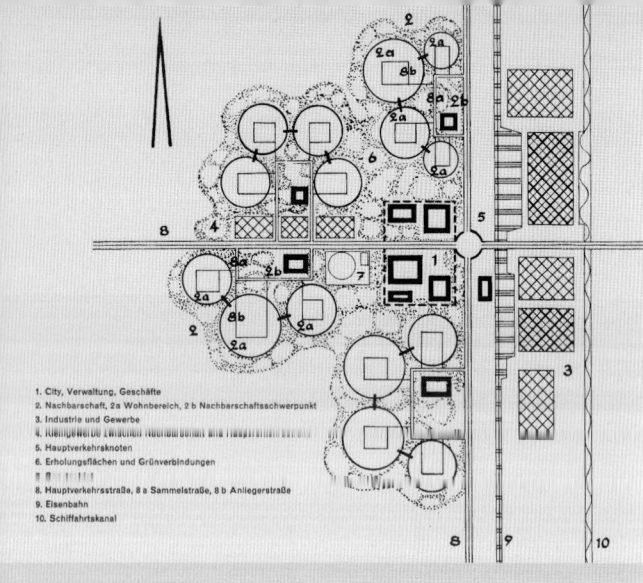

1. City, Verwaltung, Geschäfte
2. Nachbarschaft, 2a Wohnbereich, 2 b Nachbarschaftsschwerpunkt
3. Industrie und Gewerbe
4. [unleserlich] Erholung [unleserlich] und Hauptzentrale [unleserlich]
5. Hauptverkehrsknoten
6. Erholungsflächen und Grünverbindungen
7. [unleserlich]
8. Hauptverkehrsstraße, 8 a Sammelstraße, 8 b Anliegerstraße
9. Eisenbahn
10. Schiffahrtskanal

Schema Gegliederte und Aufgelockerte Stadt (Göderitz/Rainer/Hoffmann 1957, 26)

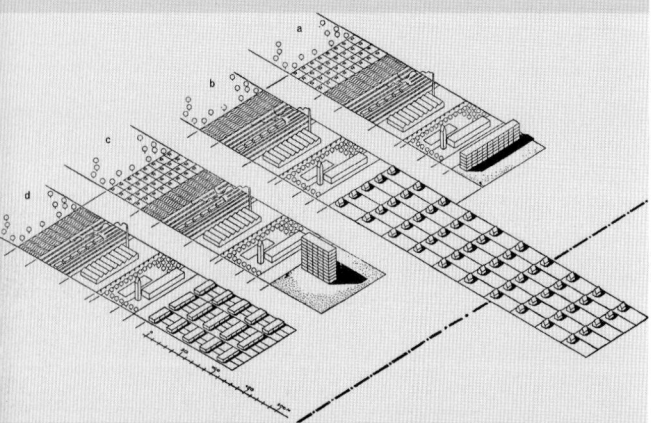

In den Untersuchungen wurde auch der Zusammenhang zwischen den Geschosszahlen und dem Freiflächenanteil erforscht (Göderitz/Rainer/Hoffmann 1957, 37).

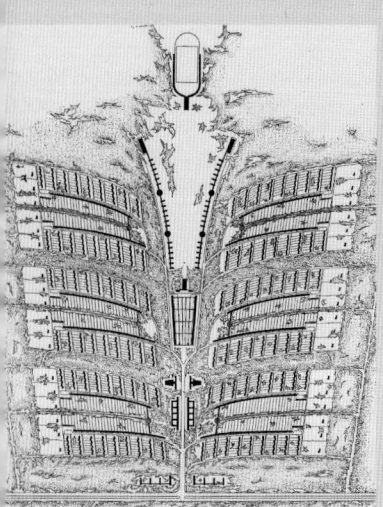
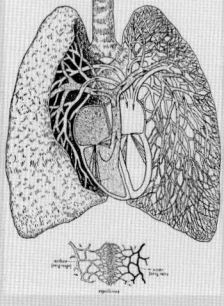

links: Schema aus "Organische Stadtbaukunst" (Reichow 1948, 105)
oben: Die organischen Formen wie z.B. der Blutkreislauf dienten Reichow als Vorbild (Reichow 1948, 42)

aufbaus bestimmen, sollen nun kurz vorgestellt werden:

Die Idee der „gegliederten und aufgelockerten Stadt" wurde von Johannes Göderitz, Roland Rainer und Hubert Hoffmann unter dem gleichnamigen Buchtitel im Jahr 1957 veröffentlicht. Dieses Konzept, welches an Arbeiten des Wiederaufbaustabes unter Leitung von Speer anknüpfte, lag bereits in Grundzügen 1944 vor (Durth 1999, 36).

Die erste Veröffentlichung 1945 kam unter den Kriegswirren nicht zum Durchbruch und das Buch wurde nach einer Überarbeitung erst 1957 neu aufgelegt. Es galt als Standardwerk der 1950er Jahre.

Das Schema der gegliederten und aufgelockerten Stadt fand in den 50er Jahren seine Umsetzung in konkreten Entwurfskonzepten, die ein System der Funktionstrennung mit separaten Zonen des Verkehrs, des Arbeitens und Wohnens vorgaben: Stadt und Landschaft verschmolzen zur Stadtlandschaft. Die Siedlungsbereiche wiederum waren in Nachbarschaftseinheiten zu je 1 000 Wohneinheiten unterteilt. Vier Nachbarschaftseinheiten bildeten eine Siedlungszelle mit insgesamt 16 000 Einwohnern, und ein Stadtteil setzte sich aus drei dieser Siedlungszellen zusammen.

Hans Bernhard Reichow veröffentlichte 1948 sein Lehrbuch „Organische Stadtbaukunst", an dem er bereits in den letzten Kriegsjahren intensiv gearbeitet hatte. Reichow war, wie Göderitz, an den Debatten um die Auflockerung der Städte im Wiederaufbaustab der Nationalsozialisten beteiligt gewesen. Statt an geometrischen Stadtformen orientierte sich Reichow an organischen Formen: Die Verästelung der menschlichen Blutbahnen galten ihm als Vorbild für einen störungsfreien (Verkehrs-)Fluss.

1959 erschien sein Werk „Die autogerechte Stadt", in dem der Autoverkehr eine entscheidende Rolle spielte: Die autogerechte Verkehrsplanung sollte allerdings nach Reichows Auffassung dem Städtebau untergeordnet werden und nicht umgekehrt. Auch seine Ideen basierten auf einem Stadtzellenkonzept, betonten

Nachbarschaften und berücksichtigten die Durchdringung der Siedlungen mit Grünflächen. Zentrale Idee war die Verringerung der Anzahl der Verkehrsknotenpunkte und die Anlage möglichst kreuzungsfreier Straßen mit T-Einmündungen. Bis ins Kleinste wurden die Verkehrsarten geplant und innerhalb der Siedlungen störungsfrei geführt unter Zuhilfenahme von separaten Fußwegen, Autostraßen oder Radwegen. Beispiele für Stadterweiterungsplanungen nach diesem Muster sind die von Reichow geplanten Siedlungen Hamburg-Hohnerkamp (1953) und Bielefeld-Sennestadt (1956-65).

Das Konzept der „Raumstadt" wurde 1949 von Walter Schwagenscheidt veröffentlicht. In der Raumstadt betonte er innerhalb der Bebauung den „grünen Raum"; die Bedeutung der öffentlichen Straßenräume war in diesem Konzept nachrangig. Das Planungsprinzip sah eine völlige Trennung von Wohnen und Verkehr vor, was im Stadtgebiet durch verkehrsberuhigte Wohnstraßen und vom Fahrverkehr getrennt geführte Fußwege erreicht werden sollte. Die Gebäude waren günstig zur Sonne hin ausgerichtet. Das Prinzip der Nachbarschaften fand auch hier Eingang und wurde durch abwechslungsreiche Haustypen für verschiedene soziale Schichten untermauert.
Ein bedeutendes Beispiel für die Raumstadt ist die 1959 von Schwagenscheidt und Sittmann entworfene Nordweststadt in Frankfurt.

Auf der Grundlage dieser Leitbilder wurden zahlreiche Siedlungserweiterungen vorgenommen oder neue Städte (wie Wulfen: Planungsbeginn 1961) gegründet. Die schematische Darstellung der vielen gebauten Stadtteile und Siedlungen ergeben nahezu identische Siedlungsmuster, die folgende Merkmale aufweisen:
• die Trennung der Verkehrsarten und ein autogerechter Ausbau,
• die Organisation der Siedlungsbereiche in Nachbarschaften und Siedlungszellen,
• die Durchgrünung der Gebiete und ihre Verzahnung mit offenen Landschaftsräumen,

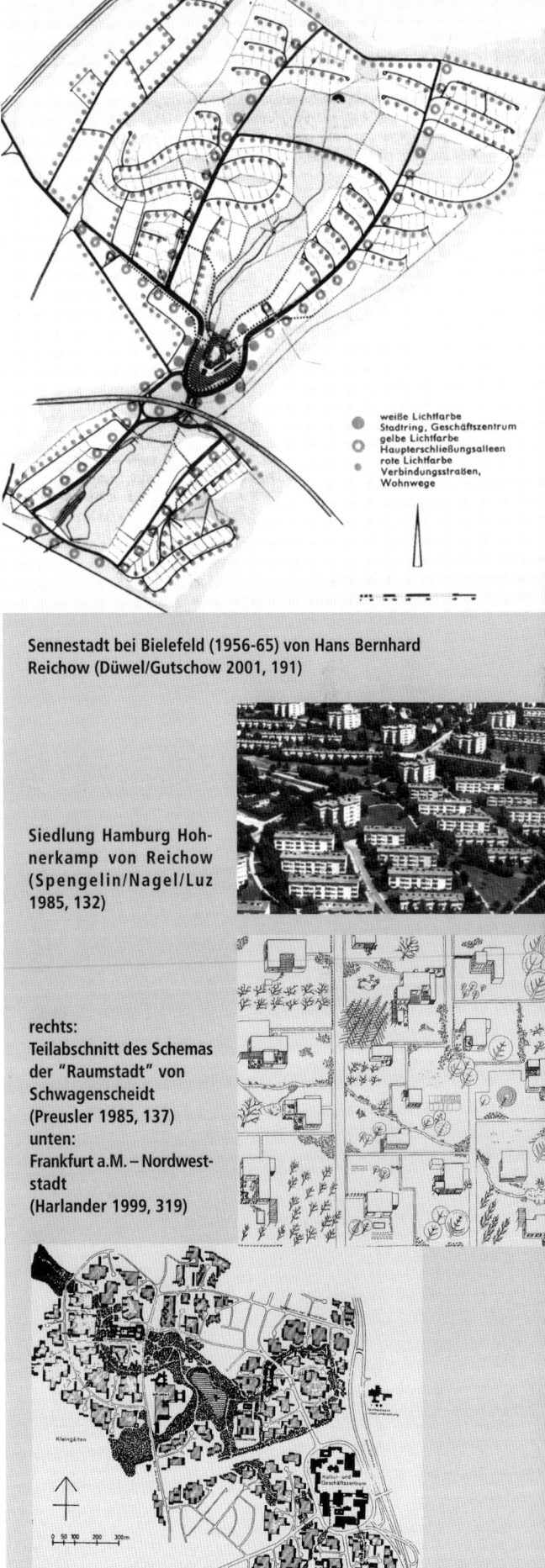

weiße Lichtfarbe
Stadtring, Geschäftszentrum
gelbe Lichtfarbe
Haupterschließungsalleen
rote Lichtfarbe
Verbindungsstraßen, Wohnwege

Sennestadt bei Bielefeld (1956-65) von Hans Bernhard Reichow (Düwel/Gutschow 2001, 191)

Siedlung Hamburg Hohnerkamp von Reichow (Spengelin/Nagel/Luz 1985, 132)

rechts:
Teilabschnitt des Schemas der "Raumstadt" von Schwagenscheidt
(Preusler 1985, 137)
unten:
Frankfurt a.M. – Nordweststadt
(Harlander 1999, 319)

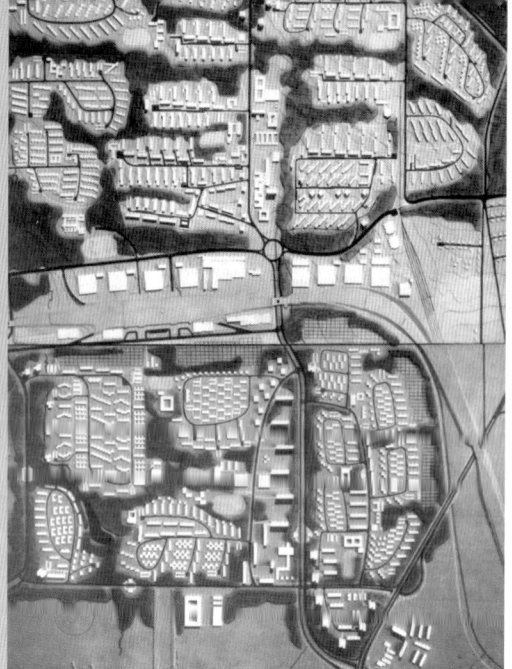

Großsiedlung Langwasser in Nürnberg (1956-60) von Franz Reichel (Städtebau im Wandel 1987, 55)

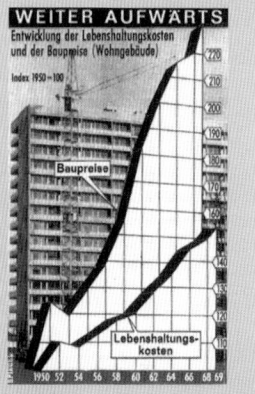
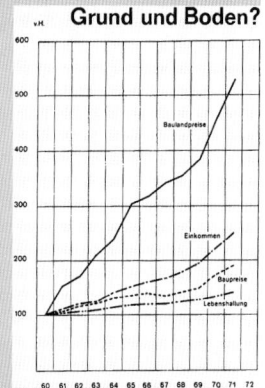

Entwicklung der Bau- und Bodenpreise im Vergleich zu den Lebenshaltungskosten (Harlander 1999, 186 u. 309)

Waldstadt in Karlruhe (1957-66) von Karl Selg (Reinborn 1996, 206)

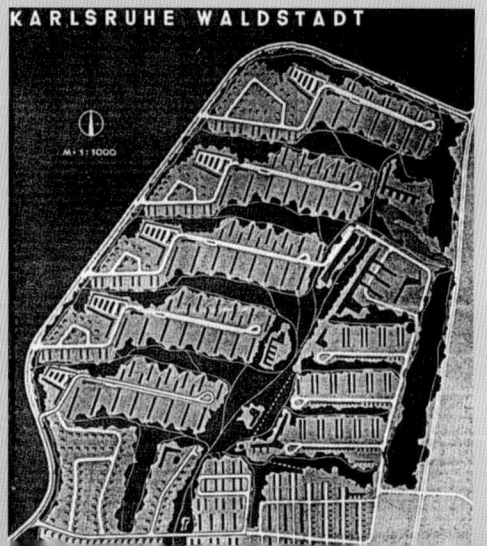

• die Anlage von zentralen Ladenstraßen sowie in die Grünzüge wie „eingestreut" angeordnete Sportanlagen, Schulen und Kindergärten.

Bei allen Siedlungen tritt die relativ geringe Siedlungsdichte auffällig in Erscheinung, die durch die großen Freiflächenanteile und geringe Bauhöhen mit zwei bis vier Geschossen hervorgerufen wird. Diese Gebiete hinterlassen bis heute durch die üppig angelegten öffentlichen Freiflächen mit ihren breiten Grünzügen den Eindruck der Großzügigkeit in der Freiraumplanung; solchen städtebaulichen Qualitäten wird in jüngster Zeit wieder mehr Beachtung geschenkt.

Die Umsetzung des Leitbildes der aufgelockerten Stadt war zu jener Zeit durch die im Zuge des Bodenpreisstopps relativ niedrigen Bodenpreise und eine intensive Flächenvorratspolitik der Städte begünstigt worden. Mit dem Ende der 1960er Jahre geriet dieses Leitbild allerdings ins Kreuzfeuer der Kritik. Schon bald sah man in der Weitläufigkeit der Stadtrandsiedlungen und ihrer einseitigen Orientierung auf das Wohnen die Ursache für den Verlust an städtischer Urbanität. Der Ruf eines „Nie wieder", der sich seit den 1920er Jahren gegen die gründerzeitliche Stadt erhoben und im Wiederaufbau zur Durchsetzung der offenen Stadtlandschaft geführt hatte, verkehrte sich nunmehr ins Gegenteil: Nun forderte man die kompakte und dichte Stadt.

Wiederaufbauphase in der DDR

1949 wurde die Deutsche Demokratische Republik gegründet. Mit Bildung der beiden deutschen Staaten gab man die seit 1945 auf ähnlichen „gesamtdeutschen Aufbauplanungen", Wettbewerben und Leitbildern basierende städtebauliche Entwicklung auf, und in der DDR wurde 1950 ein neues Grundsatzprogramm für den Städtebau vorgelegt, nämlich die „Sechzehn Grundsätze des Städtebaus". Anders als im föderalistischen Westen lag der frühen Wiederaufbauphase in der DDR damit eine Gesamtkonzeption zugrunde. „Sie stellen ein ausdrückliches Bekenntnis zum wirtschaftlichen und sozialen Wert der 'kompakten' Stadt dar, die als Wiege der Industrie und des klassenbewussten Proletariats positiv angenommen wurde. Damit war ein Leitbild formuliert, das auf eine – nach der jeweiligen Tradition differenzierte – Berücksichtigung der historisch entstandenen Struktur der Stadt unter Beseitigung ihrer hygienischen, infrastrukturellen und verkehrstechnischen Mängel abzielte" (Neue Städte aus Ruinen 1992, 12). In diesem Sinne entstanden z.B. die Stalinallee in Ostberlin, die Magistrale in Rostock, der Altmarkt in Dresden, der Wiederaufbau von Neubrandenburg oder schließlich die Neugründung von Eisenhüttenstadt.

Die Leitidee dieses Grundsatzprogramms basierte auf der Vorstellung einer „kompakten Stadt" mit dem an die Stadtkrone von Bruno Taut erinnernden Stadtzentrum als Mittelpunkt des politischen Lebens. Die planerische Steuerung des Stadtwachstums „in bestimmten Grenzen" (Grundsatz 4) wurde ebenso festgelegt wie die hierarchische Stufung der Stadt nach Zentrum und Wohngebieten in Randlage.
• Die Wohngebiete in Randlage sollten mit ausreichenden Versorgungs- und Sozialeinrichtungen versehen werden und waren ausdrücklich nicht als niedriggeschossige Gartenstädte in einer offenen Stadtlandschaft geplant.
• Die Innenstadt sollte als Ort der Präsentation und

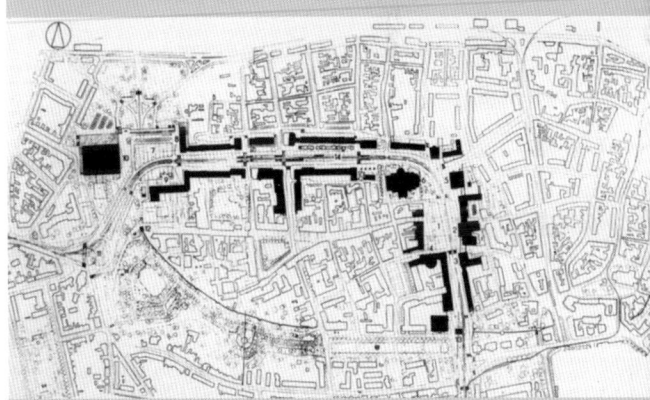

Rostock: Lageplan der Altstadt mit Magistrale (Durth/ Gutschow 1990, 66)
In Rostock wurde die notwendige Straßenverbreiterung in der Altstadt mit dem Konzept zur Anlage einer bedeutenden Zentrums-Magistrale verbunden. Das regionale Spezifikum der norddeutschen Backsteingotik wurde zum Vorbild genommen gemäß der Doktrin der Orientierung an nationale Bautraditionen.

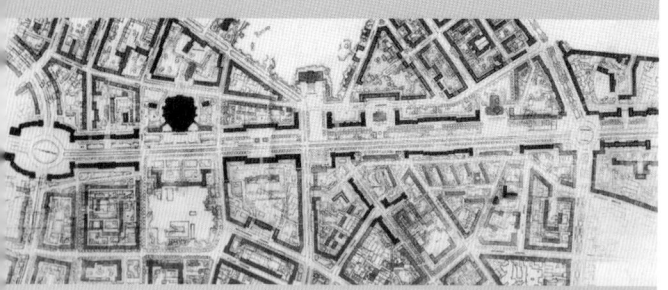

Berlin: Lageplan Stalinallee (heute Karl-Marx-Allee)
(Hannelmann 1995, 118)

„Der 1,7 km lange, im Westen und Osten von je einem
Platz mit Hochhauspaaren akzentuierte Straßenzug wird
von sieben- bis neungeschossigen, symmetrisch gegliederten Baublöcken begrenzt, die eine Länge bis zu 250
Metern haben. Seine monumentale und betont festliche
Gesamtwirkung beruht nicht nur auf den Dimensionen
der Gebäude, sondern auf dem reichen, wenngleich
steifen neoklassizistischen Baudekor und der durchgängigen Verblendung seiner dem Straßenraum, zugewand-
ten Hausfassenden mit Sandstein (Erdgeschoßzonen)
und Meißner Keramikplatten (Obergeschosss) (Topfstedt
1999, 470).

Berlin: Blick auf den Strausberger Platz (links) und Detail
des Mittelrisalits an der Magistralen (rechts) (Durth/Dü-
wel/Gutschow 1999, Bd. 2, 173 und 384)

Strausberger Platz, perspektivische Ansicht von Nordosten (Henselmann 1995, 123)

der Versorgung sowie als Aufmarsch- und Demonst-
rationsplatz dienen.

• Die sozialistische Stadt sollte keine Siedlung sein,
in der die Arbeiterschaft zu „Kleinbürgern" verkommt,
sondern eine dichte, kompakte Stadt mit Baublöcken,
höherer Straßenrandbebauung sowie künstlerischen
Kompositionen an Straßen und Plätzen. Zudem sollte
sie ein Stil der nationalen Bautradition kennzeichnen,
der in Russland beim Umbau Moskaus als „Zucker-
bäckerstil" bekannt geworden ist.

Darüber hinaus wurde mit dem Aufbaugesetz von
1950 die rechtliche Basis geschaffen, um in erklärten
Aufbaugebieten eine uneingeschränkte staatliche
Verfügung über den Bodenbesitz zu ermöglichen
(siehe ausführlich Topfstedt 1992, 425ff).

Ein bedeutendes Beispiel für die Orientierung am
Leitbild der kompakten Stadt ist die Gründung von
Eisenhüttenstadt. Eisenhüttenstadt, bis 1956 Stalin-
stadt, wurde ab 1950 für ca. 30 000 Einwohner des
Eisenhüttenkombinats erbaut. Nach der Planung von
Kurt W. Leucht wurde die Stadt fächerförmig mit
Ausrichtung auf den Eingang des Werkes angelegt,
der als monumentale Dreiflügelanlage konzipiert war.
Es entstand ein geschlossenes Raumgefüge mit Ma-
gistrale, an der sich öffentliche Bauten und Platzan-
lagen reihen sollten, sowie großzügige Grünanlagen.
Die Gestaltung der Wohnblöcke und die funktionale
Ausstattung sollten entsprechend der „nationalen
Tradition" gestaltet werden und als Musterbeispiele
der „16 Grundsätze" dienen.

Nach dem Tod Stalins fand 1954 in Moskau eine „All-
Unionskonferenz" statt. Als neue städtebauliche und
wohnungspolitische Zielsetzung für die Staaten unter
sowjetischem Einfluss wurde die Orientierung am
modernen industrialisierten Wohnungsbau herausgegeben: Ohne Fassadenkosmetik sollte sich der Wohnungsbau nur an wirtschaftlichen Erfordernissen
orientieren, d.h. die Bedarfslage decken. Die fordistische Produktionsweise mit der landesweit immer

stärker favorisierten Typisierung und Konzentration auf die industrielle Vorfertigung verstärkte sich nach 1960 und setzte schließlich in der DDR den „kranbahngerechten" Wohnungsbau durch. Die Absage eines den „16 Grundsätzen" folgenden Städtebaus war abrupt; früher und konsequenter als in der Bundesrepublik begann die umfassende Industrialisierung der Wohnungsbauproduktion.

In der DDR wurde das Bauwesen fortan vollkommen durch große Produktionseinheiten, durch Standardisierung mit nur wenigen Bautypen und Taktstraßenproduktion der Vorfertigung bestimmt. 1958 begann man mit dem Bau von Hoyerswerda: Hier dominierten Zeilenbau, Punkthochhäuser und ein eher in die Fläche gebautes statt ein als „Stadtkrone" ausgebildetes Zentrum. Die alten innerstädtischen Wohnviertel blieben bis in die 1970er Jahre bei der Planung außen vor. Nach 1960 wäre damit wieder eine „gesamtdeutsche Basis" für die Entwicklung hergestellt.

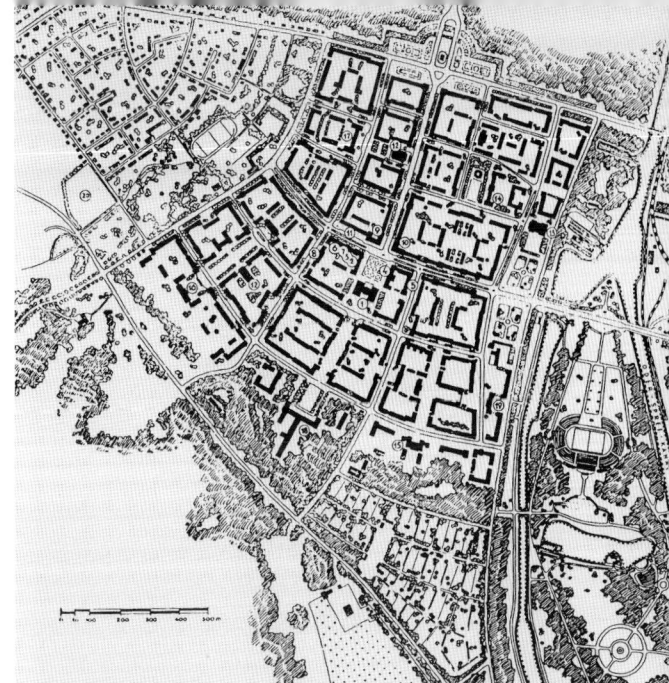

Eisenhüttenstadt: Lageplan (Harlander 1999, 475)
In Eisenhüttenstadt wurde die letzte Bauphase gegen Ende der 1950er Jahre bereits mit Zeilenbauten, in Großblockbauweise und einem eher kranbahngerechten Wohnungsbau vorgenommen: komplizierte Baublockecken oder weitreichende architektonische Detailausarbeitungen blieben außen vor.

Eisenhüttenstadt: Straßenansicht Wohnkomplex II, erbaut 1953 – 1954 (Durth/Düwel/Gutschow 1999, Bd.1, 400)

Hoyerswerda: Baubeginn 1958 (Topfstedt 1999, 496)

17. Städtebau und Wohnungsbau von 1960 bis 1980

Die Phase zwischen 1960 und 1980 war in beiden Teilen Deutschlands von wirtschaftlichem Wachstum und der Überwindung der Nachkriegssituation geprägt. In dem folgenden Kapitel werden Stadterweiterung- und Stadtumbauplanungen in der Bundesrepublik Deutschland und in der ehemaligen Deutschen Demokratischen Republik behandelt. Beim Stadtumbau wird ein besonderer Blick auf die Entwicklung der Stadtzentren und auf den Umgang mit den Wohnungsbaubeständen gerichtet. Hinsichtlich der Stadterweiterung werden insbesondere die großen Siedlungseinheiten an der Peripherie der Städte betrachtet. Ein kurzer Ausblick in die heutige Zeit schließt sich den einzelnen Themenbereichen an.

Städtebau und Wohnungsbau in der ehemaligen DDR

Der Bauprozess in der ehemaligen DDR wurde in den Nachkriegsjahren von planwirtschaftlicher Regulierung bestimmt und konzentrierte sich auf den Industriebau. Vor allem der Aufbau einer eigenen Grundstoff- und Schwerindustrie in dem zu großen Teilen agrarisch geprägten Land erschien notwendig. Im Wohnungsbau wurden zuvorderst Instandsetzungsarbeiten an den kriegsbeschädigten, aber noch nutzbaren Wohnungen und eine intensive Trümmerverwertung betrieben. Ab 1950 erfolgte dann die Weichenstellung zur Entwicklung des Bauwesens nach den „Sechzehn Grundsätzen des Städtebaus". Ein Paradebeispiel für dieses Leitbild im Zeichen nationaler Bautradition war die Bebauung an der Stalinallee in Berlin (siehe Kapitel 16).

Siedlungsbau in industrieller Großplattenbauweise

Mitte der 1950er Jahre erhielt der Wohnungsbau in der DDR vor dem Hintergrund der krassen Mangelsituation an Wohnungen eine bedeutende politische Dimension. Der hohe Wohnungsbedarf sollte durch die zunehmende Industrialisierung der Wohnungsbauproduktion gedeckt werden. Die Entwicklung von Wohnungstypen für die industrialisierte Bauweise wurde mit Experimentalbauten in kleineren Einheiten gestartet; ab den 1960er Jahren verstärkte sich die Industrialisierung des Wohnungsbaus. Die gewählte Großplattenbauweise setzte eine starke Typisierung voraus und landesweit wurden Wohnungen nach dem Baukastenprinzip der „Typenserie P2" entworfen. Die Großplatten wurden in Fabrikationshallen vorgefertigt, auf die Baustellen transportiert und vor Ort montiert. Die Form der Siedlungen richtete sich nach den Bautypen und nach den notwendigen technischen Verfahren für die Montage: für die städtebauliche Struktur wurde die Organisation der Baustellen mit Kranbahnen und mit den Lagerstätten der vorgefertigten Platten entscheidend. Ab 1960 wurde der kurvenfahrbare Turmdrehkran „Rapid" eingeführt und löste die ältere Kranfahrbahn ab, die starre Wege und breite Gebäudeabstände bedingt hatte (Topfstedt 1999, 515). Bezüglich der Baudichte wurden zu Beginn des Siedlungsbaus weitläufige Strukturen geplant. Unter dem Primat der Reduzierung des Bodenverbrauchs erfolgte später eine stärkere Verdichtung. Die großen neuen Siedlungseinheiten wurden außerhalb der Altstädte gebaut, denn nur „auf flachem und neu zu erschließenden Gelände konnten industrielle Bauweisen wirtschaftlich effektiv eingesetzt werden" (Topfstedt 1999, 493). „Bereits 1964 wurden 90 % der Wohnungen im Neubau industriell errichtet" (Schretzenmayr 2011, 28). Zuletzt lebten in den Plattenbauten 20 % der Einwohner der ehemaligen DDR (Topfstedt 1999, 422).

Mit der Weiterentwicklung zum Typ „WBS 70" entstand ein hervorragend kombinierbarer Wohnungstyp, der ein differenziertes Raumangebot von einer Ein-Raum Wohnung mit 26 qm Wohnfläche bis hin zu einer 150 qm großen Maisonette-Wohnung ermöglichte und sowohl bei einer fünfgeschossigen Bauweise als auch bei Wohnhochhäusern einsetzbar war.

Die Wohnungsversorgung in der ehemaligen DDR war Teil der staatlichen Infrastruktur. Die Wohnungen wurden zentral verwaltet und die Versorgung richtete sich nach dem Bedarf und nicht nach der Kaufkraft. Die Sozialstruktur in den neuen Wohngebieten war gemischt; insbesondere die Vergabe an Betriebsangehörige der Industriekombinate spielte eine Rolle. Bis zur Wende traten in den Neubaugebieten keine Segregationserscheinungen auf.

Hoyerswerda: Großplattenbaustelle mit Portalkran (Topfstedt 1999, 423)

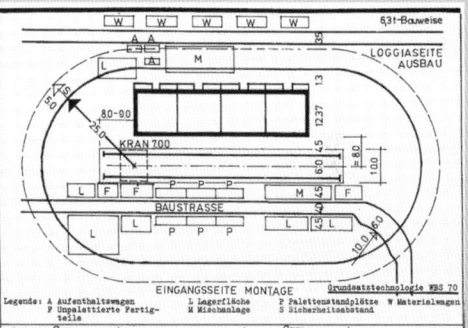

Baustellenorganisation mit Kranbahnen beim WBS 70 (Autorenkollektiv 1986, 77)

1969 wurde die Wohnbauserie „WBS 70" entwickelt, die die Kombination des Standardtyps zu verschiedenen städtebaulichen Figuren ermöglichte.
Bautyp WBS 70 – kombinierbare Wohneinheiten (Autorenkollektiv 1986, 51)

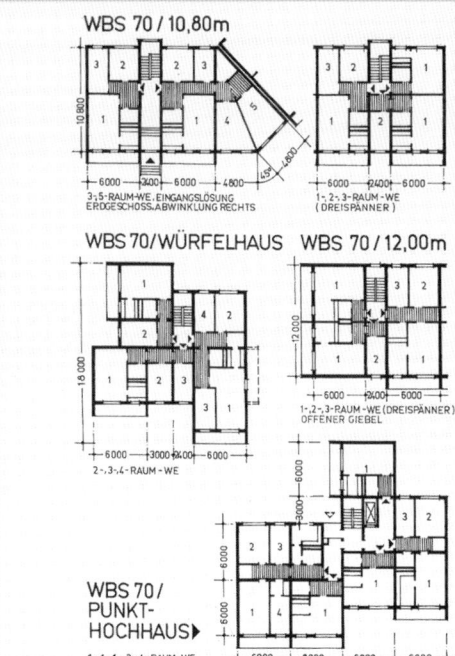

„Die räumliche Typologie der Wohnkomplexe von Halle-Neustadt dokumentiert anschaulich die Entwicklung der Bebauungsmuster im industriellen Wohnungsbau jener Jahre. Wohnkomplex I (1964–1968) besitzt noch eine gleichförmige, aus dem Verlauf der Kranbahn resultierende offene Zeilenbebauung und einen übermäßig großen zentralen Freiraum, in dem die Flachbauten des Wohnkomplexzentrum liegen … Im 1967 begonnenen Wohnkomplex II wurde mit der Bildung winkelhakenförmiger Wohnhausgruppen versucht, zu geschlosseneren Raumlösungen zurückzufinden. In dem ab 1969 errichteten Wohnkomplex III gelang es, durch die mäanderförmige Anordnung der Häuserblocks ruhige Binnenräume auszubilden. Der Aufbau der Stadt ist in den siebziger Jahren von dem Bemühen bestimmt, die Wohnkomplexe IV bis VIII weiter zu verdichten und sie räumlich wie funktionell stärker miteinander zu verzahnen" (Topfstedt 1999, 513). Verantwortliche Leiter waren Richard Paulick (1964–1968 im Wohnkomplex I) und Karlheinz Schlesier (1969–1973).

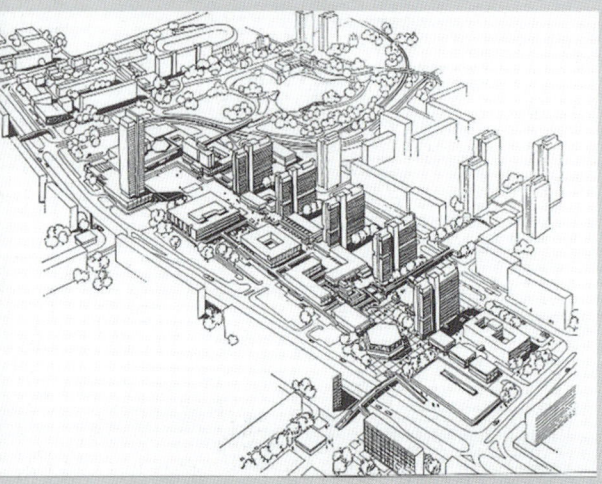

Stadtzentrum Halle-Neustadt (Planungsstand um 1970) (Topfstedt 1999, 515)

Bebauungskonzept Halle-Neustadt (Stand 1968) (Topfstedt 1999, 514)

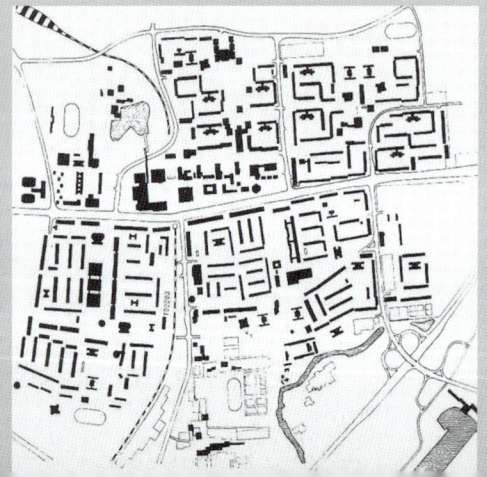

Mit dem Einsatz der Wohnbauserie „WBS 70" konnte die Produktivitätsrate erheblich gesteigert werden: die 1970er Jahre wurden die Phase der höchsten Produktionsrate im Wohnungsbau der DDR. Der „WBS 70" wurde in wenigen zentralen Plattenbauwerken und mit einem großen Anteil an Vorfertigungselementen hergestellt und galt landauf landab als prägender Wohntypus im Neubau.

Um die politisch hochgesteckten Ziele der Produktionszahlen im Wohnungsbau einhalten zu können wurde der Materialeinsatz immer mehr minimiert. In der Folgezeit deuten sich schon bald Bauschäden an. Nach der deutschen Wiedervereinigung 1989 waren die noch „jungen" Neubauten sanierungsbedürftig und mussten konstruktiv und energetisch aufgerüstet werden bzw. wurden im Zuge der „Anpassung" der Wohnungsbestände an den Markt mit staatlicher Förderung abgerissen (z. B. Städtebauförderungsprogramm Stadtumbau Ost).

Die Wohnsiedlungen wurden vor allem in der Nähe der großen Industriekombinate errichtet. So entstand Halle-Neustadt als Wohngebiet für ca. 95.000 Einwohner für die Arbeitskräfte der Chemiewerke in Leuna und Buna. Halle-Neustadt wurde zum größten Wohnungsbauvorhaben der DDR in den 1960er Jahren. Obgleich der Bau von Infrastruktureinrichtungen in den Siedlungen vorgesehen war, reichten diese für die Versorgung oft nicht aus. Auch bei der Planung der Grün- und Freiräume wurde ein geringer gestalterischer Aufwand betrieben.

Die Neubauwohnungen mit ihrem modernen Ausstattungsstandard (wie Fernheizung und Bäder) wurden dennoch den schlechten Altbauwohnungen vorgezogen bzw. sie eröffneten jungen Paaren überhaupt erst die Möglichkeit, eine eigene Wohnung zu beziehen. Kaufhallen oder Kindertagesstätten im Quartier ermöglichten die Berufstätigkeit beider Elternteile.

Mitte der 1970er Jahren wurde der Wohnungsbau zum zentralen „Glanzstück" des Parteiprogramms der Sozialistischen Einheitspartei Deutschlands (SED) erklärt. Es erfolgte eine vorläufige Abkehr vom Ausbau der Stadtzentren, die bis dato im Mittelpunkt standen, hin zum Ausbau der Wohnsiedlungen am Stadtrand. Zwischen 1971 und 1981 entstanden 90 % des industriellen Wohnungsbaus in diesen Siedlungsprojekten (Topfstedt 1999, 534). Die Großsiedlungen sollten eine effektive Standorterschließung ermöglichen und den Umsetzungsprozess beschleunigen: neben den Großsiedlungen Berlin-Marzahn und Berlin-Hellersdorf entstanden z. B. die Großsiedlungen in Erfurt Süd-Ost oder Leipzig-Grünau. Diese Großsiedlungen wurden direkt an den öffentlichen Nahverkehr angebunden; zu großen Problemen kam es mit dem anwachsenden fließenden und ruhenden PKW-Verkehr.

Die bereits Ende der 1960er Jahren erfolgte stärkere bauliche Verdichtung mit der Reduzierung des Baulandverbrauchs und der Ausbildung einer kompakten städtebaulichen Form wurde fortgeführt. Aus Kostengründen (Material- und Energieeinsparung) wurden ab 1979 die viergeschossigen Scheiben- und Punkthäuser untersagt; sechsgeschossige Bauwerke ohne Aufzug stellten nunmehr die Regel dar.

Die Siedlungen **Berlin-Marzahn** und **Berlin Hellersdorf** wurden nach einem Beschluss des VIII. Parteitages im Nordosten Ostberlins als Großprojekte der DDR angelegt. In Marzahn begann man bereits 1977 mit der Bebauung für eine geplante Einwohnerzahl von 135.000 Menschen und in Hellersdorf ab 1980 für 120.000 Einwohner; dort war die Bauphase auch zur Zeit der Wende noch nicht abgeschlossen. In dem älteren Teilgebiet Marzahns wurden drei Bautypen errichtet: 22-geschossige Punkthäuser, elfgeschossige Riegel und fünfgeschossige kleinere Riegel. 60 % der Wohneinheiten in Mahrzahn befinden sich somit in Hochhäusern, während dieser Anteil in Hellersdorf nur bei 9 % liegt (Bezirksamt Mahrzahn-Hellersdorf

1990 lebten 200.000 Menschen in den beiden Großsiedlungen in Berlin. Zwischen 1990 und 1997 kam es kaum zu Veränderungen in der Bevölkerungsstruktur; dann setzte allerdings ein Bevölkerungsschwund von teilweise 30 % ein und die Leerstandsrate nahm zu (Bezirksamt Mahrzahn-Hellersdorf 2007). Anpassungsstrategien an die Wohnungsnachfrage durch Abriss und Teilabriss sowie Modernisierung der Wohnungen und des Wohnumfeldes konnten zu einer Stabilisierung führen. In den 1990er Jahren wurden 80 % des Wohnungsbestandes mit enormen finanziellen Mitteln saniert und auch das Wohnumfeld neu gestaltet.

Berlin-Mahrzahn, Wohngebiet I (Topfstedt 1999, 537)

Großplatteneinsatz Berlin-Mahrzahn (Im Wandel beständig 2007, 17)

Mahrzahn und Hellersdorf: Anschluss an die S-Bahn (Im Wandel beständig 2007, 17)

Jena: Modell des zentralen Platzes (Architektur und bildende Kunst. Ausstellung zum 20. Jahrestag der DDR, Berlin 1969, 90)

Karl-Marx-Stadt (Chemnitz): Straße der Nationen (Topfstedt 1999, 504)

Zentrum Frankfurt-Oder (Rietdorf 1989, 105)

2007,17). Hieran zeigt sich die Umorientierung des Wohnungsbaus in der letzten Phase der DDR hin zu wieder mehr niedriggeschossigen Wohneinheiten Die Belegung erfolgte ungeachtet des sozialen Status.

Stadtzentren als Kernpunkte der sozialistischen Gesellschaft

Die Stadtzentren in der DDR wurden als Mittelpunkte des politischen Lebens betrachtet und bei der Neugestaltung wurde ihnen eine besondere Bedeutung beigemessen. Der Wiederaufbau der Zentren ab Mitte der 1950er Jahre erfolgte in industrieller Bauweise (z. B. in Magdeburg, Halberstadt, Potsdam oder Frankfurt/Oder). Durch den Abbruch der Altbausubstanz wurden historische Stadtbilder und schützenswerte Bausubstanz in großem Maße vernichtet (Topfstedt 1999, 497).

Doch erst das wirtschaftliche Wachstum in den 1960er Jahren ermöglichte den verstärkten Ausbau der Stadtzentren. Die Deutsche Bauakademie veröffentlichte 1965 die „Grundsätze der Planung und Gestaltung der Städte in der Periode des umfassenden Aufbaus des Sozialismus", die bis 1970 Richtschnur für die Bautätigkeit in Berlin und in einigen Bezirkshauptstädten bildete. In ihnen wurden eine höhere Dichte und damit eine bessere Ausnutzung des Baulandes festgelegt. Vor allem in den Stadtzentren und den zentrumsnahen Gebieten sollten aus wirtschaftlichen und architektonischen Gründen vielgeschossige Gebäude errichtet werden. Beispiele für diese Zielsetzung stellen die Prager Straße in Dresden, die Fortführung der Karl-Marx-Allee in Ostberlin oder das Zentrum von Karl-Marx-Stadt (ab 1990 wieder Chemnitz) dar.

In der Fortsetzung der Karl-Marx-Allee in Ostberlin zwischen Strausberger Platz und Alexanderplatz (1959 bis 1965) wurde eine offene Bebauung aus Zeilenbauten und Punkthäusern in Abkehr von dem Leit-

bild der kompakten Stadt errichtet. Die angrenzenden Baubestände der Vorkriegszeit wurden abgerissen. Die Neubaubilanz von insgesamt 4.600 Wohneinheiten muss allerdings kritisch betrachtet werden, da ca. die Hälfte als Ersatzneubau für die zuvor abgerissenen Altbauwohnungen angesehen werden muss. Der Abriss der Altbausubstanz zwecks Umgestaltung der Zentren wurde ungebrochen propagiert. Der Aufbau der Stadtzentren erhielt in Vorbereitung des XX. Jahrestages der DDR 1969 einen großen Aufschwung (Topfstedt 1999,506). Eine Vielzahl bedeutender Einzelarchitekturen – wie der Fernsehturm und die Neugestaltung des Alexanderplatzes in Ostberlin, der Neubau des Universitätshauptgebäudes in Leipzig etc. – entstanden in diesem Kontext.

Dresden, Neue Geschäftsstraße Pragerstraße (Topfstedt 1999, 502)

Fortsetzung Karl-Marx-Allee in Berlin (Topfstedt 1999, 502)

Stadtumbau in der DDR: der Umgang mit der Altbausubstanz

Zwischen 1971 und 1981 wurden 1,1 Millionen Neubauwohnungen errichtet und im gleichen Zeitraum 600.000 Altbauwohnungen abgerissen (Martina Schretzenmayr 2011). Trotz dieser Zahlen wurde dem Altbaubestand an Wohnungen in der DDR lange Zeit staatlicherseits kaum Beachtung geschenkt und sein Potenzial in den 1960er Jahren unterbewertet. Die Altbauwohnungen befanden sich zu ca. Zweidrittel in Privatbesitz. Dort fehlte den Eigentümern der notwendige finanzielle Anreiz für Investitionen, da die Miete auf dem Niveau von 1944 „eingefroren" war. Die Verstaatlichung der gesamte Bauwirtschaft und der noch kleineren privaten Baugesellschaften im Jahr 1971 hatten zudem zum weiteren Verlust der traditionellen Fertigungstechniken des Bauhandwerks geführt. Das technische Know-how für die Altbaumodernisierung ging mehr und mehr verloren und die Materialbeschaffung gestaltete sich äußerst schwierig (Schretzenmayr 2011,29).

Insgesamt verfügte die DDR über den höchsten Anteil an Altbaubeständen in Deutschland: Bei einem Alt-

(Autorenkollektiv 1986, 56)

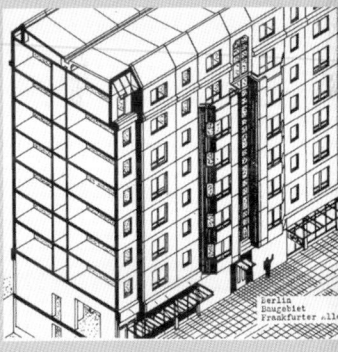

Das auf industrielles Bauen unter planwirtschaftlichem Verhältnissen ausgerichtete Bauwesen konnte nicht für kleinteilige Baumaßnahmen und Instandsetzung von Altbauten genutzt werden. Das Hauptvolumen der Bauwirtschaft wurde von 15 Wohnungsbaukombinaten in den Bezirken und ihnen zugeordnete 50 Plattenwerke bewältigt. Die Großplattenbauweise hatte in der DDR Ende der 1980er Jahre einen Anteil von 84 %, während die traditionell handwerklichen Bauweisen nur 4% ausmachten (Rietdorf 1989,15).

Prenzlauer Berg, Ostberlin, Ende der 1980er Jahre
(Topfstedt 1999, 555

Stadtzentrum Frankfurt Oder, Große Scharrnstraße (Rietdorf 1989, 106)

Rostock – Nördliche Altstadt (Rietdorf 1989, 169)

Wohnungsbestand in der DDR, 1965 (nach Paulick, Rank, Wolfram)

Altersstufen	Wohnungen
ab 1933	1.587.000
1900-1932	1.812.000
1870-1899	1.268.000
vor 1870	1.183.000
	(Topfstedt 1999,509)

bauanteil von etwa 65 % des gesamten Wohnungsbestandes wurde immer offensichtlicher, dass allein die Neubauprogramme nicht ausreichen würden, um eine ausreichende Zahl von Wohnungen sicherzustellen. Im Rahmen einer Bestandserhebung 1965 wurde deutlich, dass die Altbauten auch als „nationaler" Reichtum angesehen werden mussten und der Ersatzneubau für abgerissene Altbauten bei dem vorhandenen Volumen der Neubautätigkeit viele Jahrzehnte dauern würde.

In den Innenstädten nahm der Zerfall in den 1970er Jahren weiter deutlich zu: die Erhaltungsmaßnahmen waren zu gering und wurden nicht kontinuierlich durchgeführt. In der Folge wanderten Menschen aus den Innenstädten und insbesondere den Großstädten ab. Mit den ersten Erhaltungs- und Modernisierungskonzepten wollte man sich dieser Entwicklung entgegenstellen und speziell die Innenstädte attraktiver machen. Vor allem die Fußgängerbereiche in den Zentren wurden ausgebaut: Bereits 1968 entstand in Rostock und 1969 in Weimar eine Fußgängerzone. In den 1970er Jahren erfolgte ein sprunghafter Anstieg der Umgestaltung der Einkaufsstraßen.
Anfang der 1970er Jahre begann die Modernisierungstätigkeit in einigen Ostberliner Stadtbezirken. Ab 1976 propagierte man auch im Wohnungsbauprogramm der SED die Erhaltung und Modernisierung mit Hinweis auf die hohen kulturellen Werte und die „Wahrung" des Antlitzes der Stadt. In den Produktionszahlen des Wohnungsbaus tauchen neben den Zahlen für Aus- und Umbauten seit 1983 auch „Rekonstruktionsmaßnahmen" in der Statistik auf (Topfstedt 1999,556).

Ostberlin-Bezirk Mitte/Arkonaplatz (1970-1984):
Das Gebiet um den Arkonaplatz war als typisches Arbeiterviertel in den 1880er Jahre auf der Grundlage des Hobrechtplans mit einer fünfgeschossigen Bebauung und Seitenflügeln errichtet worden. Bereits Anfang der 1970er Jahre wurden städtebauliche Unter-

suchungen über die Modernisierungsbedürftigkeit vom Institut für Städtebau und Architektur der Bauakademie und vom VEB Baureparaturen Berlin-Mitte erstellt. Die Instandsetzungs- und Modernisierungsmaßnahmen mit teilweise Rekonstruktion der Altbauten sowie mit Neubauten wurden zwischen 1970 und 1984 durchgeführt. Die Modernisierung der Wohnungen und der Einbau von Bäder standen im Mittelpunkt. Durch den Abriss von hinteren Anbauten konnten neue Grün- und Spielflächen in den Baublöcken geschaffen werden (Rietdorf 1989,29).

1984 wurde anlässlich der Feierlichkeiten zu den Erfolgen des Wohnungsbauprogramms von 1971 die fertiggestellte zweimillionste Wohnung durch Erich Hoenecker mit der Übergabe einer sanierten Wohnung am Arkonaplatz eröffnet und damit auch symbolisch der Bestandorientierung im Wohnungsbau eine größere politische Bedeutung beigemessen.

Ostberlin-Bezirk Prenzlauer Berg/Husemannstraße (1983-1987): Auch die Gründerzeitquartiere im Stadtbezirk Prenzlauer Berg wiesen einen hohen Instandsetzungsbedarf auf und viele Gebäude trugen noch sichtbare Kriegsschäden. Anfang der 1980er Jahre wurde in der Husemannstraße mit Vorbereitungen für eine Rekonstruktion „im Stil der Jahrhundertwende" begonnen (Rietdorf 1989,31). In den Voruntersuchungen zur Lebensweise und „zum kulturellen Niveau und zu den stilistisch-ästhetischen Besonderheiten der Stadtgestalt" (Rietdorf 1989,31) aus der Zeit der Entstehung des Viertels leitete man deren Rekonstruktionsmuster ab. Im Ergebnis wurden „Bilder" einer vergangenen Zeit produziert und Kandelaver, alte Ladeneinbauten bis hin zu Handpumpen nachgebildet. In den Erdgeschosszonen wurden Schumacherläden, Handwebereien, Altstadtkneipen etc. eingerichtet, die ein historisches Flair vermitteln sollten. Neben diesem äußeren Bild einer restaurativen Wiederherstellung des Stadtbildes wurden allerdings auch 370 Wohn-

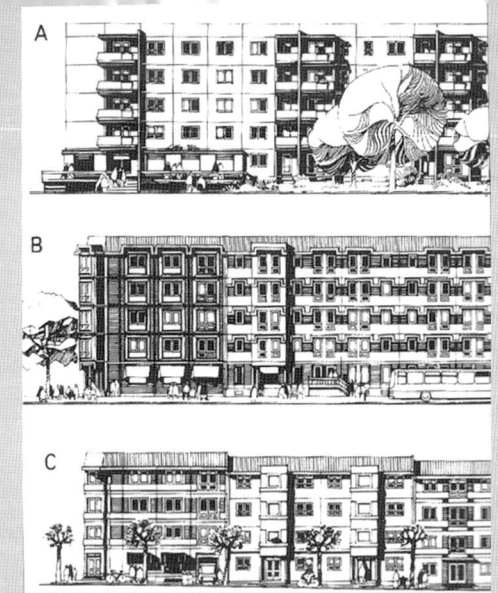

Wettbewerb „Variable Gebäudelösungen in Plattenbauweise für innerstädtisches Bauen". Hier: angepasster WBS 70 für A Neubaugebiete, B Gründerzeitgebiete und C Altstadtbereiche (Topfstedt 1999, 550)

Berlin – Husemannstraße (Rietdorf 1989, 76)

Berlin – Husemannstraße, Hofseite (Rietdorf 1989, 77)

Altbausanierung Rekonstruktionsgebiet Arminplatz und Arkonaplatz in Ostberlin (Autzen, Becker, Bodenschatz 1984, 49)

Lageplan Nicolaiviertel, Erdgeschosszone (Rietdorf 1989, 24)

Nicolaiviertel (Topfstedt 1999, 550)

Nicolaiviertel (eigenes Foto)

Nicolaiviertel (eigenes Foto)

einheiten modernisiert und die Innenhöfe neu gestaltet.

Ostberlin-Stadtzentrum/Nikolaiviertel (1980-1987): Das wohl aufwändigste Beispiel der Hinführung zu einer Bestandsorientierung in Ostberlin war die Restaurierung des Nikolaiviertels, des historischen Berliner Altstadtzentrums. Der überlieferte Stadtgrundriss um die Nikolaikirche wurde in der Planung nach einem Wettbewerbsentwurf von Günter Stahn aufgenommen. Vorherrschend war der Neubau mit Plattenbauten nach dem zum Typ „Altstadt" abwandelten Typ WBS 70 mit leicht abgeschrägtem Drempel und historisch anmutender Fassadenprofilierung. Zwischen den Neubauten standen wenige sorgsam restaurierte Altbauten und einige neu errichtete bzw. an diese Stelle versetzte Altbauten. Vor allem auch historisch bedeutsame Einzelgebäude, wie das Ephraimpalais oder die Gerichtslaube (Rietdorf 1989,23) wurden hier implementiert. Im Nikolaiviertel wurden 800 neue Wohnungen (70 % als Ein- und Zweiraumwohnungen) erstellt und in den Erdgeschosszonen ein sehr hoher Anteil an Geschäfts- und Gastronomieflächen vorgesehen. Mit außergewöhnlichem Aufwand wurde dieses Vorzeigestück der Stadterneuerung hergestellt. Das Nikolaiviertel wird heute als „Altstadt" Berlins wahrgenommen und ist als touristischer Anlaufpunkt beliebt. Nur selten wirft ein Blick in die oberen Geschosse und die Wahrnehmung der „Altstadtplatte" die Frage auf, ob hier nicht ein Stück Kulissenarchitektur entstanden ist.

Städtebau und Wohnungsbau in Westdeutschland /BRD

In der so genannten Phase des Wirtschaftswunders erlebte die Bundesrepublik Deutschland einen ökonomischen Aufschwung. Die Wirtschaft lief auf vollen Touren, die Vollbeschäftigung ermöglichte eine kontinuierliche Steigerung der Reallöhne und der Massenkonsum entwickelte sich unter der fordistischen Modernisierung der Gesellschaft rasant. Die Einschränkungen der Nachkriegszeit waren überwunden und der Blick in eine Zukunft war noch nicht von den Grenzen des wirtschaftlichen Wachstums bestimmt.

Das fordistische Gesellschaftsmodell erfasste alle Lebensbereiche: Rationalisierung und Funktionalisierung wurden bestimmende Faktoren. Die Industrialisierung der Bauproduktion erfolgte nach dem Motto „Form folgt Fertigung" (Reinborn 1996,241). Die Funktionstrennung als leitendes Motiv des Städtebaus wurde fortgeführt.

Bereits in den 1960er Jahren löste sich der „Nachkriegskonsens" über das städtebauliche Leitbild auf und die durchgrünten, weitläufigen Siedlungen gerieten in Kritik: die Stadt, so der Soziologe Edgar Salin 1960, drohte sich mit ihrer „Entballung" gleichzeitig aufzulösen und nicht nur ihre urbane, städtische Qualität, sondern auch ihre Bedeutung als Gemeinschaft der Stadtbürger zu verlieren. In den folgenden Jahren wurde „Urbanität" allerdings weniger als Lebensform und Teilhabe der Bürger am Gemeinwesen Stadt angesehen, sondern leichtfertig mit einer stärkeren Verdichtung und Ansammlung von Menschen auf engem Raum gleichgesetzt. Die Forderung nach Dichte wurde einseitig im Dienst der wirtschaftlichen Interessen gestellt.

Nachdem die Bodenpreisbindungen des Staates zunehmend gelockert wurden und die Bodenpreise stark angestiegen waren, diente das neue Leitbild „Urbanität durch Dichte" (1960 bis 1975) hervorragend als

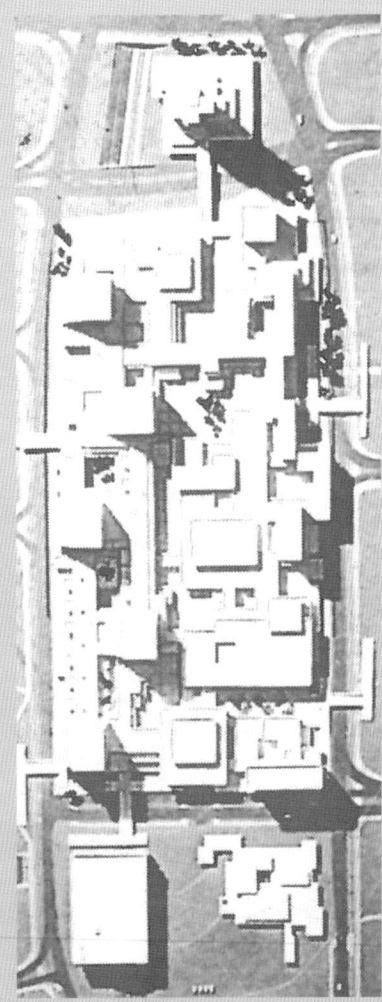

Frankfurter Nordweststadt: geplantes Frankenzentrum (Reinborn 1996, 284)

Berlin-Gropiusstadt (eigenes Foto)

Welche Strukturen wurden durch die neue „Urbanität durch Dichte" geschaffen?
- **Durchsetzung des Wohnhochhauses**
- **Kompakte geschlossene Räume**
- **Große Wohnformen für große Bewohnermassen**
- **Verstärkung der Zentralisierung auch in den Wohngebieten mit Schul-, Sport- oder Einkaufszentren**
- **Große Bauträgergesellschaften**
- **Vorherrschen der industrialisierten Bauweise und Einsatz vorgefertigter Bauelemente**

Geschossflächenzahl und Netto-Wohndichte

Karlsruhe-Waldstadt	1957	GFZ 0,55	141 EW/ha
Mannheim-Vogelstang	1964	GFZ 0,67	222 EW/ha
Frankfurt-Nordweststadt	1963	GFZ 0,85	330 EW/ha
München-Neuperlach	1967	GFZ 0,69	320 EW/ha
Hamburg-Steilshoop	1970	GFZ 1,12	404 EW/ha
Berlin-Gropiusstadt	1962	GFZ 1,28	340 EW/ha

Legitimation für die kompakte Bauweise und die Propagierung des Wohnhochhauses. Statt der Zeilenbauweise wurden zusammenhängende geschlossene Räume mit „Wohnhausschleifen" aus hohen und niedrigen Gebäuden gebildet. Das Ordnungsprinzip der kleinen Nachbarschaften wurde weitgehend aufgegeben und Großsiedlungen für große Bewohnermassen errichtet. Im Zuge fordistischer Rationalisierung wurden auch die Versorgungseinrichtungen zentralisiert und es entstanden isolierte Gross-Infrastrukturen mit Einkaufszentren (z. B. in Frankfurt-Nordweststadt) und Schulzentren (z. B. in Hamburg Steilshoop), die die bekannten städtebaulichen Dimensionen sprengten.

Großsiedlungsbau am Stadtrand

Die Stadterweiterung der 1960er und 1970er Jahre wurde durch den Bau von Großsiedlungen sowie den Ausbau größerer Einfamilienhausgebiete bestimmt.

Die Erstellung von großen Wohneinheiten zwecks Lösung der „Wohnungsfrage" war sicherlich angesichts der vorhandenen Wohnungsdefizite und der schlechten Altbausubstanz ein hehres wohnungspolitisches Ziel. Mehr und mehr traten allerdings die Ausnutzungsgesichtspunkte und die Erhöhung der Baudichte in den Mittelpunkt und folgten dem wirtschaftlichen Kalkül der Bauwirtschaft. Die Bauökonomie bestimmte den städtebaulichen und architektonischen Ausdruck in der neuen „Großform".

Aus heutiger Sicht stellt der Bau der Großsiedlungen und die umfangreiche Neubauerstellung eine tatsächlich bedeutende Verbesserung der Wohnungsversorgung dar, – auch wenn die Baustrukturen schon in den 1970er Jahren immer mehr in Kritik gerieten: So zeigten sich schon bald Mängel in der Bausubstanz, die Infrastrukturausstattung reichte nicht aus und die notwendigen Verkehrsanbindungen wurden erst verspätet errichtet. Die Siedlungen lagen zudem oft weit entfernt in städtischen Randlagen. Mit der langsamen „Vervollständigung" der Siedlungen, mit der längeren Wohndauer der Bevölkerung und ihrem „heimisch" werden im Stadtteil, wuchs trotz der baulichen und städtebaulichen Mängel die Akzeptanz durch die Bewohner. Probleme stellten sich dann in den Großsiedlungen ein, wenn eine soziale Entmischung einsetzte und die besser gestellten, eher mittelständisch orientierten Bewohner die Viertel verließen und eine Stigmatisierung der Wohnviertel als Quartier für soziale Absteiger einsetzte.

Einher mit dem wirtschaftlichen Wachstum vollzog sich in den 1960er Jahren ein Anwachsen des PKW-Verkehrs. Die Planung konzentrierte sich auf den Ausbau der Netze für den Straßenverkehr; große Verkehrsschneisen wurden in die Stadt geschlagen, um insbesondere den Anschluss an die Zentren zu gewährleisten. Der Straßenausbau und die bessere Versorgung mit U- und S-Bahnen unterstützte die Abwanderungsbewegung von der Stadt ins Umland.

Im Zuge des Suburbanisierungsprozesses entstanden vor allem Einfamilienhausgebiete in den Randgemeinden der Großstädte. In den Stadtzentren, die sich immer mehr zu Zentren für Banken, Versicherungen oder Warenhäuser entwickelten, nahm die Wohnbevölkerung mehr und mehr ab.

Die innenstadtnahen Wohngebiete erlebten im besonderen Maße eine Umstrukturierung: In Erwartung einer besseren Rendite durch die sich ausweitenden Dienstleistungsbereiche innerhalb des Stadtzentrums geritten diese Gebiete unter „Druck". Die Re-Investitionen in die Altbausubstanz unterblieben und Spekulanten kauften die Gebiete auf. Ein Musterbeispiel dieser Grundstücksspekulation stellt das Westend in Frankfurt dar, wo die Vermieter die Vertreibung der Mieter mit besonders rüden Methoden betrieben. Die Proteste gegen die Zerstörung des Westends fanden ihren Ausdruck in einer der ersten großen Bürgerinitiativbewegungen in der Bundesrepublik.

Im Frankfurter Westend eigneten sich Spekulanten das Gebiet an und vertrieben die bisherigen Mieter, um die Grundstücke mit einer neuen Hochhausbebauung zu besetzen. In dieser Spekulationswelle gingen die Grundstücke durch viele Hände und wurden schließlich so „teuer", dass sich nur noch eine hohe Ausnutzung rentierte; so wurde versucht, diese hohe Ausnutzung bei der städtischen Planungspolitik durchzusetzen.

Westend Frankfurt: Protestmarsch 1970 (Harlander 1999, 311)

Verkehrsgerechte Anpassung der Stadtstruktur (Tomms, Wortmann 1973, 251)

Der Münchner Oberbürgermeister J. Vogel als Mahner vor der Zerstörung und Verarmung der Städte 1971 (Reinborn 1996, 285)

„Länge mal Breite mal Geld"

„Länge mal Breite mal Geld" (Spiegel 1971, Heft 24, 250)

Lageplan Düsseldorf-Garath (Reinborn 1996, 247)

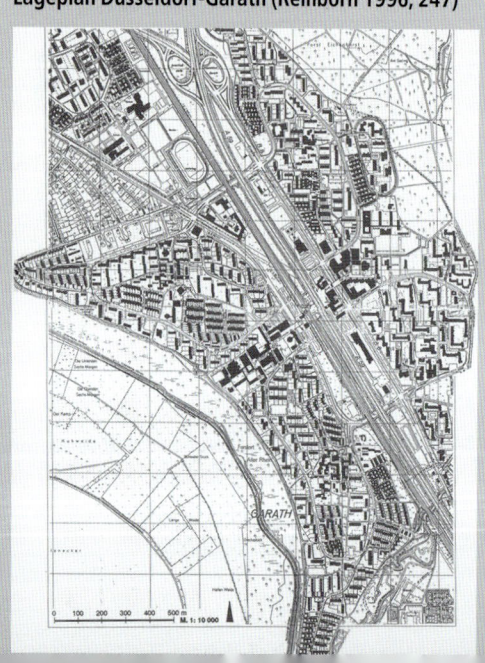

Mitte der 1970er Jahre setzte eine gesellschaftspolitische Trendwende ein. Die Grenzen des unbeschränkten Wachstums wurden immer deutlicher und die Kritik an der westdeutschen Städtebaupolitik wurde größer. 1971 lautete das Motto des Deutschen Städtetages „Rettet unsere Städte jetzt". Der SPIEGEL (1971, Heft Nr. 24) betitelte diese Entwicklung mit der Überschrift „Länge mal Breite mal Geld": In dem Beitrag wurden die unter dem Verkehrskollaps zusammenbrechenden Innenstädte, der Bau von seelenlosen Bürokomplexen und gesichtslosen Stadterweiterungsgebieten sowie die zu reinen Einkaufszentren verkommende Innenstädte angeprangert.

Einige der westdeutschen Großsiedlungen sollen im folgenden Abschnitt herausgestellt werden.

Düsseldorf-Garath (1961-1973): Die Stadt Düsseldorf plante im Süden ein durch die Bahnlinie Düsseldorf-Köln in zwei Teile getrenntes Stadterweiterungsgebiet für ca. 24.000 Einwohner und 250 ha Baufläche als „Entlastungstadt". Bereits 1958 wurde ein städtebaulicher Wettbewerb ausgeschrieben (Preisträger: Max Guther). Das Gebiet wurde in Nachbarschaften untergliedert, die durch eine Schleifenerschließung sowie Stichstraßen erschlossen wurden; der zentrale S-Bahnhof wurde von allen „Quartieren" aus über Fußwege angebunden. Prägend war die Mischung von Mietwohnungen (85 %) und Eigenheimen (15 %). 1971 lebten in Düsseldorf-Garath bereits 28.000 Einwohner.

Köln-Chorweiler (1960 bis ca. 1990): Bereits nach dem zweiten Weltkrieg plante Rudolf Schwarz als „Generalplaner" für den Wiederaufbau im Kölner Norden einen neuen Stadtteil als geschlossenes Stadtgefüge. Der neue Stadtteil mit Wohnraum für 80.000 bis 100.000 Einwohner, mit Geschäften für den täglichen und periodischen Bedarf, mit Schulen, Kindergärten, soziale Einrichtungen, Behörden und Arbeitsplätzen lag 10 km vom Stadtkern entfernt. Seit 1959 wurde die Planung von Eduard Pecks, Joachim Riedel und Harald Ludmann schrittweise umgesetzt.

Die städtebauliche Struktur sah mäanderförmige Gebäude von vier bis 30 Geschosse vor. Die höchste Verdichtung befindet sich überwiegend in der Quartiersmitte in der Nähe des U-Bahnanschlusses und beim zentralen Versorgungsbereich mit Einkaufszentrum, Schulen und Bezirksrathaus.

Leerstände, Vandalismus, eine hohe Quote Sozialhilfeempfänger etc. stigmatisierten das Viertel seit Ende der 1970er Jahre. Chorweiler wurde bald zur schlechten Adresse Kölns abgestempelt. Bereits 1987 wurde das erste Stadterneuerungsprogramm für Chorweiler aufgelegt, dem bis heute zahlreiche weitere Förderprogramme folgten. In der ersten Stufe der Stadterneuerung wurden in Chorweiler Wohnumfeldverbesserungen durchgeführt, überdimensionierte Verkehrsflächen zurückgebaut, Wohnungen modernisiert, Freiflächengestaltungen mit Bewohnerbeteiligungen durchgeführt, die Infrastrukturausstattung verbessert und das Einkaufszentrum modernisiert. Die Verbesserungen im Wohnumfeld und in der Ausstattung des Quartiers führten jedoch nicht zu einer allgemeinen Stabilisierung der sozialen Lage der Bewohnerschaft. Mitte der 1990er Jahre wurden Maßnahmen des Förderprogramms „Soziale Stadt" in Chorweiler umgesetzt: Sie hatten vor allem die Situation der Jugendlichen, verstärkte Integrationsmaßnahmen und Qualifizierungsprojekte im Blick. Der rund ein halbes Jahrhundert alte Stadtteil befindet sich somit seit mehr als 25 Jahren kontinuierlich in öffentlichen Förderprogrammen.

Berlin-Märkisches Viertel (1963-1974): In peripherer Lage an der Ostgrenze Westberlins und umgeben von Einfamilienhäusern und Kleingärten entstand eine neue Großsiedlung, die den angespannten Wohnungsmarkt Westberlins entlasten und zugleich als Wohnstandort für die Sanierungsverdrängten aus den

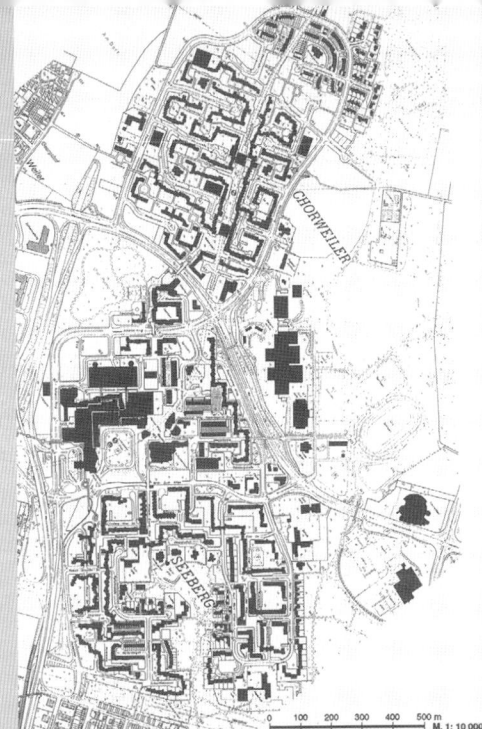

Lageplan Köln-Chorweiler (Reinborn 1996, 253)

Einen erheblichen Anteil am Paradigmenwechsel der Wohnungspolitik in der Bundesrepublik hatten die Skandale um die gemeinnützige Wohnungswirtschaft und insbesondere in der gewerkschaftsnahen Wohnungsbaugesellschaft Neue Heimat. Letztlich ging es auch um einen immer stärkeren Einfluss der privaten Wohnungsunternehmen, die die Sonderstellung der gemeinnützigen Unternehmen hinsichtlich der Steuerprivilegien kritisierten.

Köln-Chorweiler – Stadtteilzentrum (eigenes Foto)

Köln-Chorweiler – Wohnumfeldverbesserung 1990er Jahre mit Rückbau der breiten Verkehrswege (eigenes Foto)

„Ick komme ich hier raus ins Märkische Viertel, wenn man da zur Besinnung kommt, da jeht man einkaufen,, die zwei Jeschäfte sprechen die Preise ab, ihre Preise. Die Fahrwege – nach Mariendorf, sind 45 km. Um Fünfe stehen ick auf. Doppelter Anfahrtsweg. Willste einen Schluck Milch holen, musste ins MV-Zentrum Jehen, in Kreuzberg war dattlet an der ecke. Dann fängste langsam einen nachzudenken. Wathachste dir eingehandelt. Mehr Freizeit?- ne, mehr Wege. Ick bin nur noch auf Achse, um den Bestand meiner Familie zu erhalten. Ne Handvoll Geier ham den Arsch und das Geld – wir hängen mit dem Arsch im Dreck" (Harlander 2011,18 zitiert nach Andritzky/Becker/Selle).

Weitere Beispiele westdeutscher Großsiedlungen:

Berlin-Gropiusstadt	1960-1975
Bremen-Neue Vahr	1957-1962
Darmstadt-Kranichstein	1968-1975
Heidelberg-Emmertsgrund	1969-1973
Hamburg-Mümmelmannsberg	1970-1980
Mannheim-Vogelstang	1964-1973
München-Neuperlach	1967-1985

(siehe ausführlich bei Reinborn 1996)

Märkisches Viertel, Berlin (Reinborn 1996, 254)

Mit der Bebauung wurden 20 junge und zum Teil schon bekannte Architekten beauftragt (z. B. Oswald Mathias Ungers).

Märkisches Viertel, Berlin: Kritik an den neuen Ersatzwohnungsbauten (Horlander 1999)

Altbauquartieren dienen sollte. 1962 wurde das städtebauliche Gesamtkonzept von Werner Düttmann, Georg Heinrichs und Hans.C. Müller erstellt. 17.000 Wohneinheiten wurden in der Typologie von „Wohnhausschleifen" mit sechs bis acht bzw. 18 Geschossen erstellt.

Neben der Wohnbebauung wurden elf Schulen, 16 Kindertagesstätten sowie Haupt- und Nebenversorgungszentren geschaffen (Reinborn 1996,254). Durch die Anordnung aller Stellplätze in ebenerdiger Lage wurde viel Freiraum für die PKW.s verwendet und entsprechend wenig nutzbare Grün- und Freiflächen geschaffen. Das Märkische Viertel wurde Musterbeispiel und Synonym für den als unmenschlich bezeichneten Städtebau jener Zeit.

Hamburg-Steilshoop (1970-1976): 7 km nördlich des Hamburger Zentrums wurde diese Großsiedlung für 24.000 Einwohner und 7.200 Wohneinheiten geschaffen. Auf der Grundlage der Planung einer Architektengemeinschaft, die sich aus den verschiedenen Preisträgern eines städtebaulichen Wettbewerbes zusammensetzte (Burmeister & Ostermann, Garten & Kahl, Candilis, Josic und Woods), entstand eine aus der Hofform gebildete städtebauliche Figur. Entlang einer inneren Erschließungsstraße mit viergeschossigen Gebäuden wurden 20 gleichförmige Höfe angeordnet. Am Ende eines jeden Wohnhofes staffelt sich die Bebauung auf sieben bis 13 Geschosse in die Höhe. Die Wohnhöfe wurden als Grünflächen ausgebildet. Im Zuge der Wohnumfeldverbesserung der 1990er Jahre wurden die Grünflächen im Sinne einer verbesserten Nutzung durch die Bewohner umgestaltet.

Steilshoop war als reine Wohnstadt gedacht. 30.000 Arbeitsplätze sollten in der nahe gelegenen Bürostadt City-Nord entstehen, – eine nicht realisierte Planungsabsicht. In der Mitte der Großsiedlung wurde eine große zentrale Fläche für das Einkaufs- und Schulzentrum sowie für Sportanlagen angeordnet. Die Hälfte der

Gebäude wurde vom Bauträger „Neue Heimat" erbaut und in einer gleichförmigen Architektursprache mit Bauten aus Betonfertigteilen errichtet. Die Monotonie der additiv angeordneten Höfe wurde durch die Gestaltung noch verstärkt. Der notwendige U-Bahn-Anschluss wurde auch in späteren Jahren nicht errichtet. Steilshoop wurde in den 1980er und 1990er Jahren in Hamburg immer mehr zum städtebaulichen Problemfall. Die einseitige Belegungspolitik führte zu einem hohen Anteil an Arbeitslosen und Sozialhilfeempfängern. Der Anteil an arbeitslosen Jugendlichen war besonders hoch. Vandalismus und Kriminalität wurden zum Synonym für diesen Stadtteil und brachten ihn in starkem Misskredit. Auch hier wurden seit den 1980er Jahren Städtebauförderungsmittel zur Quartiersverbesserung eingesetzt.

Neue Stadt Wulfen (1964-1980): Neben der Stadterweiterung mit Großsiedlungsbauten wurden auch neue Städte auf der grünen Wiese geplant – ähnlich den New Towns in England. Eines der bekanntesten Beispiele ist die neue Stadt Wulfen (heute Stadt Dorsten) im Norden des Ruhrgebietes.

Auf der Grundlage eines internationalen städtebaulichen Wettbewerbes im Jahr 1961 sollte auf 400 ha Fläche eine neue Stadt für ca. 46.000 Einwohner und mit 13.000 Wohneinheiten entstehen. Diese „Zielzahl" musste anschließend stark reduziert werden; 1979 zählte die Stadt erst 15.000 Einwohner (Reinborn 1996,277). Die neue Stadt sollte zur Hälfte aus Ein- und Zweifamilienhäusern bzw. Doppel- und Reihenhäusern bestehen und zur Hälfte aus drei- bis viergeschossigen Miethäusern. Die Dichte war mit 30 bis 35 Einwohner pro ha eher gering. Der prämierte Entwurf von Fritz Eggeling sah verschiedene Quartiere vor, die durch ein getrennt geführtes Fußwegenetz frei vom Autoverkehr miteinander und mit dem zentral gelegenen Hauptzentrum und den öffentlichen Einrichtungen und Läden verbunden wurden. Die Quartiere erhielten ein wabenförmig aufgebautes Straßen-

Hamburg-Steilshoop (Reinborn 1996, 265)

Hamburg-Steilshoop (Reinborn 1996, 266)

„Neue Stadt Wulfen" (Reinborn 1996, 275)

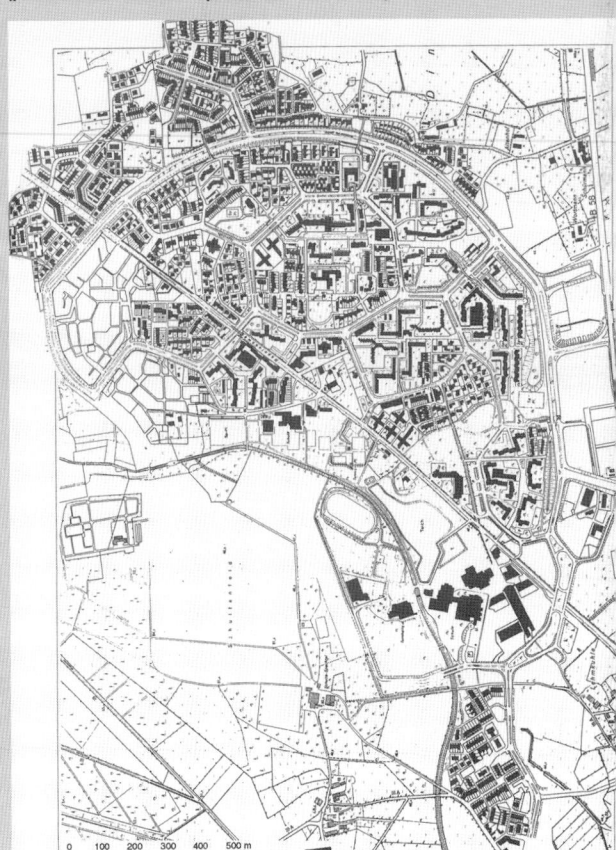

Für den Bau der neuen Stadt Wulfen wurde eigens eine Entwicklungsgesellschaft gegründet, die die Planung und die Bodenordnung übernahm. Sie setzte sich aus der Zechengesellschaft, dem Siedlungsverband Ruhrkohlebezirk SVR, dem Landkreis und der Gemeinde Hervest-Dorsten zusammen.

Metastadt 1973 – Prototyp eines industriell gefertigten Montagebausystems (Das andere Wohnen 1980, 254)

Wulfen: autofreie Wege und Plätze (Das andere Wohnen 1980, 254)

„Finnstadt" von Toivo Horhonen, Finnland (Das andere Wohnen 1980, 254)

netz sowie jeweils kleinere Nebenzentren und wurden durch Grünzüge voneinander getrennt. Die Zielsetzung, die neue Stadt Wulfen als „Ganzes" und als ablesbare Einheit zu konzipieren, wurde durch die inselartige Lage der Quartiere nicht erreicht. Wulfen wurde vor allem durch die futuristischen Wohnungsbauexperimente bekannt, wie die flexible und vollelementierte „Metastadt" von Richard Dietrich, die allerdings 1988 wegen starker konstruktiver Mängel abgerissen wurde. Einige weitere bekannte Architekten der Zeit realisierten Bauprojekte in Wulfen wie Hans Poelzig oder Friedrich Spengelin.

Wohnungspolitische Weichenstellungen in der BRD

In der ersten Phase des Wiederaufbaus wurden zwei wichtige Wohnungsteilmärkte dem privaten Anleger entzogen: zum einen wurde eine Mietpreisbindung für Altbauten erlassen, die damit für den Markt faktisch uninteressant waren und zum anderen wurde der soziale Wohnungsbau gefördert (siehe auch Kapitel 16).

Ein wichtiger Kernpunkt im öffentlich geförderten sozialen Wohnungsbau wurde die Orientierung an der Kostenmiete. Mit der Kostenmiete konnten die tatsächlichen Herstellungspreise über die Mieteinnahmen realisiert werden. Es wurden Wohnungen in großer Zahl errichtet, da ihre Vermietung gewährleistet schien. Mit diesem Finanzierungsmodell wurden allerdings die neu errichteten Wohnungen bei oft gleichem Ausstattungsstandard aber steigenden Herstellungskosten teurer als die oft wenige Jahre zuvor errichteten Neubauwohnungen. Die gemeinnützigen Wohnungsbaugesellschaften konnten einen Teil der mit hohen Kosten produzierten Neubauwohnungen nicht mehr gewinnbringend vermieten.

Seit den 1960er Jahren erfolgte stückweise ein Rückzug des Staates aus der Förderung des Wohnungsbaus. Die Mietpreisbindung für Altbauten wurde gänzlich aufgehoben; die Altbaumieten stiegen kräftig an. Vor dem Hintergrund dieser neuen lukrativen Vermietungsmöglichkeiten nahmen die Modernisierungsmaßnahmen in den Altbaubeständen zu. Der Staat musste erneut regulierend mit einem neuen Kündigungsschutzgesetz und mit einer Mietpreisbindung bei Modernisierungsmaßnahmen reagieren.

Neue Sozialwohnungen wurden in den 1970er Jahren überwiegend für „Problemgruppen" und als „Ersatzwohnungen" für die Umsetzungen bei Sanierungsverfahren errichtet. Der Rückzug des Staates aus der direkten Wohnungsbauförderung wurde auch ökonomisch notwendig, da mit der nachlassenden Konjunktur auch die Förderung von Sozialbauwohnungen nahezu unbezahlbar geworden war. Die Wohnungsbaupolitik spaltete sich in die „Vermögens- und Familienpolitik für die Mittelschichten (und eine) Sozialpolitik für die sozial Schwachen" (Von Beyme 1999,131).

Mit der Einführung des Wohngeldes 1960 verstärkte sich dieser Trend. Mit der neuen „Subjektförderung" der Individuen statt der „Objektförderung" von Wohnungen sollte eine gezielte Sozialpolitik entsprechend der individuellen Bedarfe betrieben werden. Im Zuge der immer stärkeren Liberalisierung des Wohnungsmarktes konnte durch das Wohngeld die individuelle Belastung tatsächlich sozial abgefedert werden. Der dem freien Markt überlassene Wohnungsbau führte jedoch im Zuge der anhaltenden sozialen Ausdifferenzierung mit Langzeitarbeitslosigkeit, Altersarmut, zu versorgenden einkommensschwächeren Bevölkerungsgruppen etc. dazu, dass heutzutage die Subjektförderung für den Staat und letztlich für die Kommunen immer teurer wird. Der Anteil an preisgünstigen Wohnungen, insbesondere in den noch expandierenden Städten, wird immer geringer.

„Sozialer Wohnungsbau wurde zur Innovation einer Wohnungsbaupolitik, die sich als Sozialpolitik verstand, und war eine der großen Leistungen des Wiederaufbaus" (Von Beyme 1999,123). Mit dem hohen Einsatz von Finanzmittel zur direkten Förderung des Wohnungsbaus „in Verbindung mit einer steuerpolitischen Förderung der Eigentumsbildung" (Von Beyme 1999,125) war die Bundesrepublik bezüglich des Wohnungsbaus außerordentlich erfolgreich.

Seit den 1980er Jahren fand mehr und mehr der Abbau der wohlfahrtstaatlichen Intervention in den Wohnungsbau statt. Mit der Abschaffung des Gemeinnützigkeitsgesetzes im Jahr 1989 erfolgte eine weitere Deregulierung der Wohnungspolitik. Politisch hielt man den Zeitpunkt für gekommen, den gesamten Wohnungsmarkt in die freie Marktwirtschaft „entlassen" zu können und damit die Instrumente der Staatsintervention in den Wohnungsbau aufzugeben; diese wurden lediglich als notwendiges Instrument der Notsituation der Nachkriegsjahre angesehen.

In der Folge wurde deutlich, dass die Warnungen der Fachöffentlichkeit, dass der Markt den Bedarf nach preiswerten Wohnungen nicht abdecken wird und sich die Wohnungsteilmärkte immer stärker ausdifferenzieren werden, überhört. Die Problemlage im preiswerten Wohnungssegment verschärfte sich wie erwartet und der Anteil der Mietkosten an den Einkommen erhöhte sich zunehmend. Die immer größeren Einkommensungleichheiten zeigen sich auch in der Ausdifferenzierung der Standorte innerhalb der Städte.

Soziale Segregation westdeutscher Großsiedlungen

Nach 1945 bis in die 1970er Jahre hinein war die soziale Segregation im Wohnungs- und Siedlungsbau in der Bundesrepublik wenig ausgeprägt. Der Zugang zum Wohnungsmarkt – als Ausgangspunkt für räumliche und soziale Segregation – war durch die staatliche Intervention und durch die bedeutenden Anteile des öffentlich geförderten Wohnungsbaus für breite Teile der Bevölkerung gegeben. Infolge des Einkommenszuwachses gab es kaum Obdachlosigkeit; Armut und Arbeitslosigkeit traten nicht dauerhaft auf. Ausdrücklich sollte sich die Wohnungsbaupolitik auf die Versorgung „breiter Schichten" der Bevölkerung mit Wohnungen konzentrieren. Eine räumliche Segregation von Haushalten mit niedrigem Einkommen sollte nicht zugelassen werden (Häussermann/ Siebel 2004,147). In vielen Neubausiedlungen war eine Mischung der Bevölkerungsstruktur erfolgt: Bautypologisch und sozialstrukturell wurden Eigentums- und Mietwohnungen angeboten. Auch im Rahmen der staatlichen Sanierungspolitik der 1960er und 1970er Jahre sollten keine Altbauquartiere mit einer nur einseitigen Bevölkerungs- und Sozialstruktur entstehen.

„Mit dem Abbau der wohlfahrtstaatlichen Interventionen in die Wohnungsversorgung in der Bundesrepublik seit den 1980er Jahren und mit dem Ende der staatlichen Wohnungsversorgung in der DDR verloren die Faktoren, die sozialer Segregation entgegenwirkten, an Bedeutung. Die Einkommensungleichheit wird größer, die ethnische Zusammensetzung der Wohnbevölkerung wird heterogener, das Wohnungsangebot erlaubt eine größere Mobilität. Mehr und mehr wird die Wohnungsbewirtschaftung zu einem eigenständigen Teil der Kapitalverwertung und der Anteil der Sozialwohnungen nimmt laufend ab. Insgesamt wird der staatliche Einfluss auf die Wohnungsversorgung und damit auch auf die sozial räumliche Struktur der Städte geringer. Daher ist zukünftig mit einer verstärkten sozialen Segregation zu rechnen" (Häussermann/ Siebel 2004,149).

Stadtumbau: Sanierungspolitik als Kahlschlagpolitik

Im Zuge des Wirtschaftswachstums in Westdeutschland wurde deutlich, dass neben der Errichtung der Neubausiedlungen die Altbausubstanz, die nach dem Krieg oft nur notdürftig repariert wurde, erhebliche Ausstattungsdefizite und einen hohen Instandsetzungsbedarf aufwies; notwendige Investitionen in die Altbauten waren jahrelang unterlassen worden.

Die Sanierungspolitik war weitgehend geprägt von einer Politik des Abrisses: die so genannte Kahlschlagsanierung wurde in den 1960er und 1970er Jahren Merkmal einer „harten" Phase der Stadterneuerung. Bis etwa Mitte der 1970er Jahre verfolgte man in den Bestandsgebieten eine flächige und expansive Erweiterung nach „innen". Begriffe wie „Beseitigung rückständiger Viertel", „Gesundung des Stadtkörpers", „Ausmerzung von Krankheiten im Stadtkörper" oder „Schandfleckbeseitigung" verdeutlichen die Haltung, die man gegenüber den Altbaugebieten einnahm.

Die Erneuerungen in den 1960er Jahren gingen allerdings nur schleppend voran, da das Baugesetzbuch von 1960 eine gesetzliche Regelung zur Sanierung ausklammerte. Erst 1971 wurde das Städtebauförderungsgesetz erlassen, welches nicht nur die gesetzliche Grundlage für die Sanierungsplanung schuf, sondern auch für die Umsetzung der Planung die entsprechenden Fördermittel regelte. Es wurde deutlich, dass Sanierungen nur durch einen massiven Einsatz der öffentlichen Hand und durch öffentliche Koordinierung und Umsetzung der Eingriffe, insbesondere der notwendigen bodenrechtlichen Ordnungsmaßnahmen, möglich war und der Staat die für die private Initiative unrentierlichen Kosten (wie der Abriss der Bebauung) übernehmen musste. Ausgerichtet auf das Leitbild der „funktionsgerechten Stadt" sollten nicht mehr funktionsgerechte Stadtteile dem Abriss überlassen und die Kahlschlagsanierung fortführt werden. 1974 wurden „bereits 446 Sanierung und Entwicklungsmaßnahmen in 379 Städten" (Harlander 1999,302) mit einem Fördervolumen von 215 Milliarden DM durchgeführt.

Mit den Sanierungsinstrumenten des Städtebauförderungsgesetzes verfolgte man die Absicht die unbrauchbare Stadtstruktur durch eine den funktionalen Anforderungen dienende Struktur zu ersetzen. Als Sanierungstatbestände und städtebauliche Missstände wurden die schlechte Bausubstanz und die Funktionsschwäche eines Gebietes benannt. Als funktionsschwach galt ein Gebiet, welches die Aufgaben, die es nach Lage und Funktion im Stadtkörper besitzt, nicht erfüllt. Diese Sanierungstatbestände wurden zur zentralen Begründung der Erneuerungstätigkeit der 1970er Jahre. Inmitten der noch boomenden wirtschaftlichen Entwicklung der 1970er Jahre sollte die Kahlschlagsanierung struktur- und konjunkturpolitisch wirken. Als rückständige Viertel wurden vor allem die Altstädte und die gründerzeitlichen Wohn- und Mischgebiete deklariert. In diesen Gebieten wurden systematisch Investitionen in Erwartung einer höherwertigen Nutzung unterlassen und damit war der Investitionsbedarf stark gewachsen.

Beispiele: Zwei frühe Sanierungsgebiete in Westberlin

In Berlin schätzte man Anfang der 1960er Jahre die Zahl der sanierungsbedürftigen Wohnungen auf etwa 430.000 und damit auf die Hälfte des gesamten Berliner Wohnungsbestandes. Von diesen sanierungsbedürftigen Wohnungen wurden lediglich 180.000 als verbesserungsfähig eingestuft; 250.000 sollten abgerissen werden (Harlander 2011,17). Kriterien für die Sanierungsbedürftigkeit waren eine hohe Bebauungsdichte, eine schlechte sanitäre Ausstattung und unhygienische Verhältnisse (108.000 Wohnungen in Berlin hatten weder Bad noch WC) sowie ein schlechter baulicher Zustand mit hohen Instandhaltungsdefiziten. 1963 wurde ein erstes städtisch finanziertes Stadt-

Mit den wachsenden Einkommen trat im öffentlich geförderten Wohnungen immer deutlicher das Problem der Fehlbelegung auf, da die Einkommensgrenzen von den Bewohnern seit dem Erstbezug überschritten wurden. So soll sich die Fehlbelegung 1965 nach Schätzungen in den öffentlich geförderten Sozialbauwohnungen auf 25 bis 30 % belaufen haben (Von Beyme 1999,124).

Frühe Beispiele der Stadterneuerung stellten die Sanierung der Altbauten in Regensburg oder die Altstadterneuerung in Bamberg und Remscheid-Lennep dar.

(Autzen, Becker, Bodenschatz 1984, Titelbild)

(Harlander 1999, 307)

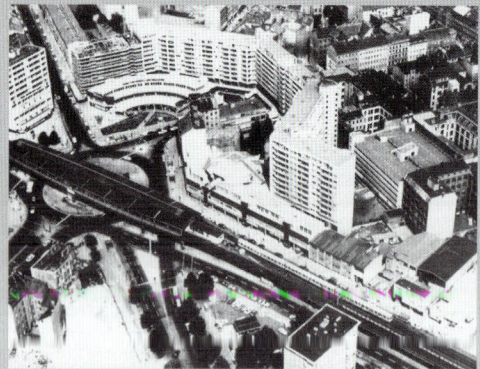

Sanierung Kottbusser Tor, Berlin Kreuzberg (Autzen, Becker, Bodenschatz 1984, 40)

Denkmalschützer forderten mehr Rücksicht auf die historische Substanz und mit dem europäischen Denkmalschutzjahr 1975 zeichnete sich europaweit eine Umkehr ab.

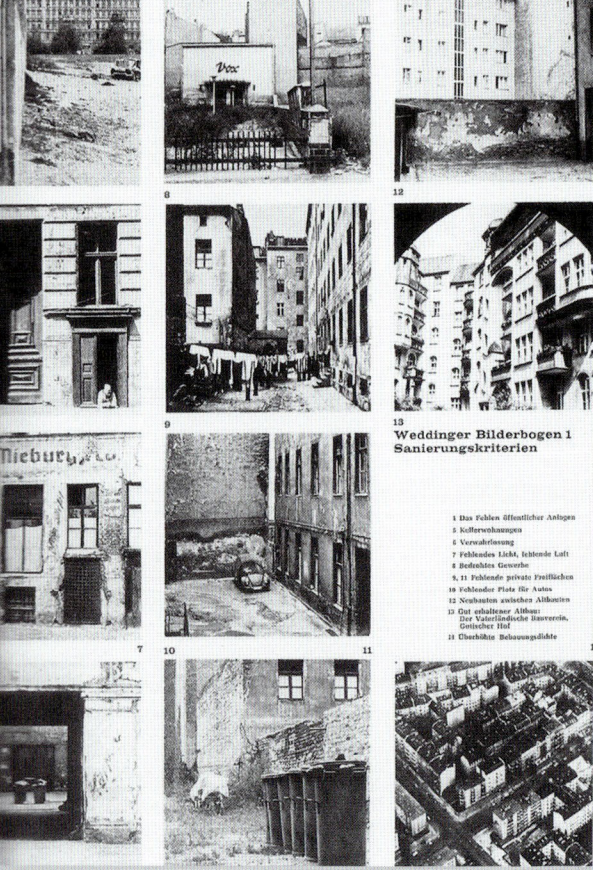

Flächensanierung Berlin Wedding 1963 im Rahmen des 1. Stadterneuerungsprogramms (Harlander 1999, 303)

erneuerungsprogramm mit sechs Altbaugebieten am Cityrand aufgelegt.

Insgesamt wurden in Berlin in den Bezirken Tiergarten, Wedding, Charlottenburg, Neukölln und Schöneberg Sanierungsgebiete in einer Größenordnung von 450 ha mit 140.000 Einwohnern und 56.000 Wohneinheiten ausgewiesen (Autzen/ Becker/ Bodenschatz 1984, 18ff.). Die Bodenpreise in den Westberliner Sanierungsgebieten stiegen kräftig an: von 35 DM pro qm 1962 auf 120 DM pro qm 1972 (Harlander 1999, 310). Das Geschäft mit der Sanierung von Wohnungen durch den hohen Anteil an staatlicher Subvention wurde insbesondere auch für die gemeinnützigen Wohnungsbaugesellschaften zunehmend interessant.

Mit den Sanierungsmaßnahmen sollte auch eine grundlegend andere Zusammensetzung der Bewohnerschaft forciert werden. Viele Mieter wurden an den Stadtrand in Neubausiedlungen „versetzt". Die Umsetzung der Sanierungsbetroffenen verlief in Berlin in den 1960er Jahre relativ reibungslos. Es wurden Ersatzwohnungen gestellt und die Umzugskosten erstattet. Doch immer mehr äußerte sich Kritik an den Neubausiedlungen: die Wohnungen waren zu teuer, die Infrastruktur war nicht ausreichend und die Wege zur Innenstadt waren lang. Auch die Trauer um den Verlust des alten Wohnviertels wurde immer deutlicher spürbar und Klagen über eine Entwurzelung wurden laut. Eine große Kritikwelle, mit getragen von den allgemeinen politischen Protesten der Zeit, überrollte die Sanierungspraxis.

Insbesondere entzündeten sich die studentischen Proteste an der Sanierungspraxis und an den Umgang mit den Sanierungsverdrängten. Die immer wieder gestellte Frage lautete: Wem dient eigentlich die Sanierung? Die Altbaugebiete und ihre räumliche und soziale Struktur wurden zunehmend als wertvoll angesehen und unabhängig von der nachweislich schlechten Bausubstanz wurde nach Sanierungsalternativen zur Kahlschlagsanierung gesucht.

Das Sanierungsgebiet Wedding: In dem Sanierungsgebiet Wedding-Brunnenstraße mit seinen 39.000 Einwohnern und 838 Betrieben (Stand 1961/1965) erfolgte der größte flächenmäßige Abriss in Deutschland. Die Zielsetzung einer erhaltenden Modernisierung blieb noch die Ausnahme und setzte sich erst in den 1980er Jahren durch.

Bei dem Gebiet Wedding handelte es sich um einen typischen Berliner Arbeiterbezirk. Die Nähe von Arbeiten und Wohnen (Maschinenbaufirmen, AEG etc.) war noch weit verbreitet. Das schon während der Weimarer Zeit als „rotes" Wedding titulierte Gebiet deutet auf die politische Zusammensetzung der Bevölkerung hin. Der Stadtteil wurde im Krieg zu 30 % zerstört und der Wiederaufbau vollzog sich zögerlich auf einzelnen Grundstücken. Durch die geringe Mietzahlungsfähigkeit der Bevölkerung fehlte es an Investitionsinteressen. Bereits Mitte der 1950er Jahre kam es zu ersten Abrissen und Neubauten; so entstand direkt neben dem berüchtigten „Meierhof" aus dem 19. Jh. die moderne Ernst-Reuter Siedlung. Mit dem Mauerbau geriet das Gebiet in eine Randlage und die Brunnenstraße wurde zur Sackgasse. 1963 wurde das Gebiet als Sanierungsgebiet ausgewiesen mit dem Ziel, die kleinteilige Mischbaustruktur aufzulösen und eine neue, großflächige Bau- und Nutzungsstruktur zu schaffen. Sanierungsträger wurden hier ebenfalls die großen Gemeinnützigen Wohnungsbaugesellschaften. Das Verfahren lief durch das Aufkaufverfahren der privaten Grundstücke seitens der Sanierungsträger schleppend an.

Elf Städtebaulehrstühle wurden mit Gutachten zur Entwicklung des Gebietes beauftragt: Nur ein Gutachten sprach sich für eine Modernisierung und für eine behutsame Sanierung ohne Verdrängung der Bevölkerung aus. Laut Sanierungsziel sollten sich die soziolo-

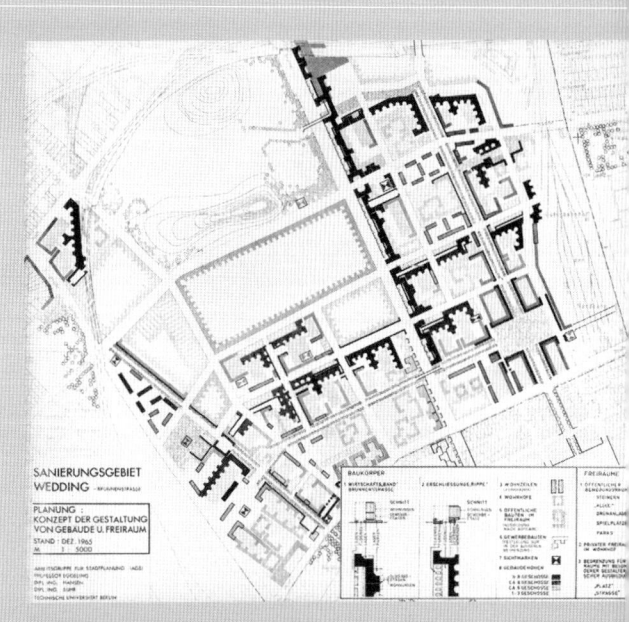

**Sanierungsgebiet Berlin Wedding
(Eggeling 1972, 63)**

**Berlin Wedding: Kösliner Straße 1937 und 1986
(Harlander 1999, 304)**

Modellmodernisierung Berlin Charlottenburg, Klausener Platz (Harlander 1999, 337)

Transparente der „Mieterinitiative Klausener Platz" (Autzen, Becker, Bodenschatz 1984, 31)

gischen Strukturen im sanierten Gebiet am Durchschnitt der Bevölkerung orientieren; damit wurde eine Verdrängung der angestammten Bevölkerung in Kauf genommen.

Das Programm wurde umfassend öffentlich subventioniert; die Sanierungsträger erhielten bis zu 70 % des Erwerbspreises als öffentliches Darlehen. Die Umsetzung der Mieter in die Stadtrandsiedlungen erfolgte über Jahre hinweg. In den Bestandsgebäuden wurde keine Instandsetzung mehr durchgeführt und ein beschleunigtes „Absacken" des Viertels wurde deutlich. Jeder der konnte, wanderte freiwillig ab; vor allem die jungen Einwohner verließen das Viertel. Die Marktbedingungen für die Gewerbebetriebe verschlechterten sich: 1961 zählte das Gebiet 39.000 Einwohner und 1981 noch 14.000 Einwohner. Der Anteil der Gewerbenutzung wurde auf ein Drittel gegenüber der Vorgängernutzung zurückgefahren. Erst ab Mitte der 1970er Jahre beschleunigte sich die Bautätigkeit. Die Sanierungsgesellschaft verkaufte zunehmend Grundstücke an Abschreibungsgesellschaften um ihren mittlerweile auftretenden Liquiditätsschwierigkeiten durch den Verkauf von Grundstücken zu begegnen. Die Möglichkeiten der Steuerersparnis und der Abschreibung von Verlusten aus Baubeteiligungen (zum Beispiel für Ärzte, Juristen, Rechtsanwälte etc.) ließ viele Investoren in das Immobiliengeschäft einsteigen. Die Zerstörung des traditionellen Weddinger Wohnbezirks und seiner kleinteiligen Mischung von Wohnen, Gewerbe und Läden (Autzen, Becker, Bodenschatz 1984, 18ff.) war die Folge.

Das Gebiet **Berlin-Charlottenburg/Klausener Platz** wurde 1963 als Sanierungsgebiet ausgewiesen. Der Sanierungsträger, das gewerkschaftseigene Unternehmen Neue Heimat, kaufte zusammenhängende Baublöcke auf. Die Instandsetzung wurde wie im Wedding in Erwartung großflächiger Abriss-Sanierung unterlassen und der Verfall der Bausubstanz sowie Leerstände nahmen zu. Ca. ¼ der Bewohnerschaft verließ das Viertel; zurück blieben die so genannten A-Gruppen der Alten, Armen und Ausländer.

1972 wurde ein städtebaulicher Wettbewerb mit dem Ziel durchgeführt, die Baudichte zu reduzieren, den Wohnungsstandard zu verbessern und das Stadtbild zu erhalten. In Berlin-Charlottenburg mit seinen noch gut erhaltenen Fassaden der Gründerzeit sollte nunmehr erstmalig auf eine Kahlschlagsanierung verzichtet werden. Die Sanierung wurde ein Prestigeobjekt für den Berliner Senat und frühes Experimentierfeld der erhaltenden Stadterneuerung (Autzen, Becker, Bodenschatz 1984, 26ff.).

In den Blockinnenbereichen wurden die Anbauten weitgehend abgerissen und teilweise durch neue Sozialwohnungen ersetzt. Bei Wahrung der Altbaufassaden kam es zu durchgreifenden Luxusmodernisierungen und einem Austausch der Bewohnerschaft; die Mieten stiegen kräftig an.

1973 bildete sich die Mieterinitiative Klausenerplatz e.V., die ihre Aktivitäten auf den Baublock 118 konzentrierte. Der Block 118 sollte ein bedeutendes Modellprojekt einer Stadterneuerung ohne Verdrängung und Beitrag der Stadt Berlin zum Denkmalschutzjahr 1975 werden. Es wurde eine weitgehende Erhaltung auch der Hinterhäuser und Seitenflügel angestrebt und der Verbleib der Mieter sollte ermöglicht werden. Mit der Durchführung dieses Pilotprojektes wurde der spätere Leiter der Internationalen Bauausstellung (IBA-Alt 1987), Walther Hämer beauftragt. Das Modellvorhaben im Block 118 erhielt im Bundeswettbewerb „Stadtgestalt und Denkmalschutz im Städtebau" (1978) eine Goldmedaille.

Die wachsende Kritik an der „zweiten Stadtzerstörung" im Zuge der Kahlschlagsanierungen beförderte die Modernisierungsmaßnahmen in den Bestandsgebieten. Ein größeres Verständnis für die Werte der historischen Bausubstanz und die neu in das Blickfeld geratenden Belange des Denkmalschutzes begünstigten die Hinwendung zu einer bestandsorientierten Erneuerungspolitik.

Dennoch überwog in den 1970er Jahren die Flächensanierung: öffentliche Mittel waren reichlich vorhanden und in den Sanierungsgebieten wurde großzügig abgerissen. Mitte der 1970er Jahre begann die wirtschaftliche Rezession (sinkende Wachstumsraten, steigende Preise und Schulden der öffentlichen Verwaltung mit nachlassender Investitionsneigung und Rückgang der öffentlichen Budgets). Gleichzeitig setzte die erwähnte massive Kritik an der Flächensanierung und an der Zerstörung der Altstadtstrukturen ein. Das große Instandsetzungs- und Modernisierungsdefizit sollte durch Abschreibungsmöglichkeiten und lukrative Investitionen in den Altbau behoben werden. Mit dem Wohnungsmodernisierungsgesetz 1976 und weiteren Abschreibungsmöglichkeiten für Altbauten verstärkten sich wie erwartet die umfassenden Erneuerungsmaßnahmen.

Ab den 1980er Jahren wurde die Stadterneuerung zunehmend mit städtebaulichen, sozialen, beschäftigungspolitischen, ökologischen und kulturpolitischen Aspekten verknüpft. Eine sozial- und bewohnerorientierte Erneuerung prägten diese Phase als Einstieg in eine eher behutsame Stadterneuerung; diese Trendwende wurde durch entsprechend breit gefächerte Förderprogramme unterstützt.

18. Ausblick

In den 1990er Jahren erfolgte ein kurzzeitiges ökonomisches Wachstum mit einer großen Binnenwanderung von Ost- nach Westdeutschland und erhöhte dort den Bedarf nach neuen Wohn- und Gewerbeflächen. Die Devise lautete wieder „Stadtteile statt Siedlungen" zu bauen, die zudem die neuen ökologischen Planungsanforderungen erfüllen sollten und dem Leitbild der nachhaltigen Stadtentwicklung gerecht wurden. Hier entstanden beachtenswerte Beispiele wie in Freiburg (Rieselfeld), in Tübingen (Französisches Viertel) oder Hamburg (Allermöhe-West), während sich in Ostdeutschland die Städte bedrohlich entleerten.

Derzeit zeichnet sich die Stadtentwicklung mehr denn je als ungleiche räumliche Entwicklung ab mit einerseits schrumpfenden und andererseits wachsenden Städten und Regionen. Während es vielerorts in Ostdeutschland um die Frage der Steuerung von Schrumpfungsprozessen im Rahmen der Stadtentwicklung geht und Rückbauprogramme des Wohnungsbaus im Rahmen des Programms Stadtumbau Ost gestartet wurden, geht es in wachsenden Städten Westdeutschlands um die Frage der Steuerung der starken Entwicklungsdynamik und des Umgangs mit den sich immer mehr ausdifferenzierenden Wohnungsmärkten und dem Mangel an preiswerten Wohnungsangeboten.

Die post-fordistische Phase seit Mitte der 1970er Jahre wurde wiederholt durch eine technologische Entwicklung eingeleitet. Ebenso wie in den 1920er Jahren der massenhafte Einsatz des Elektro- und Benzinmotors einen gesellschaftlichen Modernisierungsprozess auslöste, veränderte der Einsatz der Mikroelektronik die gesellschaftlichen und ökonomischen Strukturen erneut. Mit der Mikroelektronik konnten Produktionsabläufe neu gestaltet werden und in der Folge konnte flexibler auf die Nachfrage mit spezialisierten Produkten reagiert werden.

Mit der Verbreiterung der Märkte und der Globalisierung wurden Produktionen verlagert. Globalisierung sowie weltweite Flexibilisierung und Spezialisierung der Produktion standen nun der standardisierten Massenproduktion gegenüber und veränderte die Ansprüche an den Stadtraum.

Die im Fordismus bestehende Allianz aus Massenproduktion und der Sicherung des Absatzes durch die Ermöglichung einer Massenkonsumtion sowie deren sozialstaatliche Absicherung brach auseinander. Produktion, Arbeit und Wohlstand gehören nicht zwangsläufig zusammen. In der Folge erhöhte sich der Anteil der Arbeitslosigkeit und die Ausdifferenzierung der Gesellschaft nimmt bis heute zu.

Die die post-fordistische Phase prägende Individualisierungswelle umfasste auch die städtebauliche Planung. Mit der Flexibilisierung der Produktion vermehrte sich die Nachfrage nach dezentralen Standorten. Die Zunahme des Dienstleistungssektors führte zur neuen Nachfrage nach durchmischten Gebieten.

Beim Stadtumbau verstärkten sich die Umnutzungsplanungen nach dem Motto „Innenentwicklung vor Außenentwicklung" für aufgegebene Gewerbe-, Hafen- oder Militärflächen. Auf den großen Brachflächen ehemaliger Industriebetriebe entstanden neue städtebauliche Entwicklungsgebiete. Insbesondere die aufgelassenen Hafenflächen oder innenstadtnahe gelegene ehemalige Bahn- und Militärstandorte konnten für Stadterweiterungsprojekte neu genutzt werden. Mit der Verbesserung der innerstädtischen Wohngebiete wurde das Wohnen in der Stadt wieder attraktiv. Durch die zahlreichen Altbaumodernisierungen gewannen viele Städte ein Stück weit ihre Identität und baulichen „Besonderheiten" zurück. Erhaltungs- und Denkmalschutzkonzepte, die Orientierung des Städtebaus an eine individuelle Stadtstruktur und insbesondere die Neubewertung des öffentlichen Raumes

konnten sich vermehrt durchsetzen. Die neue Vielfalt an Lebensstilen und Konsummustern führte zu neuen Angeboten z. B. in Freizeit- und Einkaufszentren. Gleichzeitig nahm die Ausgrenzung und Polarisierung der Stadtbewohner zu und äußert sich in sozial entmischten Quartieren.

Derzeit beherrscht der demografische Wandel und seine räumlichen Auswirkungen die aktuelle Planungsdebatte: Die Prognosen bezüglich der demografischen Entwicklung in den nächsten Jahrzehnten mit den Stichworten „wir werden weniger, älter und bunter" stellen die städtebauliche Planung vor neuen Herausforderungen. Das Nebeneinander von Wachstum, Stagnation und Schrumpfung bei der Bevölkerungsentwicklung und die Anforderungen der immer älter werdenden Gesellschaft erfordern neue Planungskonzepte und -strategien.

„Die Utopien des Neubeginns waren durch die gebaute Wirklichkeit Anfang der 60er Jahre bald desavouiert, die Ideen der Gliederung und Auflockerung waren durch den rasanten Landschaftsverbrauch in Misskredit geraten. Ohne tiefere Zwischenbilanz und behutsame Kurskorrektur wurden um 1960 Konsequenzen gezogen, Gegenbilder entworfen. Dem Gedanken der Stadtlandschaft folgte das Konzept der RE- Urbanisierung der Städte, die technische Optimierung der Verkehrssysteme und die Forderung nach dezentraler Verdichtung.
Bald sprach man von der zweiten Zerstörung der Städte durch das Bauen nach dem Krieg, und dieser Zerstörung sind viele der behutsamen Bauten der 50er Jahre schon in der ersten Verdichtungswelle zum Opfer gefallen, bevor dann in den 80er Jahren unter neuen ästhetischen Normen und gewandelten Geschmackspräferenzen die Maximen der 50er Jahre mit ihrer Wendung gegen Achse und Block scharf angegriffen wurden- mit der Empfehlung, durch Abbruch und Nachverdichtung, durch „Stadtreparatur" und Begradigung der geöffneten Ränder jene Epoche des bescheidenen Neubeginns möglichst ganz aus dem Bild der Städte zu streichen, und einen Umbau nach den Mustern des 19. Jahrhunderts voranzutreiben"(Durth 1990,41)

19. Literatur- und Abbildungsverzeichnis

Bei Abbildungen und Fotos ohne Quellenangabe handelt es sich um Fotos oder Abbildungen der Autorin.

Albers, Gerd (1980): Das Stadtplanungsrecht im 20. Jahrhundert als Niederschlag der Wandlungen im Planungsverständnis. In: Stadtbauwelt 65. Berlin: Bertelsmann Fachzeitschriften GmbH

Albers, Gerd (1997): Zur Entwicklung der Stadtplanung in Europa. Begegnungen, Einflüsse, Verflechtungen. Reihe: Bauwelt Fundament 117. Braunschweig/Wiesbaden: Friedrich Vieweg & Sohn Verlagsgesellschaft

Allgemeine Kartensammlung Nr. 132 des Stadtarchivs Mannheim, Beilage zum Adressbuch von 1891

Aufbau West – Aufbau Ost: Die Planstädte Wolfsburg und Eisenhüttenstadt in der Nachkriegszeit (1997): Buch zur Ausstellung des Deutschen Historischen Museums 1997. Hrsg. von Rosmarie Beier. Ostfilden-Ruit: Verlag Gerd Hatje

Autorenkollektiv TU Dresden (1986). Arbeitsblätter, Institut für Aus- und Weiterbildung im Bauwesen. Leipzig

Autzen, Rainer; Becker, Heidede; Bodenschatz, Harald u. a. (1984): Stadterneuerung in Berlin. Sanierung und Zerstörung vor und neben der IBA. Berliner Topografien Nr. 2. Berlin

Baumeister, Reinhard (1876): Stadterweiterungen in technischer, baupolizeilicher und wirtschaftlicher Beziehung. Berlin

Baumgärtner, Iris (1990): „Konstruierte Natur", Elemente der Stadtplanung und Architektur im klassischen französischen Garten und ihre Rezeption im Südwesten. In: „Klar und lichtvoll wie eine Regel" – Planstädte der Neuzeit vom 16. bis zum 18. Jahrhundert: eine Ausstellung des Landes Baden-Württemberg (Ausstellungskatalog). Karlsruhe: Badisches Landesmuseum

Barcelona. Tradition und Moderne (1992): Marburg: Jonas Verlag

Bel, Joaquin Sabatè (1985): Die Stadterweiterung von Barcelona zwischen 1859 und 1891. In: Rodriguez-Lores, Juan; Fehl, Gerhard (Hg.): Städtebaureform 1865–1900. Von Licht, Luft und Ordnung in der Stadt der Gründerzeit. Reihe: Stadt – Planung – Geschichte 5/II. Hamburg: Christians-Verlag

Benevolo, Leonardo (1990): Die Geschichte der Stadt. (4. Auflage). Frankfurt: Campus Verlag

Benevolo, Leonardo (1993a): Die Stadt in der europäischen Geschichte. München: Verlag C. H. Beck

Benevolo, Leonardo (1993b): Fixierte Unendlichkeit – Die Erfindung der Perspektive in der Architektur. Frankfurt/New York: Campus Verlag

Berlin, 1856 – 1896: Photographien von F. Albert Schwartz (1997). Augsburg: Bechtermünz Verlag

Berlin und seine Bauten. Teil IV Wohnungsbau. Band A: die Voraussetzung. Die Entwicklung der Wohngebiete (1970). Berlin/München/Düsseldorf: Verlag von Wilhelm Ernst & Sohn

Berning, Maria; Baum, Michael u. a. (1994): Berliner Wohnquartiere. Ein Führer durch 60 Siedlungen in Ost und West. (2. überarbeitete und erweiterte Neuausgabe). Berlin: Dietrich Reimer Verlag

Beyme von, Klaus (1999): Wohnen und Politik. In: Geschichte des Wohnens (Band 5). Von 1945 bis heute: Aufbau – Neubau – Umbau. Hrsg. von Ingeborg Flagge. Stuttgart: Wüstenrot Stiftung – Deutscher Eigenheimverein e. V. Ludwigsburg und Deutsche Verlagsanstalt

Bodenschatz, Harald (1995): Citybildung und Altstadterneuerung in der Kaiserzeit: Beispiel Berlin. In: Fehl, Gerhardt; Rodriguez-Lores, Juan: Stadt-Umbau. Die planmäßige Erneuerung europäischer Großstädte zwischen Wiener Kongreß und Weimarer Republik. Reihe: Stadt – Planung – Geschichte 17. Basel/Boston/Berlin: Birkhäuser Verlag

Bodenschatz, Harald mit Hans-Joachim Engstfeld und Carsten Seifert (1995): Berlin auf der Suche nach dem verlorenen Zentrum. Hrsg. von der Architektenkammer. Berlin/Hamburg: Junius Verlag

Bodenschatz, Harald (2001 a): Städtebau – von der Villenkolonie zur Gartenstadt. In: Villa und Eigenheim. Suburbaner Städtebau in Deutschland. Tilman Harlander (Hg.). Stuttgart/München: Wüstenrot Stiftung Ludwigsburg und Deutsche Verlags-Anstalt

Bodenschatz, Harald (2001b): Villenstadt Lichterfelde bei Berlin. In: Villa und Eigenheim. Suburbaner Städtebau in Deutschland. Tilman Harlander (Hg.). Stuttgart/München: Wüstenrot Stiftung Ludwigsburg und Deutsche Verlags-Anstalt GmbH

Bollerey, Franziska; Fehl, Gerhard; Hartmann, Kristiana (Hg.) (1990): Im Grünen Wohnen – Im Blauen Planen. Ein Lesebuch zur Gartenstadt mit Beiträgen und Zeitdokumenten. Reihe: Stadt – Planung – Geschichte 12. Hamburg: Christians-Verlag

Borrmann, Norbert (1990): Die Perspektive. In: „Klar und lichtvoll wie eine Regel" – Planstädte der Neuzeit vom 16. bis zum 18. Jahrhundert: eine Ausstellung des Landes Baden-Württemberg (Ausstellungskatalog). Karlsruhe: Badisches Landesmuseum

Braunfels, Wolfgang (1979): Mittelalterliche Stadtbaukunst in der Toskana. (4. Auflage). Berlin: Verlag Gebr. Mann

Breuer, Rüdiger (1976): Die Bodennutzung im Konflikt zwischen Städtebau und Eigentumsgarantie. München: Verlag C. H. Beck

Breuer, Rüdiger (1982): Expansion der Städte. Stadtplanung und Veränderung des Baurechts im Kaiserreich. In: Mai; Pohl; Waetzold (Hg.): Kunstpolitik und Kunstförderung im Kaiserreich. Berlin: Gebr. Mann Verlag

Breuer, Rüdiger (1985): Der Niederschlag der Wohnungs- und Städtebau-Reform in der Gesetzgebung – insbesondere im Sächsischen Allgemeinen Baugesetz von 1900. In: Fehl, Gerhard; Rodriguez-Lores, Juan (Hg.): Städtebaureform 1865–1900. Von Licht, Luft und Ordnung in der Stadt der Gründerzeit. Reihe: Stadt – Planung – Geschichte 5/II. Hamburg: Christians-Verlag

Breuer, Rüdiger (1995): Das Bau- und Bodenrecht als Instrument des Stadt-Umbaus. Vergleiche zwischen deutschen Ländern und europäischen Staaten. In: Fehl, Gerhard; Rodriguez-Lores, Juan (Hg.): Stadt-Umbau. Die planmäßige Erneuerung europäischer Großstädte zwischen Wiener Kongreß und Weimarer Republik. Reihe: Stadt – Planung – Geschichte 17. Basel/Boston/Berlin: Birkhäuser Verlag

Brosk, Rüdiger (1998): Prospekt: CEAG-Gelände in Dortmund. Essen

Buck, August (1989): Die Idealstadt der italienischen Renaissance. In: Deutsche Stadtgründungen der Neuzeit. Hrsg. von Wilhelm Wortmann. Wiesbaden: Harrassowitz (Wolfenbüttler Forschungen. Band 44)

Bunin, A. W. (1961): Geschichte des russischen Städtebaus bis zum 19. Jahrhundert. Deutsche Bauakademie: Schriften des Instituts für Theorie und Geschichte der Baukunst: Berlin: Henschelverlag Kunst und Gesellschaft

Cerda. The Five Bases of the General Theory of Urbanization (1999): Edited by Arturo Soria y Puig. Madrid: Electa

Connolly, Peter; Dodge, Hazel (1998): Die antike Stadt. Das Leben in Athen & Rom. Köln: Könemann Verlagsgesellschaft mbH

Curdes, Gerhard (1993): Vorlesungen zum Städtebau. Perioden, Leitbilder und Projekte des Städtebaues vom Mittelalter bis zur Gegenwart. Hrsg. vom Lehrstuhl für Städtebau und Landesplanung der RWTH Aachen. Band 1. Aachen

Das andere Wohnen. Beispiel Neue Stadt Wulfen (1980): Hrsg. von der Entwicklungsgesellschaft Wulfen mbH. Stuttgart

Delfante, Charles (1999): Architekturgeschichte der Stadt. Darmstadt: Primus-Verlag

Del Pilar Tello, Maria (Hg.) (1999): Lima. Patrimonio cultural del la humanidad. Lima: Municipalidad Metropolitana de Lima

Dettmering, Renate (1986): Geschichte des Baurechts in Aachen. Aachen: Dissertation. Fakultät für Architektur der RWTH-Aachen

Deutsch, Peter; Esser, Wolfgang (1974): Die Bauordnungen der Reichsstadt Nürnberg. In: Beiträge über Bauführung und Baufinanzierung im Mittelalter. Hrsg. von Günther Binding. Köln: 6. Veröffentlichung der Abteilung Architektur des Kunsthistorischen Instituts der Universität Köln

Deutscher Städtebau nach 1945 (1961): Hrsg. von der Deutschen Akademie für Städtebau und Landesplanung mit Unterstützung des Bundesministeriums für Wohnungsbau und der deutschen Städte. Essen: Richard Bacht Verlag GmbH

Die Metropole: Industriekultur in Berlin im 20. Jahrhundert (1986): Hrsg. von Jochen Boberg, Tilman Fischer und Eckhart Gillen. München: C. H. Becksche Verlagsbuchhandlung

Dillenberger, Rolf (1984): Wohnungsversorgung und Wohnungspolitik für untere Einkommensschichten in der BRD. Reihe Werkberichte – Wohnungspolitik 5 der RWTH Aachen. Aachen

Dresden. Historische Straßen und Plätze heute: Hrsg. von Waltraud Volk. (4. erweiterte Auflage). Berlin: VEB Verlag für Bauwesen

Dreysse, DW (1987): May-Siedlungen. Architekturführer durch acht Siedlungen des Neuen Frankfurt 1926–1930. Frankfurt a. M.: Fricke Verlag

Düwel, Jörn; Gutschow, Niels (2001): Städtebau in Deutschland im 20. Jahrhundert. Ideen – Projekte – Akteure. (1. Auflage). Stuttgart/Leipzig/Wiesbaden: B. G. Teubner (Teubner Studienbücher der Geographie)

Durth, Werner; Gutschow, Niels (1988): Träume in Trümmern: Planungen zum Wiederaufbau zerstörter Städte im Westen Deutschlands 1940 – 1950. Band 1: Konzepte und Band 2: Städte. Hrsg. von Heinrich Klotz im Auftrag des Dezernats Kultur und Freizeit der Stadt Frankfurt am Main. Braunschweig: Friedrich Vieweg & Sohn Verlagsgesellschaft

Durth, Werner (1990): Die Stadtlandschaft. Zum Leitbild der gegliederten und aufgelockerten Stadt. In: Architektur und Städtebau der Fünfziger Jahre. Ergebnisse einer Fachtagung in Hannover 1990. Bonn: Deutsches Nationalkomitee für Denkmalschutz (Hg.). Schriftenreihe Bd. 41

Durth, Werner; Gutschow, Nils (1990): Architektur und Städtebau der Fünfziger Jahre. (1. Auflage). Ergebnisse der Fachtagung in Hannover 1990. Bonn: Deutsches Nationalkomitee für Denkmalschutz (Hg.). Schriftenreihe Bd. 41

Durth, Werner (1994): Die Stadtlandschaft 1930–1950. Zwischen Kontinuität und Bruch. In: Architektur und Städtebau der 30er/40er Jahre. Ergebnisse der Fachtagung in München 1993. (1. Auflage). Bonn: Deutsches Nationalkomitee für Denkmalschutz (Hg.). Schriftenreihe Bd. 48

Durth, Werner; Nerdinger Winfried (1994): Architektur und Städtebau der 30er/40er Jahre. Ergebnisse der Fachtagung in München 1993. (1. Auflage). Bonn: Deutsches Nationalkomitee für Denkmalschutz (Hg.). Schriftenreihe Bd. 48

Durt, Werner (1995): Stadt und Landschaft – Kriegszerstörungen und Zukunftsentwürfe. In: Düwel; Durth; Gutschow; Schneider (Hg.): Krieg, Zerstörung. Aufbau – Architektur und Stadtplanung 1940 – 1960. Berlin: Katalog zur Ausstellung der Akademie der Künste. Schriftenreihe Bd. 23

Durth, Werner; Nerdinger Winfried (1997): Architektur und Städtebau der 30er/40er Jahre. (2. Auflage). Bonn: Deutsches Nationalkomitee für Denkmalschutz (Hg.). Schriftenreihe Bd. 46

Durth, Werner; Gutschow, Nils (1998): Architektur und Städtebau der Fünfziger Jahre. (2. Auflage). Bonn: Deutsches Nationalkomitee für Denkmalschutz (Hg.). Schriftenreihe Bd. 33

Durth, Werner (1999): Vom Überleben. Zwischen Totalem Krieg und Währungsreform. In: Geschichte des Wohnens (Band 5), Von 1945 bis heute: Aufbau – Neubau – Umbau. Hrsg. von Ingeborg Flagge. Stuttgart Wüstenrot Stiftung – Deutscher Eigenheimverein e. V. Ludwigsburg und Deutsche Verlagsanstalt

Durth, Werner; Düwel, Jörn; Gutschow, Niels (1999): Architektur und Städtebau der DDR. Band 1: Ostkreuz. Personen, Pläne, Perspektiven (2 durchgesehene und erweiterte Auflage). Frankfurt/New York: Campus Verlag

Durth, Werner; Düwel, Jörn; Gutschow, Niels (1999): Architektur und Städtebau der DDR. Band 2: Aufbau. Städte, Themen, Dokumente (2 durchgesehene und erweiterte Auflage). Frankfurt/New York: Campus Verlag

Eaton, Ruth (2001): Die ideale Stadt – Von der Antike bis zur Gegenwart. Berlin: Nicolaische Verlagsbuchhandlung GmbH

Eberstadt, Rudolf (1909): Handbuch des Wohnungswesens (1. Auflage). Jena

Eberstadt, Rudolf (1917): Handbuch des Wohnungswesens (3. Auflage). Jena

Eggelin, Fritz (1972): Theorie und Praxis im Städtebau. Hrsg. vom Lehrstuhl für Stadt- und Regionalplanung der Technischen Universität Berlin. Stuttgart

Endres, Rudolf (1989): Fürstliche Stadtgründungen aus der Sicht des Wirtschafts- und Sozialhistorikers. In: Deutsche Stadtgründungen der Neuzeit. Hrsg. von Wilhelm Wortmann. Wiesbaden: Harrassowitz (Wolfenbüttler Forschungen. Bd. 44)

Engel, Evamaria (1993): Die Deutsche Stadt des Mittelalters. München: C. H. Beck-Verlag

Ernst May und das neue Frankfurt (1986). Berlin: Wilhelm Ernst & Sohn Verlag für Architektur und technische Wissenschaften

Exerzierfeld der Moderne. Industriekultur in Berlin im 19. Jahrhundert (1964): Hrsg. von Jochen Boberg, Tilman Fichter und Eckhart Gillen. München. C. H. Becksche Verlagsbuchhandlung

Feder, Gottfried (1939): Die neue Stadt. Versuch der Begründung einer neuen Stadtplanungskunst aus der sozialen Struktur der Bevölkerung. Berlin: Verlag von Julius Springer

Fehl, Gerhard (1980a): Camillo Sitte als „Volkserzieher" – Anmerkungen zum deterministischen Denken in der Stadtbaukunst des 19. Jahrhunderts. In: Städtebau um die Jahrhundertwende. Materialien zur Entstehung der Disziplin Städtebau. Hrsg. von Gerhard Fehl und Juan Rodriguez-Lores. Reihe: Politik und Planung 10. Köln/Stuttgart/Berlin: Deutscher Gemeindeverlag Verlag W. Kohlhammer

Fehl, Gerhard (1980b): Stadtbaukunst contra Stadtplanung. Zur Auseinandersetzung Camillo Sittes mit Reinhard Baumeister. In: Stadtbauwelt 65. Berlin: Bauverlag BV GmbH

Fehl, Gerhard; Rodriguez-Lores, Juan (1980): Städtebau um die Jahrhundertwende. Materialien zur Entstehung der Disziplin Städtebau. Reihe: Politik und Planung 10. Köln/Stuttgart/Berlin: Deutscher Gemeindeverlag Verlag W. Kohlhammer

Fehl, Gerhard; Rodriguez-Lores, Juan (1981): Die „Gemischte" Bauweise. Zur Reform von Bebauungsplan und Bodenaufteilung zwischen 1892 und 1914. In: Stadtbauwelt 71. Berlin: Bauverlag BV GmbH

Fehl, Gerhard; Rodriguez-Lores, Juan (1982): Aufstieg und Fall der Zonenplanung. Städtebauliches Instrumentarium und stadträumliche Ordnungsvorstellungen zwischen 1870 und 1905. In: Stadtbauwelt 73. Berlin: Bauverlag BV GmbH

Fehl, Gerhard (1983): „Stadt als Kunstwerk", „Stadt als Geschäft". Der Übergang vom landesfürstlichen zum bürgerlichen Städtebau beobachtet am Beispiel Karlsruhe zwischen 1800 und 1857. In: Fehl, Gerhard; Rodriguez-Lores, Juan (Hg.): Stadterweiterungen 1800–1875 – Von den Anfängen des modernen Städtebaus in Deutschland. Reihe: Stadt – Planung – Geschichte 2. Hamburg: Christians-Verlag

Fehl, Gerhard; Rodriguez-Lores, Juan (Hg.) (1983): Stadterweiterungen 1800–1875 – Von den Anfängen des modernen Städtebaus in Deutschland. Reihe: Stadt – Planung – Geschichte 2. Hamburg: Christians-Verlag

Fehl, Gerhard; Harlander, Tilman (1984): Hitlers Sozialer Wohnungsbau 1940–1945. Bindeglied der Baupolitik und Baugestaltung zwischen Weimarer Zeit und Nachkriegszeit. In: Stadtbauwelt 84. Berlin: Bertelsmann Fachzeitschriften

Fehl, Gerhard (1985): Berlin wird Weltstadt: Wohnungsnot und Villenkolonien. Eine Begegnung mit Julius Faucher, seinem Filter-Modell und seiner Wohnungsreformbewegung um 1866. In: Rodriguez-Lores, Juan; Fehl, Gerhard (Hg.): Städtebaureform 1865–1900. Von Licht, Luft und Ordnung in der Stadt der Gründerzeit. Reihe: Stadt – Planung – Geschichte 5/I. Hamburg: Christians-Verlag

Fehl, Gerhard; Rodriguez-Lores, Juan (Hg.) (1987): Die Kleinwohnungsfrage. Zu den Ursprüngen des sozialen Wohnungsbaus in Europa. Reihe: Stadt – Planung – Geschichte 8. Hamburg: Christians-Verlag

Fehl, Gerhard (1990): Fordismus und Städtebau um 1930: „Auflösung" oder „Auflockerung" der Großstadt? In: Wissenschaftliche Zeitschrift der Hochschule für Architektur und Bauwesen Weimar, Jg. 36/1990, Nr. 1–3

Fehl, Gerhard; Kaspari, Küffen; Meyer, Lutz-Henning (Hg.) (1991): Mit Wasser und Dampf. Zeitzeugen der frühen Industrialisierung im Belgisch-Deutschen Grenzraum. Aachen: Meyer & Meyer Verlag

Fehl, Gerhard (1992a): Planungstheorie als „Theorie der Produktion der Stadt". In: Wolf Reuter (Hg.): Entwurfs- und Planungswissenschaft in memorian Horst Rittel. Stuttgart: Institut für Grundlagen der Planung der Universität Stuttgart

Fehl, Gerhard (1992b): Privater und öffentlicher Städtebau. Zum Zusammenhang zwischen „Produktion von Stadt" und Form der Verstädterung im 19. Jahrhundert in Preußen. In: Die alte Stadt. Hrsg. von Otto Borst. Jg. 19/Heft 4. Stuttgart: Kohlhammer Verlag

Fehl, Gerhard (1995a): „Stadt-Umbau" muß sein! In: Fehl, Gerhard; Rodriguez-Lores, Juan (1995): Stadt-Umbau. Die planmäßige Erneuerung europäischer Großstädte zwischen Wiener Kongreß und Weimarer Republik. Reihe: Stadt – Planung – Geschichte 17. Basel/Boston/Berlin: Birkhäuser Verlag

Fehl, Gerhard (1995b): Welcher Fordismus eigentlich? Eine einleitende Warnung vor dem leichtfertigen Gebrauch des Begriffs. In: Zukunft aus Amerika. Fordismus in der Zwischenkriegszeit. Hrsg. von der Stiftung Bauhaus Dessau und dem Lehrstuhl für Planungstheorie der RWTH Aachen. Dessau

Fehl, Gerhard (1995c): Kleinstadt, Steildach, Volksgemeinschaft. Zum „redaktionären Modernismus" in Bau- und Stadtbaukunst. Reihe: Bauweltfundamente 102. Braunschweig/Wiesbaden: Friedrich Vieweg & Sohn Verlagsgesellschaft

Fehl, Gerhard; Rodriguez-Lores, Juan (1995): Stadt-Umbau. Die planmäßige Erneuerung europäischer Großstädte zwischen Wiener Kongreß und Weimarer Republik. Reihe: Stadt – Planung – Geschichte 17. Basel/Boston/Berlin: Birkhäuser Verlag

Fehl, Gerhard; Rodriguez-Lores, Juan (Hg.) (1997): „Die Stadt wird in der Landschaft sein und die Landschaft in der Stadt". Reihe: Stadt – Planung – Geschichte 19. Basel/Berlin/Boston: Birkhäuser Verlag

Fehl, Gerhard (2000): Gartenstadt und Bandstadt. Konkurrierende Leitbilder im deutschen Städtebau. In: Die alte Stadt. Hrsg. von Otto Borst. Heft 1/2000. Stuttgart: Kohlhammer Verlag

Fellmerth, Ulrich (2003): Die Einwohnerzahl einer antiken Stadt in Italien. In: Die Alte Stadt. Hrsg. von Otto Borst. Heft 2/2003. Stuttgart: Kohlhammer Verlag

Fisch, Stefan (1988): Stadtplanung im 19. Jahrhundert. Das Beispiel München bis zur Ära Theodor Fischer. München: Oldenbourg Verlag

Fisch, Stefan (1995): Der „große Durchbruch" durch die Straßburger Altstadt. Ein frühes Beispiel umfassender Stadterneuerung (1907–1957). In: Fehl, Gerhard; Rodriguez-Lores, Juan (1995): Stadt-Umbau. Die planmäßige Erneuerung europäischer Großstädte zwischen Wiener Kongreß und Weimarer Republik. Reihe: Stadt – Planung – Geschichte 17. Basel/Boston/Berlin: Birkhäuser Verlag

Fouquet, Gerhard (1998): „Annäherungen": Große Städte – Kleine Häuser. Wohnen und Lebensformen des Menschen im ausgehenden Mittelalter (ca. 1470–1600) In: Geschichte des Wohnens (Band 2). 500–1800: Hausen Wohnen Residieren. Hrsg. von Ulf Dirlmeier. Stuttgart: Wüstenrot Stiftung – Deutscher Eigenheimverein e. V. Ludwigsburg und Deutsche Verlagsanstalt

Friedhoff, Jens (1998): „Magnificence" und „Utilité". Bauen und Wohnen 1600–1800 In: Geschichte des Wohnens (Band 2). 500–1800: Hausen Wohnen Residieren. Hrsg. von Ulf Dirlmeier. Stuttgart: Wüstenrot Stiftung – Deutscher Eigenheimverein e. V. Ludwigsburg und Deutsche Verlagsanstalt

Fuhrmann, Horst (1989): Einladung ins Mittelalter. München: Verlag C. H. Beck

Garnier, Tony (1989): Die ideale Industriestadt. Une Cité Industrielle. Eine städtebauliche Studie (deutschsprachige Ausgabe). Tübingen: Ernst Wasmuth Verlag

Geist, Johann Friedrich; Kürvers, Klaus (1980): Das Berliner Mietshaus. (Band 1): 1740–1862. München: Prestel

Geist, Johann Friedrich; Kürvers, Klaus (1984): Das Berliner Mietshaus. (Band 2): 1862–1945. München: Prestel

Girouard, Mark (1987): Die Stadt: Menschen, Häuser, Plätze. Frankfurt/New York: Campus Verlag

Glancey, Jonathan (2001): Geschichte der Architektur. München/Starnberg: Dorling Kindersley Verlag GmbH

Glasforum (Zeitschrift) (Heft 6/2000)

Göderitz, Johannes; Rainer, Roland; Hoffmann, Hubert (1957): Die gegliederte und aufgelockerte Stadt. Tübingen: Verlag Ernst Wasmuth

Gruber, Karl (1976): Die Gestalt der Deutschen Stadt. (2. überarbeitete Auflage) München: Verlag Georg D. W. Callwey

Häußermann, Hartmut; Siebel, Walter (1987): Neue Urbanität. Frankfurt a. M.: Suhrkamp

Häußermann, Hartmut; Siebel, Walter (1996): Soziologie des Wohnens. Weinheim/München: Juventa Verlag

Häußermann, Hartmut; Siebel, Walter (2004): Stadtsoziologie. Eine Einführung. Frankfurt a. M.: Campus Verlag

Hafner, Thomas (2000): Eigenheim und Kleinsiedlung. In: Geschichte des Wohnens (Band 4). 1918–1945: Reform, Reaktion, Zerstörung (2., erweiterte Auflage). Hrsg. von Gert Kähler. Stuttgart: Wüstenrot Stiftung – Deutscher Eigenheimverein e. V. Ludwigsburg und Deutsche Verlagsanstalt

Hall, Thomas (1978): Mittelalterliche Stadtgrundrisse. Versuch einer Übersicht der Entwicklung in Deutschland und Frankreich. Stockholm/Schweden: Almquist & Wiksell International

Hall, Thomas (1986): Planung europäischer Hauptstädte. Stockholm/Schweden: Almquist und Wiksell International

Hall, Thomas (1995): Paris-Napoleon III. Haussmann. Unerreichbares Vorbild für den Umbau zur Metropole. In: Fehl, Gerhard; Rodriguez-Lores, Juan: Stadt-Umbau. Die planmäßige Erneuerung europäischer Großstädte zwischen Wiener Kongreß und Weimarer Republik. Reihe: Stadt – Planung – Geschichte 17. Basel/Boston/Berlin: Birkhäuser Verlag

Hantos, Theodora (1983): Das römische Bundesgenossensystem in Italien. München

Harlander, Tilman; Gerhard Fehl (Hg.) (1986): Hitlers Sozialer Wohnungsbau 1840–1945. Wohnungspolitik, Baugestaltung und Siedlungsplanung. Reihe: Stadt – Planung – Geschichte 6. Hamburg: Christians-Verlag

Harlander, Tilman; Hater, Katrin; Meiers, Franz (1988): Siedeln in der Not. Umbruch von Wohnungspolitik und Siedlungsbau am Ende der Weimarer Republik. Reihe: Stadt – Planung – Geschichte 10. Hamburg: Christians-Verlag

Harlander, Tilman (1995): Zwischen Heimstätte und Wohnmaschine. Wohnungsbau und Wohnungspolitik in der Zeit des Nationalsozialismus. Reihe: Stadt – Planung – Geschichte 18. Basel/Boston/Berlin: Birkhäuser Verlag

Harlander, Tilman (1999): Wohnen und Stadtentwicklung in der Bundesrepublik. In: Geschichte des Wohnens (Band 5). Von 1945 bis heute: Aufbau – Neubau – Umbau. Hrsg. von Ingeborg Flagge. Stuttgart: Wüstenrot Stiftung – Deutscher Eigenheimverein e. V. Ludwigsburg und Deutsche Verlagsanstalt

Harlander, Tilman (Hg.) (2001): Villa und Eigenheim. Suburbaner Städtebau in Deutschland. Stuttgart/München: Wüstenrot Stiftung Ludwigsburg und Deutsche Verlags-Anstalt GmbH

Harlander, Tilman (2011): Die „Modernität" der Boomjahre. Flächensanierung und Großsiedlungsbau. In: ARCH+ Zeitschrift für Architektur und Städtebau, Heft Juni 2011, 44. Jahrgang. Aachen/Berlin

Harms, Hans; Schubert, Dirk (1989): Wohnen in Hamburg – ein Stadtführer. Reihe: Stadt – Planung – Geschichte 11. Hamburg: Christians-Verlag

Hartmann, Kristina (2000): Alltagskultur, Alltagsleben, Wohnkultur. In: Geschichte des Wohnens (Band 4). 1918–1945; Reform, Reaktion, Zerstörung (2., erweiterte Auflage, hrsg. von Gert Kähler. Stuttgart: Wüstenrot Stiftung – Deutscher Eigenheimverein e. V. Ludwigsburg und Deutsche Verlagsanstalt

Hartog, Rudolf (1962): Stadterweiterungen im 19. Jahrhundert. Stuttgart: W. Kohlhammer Verlag

Hausmann, Erika; Soltendiek, Clarissa (1986): Von der Wiese zum Baublock. Zur Entwicklungsgeschichte der Kreuzberger Mischung. Berlin: publica Verlagsgesellschaft

Hedemann, Justus Wilhelm (1930): Die Fortschritte des Zivilrechts im XIX. Jahrhundert. II. Teil: Die Entwicklung des Bodenrechtes von der Französischen Revolution bis zur Gegenwart. 1. Hälfte: Das materielle Bodenrecht. Berlin

Hedemann, Justus Wilhelm (1935): Die Fortschritte des Zivilrechts im XIX. Jahrhundert. II. Teil: Die Entwicklung des Bodenrechtes von der Französischen Revolution bis zur Gegenwart. 1. Hälfte: Das materielle Bodenrecht. Berlin

Hegemann, Werner (1913): Der Städtebau nach den Ergebnissen der allgemeinen Städtebauausstellung (2. Teil). Berlin: Wasmuth

Hegemann, Werner (1992): Das steinerne Berlin. Nachdruck der Originalfassung von 1930. Reihe: Bauwelt Fundamente 3. Braunschweig/Wiesbaden: Friedrich Vieweg & Sohn Verlagsgesellschaft

Heiligenthal. Roman (ohne Jahr): Städtebaurecht und Städte-bau. Band 1: Die Grundlagen des Städtebaus und die Probleme des Städtebaurechts, Städtebaurecht und Städtebau im deutschen und außerdeutschen Sprachgebiet. Berlin: Deutsche Bauzeitung

Henselmann, Hermann (1995): „Ich habe Vorschläge gemacht". Hrsg. von Wolfgang Schäche. Berlin: Ernst & Sohn Verlag für Architektur

Herbert, Gilbert (1995): Fabrikgefertigte Häuser oder Industrialisierte Massenunterkünfte? In: Zukunft aus Amerika. Fordismus in der Zwischenkriegszeit. Hrsg. von der Stiftung Bauhaus Dessau und dem Lehrstuhl für Planungstheorie der RWTH Aachen. Dessau

Hildebrandt, Hans (1979): Le Corbusier – Städtebau. Stuttgart: Verlag Gerd Hatje

Hobrecht, James (1868): Wohnen in der Mietskaserne. In: Kunsttheorie und Kunstgeschichte des 19. Jahrhunderts in Deutschland (Band 2) hrsg. von Harold Hammer-Schenk. Stuttgart: Philipp Reclam Jun. 1985

Hoepfner, Wolfram (Hg.) (1999): Geschichte des Wohnens (Band 1). 5000 v. Chr. – 500 n. Chr. Vorgeschichte, Frühgeschichte, Antike. Stuttgart: Wüstenrot Stiftung – Deutscher Eigenheimverein e. V. Ludwigsburg und Deutsche Verlagsanstalt

Hofrichter, Hartmut (1995): Stadtbaugeschichte von der Antike bis zur Neuzeit (3. verbesserte und ergänzte Auflage). Braunschweig: Friedrich Vieweg & Sohn Verlagsgesellschaft

Howard, Ebenezer (1902): Garden Cities of Tomorrow. London

Howard, Ebenezer (1988): Gartenstädte von Morgen. Hrsg. von Julius Posener. Reihe: Bauwelt Fundamente 21. Braunschweig/Wiesbaden: Friedrich Vieweg & Sohn Verlagsgesellschaft

Humpert, Klaus; Schenk, Martin (2001): Entdeckung der mittelalterlichen Stadtplanung – das Ende vom Mythos der „gewachsenen Stadt". Stuttgart: Konrad Theiss Verlag GmbH

Isenmann, Eberhard (1988): Die Deutsche Stadt im Spätmittelalter. 1250–1500. Stuttgart: Verlag Eugen Ulmer

Jansen, Brita (1999): „Wo der Römer siegt, da wohnt er." Wohnen in den nordwestlichen römischen Provinzen. In: Geschichte des Wohnens (Band 1). 5000 v. Chr. – 500 n. Chr. Vorgeschichte, Frühgeschichte, Antike. Hrsg. von Wolfram Hoepfner. Stuttgart. Wüstenrot Stiftung – Deutscher Eigenheimverein e. V. Ludwigsburg und Deutsche Verlagsanstalt

Jonas, Carsten (2006): Die Stadt und ihr Grundriss. Tübingen/Berlin: Ernst Wasmuth Verlag

Im Wandel beständig. Stadtumbau in Marzahn und Hellersdorf (2007): Hrsg. vom Bezirksamt Marzahn Hellersdorf. Berlin

Kähler, Gerd (2000): Nicht nur Neues Bauen. In: Geschichte des Wohnens (Band 4). 1918–1845: Reform, Reaktion, Zerstörung (2., erweiterte Auflage), hrsg. von Gert Kähler. Stuttgart: Wüstenrot Stiftung – Deutscher Eigenheimverein e. V. Ludwigsburg und Deutsche Verlagsanstalt

Kahle, Ulrich Richard (1974): Die mittelalterliche Stadtbaukunst in der Toskana unter besonderer Berücksichtigung der Verwaltungsstruktur und der Bauverordnungen. In: Beiträge über Bauführung und Baufinanzierung im Mittelalter. Hrsg. von Günther Binding. Köln: 6. Veröffentlichung der Abteilung Architektur des Kunsthistorischen Instituts der Universität Köln

Kastorff-Viehmann, Renate (1983): Frühe Stadtplanung in Ruhrort und Duisburg – Der Weg zur öffentlich-rechtlichen Planung im Ruhrgebiet. In: Fehl, Gerhard; Rodriguez-Lores, Juan (Hg.) (1983): Stadterweiterungen 1800–1875 – Von den Anfängen des modernen Städtebaus in Deutschland. Reihe: Stadt – Planung – Geschichte 2. Hamburg: Christians-Verlag

Kiem, Karl (1997): Die Gartenstadt Staaken (1914–1917). Berlin: Gebr. Mann Verlag

Kieß, Walter (1991): Urbanismus im Industriezeitalter – von der klassizistischen Stadt zur Garden City. Berlin: Ernst & Sohn

Kirsch, Karin (2003): Kleiner Führer durch die Weißenhofsiedlung. Ein Denkmal der modernen Architektur (5. Auflage). Stuttgart: Deutsche Verlags-Anstalt

Kluge-Pinsker, Antje (1998): Wohnen im hohen Mittelalter. In: Geschichte des Wohnens (Band 2). 500–1800: Hausen Wohnen Residieren. Hrsg. von Ulf Dirlmeier. Stuttgart: Wüstenrot Stiftung – Deutscher Eigenheimverein e. V. Ludwigsburg und Deutsche Verlagsanstalt

Köhler, Horst (1995): Stadt- und Dorferneuerung in der kommunalen Praxis (1. Auflage). Berlin: Erich Schmidt Verlag

Köln: der historisch-topografische Atlas (2001): Hrsg. von Dorothea Wiktorin, Jürgen Blenck, Josef Nipper. Köln: Hermann-Josef Emons Verlag

Kolb, Frank (1984): Die Stadt im Altertum. München: C. H. Beck Verlag

Kolb, Frank (1995): Die Geschichte der Stadt in der Antike

Kolb, Frank (1997): Die Stadt in der Antike. In: Frühe Stadtkulturen. Hrsg. und mit einer Einführung versehen von Wolfram Hoepfner. (Beiträge aus Spektrum der Wissenschaft). Heidelberg/Berlin/Oxford: Spektrum Akademischer Verlag

Konstam, Angus (2005): Europa im Mittelalter. Wien: tosa Verlag

Kopetzki, Christian (1991): Stadtumbau als Planungsstrategie. Historische Anmerkungen zu aktuellen Stadterneuerungs- und Stadtentwicklungsproblemen. In: Jahrbuch Stadterneuerung. Beiträge aus Lehre und Forschung an deutschsprachigen Hochschulen, Jahrgang 1990/1991. Hrsg. vom Arbeitskreis Stadterneuerung an deutschsprachigen Hochschulen und dem Institut für Stadt- und Regionalplanung der technischen Universität Berlin. Berlin: Technische Universität Berlin

Kopetzki, Christian (1995): Grundlinie des Stadt-Umbaus im deutschen Reich zwischen 1918 und 1933. In: Fehl, Gerhard; Rodriguez-Lores, Juan (Hg.): Stadt-Umbau. Die planmäßige Erneuerung europäischer Großstädte zwischen Wiener Kongreß und Weimarer Republik. Reihe: Stadt – Planung – Geschichte 17. Basel/Boston/Berlin: Birkhäuser Verlag

Kornemann, Rolf (2000): Gesetze, Gesetze … Die amtliche Wohnungspolitik in der Zeit von 1918 bis 1945 in Gesetzen, Verordnungen und Erlassen. In: Geschichte des Wohnens (Band 4). 1918–1945: Reform, Reaktion, Zerstörung (2., erweiterte Auflage), hrsg. von Gert Kähler. Stuttgart: Wüstenrot Stiftung – Deutscher Eigenheimverein e. V. Ludwigsburg und Deutsche Verlagsanstalt

Kostof, Spiro (1992): Das Gesicht der Stadt. Geschichte städtischer Vielfalt. Frankfurt/New York: Campus Verlag

Kostof, Spiro (1993a): Die Anatomie der Stadt. Geschichte städtischer Strukturen. Frankfurt/New York: Campus Verlag

Kostof, Spiro (1993b): Geschichte der Architektur (Band 2). Vom Frühmittelalter bis zum Spätbarock. Stuttgart: Deutsche Verlags-Anstalt

Kraft, Sabine (2011): Die Großsiedlungen – ein gescheitertes Erbe der Moderne? In: ARCH+Zeitschrift für Architektur und Städtebau, Heft Juni 2011, 44. Jahrgang. Aachen/Berlin

Kramper, Peter (2013): Die neue Vahr und die Konjunkturen der Großsiedlungskritik 1957–2005. In: Informationen zur modernen Stadtgeschichte, Heft 1.2013. Berlin

Krätke, Stefan (1995): Stadt. Raum. Ökonomie. Einführung in aktuelle Problemfelder der Stadtökonomie und Wirtschaftsgeographie. Basel/Boston/Berlin: Birkhäuser Verlag

Krau, Ingrid (1987): Bauwelt 36, 1317ff

Krause, Karl-Jürgen (1998): Raumplanung im griechischen Altertum, hrsg. vom Institut für Raumplanung der Universität Dortmund. Dortmunder Beiträge zur Raumplanung 82

Kruft, Hanno-Walter (1990): Utopie und Idealstadt. In: „Klar und lichtvoll wie eine Regel" – Planstädte der Neuzeit vom 16. bis zum 18. Jahrhundert: eine Ausstellung des Landes Baden-Württemberg (Ausstellungskatalog). Karlsruhe: Badisches Landesmuseum

Kruft, Hanno-Walter (1991): Geschichte der Architekturtheorie. Studienausgabe (3. durchgesehene und ergänzte Auflage). München: Verlag C. H. Beck

Kühn, Erich (1984): Stadt und Natur. Vorträge. Aufsätze. Dokumente 1932–1981. Hamburg: Christians-Verlag

Kühnel, Harry (Hg.) (1996): Alltag im Spätmittelalter (3. Auflage). Graz/Wien/Köln: Verlag Styria (Edition Kaleidoskop)

Larson, Olof Lars (1978): Die Neugestaltung der Reichshauptstadt. Albert Speers Generalbebauungsplan für Berlin. Stuttgart: Verlag Gerd Hatje

Latsch, Alexandra (2005): Die Stadtentwicklung Siegens nach dem Zweiten Weltkrieg. Phasen und Leitbilder des Wiederaufbaus. Masterthesis Universität Siegen, Fachbereich Architektur und Städtebau

Layer, Max (1902): Principien des Enteignungsrechtes. Leipzig

Le Corbusier (1979): Der Städtebau. Übersetzt und herausgegeben von Hans Hildebrandt. Stuttgart: Deutsche Verlags-Anstalt

Le Goff, Jacques (1998): Die Liebe zur Stadt. Eine Erkundung vom Mittelalter bis zur Jahrtausendwende. Frankfurt/New York: Campus Verlag

Leiber, Gottfried (1990): Vom Jagdsitz zur Stadtanlage. Die städtebauliche Entwicklung Karlsruhes bis zum Ende des 18. Jahrhunderts. In: „Klar und lichtvoll wie eine Regel" – Planstädte der Neuzeit vom 16. bis zum 18. Jahrhundert: eine Ausstellung des Landes Baden-Württemberg (Ausstellungskatalog). Karlsruhe: Badisches Landesmuseum

Liedke, Claudia (1999): Rom und Ostia: Eine Hauptstadt und ihr Hafen. In: Geschichte des Wohnens (Band 1). 5000 v. Chr. – 500 n. Chr. Vorgeschichte, Frühgeschichte, Antike. Hrsg. von Wolfram Hoepfner. Stuttgart: Wüstenrot Stiftung – Deutscher Eigenheimverein e. V. Ludwigsburg und Deutsche Verlagsanstalt

Miller, Toni (2003): Gedanken zur dritten Dimension im Städtebau. Hrsg. von der Deutschen Akademie für Städtebau und Landesplanung. Düsseldorf: Verlag Müller und Busmann

Morus, Thomas (2003): Utopia (Übersetzung der Ausgabe von 1516) (Bibliographisch ergänzte Auflage 2003). Stuttgart: Philipp Reclam Jun.

Müller; Korda (1999): Städtebau (4., neubearbeitete Auflage). Hrsg. von Martin Korda. Stuttgart/Leipzig: B. G. Teubner

München und seine Bauten nach 1912 (1984): Hrsg. vom Bayrischen Architekten- und Ingenieur-Verband e. V. München: Verlag F. Bruckmann KG

München wie geplant. Die Entwicklung der Stadt von 1158 bis 2008 (2004): Katalog zur gleichnamigen Ausstellung des Münchner Stadtmuseums in Zusammenarbeit mit dem Referat für Stadtplanung und Bauordnung und dem Stadtarchiv München. München: Franz Schiermeier Verlag

Musil Robert (1990): Mann ohne Eigenschaften. Hrsg. von Adolf Frisé (Sonderausgabe). Reinbek bei Hamburg: Rowohlt

Neue Städte aus Ruinen. Deutscher Städtebau der Nachkriegszeit (1992): Hrsg. von Klaus von Beyme, Werner Durth, Niels Gutschow u. a. München: Prestel Verlag

Neumann, Hartwig (1990): Reißbrett und Kanonendonner – Festungsstädte der Neuzeit. In: „Klar und lichtvoll wie eine Regel" – Planstädte der Neuzeit vom 16. bis zum 18. Jahrhundert: eine Ausstellung des Landes Baden-Württemberg (Ausstellungskatalog). Karlsruhe: Badisches Landesmuseum

Neumann, Hartwig (2000): Festungsbau-Kunst und –Technik. Deutsche Wehrbauarchitektur vom XV. bis XX. Jahrhundert. Augsburg: Genehmigte Lizenzausgabe für Weltbild Verlag GmbH

Nuttgens, Patrick (2002): Die Geschichte der Architektur. Berlin: Phaidon Verlag

Olsen, Donald J. (1988): Die Stadt als Kunstwerk. London, Paris, Wien. Frankfurt/New York: Campus Verlag

Otto, Karl (1959): Die Stadt von morgen. Gegenwartsprobleme für alle. Berlin: Gebr. Mann Verlag GmbH

Pieper, Jan (1990): Die Idealstadt Pienza – Fünf Körper im Spiel der Geometrie. In: „Klar und lichtvoll wie eine Regel" – Planstädte der Neuzeit vom 16. bis zum 18. Jahrhundert: eine Ausstellung des Landes Baden-Württemberg (Ausstellungskatalog). Karlsruhe: Badisches Landesmuseum

Plutarchus Romulus 11

Posener, Julius (1982): Vorlesungen zur Geschichte der Neuen Architektur (IV) – Die sozialen und bautechnischen Entwicklungen im 19. Jahrhundert. In: Zeitschrift ARCH+ Nr. 64/64. Aachen: Klenkes Druck und Verlag

Praeckel, Diedrich (2006): Florenz. Die steinerne Lilie. Stadterkundungen in der Toskana, dem „Land der Städte". Siegen: Eigenverlag Universität Siegen, Fachbereich Architektur und Städtebau

Preusler, Burghard (1985): Walter Schwagenscheidt. 1886–1968. Architektenideale im Wandel sozialer Figurationen. Stuttgart: Deutsche Verlags-Anstalt

Rabe, Klaus; Stenfort, Frank; Heintz, Detlef (1997): Bau- und Planungsrecht (4. Auflage). Köln: Deutscher Gemeindeverlag W. Kohlhammer

Radicke, Dieter (1975): Der Berliner Bebauungsplan von 1862 und die Entwicklung des Wedding. In: ARCH+. 7. Jahrgang, Heft 25. Aachen: Klenkes Druck und Verlag

Radicke, Dieter (1995): Stadterneuerung in Berlin 1871 bis 1914. Kaiser-Wilhelm-Straße und Scheunenviertel. In: Fehl, Gerhard; Rodriguez-Lores, Juan: Stadt-Umbau. Die planmäßige Erneuerung europäischer Großstädte zwischen Wiener Kongreß und Weimarer Republik. Reihe: Stadt – Planung – Geschichte 17. Basel/Boston/Berlin: Birkhäuser Verlag

Raymond Unwin (1910): Grundlagen des Stadtbaus. Berlin

Reich, Emmy (1912): Der Wohnungsmarkt in Berlin 1840–1910. In: Gustav Schmoller und Max Sering (Hg.). München/Leipzig: Staats- und sozialwissenschaftliche Forschung

Reichow, Hans Bernhard (1948): Organische Stadtbaukunst. Von der Großstadt zur Stadtlandschaft. Braunschweig: Georg Westermann Verlag

Reichow, Hans Bernhard (1959): Die autogerechte Stadt. Ein Weg aus dem Verkehrs-Chaos. Ravensburg: Otto Maier

Reinborn, Dieter (1996): Städtebau im 19. und 20. Jahrhundert. Stuttgart: Kohlhammer Verlag

Reulecke, Jürgen (1997): Die Mobilisierung der Kräfte und Kapitale: der Wandel der Lebensverhältnisse im Gefolge von Industrialisierung und Verstädterung. In: Geschichte des Wohnens (Band 3). 1800–1918. Das bürgerliche Zeitalter. Hrsg. von Jürgen Reulecke. Stuttgart: Wüstenrot Stiftung – Deutscher Eigenheimverein e. V. Ludwigsburg und Deutsche Verlagsanstalt

Rietdorf, Werner (1989): Stadterneuerung. Innerstädtisches Bauen als Einheit von Erhaltung und Umgestaltung, Berlin

Rodenstein, Marianne; Böhm-Ott, Stefan (2000): Gesunde Wohnungen und Wohnungen für gesunde Deutsche. Der Einfluß der Hygiene auf Wohnungs- und Städtebau in der Weimarer Republik und im „Dritten Reich". In: Geschichte des Wohnens (Band 4). 1918–1845: Reform, Reaktion, Zerstörung (2., erweiterte Auflage). Hrsg. von Gert Kähler. Stuttgart: Wüstenrot Stiftung – Deutscher Eigenheimverein e. V. Ludwigsburg und Deutsche Verlagsanstalt

Rodriguez-Lores, Juan (1980): Die Grundfrage der Grundrente. Stadtplanung von Ildefonso Cerdà für Barcelona und James Hobrecht für Berlin. In: Stadtbauwelt 65. Berlin: Bauverlag BV GmbH

Rodriguez-Lores, Juan (1980): Ildefonso Cerdà: Die Wissenschaft des Städtebaus und der Bebauungsplan von Barcelona (1859). In: Städtebau um die Jahrhundertwende. Materialien zur Entstehung der Disziplin Städtebau. Hrsg. von Gerhard Fehl und Juan Rodriguez-Lores. Reihe: Politik und Planung 10. Köln/Stuttgart/Berlin: Deutscher Gemeindeverlag Verlag W. Kohlhammer

Rodriguez-Lores, Juan (1985): Architektur und Planung der Großstadt. Grundlagen der Planungstheorie. Materialien zur Vorlesung im WS 1985/86. Hrsg. vom Lehrstuhl für Planungstheorie der RWTH-Aachen. Reihe: Werkberichte

Rodriguez-Lores, Juan; Fehl, Gerhard (Hg.) (1987): Die Kleinwohnungsfrage. Zu den Ursprüngen des sozialen Wohnungsbaus in Europa. Reihe: Reihe: Stadt – Planung – Geschichte 5/II. Hamburg: Christians-Verlag

Rodriguez-Lores, Juan (1995): Stadt-Umbau und Elendsviertel. Zur Grundrentenbildung in der Innenstadt. In: Fehl, Gerhardt; Rodriguez-Lores, Juan: Stadt-Umbau. Die planmäßige Erneuerung europäischer Großstädte zwischen Wiener Kongreß und Weimarer Republik. Reihe: Stadt – Planung – Geschichte 17. Basel/Boston/Berlin: Birkhäuser Verlag

Rodriguez-Lores, Juan; Baumgarten, Ilse; Franke, Thomas (ohne Jahr): Ildefonso Cerda. Katalog zur Ausstellung Politische Stadtplanung in Barcelona ab 1859. Hrsg. vom Lehrstuhl für Planungstheorie RWTH Aachen

Roland, Günter (1997): Im Tal der Könige. Ein Reisebuch zur Emser, Rhein und Ruhr (3. durchgesehene Auflage). Essen: Klartext-Verlag

Rörig, Fritz (1955): Die europäische Stadt und die Kultur des Bürgertums im Mittelalter (2. erweiterte Auflage). Göttingen: Vandenhoeck & Ruprecht

Rösen, Heinrich (1959 bis 1964): Zur Geschichte des Friedrichplatzes und der Sternstraße in Krefeld. In: Die Heimat. Zeitschrift für niederrheinische Heimatpflege. Hrsg. vom Verein für Heimatkunde in Krefeld. (Jg. 30 bis 35)

Ruhnau, Peter (1976): Das Frankenberger Viertel in Aachen. Hrsg. vom Landeskonservator Rheinland. Arbeitsheft 11. Köln: Rheinland Verlag

Saldern von, Adelheid (1997): Im Haus zu Hause. Wohnen im Spannungsfeld von Gegebenheiten und Aneignungen. In: Geschichte des Wohnens (Band 3). 1800–1918. Das bürgerliche Zeitalter. Hrsg. von Jürgen Reulecke. Stuttgart: Wüstenrot Stiftung – Deutscher Eigenheimverein e. V. Ludwigsburg und Deutsche Verlagsanstalt

Saldern von, Adelheid (2000): Wohnbilder – Lebensbilder. In: Geschichte des Wohnens (Band 4): 1918–1845: Reform, Reaktion, Zerstörung (2., erweiterte Auflage). Hrsg. von Gert Kähler. Stuttgart: Wüstenrot Stiftung – Deutscher Eigenheimverein e. V. Ludwigsburg und Deutsche Verlagsanstalt

Schilling, Otto (1921): Innere Stadt-Erweiterung. Berlin: Architekturverlag Der Zirkel

Schmidt, Christian; Schmidt-Hermsdorf, Gabriele (1984): Stadtlesebuch. Ein historischer Längsschnitt durch die Aachener Stadtentwicklung. Reihe: Werkberichte des Lehrstuhls für Planungstheorie der RWTH Aachen

Schmidt, Fritz; Dirlmeier, Ulf (1988): Geschichte des Wohnens im Spätmittelalter. In: Geschichte des Wohnens (Band 2). 500–1800: Hausen Wohnen Residieren. Hrsg. von Ulf Dirlmeier. Stuttgart: Wüstenrot Stiftung – Deutscher Eigenheimverein e. V. Ludwigsburg und Deutsche Verlagsanstalt

Schneider, Christian (1979): Stadtgründung im Dritten Reich. Wolfsburg und Salzgitter. München: Heinz Moss Verlag

Schott, Sigmund (1912): Die großstädtische Agglomeration des deutschen Reiches 1871–1910. Breslau

Schretzenmayr, Martina (2011): Wohnungsbau in der ehemaligen DDR. In: ARCH+ Zeitschrift für Architektur und Städtebau, Heft Juni 2011, 44. Jahrgang. Aachen/Berlin

Schröteler-von Brandt, Hildegard (1995): Innenstadterneuerung als Reproduktion sozio-ökonomischer Teilung. Das Beispiel Mannheim vor 1914. In: Fehl, Gerhard; Rodriguez-Lores, Juan: Stadt-Umbau. Die planmäßige Erneuerung europäischer Großstädte zwischen Wiener Kongreß und Weimarer Republik. Reihe: Stadt – Planung – Geschichte 17. Basel/Boston/Berlin: Birkhäuser Verlag

Schröteler-von Brandt, Hildegard (1998a): Rheinischer Städtebau – Stadtbaupläne in der Rheinprovinz von der napoleonischen Zeit bis zum Kaiserreich. Köln: SH-Verlag

Schröteler-von Brandt, Hildegard (1998b): Rheinischer Städtebau – Die Stadtbaupläne in der Rheinprovinz von der napoleonischen Zeit bis zum Kaiserreich – insbesondere das Fallbeispiel Stadtbauplan Mönchengladbach. In: Stadt im Wandel – Planung im Umbruch. Hrsg. von Tilman Harlander. Stuttgart/Berlin/Köln: Kohlhammer Verlag

Schröteler-von Brandt, Hildegard (2000): Die Avinguda Diagonal und der Stadterweiterungsplan für Barcelona von 1859. In: Diagonal – Zeitschrift der Uniersität Gesamthochschule Siegen. Jahrgang 2000/Heft 21

Schröteler-von Brandt, Hildegard (2004): Summer in the City. In: Diagonal – Zeitschrift der Universität Siegen. Jahrgang 2004/Heft Nr. 26

Schubert, Dirk (1995): Von der „äußeren" zur „inneren" Stadterweiterung. Zur Sanierung der Altstadt Nord und zu Planung und Bau der Mönckebergstraße in Hamburg. In: Fehl, Gerhard; Rodriguez-Lores, Juan: Stadt-Umbau. Die planmäßige Erneuerung europäischer Großstädte zwischen Wiener Kongreß und Weimarer Republik. Reihe: Stadt – Planung – Geschichte 17. Basel/Boston/Berlin: Birkhäuser Verlag

Siebel, Walter (2002): Wesen und Zukunft der europäischen Stadt. In: Was ist los mit den öffentlichen Räumen. Analysen, Positionen, Konzepte. Hrsg. von Klaus Selle (Werkbericht der AGB Nr. 49) Aachen/Dortmund/Hannover: Dortmunder Vertrieb für Bau- und Planungsliteratur

Sitte, Camillo (1889): Der Städtebau nach seinen künstlerischen Grundsätzen (Reprint der 4. Auflage von 1909) Braunschweig/Wiesbaden: Vieweg Verlag 1983

Spengelin, Friedrich; Nagel, Günter; Luz, Hans (1985): Wohnen in den Städten? (Katalog). Ausstellung veranstaltet vom Senator für Bau- und Wohnungswesen in Verbindung mit der Akademie der Künste zur Internationalen Bauausstellung in Berlin. Berlin: Druckhaus E. A. Quensen Lamspringe

SPIEGEL 1971, Heft Nr. 24

Spörhase, Ralf (1970): Karten zur Entwicklung der Stadt. Karlsruhe. Stuttgart: Kohlhammer Verlag

Städtebau im Wandel. Stadtteil Nürnberg-Langwasser. Ein Beitrag zur Stadtentwicklung nach 1945 mit Rückblick auf die Siedlungsgeschichte der Gesamtstadt (1987): Deutsche Akademie für Städtebau und Landesplanung. Landesgruppe Bayern (Hg.). Nürnberg: Druckhaus Nürnberg

Stallmann, Judith (1997): Sabbioneta. Die Wiederentdeckung einer inszenierten Stadt. München: Scaneg – Vrlag

Steingräber, Stephan; Blanck, Horst (Hg.) (2002): Volterra – Etruskisches und mittelalterliches Juwel im Herzen der Toskana. Mainz: Verlag Philipp von Zabern

Stier-Somlo, Fritz (1927): Sammlung preußischer Gesetze staats- und verwaltungsrechtlichen Inhalts. München

Stober, Karin (1990): Planstadtanlagen in Europa. In: „Klar und lichtvoll wie eine Regel" – Planstädte der Neuzeit vom 16. bis zum 18. Jahrhundert: eine Ausstellung des Landes Baden-Württemberg (Ausstellungskatalog). Karlsruhe: Badisches Landesmuseum

Stoloff, Bernhard (1983): Die Affäre Ledoux. Autopsie eines Mythos. Reihe: Bauwelt Fundamente 60. Braunscheig/Wiesbaden: Verlag Vieweg & Sohn

Stübben, Joseph (1890): Der Städtebau (Reprint der 1. Auflage von 1980): Braunschewig: Verlag Vieweg & Sohn

Sutcliffe, Anthony (1981): Towards the planned city. Germany, Britain, the United States and France 1780–1914. Oxford

Sutcliffe, Anthony (1983): Planung und Entwicklung der Groß-Städte in England und Frankreich zwischen 1850 bis 1875 und ihr Einfluss auf Deutschland. In: Fehl, Gerhard; Rodriguez-Lores, Juan (Hg.): Stadterweiterungen 1800–1875 – Von den Anfängen des modernen Städtebaus in Deutschland. Reihe. Stadt – Planung – Geschichte 2. Hamburg: Christians-Verlag

Tamms, Friedrich: Wortmann, Wilhelm (1973): Städtebau. Umweltgestaltung: Erfahrungen und Gedanken. Darmstadt

Topfstedt, Thomas (1999): Wohnen und Städtebau in der DDR. In: Geschichte des Wohnens (Band 5). Von 1945 bis heute: Aufbau – Neubau – Umbau. Hrsg. von Ingeborg Flagge. Stuttgart: Wüstenrot Stiftung – Deutscher Eigenheimverein e. V. Ludwigsburg und Deutsche Verlagsanstalt

Vercelloni, Virgilio (1994): Europäische Stadtutopien. Ein historischer Atlas. München: Eugen Diederichs Verlag

Vier Berliner Siedlungen der Weimarer Republik. Britz. Onkel Toms Hütte. Siemensstadt. Weiße Stadt (1987): Katalog zur Ausstellung im Bauhaus Archiv. Museum für Gestaltung (2. durchgesehene und erweiterte Ausgabe des Kataloges von 1984). Norbert Huse (Hg.). Berlin: Argon Verlag GmbH

Voigt, Paul (1901): Grundrente und Wohnungsfrage in Berlin und einen Vororten (1. Teil). Jena

Wasser, Bruno (1993): Himmlers Raumplanung im Osten. Der Generalplan Ost in Polen 1940–1944. Reihe: Stadt – Planung – Geschichte 15. Basel/Berlin/Boston: Birkhäuser Verlag

Webb, Michael (1990): Die Mitte der Stadt. Städtische Plätze von der Antike bis heute. Frankfurt/New York: Campus Verlag

Wennemann, Jürgen (1983): Actenmäßige Untersuchung der Entwicklung des „Eisenbahn-Viertels zu Aachen um die Mitte des 19. Jahrhunderts. In: Fehl, Gerhard; Rodriguez-Lores, Juan (Hg.): Stadterweiterungen 1800–1875 – Von den Anfängen des modernen Städtebaus in Deutschland. Reihe: Stadt – Planung – Geschichte 2. Hamburg: Christians-Verlag

Westwind: Die Amerikanisierung Europas (1995). Bernd Polster (Hg.). Köln: DuMont Buchverlag

Wirth, Eugen (2000): Die Orientalische Stadt im islamischen Vorderasien und Nordafrika. (Band 1: Text) und Band 2: Abbildungen). Mainz: Verlag Philipp von Zabern

Wischermann, Clemens (1997): Mythen. Macht und Mängel: Der deutsche Wohnungsmarkt im Urbanisierungsprozess. In: Geschichte des Wohnens (Band 3). 1800–1918. Das bürgerliche Zeitalter. Hrsg. von Jürgen Reulecke. Stuttgart: Wüstenrot-Stiftung. Deutscher Eigenheimverein e. V. Ludwigsburg und Deutsche Verlags-Anstalt

Wohnungsbaupolitik in der Weimarer Republik (1977). In: Neue Gesellschaft (Hg.): Wem gehört die Welt. Berlin

Zimmermann, Clemens (1996): Die Zeit der Metropolen. Urbanisierung und Großstadtentwicklung. Frankfurt a. M.: Fischer Taschenbuch Verlag

Zimmermann, Clemens (2001): Suburbanisierung – die wachsende Peripherie. In: Villa und Eigenheim. Suburbaner Städtebau in Deutschland. Tilman Harlander (Hg.). Stuttgart/München: Wüstenrot Stiftung Ludwigsburg und Deutsche Verlags-Anstalt GmbH

Zukunft aus Amerika: Fordismus in der Zwischenkriegszeit (1995). Hrsg. von der Stiftung Bauhaus Dessau und dem Lehrstuhl für Planungstheorie der RWTH Aachen. Dessau

20. Orts- und Personenverzeichnis

Personennamen

Adickes 139
Albers 142
Alberti 57, 59, 63
Alexander der Große 13
Alexander VI. 63
Aristoteles 14
Augustus 29
Averlino, die Pietro 60

Barbaro 62
Baumeister 145 f.
Berlitz 215
Borchard 205
Braunschweig 212
Brunelleschi 58
Brüning 188
Burckhardt 57

Campanella 62
Cäsar 29
Cataneo 62
Cerda 66, 102, 109, 111 ff.
Chaplin 178
Christaller 204, 207
Considérant 130
Cortés 63, 64
Costa 153

da Vinci 62
de Marchi 62
de Quiroga 65
De Vries 58
Doni 62
Dürer 60, 61
Dustmann 215

Eberstadt 135 f., 145 f., 159
Eggerstedt 205
Engels 129, 131

Evely 77

Faucher 159
Feder 203 f.
Fehl 143
Filarete 60
Fischer 147
Ford 175 ff., 201
Fourier 62, 129 ff.
Friedrich von Württemberg, Herzog 70
Friedrich Wilhelm IV. 88
Fritsch 154

Garnier 154
Gerlach 156
Geßner 137
Giesler 210
Göderitz 232
Godin 130 f.
Goecke 135
Gropius 189
Gutschow 215

Hammurabi 16
Harber 211
Häring 196, 198
Hasenpflug 224
Haussmann 118 ff., 209
Hegemann 104
Heiligenthal 183
Heinrich IV 78
Henrici 145, 147
Herzog von Savoyen 75
Hettlage 215
Hilbersheimer 153, 190 f.
Himmler 206
Hindenburg 185
Hippodamus von Milet 15, 17
Hitler 124, 185, 200 ff., 205, 209, 215

Hobrecht 102, 104 ff., 109
Hoffmann 232
Hopp 220, 222
Howard 59, 131, 148 ff., 153
Huber 132

Jefferson 66

Kant 69
Karl der Große 32 f.
Karl Wilhelm von Baden 72
Kilius 203
Koller 206
König Philipp II. 64
Krupp 133 f.

Le Corbusier 153, 189 f., 221 f.
l'Enfant 66
le Prestre de Vauban 68
Leberecht 193, 197 f.
Ledoux 62
Lenin 177
Lenné 88
Lessing 69
Ley 214
Lods 221
Ludwig I. 77
Ludwig Wilhelm, Markgraf 71
Ludwig XIII. 78
Ludwig XIV. 68, 71, 79
Ludwig XVI. 77
Ludwig, Kronprinz 87 f.

Marquis von Pombal 76
Martini 62
Mascherode 212
May 159, 192 ff., 199, 228
Mayer 168
Mebes 137
Messel 138
Metzendorf 155

Printing: Ten Brink, Meppel, The Netherlands
Binding: Stürtz, Würzburg, Germany